全国中等卫生职业教育规划教材

供药剂专业使用

无机与分析化学基础

主　编　周纯宏

副主编　丁秋玲　苏文昭　郭海立

编　者　（按姓氏汉语拼音排序）

丁秋玲（常州卫生高等职业技术学校）
郭海立（桂东卫生学校）
黄俊娴（茂名卫生学校）
蒋　江（玉林市卫生学校）
李云胜（广东省新兴中药学校）
刘春元（核工业卫生学校）
刘向前（沈阳市中医药学校）
龙　海（宜春职业技术学院）
潘　健（桐乡市卫生学校）
潘　英（酒泉卫生学校）
曲丽雯（青岛卫生学校）
苏文昭（广东省新兴中药学校）
张东瑾（沈阳市化工学校）
张贵川（自贡卫生学校）
张慧莉（三峡大学护理学院）
周纯宏（沈阳市化工学校）
朱玉红（沈阳市化工学校）

科 学 出 版 社

北　京

内 容 简 介

本教材主要内容包括无机化学和分析化学两大部分。无机化学部分主要介绍物质结构等微观化学,物质的量、元素周期律、化学键、分子间作用力、化学平衡等原理化学,重要的元素及其化合物等元素化学,溶液、电解质等应用化学基础知识;分析化学部分主要介绍定性分析、定量分析、滴定分析、仪器分析等基本原理和实际应用。

全书以目标教学和案例教学激发和调动学生学习积极性,以知识链接开阔学生的视野,配以适量的目标检测和必要的实验,以实用和够用为原则,结合本专业和相关中等职业学校教学实际情况编写而成,具有普遍性和针对性。本书同时配套 PPT 电子演示文稿等教学资源,供教师教学和学生自主学习使用。

本书可作为中等职业学校医药卫生类药剂专业的专业基础课教材,也可供医药卫生类护理、助产、药剂、医学检验、口腔工艺技术、医学影像技术等专业使用。

图书在版编目(CIP)数据

无机与分析化学基础/周纯宏主编 . —北京:科学出版社,2010. 6

全国中等卫生职业教育规划教材

ISBN 978-7-03-027463-2

Ⅰ. 无…　Ⅱ. 周…　Ⅲ. ①无机化学-专业学校-教材 ②分析化学-专业学校-教材

Ⅳ. 06

中国版本图书馆 CIP 数据核字(2010)第 081625 号

策划编辑:肖　锋　吴茵杰 / 责任编辑:裴中惠　杨小玲/ 责任校对:张　琪

责任印制:徐晓晨 / 封面设计:黄　超

科学出版社出版

北京东黄城根北街 16 号

邮政编码: 100717

http://www.sciencep.com

北京京华虎彩印刷有限公司 印刷

科学出版社发行　各地新华书店经销

*

2010 年 6 月第　一　版　　开本:787×1092　1/16

2016 年10月第八次印刷　　印张:16 1/2　插页:1 页

字数:423 000

定价: 29.00 元

(如有印装质量问题,我社负责调换)

前 言

本教材是以《药剂专业教学指导方案》、《无机化学教学大纲》、《分析化学教学大纲》为依据，结合了全国17位参编人员所在的14所职业院校无机化学和分析化学教学计划、教学要求制定的教材编写纲要为基础编写的，供中等职业学校医药卫生类药剂专业使用，也可供医药卫生类护理、助产、医学检验、口腔工艺技术、医学影像技术等专业使用。

为适应中等职业教育药剂专业的改革、发展和教材建设需要，科学出版社卫生职业教育分社于2010年1月在武汉召开了编委会，组织编写本专业专业基础课和专业课的系列教材。

本书以会议精神为指导，以"科学性、启发性、基础性、实用性、够用性"相结合、课程相对独立、各课程相互衔接而不重复、专业基础课程服务于专业学科等为编写原则，以目标教学和适量的案例激发学生的学习兴趣，以相关的链接开阔学生的视野，强调"基础知识、基本理论、基本技能"的培养。

全书教学内容包括了16章和21个实验，涉及无机化学和分析化学两大部分，其中无机化学7章，分析化学9章。建议总学时144，其中理论教学98学时，实验教学46学时。

教学内容设计方面，每章都以学习目标为开始，配以案例、正文、链接、小结、目标检测、实验教学，插以演示实验等。全书结合本专业的教学需求、学生实际和各学校本学科的实际情况，对教学内容进行实用、够用、简洁、规范的设计。对部分教学内容进行了整合，如将"配合物"与"配位滴定"整合为"配合物与配位滴定法"一章；将"沉淀溶解平衡"与"沉淀滴定法"整合为"沉淀溶解平衡与沉淀滴定法"一章。对部分教学内容进行与专业课相统一的调整，如仪器分析法概述一章应药物分析化学课程要求，为适应现代科技的发展和现代分析技术的提高，增设了红外吸收光谱法、高效液相色谱法相关内容。

教学建议方面，希望教师以教材和PPT课件为依据，根据学生的实际情况，注重基本概念、基础知识、基本技能的教学，以直观教学、演示实验等激发学生的学习热情，注重学生实验技能的培养、实验规范的养成，注重学生科学态度、科学习惯和科学方法的养成，使本课程真正成为服务专业课的专业基础课程。

各校在使用本教材时，可根据本课程课时和课程要求、实验基础条件等对教学内容进行适当的调整。

本书在编写过程中，参考了大量的文献，可以说是在前人基础上的再创作。在此，向为我们创造条件的各位老师表示感谢。

本书在编写过程中得到科学出版社卫生职业教育分社领导和各位编辑的支持与帮助，得到了各参编人员所在单位的大力支持，在此表示衷心的感谢。

由于时间仓促、编者水平有限，缺点和不足在所难免，恳请广大师生提出批评、建议和意见。

周纯宏

2010年4月

目　录

第 1 章 药理学与药物治疗学总论

学习目标

1. 掌握物质的量、摩尔质量的概念及其单位
2. 掌握有关物质的量的基本计算
3. 了解摩尔体积的概念
4. 理解阿伏伽德罗常数、气体摩尔体积的概念，并能进行有关气体摩尔体积的计算

第 1 节 物质的量及其单位

一、物 质 的 量

(一) 物质的量

物质是按照一定数量的分子、原子或离子的比例来进行化学反应的。如：

$$2H_2 + O_2 = 2H_2O$$

$$C + O_2 = CO_2$$

$$H^+ + OH^- = H_2O$$

从方程式中可以看出：两个氢分子与一个氧分子反应生成两个水分子；一个碳原子与一个氧分子反应生成一个二氧化碳分子；一个氢离子与一个氢氧根离子反应生成一个水分子。

但在实际操作时，这些物质往往需要用质量来计量。因为分子、原子、离子等微粒太小，其单个的质量难以获得，必须是微粒的集体才好称量。所以需要引入一个新的物理量，用于将一定数目的微观粒子与可称量物质之间联系起来，这个新的物理量就是“物质的量”。

物质的量是国际单位制（SI 制）的 7 个基本物理量之一（表 1-1），是度量一定量微粒的集合体中所含微粒数量的物理量，符号为 n。物质的量可用来度量所有微粒数量，如分子、原子、离子、电子等，或者是它们的特定组合。书写物质的量 n 时，要标明微粒的化学式。如：

硫原子的物质的量　　记为 n_S 或 $n(S)$

氢离子的物质的量　　记为 n_{H^+} 或 $n(H^+)$

水分子的物质的量　　记为 n_{H_2O} 或 $n(H_2O)$

“物质的量”是一个物理量的专属名称，使用时不得分开或缺字。

表 1-1 国际单位制（SI 制）的基本物理量及其基本单位

物理量（符号）	基本单位名称		单位符号
	中文	英文	
长度（L）	米	meter	m
质量（m）	千克	kilogram	kg
时间（t）	秒	second	s

续表

物理量(符号)	基本单位名称		单位符号
	中文	英文	
电流强度(I)	安[培]	ampere	A
热力学温度(T)	开[尔文]	Kelvin	K
发光强度(I)	坎[德拉]	candela	cd
物质的量(n)	摩尔	mole	mol

(二) 摩尔

1971年第十四届国际计量大会正式通过决议,以“摩尔”作为物质的量的单位。规定:摩尔是一系统的物质的量,该系统中所包含的基本单元数与0.012kg ^{12}C的原子数目相等。摩尔简称摩,符号为mol。使用摩尔时应指明基本单元,它可以是分子、原子、离子、电子等,或者它们的特定组合。基本单元可以是实际存在的,也可以是根据需要假想的粒子。如:$\frac{1}{2}H_2SO_4$、$\frac{2}{5}KMnO_4$等。

实验测得,0.012kg ^{12}C(即原子核中有6个质子和6个中子的碳原子)中所含碳原子数目约为6.02×10^{23}个,这个数值最早是由意大利科学家阿伏伽德罗提出的,称为阿伏伽德罗常数,用符号N_A表示,$N_A=6.02\times10^{23}/mol$。因此,可以说,1mol任何物质都含有$6.02\times10^{23}$个基本单元。如:

1mol S 含有6.02×10^{23}个硫原子

1mol H_2含有6.02×10^{23}个氢分子

1mol Na^+含有6.02×10^{23}个钠离子

1mol($\frac{1}{2}H_2SO_4$)含有6.02×10^{23}个($\frac{1}{2}H_2SO_4$)基本单元

由此可知,物质的量相等的任何物质,所含的基本单元数目也相等。因此,若要比较几种物质所含的微粒数多少,只需要比较它们的物质的量即可。

物质B的物质的量n_B、基本单元数N_B、阿伏伽德罗常数N_A之间的关系如下:

$$n_B=\frac{N_B}{N_A} \tag{1.1}$$

物质的量好似一座桥梁,把单个的、肉眼看不见的微观粒子跟可称量的宏观物质之间联系起来,为生产和实践带来极大方便。如:化学反应式中反应物和生成物的分子、原子等微粒数目的比值,就等于它们之间物质的量的比值。

	Zn	+	$2HCl$	══	$ZnCl_2$	+	$H_2\uparrow$
微粒数:	1个		2个		1个		1个
	6.02×10^{23}个		$2\times6.02\times10^{23}$个		6.02×10^{23}个		6.02×10^{23}个
物质的量:	1mol		2mol		1mol		1mol

实际应用中物质的量还可以采用毫摩尔(mmol)、微摩尔(μmol)等单位。

$$1mol=1000mmol$$

$$1mmol=1000\mu mol$$

阿伏伽德罗简介

阿伏伽德罗(Avogadro Amedeo,1776—1856)(图 1-1),意大利科学家 。出生于律师世家,遵父命攻读法律,20 岁获都灵大学法学博士学位。毕业后曾当过律师,因对尔虞我诈的律师生活感到厌倦,于 1800 年开始研究物理学和化学。1809 年被聘为范赛里学院自然哲学教授。1820 年任都灵大学数学和物理学教授,曾一度被解职,于 1834 年又重任该校教授,直到 1850 年退休。阿伏伽德罗是都灵科学院院士,曾担任过意大利度量衡学会会长而促使意大利采用公制。

1811 年,他发现了阿伏伽德罗定律,此后,又发现了阿伏伽德罗常数:$N_A = 6.02 \times 10^{23}/\text{mol}$,这一常数以阿伏伽德罗的名字命名,用于纪念这位杰出的科学家在物理和化学领域所做的贡献。

图 1-1　阿伏伽德罗

链接

二、摩 尔 质 量

1 摩尔物质的质量通常也叫做该物质的摩尔质量,符号为 M。摩尔质量的 SI 制单位是 kg/mol,化学上常用 g/mol 表示。书写摩尔质量时要注明基本单元,如:水的摩尔质量可记为 M_{H_2O}或 $M(H_2O)$。

虽然 1 摩尔任何物质所含的基本单元数相同,但由于不同的基本单元的质量不同,所以不同物质的摩尔质量也各不相同。如:

1mol C 的质量是 12g,C 的摩尔质量记为 $M_C = 12\text{g/mol}$

1mol H_2O 的质量是 18g,H_2O 的摩尔质量记为 $M_{H_2O} = 18\text{g/mol}$

1mol $\frac{1}{2}H_2SO_4$的质量是 49g,$\frac{1}{2}H_2SO_4$的摩尔质量记为 $M_{\frac{1}{2}H_2SO_4} = 49\text{g/mol}$

1mol Na^+的质量是 23g,Na^+的摩尔质量记为 $M_{Na^+} = 23\text{g/mol}$

可见,如果以 g/mol 为单位,任何物质的摩尔质量在数值上等于该物质的化学式量。

物质 B 的物质的量 n_B、质量 m_B、摩尔质量 M_B 之间的关系如下:

$$n_B = \frac{m_B}{M_B} \tag{1.2}$$

三、有关物质的量的基本计算

例 1-1　90g H_2O 的物质的量是多少?

解:H_2O 的相对分子质量是 18,则 H_2O 的摩尔质量 $M_{H_2O} = 18\text{g/mol}$,

$$n_{H_2O} = \frac{m_{H_2O}}{M_{H_2O}} = \frac{90\text{g}}{18\text{g/mol}} = 5\text{mol}$$

答:90g H_2O 的物质的量是 5mol。

例 1-2　19g $MgCl_2$中所含 Mg^{2+}和 Cl^-的物质的量各是多少?

解:$MgCl_2$的化学式量是 95,则 $MgCl_2$的摩尔质量 $M_{MgCl_2} = 95\text{g/mol}$,

$$n_{MgCl_2} = \frac{m_{MgCl_2}}{M_{MgCl_2}} = \frac{19g}{95g/mol} = 0.2mol$$

每个 $MgCl_2$分子由 1 个 Mg^{2+} 和 2 个 Cl^- 组成，所以 1mol $MgCl_2$ 含有 1mol Mg^{2+} 和 2mol Cl^-，则

$$n_{Mg^{2+}} = 1 \times 0.2mol = 0.2mol$$

$$n_{Cl^-} = 2 \times 0.2mol = 0.4mol$$

答：19g $MgCl_2$ 中所含 Mg^{2+} 的物质的量是 0.2mol，Cl^- 的物质的量是 0.4mol。

例 1-3 2.5mol NaOH 的质量是多少？

解：NaOH 的化学式量是 40，则 NaOH 的摩尔质量 $M_{NaOH} = 40g/mol$，

$$n_{NaOH} = \frac{m_{NaOH}}{M_{NaOH}}$$

$$m_{NaOH} = n_{NaOH} \cdot M_{NaOH} = 2.5mol \times 40g/mol = 100g$$

答：2.5mol NaOH 的质量是 100g。

例 1-4 1.5mol SO_4^{2-} 的质量是多少？

解：SO_4^{2-} 的化学式量是 96，则 SO_4^{2-} 的摩尔质量 $M_{SO_4^{2-}} = 96g/mol$，

$$n_{SO_4^{2-}} = \frac{m_{SO_4^{2-}}}{M_{SO_4^{2-}}}$$

$$m_{SO_4^{2-}} = n_{SO_4^{2-}} \cdot M_{SO_4^{2-}} = 1.5mol \times 96g/mol = 144g$$

答：1.5mol SO_4^{2-} 的质量是 144g。

例 1-5 完全中和 16g NaOH 需要多少摩尔的 H_2SO_4？相当于多少个 H_2SO_4分子？

解：NaOH 的化学式量是 40，则 NaOH 的摩尔质量 $M_{NaOH} = 40g/mol$，

$$n_{NaOH} = \frac{m_{NaOH}}{M_{NaOH}} = \frac{16g}{40g/mol} = 0.4mol$$

设完全中和 16g NaOH 需要 $x$mol 的 H_2SO_4，

$$\begin{array}{llll} 2NaOH + & H_2SO_4 = Na_2SO_4 + 2H_2O \\ 2mol & 1mol \\ 0.4mol & x mol \end{array}$$

$$x = \frac{0.4mol \times 1mol}{2mol} = 0.2mol$$

0.2mol H_2SO_4的分子数：

$$N_{H_2SO_4} = n_{H_2SO_4} \cdot N_A = 0.2mol \times 6.02 \times 10^{23}/mol = 1.204 \times 10^{23}$$

答：完全中和 16g NaOH 需要 0.2mol H_2SO_4，相当于 1.204×10^{23}个 H_2SO_4分子。

案例 1-1

已知化学反应 $H_2 + CuO \xlongequal{} Cu + H_2O$，分析 4g H_2 与 80g CuO 反应的结果。

问题：

1. 方程式中各物质前的系数有什么含义？

2. 80g CuO 的物质的量是多少？含多少个 CuO 基本单元？

3. 4g H_2的物质的量是多少？在 1 标准大气压（atm，1atm = 101.325kPa）、0℃ 时的体积是多少升？

第 2 节　气体摩尔体积

一、摩尔体积

摩尔体积是指 1mol 物质的体积。在国际单位制中摩尔体积的单位是 m^3/mol，但化学上习惯用 cm^3/mol 来表示固态或液态物质的摩尔体积，用 L/mol 来表示气态物质的摩尔体积。1mol 任何物质所含的基本单元数相等，但 1mol 物质的质量往往不相等。那 1mol 物质的体积是否相等呢？

表 1-2　一些物质的摩尔体积

物质	摩尔质量/(g/mol)	密度	摩尔体积	
Al	26.98	2.70g/cm^3	9.99cm^3/L	固态物质摩尔体积不相等
Fe	55.85	7.86g/cm^3	7.11cm^3/L	
Pb	207.2	11.35g/cm^3	18.26cm^3/L	
NaCl	58.44	2.17g/cm^3	26.93cm^3/L	
H_2O	18.02	0.998g/cm^3	18.06cm^3/L	液态物质摩尔体积不相等
Br_2	159.8	3.119g/cm^3	51.23cm^3/L	
C_2H_5OH	46.07	0.789g/cm^3	58.39cm^3/L	
H_2	2.016	0.0899g/L	22.42L/mol	气体物质摩尔体积约为 22.4L
O_2	32.00	1.429g/L	22.39L/mol	
N_2	28.02	1.251g/L	22.40L/mol	
CO	28.01	1.250g/L	22.40L/mol	
CO_2	44.01	1.977g/L	22.26L/mol	

注：固体、液体密度均为 20℃时的测定值，气体密度为 0℃、1 大气压时的测定值。

从表 1-2 中我们可以看出：固态或液态物质的摩尔体积不相等，而气态物质的摩尔体积在标准状况（温度为 0℃，压强为 1 标准大气压）下时均约为 22.4L。为什么会有这样的结果呢？这是因为不同聚集状态的物质其微观结构不同（表 1-3，图 1-2）。

表 1-3　不同聚集状态物质的微观结构与性质

物质的聚集状态	宏观特点	微观结构
固态	有固定的形状，几乎不能被压缩	微粒排列紧密，微粒间距小
液态	没有固定的形状，不易被压缩	微粒排列较紧密，微粒间距较小
气态	没有固定的形状，且容易被压缩	微粒间距较大

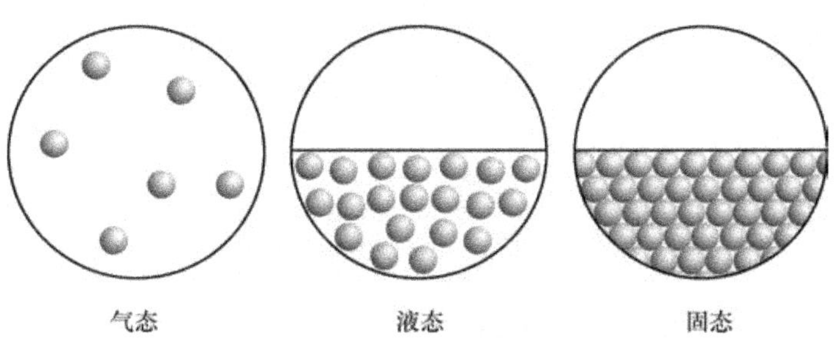

图 1-2　不同聚集状态物质的微观结构模型

固、液态物质的摩尔体积没有规律,只有气态物质的摩尔体积才有规律,所以讨论气体的摩尔体积才是有意义的。

二、气体摩尔体积

影响物质体积大小的因素有微粒数、微粒的大小、微粒间距。对气态物质来说,分子间的距离远远大于气体分子本身的大小,因此,气体的体积大小主要决定于分子间的平均距离。气体分子之间的平均距离与温度和压强有着密切的关系。对一定量的气体,温度越高,分子间距越大,气体的体积也越大;压强越大,分子间距越小,气体的体积也越小。因为在相同的状况(即同温同压)下,不同气体分子间的平均距离几乎都相同,所以在同温同压下,物质的量相等的任何气体,其体积也几乎相同。

实验发现和证实:在标准状况下,1mol 任何气体所占的体积都约为 22.4L,我们称之为气体摩尔体积,记为:$V_{m,0} = 22.4L/mol$。

在标准状况下,气体的物质的量 n_B、体积 V_B、气体摩尔体积 $V_{m,0}$之间的关系如下:

$$n_B = \frac{V_B}{V_{m,0}} \tag{1.3}$$

由公式(1.3)和公式(1.1)可知,若要比较几种气体的物质的量或分子数的大小,只要比较它们在相同状况下的体积大小即可。

“在同温同压下,相同体积的任何气体都含有相同数目的分子”。这一结论是阿伏伽德罗在 1811 年提出的,被后人称之为阿伏伽德罗定律。

例 1-6 成人在平静呼吸时,每小时大约呼出 CO_2 22g,求每小时呼出 CO_2的体积是多少?(折算为标准状况)

解:CO_2的相对分子质量是 44,则 CO_2的摩尔质量 $M_{CO_2} = 44g/mol$,

$$n_{CO_2} = \frac{m_{CO_2}}{M_{CO_2}} = \frac{22g}{44g/mol} = 0.5mol$$

$$n_{CO_2} = \frac{V_{CO_2}}{V_{m,0}}$$

$$V_{CO_2} = n_{CO_2} \cdot V_{m,0} = 0.5mol \times 22.4L/mol = 11.2L$$

答:成人在平静呼吸时,每小时大约呼出标准状况的 CO_2 11.2L。

例 1-7 实验室里可用锌与稀盐酸制备氢气,13g 锌与足量稀盐酸反应,最多可收集多少升标准状况的氢气?

解:Zn 的相对原子质量是 65,则 Zn 的摩尔质量 $M_{Zn} = 65g/mol$,

$$n_{Zn} = \frac{m_{Zn}}{M_{Zn}} = \frac{13g}{65g/mol} = 0.2mol$$

设 13g 锌与足量稀盐酸反应最多可收集 V 升标准状况的氢气,

$$\begin{array}{lllll} Zn & + & 2HCl = & ZnCl_2 & + \; H_2\uparrow \\ 1mol & & & & 22.4L \\ 0.2mol & & & & VL \end{array}$$

$$V = \frac{0.2mol \times 22.4L}{1mol} = 4.48L$$

答:13g 锌与足量稀盐酸反应最多可收集 4.48L 标准状况的氢气。

小结

物质的量是国际单位制中七个基本物理量之一，是度量一定量微粒的集合体中所含微粒数量的物理量，符号为 n。“物质的量”是一个物理量的专属名称，使用时不得分开或缺字。

物质的量的单位是摩尔，每摩尔物质都含有阿伏伽德罗常数个基本单元，阿伏伽德罗常数 $N_A = 6.02 \times 10^{23}/mol$。

使用物质的量和摩尔时应指明基本单元，基本单元可以是分子、原子、离子、电子等，或者它们的特定组合。基本单元可以是实际存在的，也可以是根据需要假想的粒子。

物质B的物质的量 n_B、基本单元数 N_B、阿伏伽德罗常数 N_A 之间的关系如下：

$$n_B = \frac{N_B}{N_A}$$

化学反应式中反应物和生成物的系数比值，就等于它们之间物质的量的比值。

摩尔质量是1mol物质的质量，符号为 M。如果以g/mol为单位，任何物质的摩尔质量在数值上等于该物质的化学式量。

物质B的物质的量 n_B、质量 m_B、摩尔质量 M_B 之间的关系如下：

$$n_B = \frac{m_B}{M_B}$$

在标准状况下，1mol任何气体所占的体积都约为22.4L，这个体积称为气体摩尔体积，记为：$V_{m,0} = 22.4L/mol$。

在标准状况下，气体的物质的量 n_B、体积 V_B、气体摩尔体积 $V_{m,0}$ 之间的关系如下：

$$n_B = \frac{V_B}{V_{m,0}}$$

目标检测

一、名词解释

1. 物质的量　2. 摩尔　3. 摩尔质量
4. 气体摩尔体积

二、填空题

1. 物质的量的符号是________，单位是________；摩尔质量的符号是________，单位是________；阿伏伽德罗常数的数值是________。
2. 0.5mol H_2O 含有________个 H_2O 分子，________个H原子，________个O原子。
3. 32g SO_2 的物质的量是________mol，标准状况下的体积是________L，含________mol硫原子，________mol氧原子。
4. NaOH的摩尔质量是________g/mol，1.5mol NaOH的质量是________g，其中 Na^+ 的质量是________g。
5. SO_4^{2-} 的摩尔质量是________g/mol，48g SO_4^{2-} 的物质的量是________mol。
6. 125g $CuSO_4 \cdot 5H_2O$ 的物质的量是________mol，含________mol H_2O。

三、选择题

1. 阿伏伽德罗常数的数值是(　　)
   A. 3.01×10^{22}　B. 6.02×10^{22}
   C. 6.02×10^{23}　D. 3.01×10^{23}
2. 下列物质摩尔质量为44g/mol的是(　　)
   A. CO_2　B. O_2
   C. NaOH　D. H_2O
3. 取下列物质各10g，含原子数最多的物质是(　　)
   A. C　B. Al　C. Na　D. Fe
4. 1mol下列物质，质量最大的是(　　)
   A. H_2　B. NaCl
   C. $CuSO_4 \cdot 5H_2O$　D. H_2O
5. 关于摩尔的叙述正确的是(　　)
   A. 摩尔是物质质量的单位
   B. 摩尔是物质的量的单位

C. 摩尔是6.02×10^{22}个基本单元

D. 摩尔是物质体积的单位

6. 16g 氧气所含 O_2分子的数目是(　　)

A. 16　　B. 6.02×10^{23}

C. 3.01×10^{23}　　D. 2

7. 3.01×10^{24}个分子的物质的量是(　　)mol

A. 5　　B. 0.5　　C. 0.2　　D. 2

8. 对于同温同压下的气体,下列叙述不正确的是(　　)

A. 气体分子间的距离几乎相等

B. 体积相同,物质的量几乎相等

C. 体积相同,所含分子数几乎相等

D. 体积相同,气体质量几乎相等

9. 下列物质在标准状况下体积约为 22.4L 的是(　　)

A. 22g CO_2　　B. 32g O_2

C. 6.02×10^{20}个 Cl_2　　D. 18g H_2O

10. 下列叙述正确的是(　　)

A. 1mol 任何气体的体积都约为 22.4L

B. 标准状况下 1mol 水的体积约为 22.4L

C. 1mol 任何物质在标准状况下的体积都约为 22.4L

D. 标准状况下,1mol 任何气体的体积都约为 22.4L

四、简答题

1. 指出下列反应式中各物质的物质的量之比

(1) $2NaOH + H_2SO_4 = Na_2SO_4 + 2H_2O$

(2) $Fe_2O_3 + 3CO \xlongequal{高温} 2Fe + 3CO_2\uparrow$

(3) $2KClO_3 \xlongequal{加热} 2KCl + 3O_2\uparrow$

(4) $Zn + 2HCl = ZnCl_2 + H_2\uparrow$

2. 5L 氢气和 5L 氧气所含分子数一定相等吗?

五、计算题

1. 计算下列物质的质量

(1) 0.1mol S

(2) 2.5mol Cu

(3) 1.5mol $CuSO_4\cdot5H_2O$

(4) 2mol CO_3^{2-}

2. 计算下列物质的物质的量

(1) 3.2g O_2　　(2) 2.2g CO_2

(3) 4g Ca^{2+}

(4) 1.12g 乳酸钠($NaC_3H_5O_3$)

3. 完全中和 53g Na_2CO_3需要 HCl 多少摩尔?

4. 用氯酸钾制备氧气,若要制得标准状况下的氧气 33.6L,至少需要氯酸钾多少摩尔?相当于氯酸钾多少克?

(曲丽雯　苏文昭)

第2章 溶液

学习目标

1. 了解分散系和溶液的渗透压
2. 了解胶体溶液的制备和溶胶的保护
3. 理解胶体溶液的性质、溶液浓度的换算等相关知识
4. 掌握溶液浓度的表示方法，并能够熟练进行计算
5. 掌握溶液配制和稀释的方法、相关计算，并能熟练进行实验操作

溶液与化工生产、化学实验以及我们的日常生活息息相关。溶液的浓度如何表示？溶液有什么样的组成和性质？如何通过计算配制和稀释出我们所需要的、一定浓度的溶液呢？如何进行配制和稀释的实验操作呢？本章我们一起来学习这些问题。

第1节 分散系

一种或几种物质被分散成细小的粒子，分散在另一种物质里所得到的体系叫做分散系。其中，被分散的物质叫做分散相（分散质），容纳分散相的物质叫做分散介质（分散剂）。例如，葡萄糖溶液、碘酒、泥浆水、油水分散系中，葡萄糖、碘、泥沙、油为分散相，分散介质分别为水、酒精、水、水。

根据分散相粒子的大小不同，把分散系分为以下三类：分子或离子分散系、胶体分散系和粗分散系。

一、分子或离子分散系

分散相粒子的直径小于1nm并以分子或离子状态均匀分散在分散介质中所形成的分散系叫做分子或离子分散系。在这类分散系中，分散相粒子是单个的分子或离子，分散相粒子能透过滤纸和半透膜。这类分散系的主要特征是均匀、透明、很稳定。

分子或离子分散系通常又叫做真溶液，简称溶液。在真溶液里，分散相又叫做溶质，分散介质又叫做溶剂。水是最常用的溶剂，一般不指明溶剂的溶液都为水溶液。例如，临床上用的生理盐水等。

饱和溶液和不饱和溶液

在一定温度下的分散系中，一定量的溶剂不能再溶解某种溶质的溶液称为该溶质的饱和溶液。饱和溶液中溶质的量达到最大值。如果还能继续溶解某种溶质的溶液，称为这种溶质的不饱和溶液。通常在一定温度下，100g溶剂中所能溶解溶质的最大质量(g)，就是此温度下，该溶质在该溶剂中的溶解度(g)。化学上通常把在室温(20℃)条件下的水溶液中，溶解度大于10g的称为易溶物质；溶解度在1～10g之间的称为可溶物质；溶解度在0.01～1g之间的称为微溶物质；溶解度在0.01g以下的称为难溶或不溶物质。

链接

二、胶体分散系

分散相粒子的直径在1～100nm之间的分散系叫做胶体分散系，简称胶体溶液。这类分散系的分散相中，有的是由许多分子聚集而成的多分子聚集体，例如，氢氧化铁溶胶、硫化砷溶胶等，多分子的聚集体分散在液体（例如水）中所形成的胶体溶液，简称溶胶；另有一些分散相的粒子是单个的高分子，例如，蛋白质溶液、淀粉溶液等，这些溶液属于高分子溶液。胶体溶液主要包括溶胶和高分子溶液。胶体溶液的分散相粒子比分子或离子分散系粒子大，所以其溶液和分子溶液不能透过半透膜，但能透过滤纸。胶体分散系主要特征是外观透明，比较稳定。

胶体溶液的种类有很多，若按照分散介质的物理状态不同，可以分为液溶胶、气溶胶和固溶胶。气溶胶如粉尘、小水珠等分散在大气中形成的烟或雾；固溶胶如含有颜料颗粒的有色玻璃、合金等。

三、粗分散系

分散相粒子的直径大于100nm的分散系叫做粗分散系。这类分散系的分散相粒子是大量分子的聚集体，比胶体粒子更粗大，能阻止光线通过，也容易受重力作用而沉降。所以，粗分散系的特征是很不均匀、很不稳定，整个体系浑浊而不透明，分散相粒子不能透过滤纸和半透膜。粗分散系主要包括悬浊液和乳状液。

（一）悬浊液

不溶性的固体小颗粒分散在液体中所形成的分散系叫做悬浊液。例如，泥浆水、氢氧化铝凝胶、外用皮肤杀菌药硫磺合剂、氧化锌涂剂等。

（二）乳浊液

液体以微小液珠的形式分散在与它不相混溶的另一种液体中而形成的分散体系叫做乳浊液。例如，牛奶、医药上用的松节油搽剂、乳白鱼肝油等。为了提高稳定性，增强疗效，在悬浊液、乳浊液中常常加入助悬剂（如树胶）和乳化剂（如琼脂）等。

第2节 胶体溶液

案例 2-1

在人体血液及体液中存在有许多的盐类，如氯化钠、碳酸氢钠等。其中有一些是微溶的物质，包括碳酸钙、磷酸钙等，但它们却不会在血液中沉淀下来，而是以胶体的形式存在，请参阅相关资料回答下列问题：

1. 血液中碳酸钙、磷酸钙等微溶的物质为什么能以胶体形式存在？
2. 血液中的哪一种高分子化合物对上述物质起到了保护作用？
3. 如果血液中的这种高分子化合物浓度降低会产生什么不良的后果？

一、溶胶的制备

制备溶胶的方法有两种:一种是将较大的固体颗粒粉碎成胶粒的分散法;另一种是使分子或离子聚集成胶粒的凝聚法。下面介绍重要的化学凝聚法。

在适当的条件下,使化学反应中生成的难溶性物质聚集成胶体粒子的方法,叫做化学凝聚法。例如,在沸水中逐滴加入三氯化铁溶液,则生成了由氢氧化铁胶粒分散在溶液中的红棕色、透明的氢氧化铁溶胶,而氢氧化铁不发生沉淀。

实验室制备氢氧化铁溶胶时,需要在沸水中滴加三氯化铁溶液。加热时间过长或加入大量的三氯化铁,就会产生氢氧化铁沉淀而得不到溶胶。所以,需要注意反应条件。具体原因,我们将在第7章进行学习。

二、溶胶的性质

因为溶胶的粒子大小介于溶液和粗分散系之间,因此有许多特殊的性质。

(一) 丁铎尔效应

如图2-1,在暗室里,当一束很强的聚光透过胶体溶液时,可以从烧杯侧面看到胶体溶液中有一道明亮的光柱,这种现象称为丁铎尔效应。真溶液中由于分散相粒子很小,光线直接通过而没有散射聚光,看不到此现象。所以,可以用丁铎尔效应来区别真溶液和胶体溶液。

(二) 电泳现象

如果把红棕色的氢氧化铁溶胶置于U形管中(图2-2),在管的两端插入两个电极,接通直流电源后,可以观察到在阴极附近红棕色逐渐变深,而阳极附近红棕色逐渐变浅。表明氢氧化铁胶体粒子带正电荷,移向阴极。这种在外电场的作用下,胶体粒子在分散介质中向阳极或阴极移动的现象叫做电泳现象。电泳现象说明胶粒带电,如氢氧化铁胶粒带有正电荷,硫化砷胶粒带有负电荷。

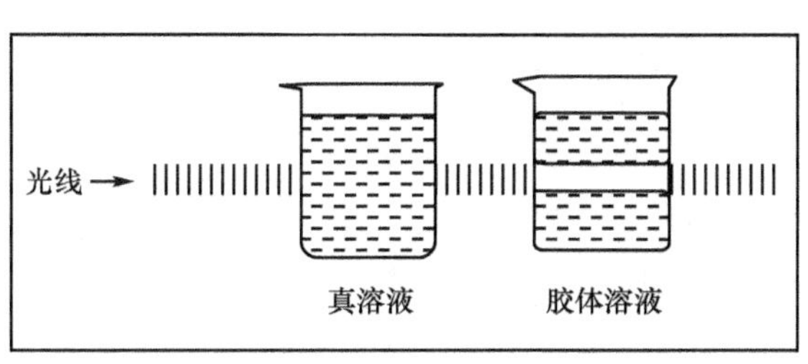

图2-1 丁铎尔效应

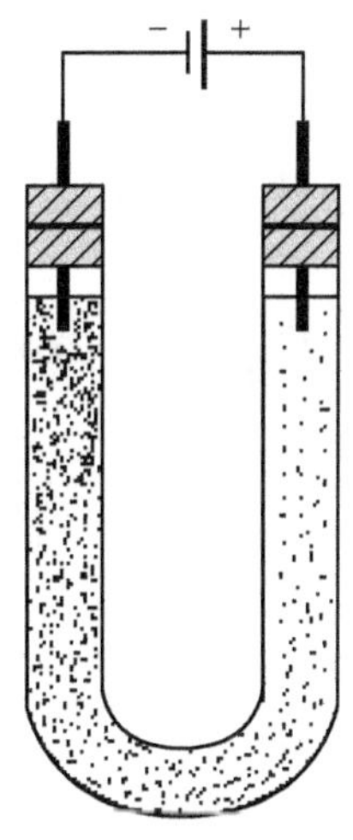

图2-2 电泳现象

三、溶胶的稳定性和聚沉

(一) 溶胶的稳定性

溶胶具有一定的稳定性,主要原因有两点:

1. 胶粒带电　同种胶粒带同种电荷,互相排斥,从而阻止了胶粒互相接近,使之不易聚集成较大的颗粒而沉淀。

2. 胶粒的溶剂化作用　由于吸附在胶粒表面的离子,对溶剂分子有吸附力,能将溶剂分子吸附到胶粒表面,形成一层溶剂化膜(溶剂为水时称水化膜),从而阻止了胶粒的相互聚集。

(二) 溶胶的聚沉

溶胶的稳定是相对的、暂时的,一旦减弱或消除溶胶的稳定因素,胶粒就会立即聚集成较大的粒子而沉降下来。使胶体粒子由小变大的过程即为聚集,由聚集而沉淀析出的过程为聚沉。使胶粒聚沉的主要方法有两种:

1. 加入少量的电解质　加入少量的电解质后,胶粒吸引了带异种电荷的离子,导致胶粒所带的电荷被中和或减少,溶剂化膜随之变薄或消失,从而使溶胶发生聚沉。常用的电解质一般有硫酸盐等。

2. 加入与胶粒带相反电荷的溶胶　在胶体溶液中加入胶粒带相反电荷的溶胶,也能引起溶胶的聚沉,这种聚沉现象又称为互沉现象,聚沉的程度与两种溶胶的比例有关。当两种溶胶的胶粒电性被完全中和时,沉淀最完全。例如,将硫化砷溶胶与氢氧化铁溶胶混合,使两种胶粒所带的电荷完全中和,就会立即聚沉。

四、高分子溶液

高分子是指相对分子质量从几千到几十万甚至几百万的化合物,通常称为高分子化合物,简称高分子。高分子化合物溶液简称高分子溶液,即高分子溶解在适当的溶剂中所形成的溶液。如蛋白质溶液、淀粉溶液等,还有大多数生物和生化药品都是天然高分子化合物,如抗病毒的干扰素、防止传染病的各种疫苗等。由于高分子的特殊性,高分子溶液具有胶体溶液和自身的一些特性。

(一) 高分子溶液的特性

1. 稳定性大　高分子溶液比溶胶稳定,其稳定性与真溶液相似。在无菌及溶剂不蒸发的情况下,高分子溶液可以长期放置而不沉淀析出。这是因为其溶剂化能力很强,在每个高分子周围能形成一层牢固的溶剂化膜。

2. 黏度大　高分子溶液的黏度较大,如蛋白质和淀粉溶液都有很大的黏度。用大量的电解质可以使高分子化合物从溶液中聚沉,此过程即为高分子的盐析。实际上可以通过盐析的方法制取一些常见蛋白质。

(二) 高分子溶液对溶胶的保护作用

在溶胶中加入一定量的高分子溶液,能显著地提高溶胶对电解质的稳定性,这种现象叫做高分子溶液对溶胶的保护作用。如在氯化钠溶液中加入适量的明胶溶液，边摇边加入适量的硝酸银溶液，此时无氯化银沉淀，而是形成氯化银胶体溶液，在此过程中明胶这种高分子就起到了保护作用。

凝胶及其重要的生理意义

高分子溶液在适当条件（如黏度增大到一定程度）时，整个体系成为一种不能流动的、有弹性的半固体状态，即形成了凝胶，形态如果冻。例如，将琼脂溶于热水中配成溶液冷却后便形成凝胶。

高分子溶液所形成凝胶根据其中液体含量的多少可以分为几种：液体含量多（常在90%以上）的凝胶叫胶冻，如血块、肉冻等；液体含量少的凝胶叫干凝胶，如明胶、指甲、毛发等。凝胶在人体组成中占有重要的地位，人体的肌肉、脑髓、细胞膜等都是凝胶，人体中占体重2/3的水，基本上都保存在凝胶里而不是以流动的形式存在，从而有效地保持了人体的重要组织的功能。

链接

第3节 溶液的浓度

在实际应用中，许多物质需要配成一定浓度的溶液。溶液的浓度是指一定量的溶液（或溶剂）中所含溶质的量。表示溶液浓度的方法有很多，下面我们来学习医药上常用几种方法。

一、溶液浓度的表示方法

（一）物质的量浓度

溶质B的物质的量（n_B）除以溶液的体积（V），称为溶质B的物质的量浓度。用符号c_B或c(B)表示，也可以用[B]表示。例如，某氢氧化钠溶液物质的量浓度，记为c_{NaOH}或c(NaOH)，也可以用[NaOH]表示。

物质的量浓度定义方程为：

$$c_B = \frac{n_B}{V}$$

物质的量浓度的SI单位是mol/m^3，在化学和医药上常用mol/L、mmol/L、μmol/L等表示。

因为$n_B = \frac{m_B}{M_B}$，如果已知溶质的质量，则$c_B = \frac{m_B}{M_B V}$。

物质的量浓度的计算主要有以下几种类型：

1. 已知溶质的质量和溶液的体积，求物质的量浓度

例2-1 将4g NaOH溶于水制成250mL溶液，求该溶液的物质的量浓度。

解：∵ $m_{NaOH} = 4g$ $M_{NaOH} = 40g/mol$ $V = 250mL = 0.25L$

$$\therefore \quad c_{NaOH} = \frac{m_{NaOH}}{M_{NaOH} V} = \frac{4g}{40g/mol \times 0.25L} = 0.4mol/L$$

答：该溶液物质的量浓度是0.4mol/L。

2. 已知物质的量的浓度和体积,求溶质的质量

例 2-2 配制 2L 0.154mol/L 生理盐水,需要 NaCl 多少克?

解:$\because$ $c_{NaCl}=0.154mol/L$ $V=2L$ $M_{NaCl}=58.5g/mol$

$n_{NaCl}=c_{NaCl}\cdot V=0.154mol/L\times 2L=0.308mol$

$\therefore$ $m_{NaCl}=n_{NaCl}\cdot M_{NaCl}=0.308mol\times 58.5g/mol=18.018g$

答:配制 2L 0.154mol/L 生理盐水,需要 18.018g NaCl。

例 2-3 配制 0.1mol/L 碳酸钠溶液 500mL,需要 $Na_2CO_3\cdot 10H_2O$ 多少克?

解:$\because$ $c_{Na_2CO_3}=0.1mol/L$ $M_{Na_2CO_3\cdot 10H_2O}=286g/mol$

$V=500ml=0.5L$

$n_{Na_2CO_3}=c_{Na_2CO_3}\cdot V=0.1mol/L\times 0.5L=0.05mol$

$n_{Na_2CO_3\cdot 10H_2O}=n_{Na_2CO_3}$

$\therefore$ $m_{Na_2CO_3\cdot 10H_2O}=n_{Na_2CO_3\cdot 10H_2O}\cdot M_{Na_2CO_3\cdot 10H_2O}$

$=0.05mol\times 286g/mol=14.3g$

答:配制 0.1mol/L 碳酸钠溶液 500mL,需要 $Na_2CO_3\cdot 10H_2O$ 14.3g。

3. 已知溶质的质量和溶液的浓度,求溶液的体积

例 2-4 现有 $NaHCO_3$ 8.4g,能配制 0.2mol/L 的 $NaHCO_3$溶液多少升?

解: $\because$ $m_{NaHCO_3}=8.4g$ $c_{NaHCO_3}=0.2mol/L$

$M_{NaHCO_3}=84g/mol$

$$\therefore n_{NaHCO_3}=\frac{m_{NaHCO_3}}{M_{NaHCO_3}}=\frac{8.4g}{84g/mol}=0.1mol$$

$$\therefore V=\frac{n_{NaHCO_3}}{c_{NaHCO_3}}=\frac{0.1mol}{0.2mol/L}=0.5L$$

答:8.4g $NaHCO_3$能配制 0.2mol/L $NaHCO_3$溶液 0.5L。

(二) 质量浓度

溶质 B 的质量除以溶液的体积,称为溶液 B 的质量溶度。用符号 ρ_B 表示。例如,某氯化钠溶液的质量浓度为 ρ_{NaCl}或 $\rho(NaCl)$。

质量浓度的定义方程式为:

$$\rho_B=\frac{m_B}{V}$$

质量浓度的单位在化学和医药上多用 g/L、mg/L、μg/L 等表示(使用时,要注意质量浓度 ρ_B 与密度 ρ 的区别。它们的符号相同但含义不一样,密度中的 m 是溶液的质量,而质量浓度中的 m_B 是溶质的质量)

例 2-5 我国药典规定,大量输液用的葡萄糖($C_6H_{12}O_6$)注射液的规格是 0.5L 溶液中含结晶葡萄糖($C_6H_{12}O_6\cdot H_2O$)25g,问此注射液的质量浓度是多少?

解: $\because$ $M_{C_6H_{12}O_6\cdot H_2O}=198g/mol$ $M_{C_6H_{12}O_6}=180g/mol$

$m_{C_6H_{12}O_6\cdot H_2O}=25g$ $V=0.5L$

设 25g 结晶葡萄糖里含 xg 葡萄糖

$$\begin{array}{ccc} C_6H_{12}O_6\cdot H_2O & \sim & C_6H_{12}O_6 \\ 198g & & 180g \\ 25g & & x \end{array}$$

$$x=\frac{180g\times 25g}{198g}\approx 22.7g$$

$$\rho_{C_6H_{12}O_6} = \frac{m_{C_6H_{12}O_6}}{V} = \frac{22.7g}{0.5L} = 45.4g/L$$

答：这种葡萄糖（$C_6H_{12}O_6$）注射液的质量浓度为45.4g/L。

例2-6 正常人血浆中血浆蛋白的质量浓度为70g/L，问100mL血浆含有血浆蛋白多少克？

解：设血浆蛋白化学式为B。

$\because$ $\rho_B = 70g/L$ $V = 100mL = 0.1L$

$\rho_B = \frac{m_B}{V}$ $\therefore$ $m_B = \rho_B \times V = 70g/L \times 0.1L = 7g$

答：100mL血浆中含血浆蛋白7g。

（三）体积分数

溶质B的体积与溶液的体积之比，称为溶质B的体积分数。用符号φ_B表示。

体积分数的定义方程式为：

$$\varphi_B = \frac{V_B}{V}$$

体积分数可以用小数表示，也可用百分数表示。例如，酒精的体积分数为$\varphi_B = 0.95$或$\varphi_B = 95\%$。

需要注意的是：一般情况下溶质应为液态，溶质和溶液的体积单位必须相同。

案例2-2

$\varphi_B = 0.3 \sim 0.50$的甘油水溶液有防止皮肤水分丢失的作用，所以可以用来作为润肤液的组成成分。现有甘油150mL，问可配制$\varphi_B = 0.3$的甘油润肤液多少毫升？

例2-7 750mL酒精加水配成1000mL医用酒精溶液，求该酒精溶液中酒精的体积分数。

解：$\because$ $V = 1000mL$ $V_B = 750mL$

$\therefore$ $\varphi_B = \frac{V_B}{V} = \frac{750mL}{1000mL} = 0.75$

答：该医用酒精溶液中酒精的体积分数是0.75。

（四）质量分数

溶质B的质量与溶液质量之比，称为溶质B的质量分数。用符号ω_B表示。

质量分数的定义方程式为：

$$\omega_B = \frac{m_B}{m}$$

质量分数可以用小数表示，也可用百分数表示。例如，浓盐酸的质量分数$\omega_B = 0.36$或$\omega_B = 36\%$。

注意：计算时溶质和溶液的质量单位必须相同。

例2-8 0.5L浓盐酸（$\rho = 1.18kg/L$）中含HCl的质量是212.4g，求该浓HCl溶液的质量分数是多少？

解：$\because$ $V = 0.5L$ $m_{HCl} = 212.4g$ $\rho = 1.18kg/L = 1180g/L$

$m = \rho \cdot V = 1180g/L \times 0.5L = 590g$

$$\therefore \omega_B = \frac{m_B}{m} = \frac{m_{HCl}}{m} = \frac{212.4g}{590g} = 0.36$$

答：该浓 HCl 溶液的质量分数是 0.36。

二、溶液浓度的换算

在实际工作中，经常需要将溶液浓度由一种表示法变换成另一种表示法，换算只是浓度变换，而溶质的量和溶液的量都未改变。常见的有两种类型：

（一）物质的量浓度与质量浓度之间的换算

根据物质的量浓度、质量浓度的表示式可以推导出物质的量浓度与质量浓度之间的换算公式为：

$$\rho_B = c_B \cdot M_B \qquad 或 \qquad c_B = \frac{\rho_B}{M_B}$$

案例 2-3

临床纠正酸中毒时，通常使用乳酸钠($NaC_3H_6O_3$)注射液，它的规格为每支 20mL 注射液中含有乳酸钠 2.24g，问它的物质的量浓度是多少？

例 2-9 计算 0.154mol/L 的生理盐水的质量浓度是多少？

解： $\because c_B = 0.154mol/L \quad M_B = 58.5g/mol$

$\therefore \rho_B = c_B \cdot M_B = 0.154mol/L \times 58.5g/mol = 9g/L$

答：该生理盐水的质量浓度为 9g/L。

（二）物质的量浓度与质量分数之间的换算

根据公式：$m = \rho \cdot V$、$c_B = \frac{n_B}{V}$、$\omega_B = \frac{m_B}{m}$ 可以推导出物质的量浓度与质量分数之间的换算公式为：

$$c_B = \frac{\omega_B \cdot \rho}{M_B} \qquad 或 \qquad \omega_B = \frac{c_B \cdot M_B}{\rho}$$

例 2-10 市售浓盐酸 $\omega_B = 0.365$，$\rho = 1.19kg/L$，它的物质的量的浓度是多少？

解：$\because M_B = 36.5g/mol \qquad \omega_B = 0.365 \qquad \rho = 1.19kg/L = 1190g/L$

$$\therefore c_B = \frac{\omega_B \cdot \rho}{M_B} = \frac{0.365 \times 1190g/L}{36.5g/mol} = 11.9mol/L$$

答：浓盐酸的物质的量的浓度为 11.9mol/L。

三、溶液的配制和稀释

（一）稀释定律

稀释是指向溶液中加入溶剂使浓溶液的浓度变小的过程。因此，此过程的特点是稀释前后溶液的体积发生了改变，但只是增加了溶剂的量，而溶质的量并没有发生改变。根据上述稀释定律得到下列稀释公式：

稀释前溶质的量 = 稀释后溶质的量

根据常用的四种浓度，稀释公式则有：

$$c_{B_1} \cdot V_1 = c_{B_2} \cdot V_2$$

$$\rho_{B_1} \cdot V_1 = \rho_{B_2} \cdot V_2$$

$$\varphi_{B_1} \cdot V_1 = \varphi_{B_2} \cdot V_2$$

$$\omega_{B_1} \cdot m_1 = \omega_{B_2} \cdot m_2$$

这些公式中的下标“1”常代表稀释前的溶液，“2”代表稀释后的溶液。

注意：使用稀释公式时，稀释前后的浓度、体积或质量单位必须一致。

（二）有关计算

案例 2-4

实验室要准备 0.2mol/L 的稀盐酸溶液 800mL，问需要 12mol/L 的市售浓盐酸多少毫升？

例 2-11　用 $\varphi_B = 0.95$ 的药用酒精 600mL，可配制 $\varphi_B = 0.75$ 的消毒用酒精多少毫升？

解：∵　$\varphi_{B_1} = 0.95$　　$\varphi_{B_2} = 0.75$　　$V_1 = 600\text{mL}$

$\varphi_{B_1} \cdot V_1 = \varphi_{B_2} \cdot V_2$　　$0.95 \times 600\text{mL} = 0.75 \times V_2$　　$\therefore V_2 = 760\text{mL}$

答：可配制 $\varphi_B = 0.75$ 的消毒酒精 760mL。

（三）溶液的配制

一定质量溶液的配制：用一定质量的溶液中所含溶质的质量来表示的浓度，如质量分数。这种溶液的配制是将定量的溶质和溶剂混合均匀即可。如配制 $\omega_B = 0.1$ 的 NaCl 溶液 100g，称取 10g NaCl 与 90g 水，在烧杯混合溶解即可。

一定体积溶液的配制：用一定体积的溶液中所含溶质的量来表示的浓度，如物质的量浓度、质量浓度和体积分数。该类溶液的配制方法是将一定量（质量或体积）的溶质与适量的溶剂混合，溶质完全溶解后，再加溶剂至所需的体积。

溶液配制时要根据不同的要求选择不同的仪器及操作方法。一般的溶液（溶液浓度精确度要求不高的溶液），溶液的配制是用托盘天平称量物质的质量，用量筒或量杯度量溶液的体积。若配制的溶液浓度需要十分精确时（如在后面的分析化学中的有关溶液的配制），需用分析天平称量（液态溶质需用移液管取液）和容量瓶配制。

下面介绍一般溶液的配制方法。

1. 溶液的稀释　这种溶液的配制步骤通常是：①计算；②量取；③定容；④混匀。

例 2-12　用 14mol/L 的浓氨水配制浓度为 0.2mol/L 稀氨水 1000mL，需浓氨水多少毫升？如何配制？

解：①计算：根据稀释公式 $c_{B_1} \cdot V_1 = c_{B_2} \cdot V_2$

$$14\text{mol/L} \times V_1 = 0.2\text{mol/L} \times 1000\text{mL}$$

$$V_1 \approx 14.3\text{mL}$$

②量取：用 20mL 量筒量取浓氨水 14.3mL，倒入 1000mL 量杯中。

③定容：向1000mL量杯中加蒸馏水稀释至接近1000mL刻度线时，改用胶头滴管逐滴滴入蒸馏水至刻度。

④混匀：将所得溶液用玻璃棒搅拌均匀即可。

将所配溶液倒入试剂瓶中并贴上标签，注明溶液名称、浓度和配制日期。

2. 固体溶质配成溶液　这种溶液的配制步骤是：①计算；②称量；③溶解；④转移；⑤定容；⑥混匀。

案例2-5

在配制250mL 0.2mol/L氯化钠溶液实验中，有一同学在固体氯化钠未在小烧杯完全溶解时就转移入量杯；另一名学生在转移后没有将小烧杯用蒸馏水洗涤2~3次；还有一位学生在向量杯中加蒸馏水至接近250mL刻度线处时，没有改用胶头滴管而使溶液体积大大超过了250mL刻度线，请你说明上述三位学生操作是否正确？如有错误请指出，并分析对配制结果有何影响。

例2-13　如何配制500mL 0.154mol/L的生理盐水？

解：①计算：

$$m_B = c_B \times V \times M_B$$
$$= 0.154\text{mol/L} \times 0.5\text{L} \times 58.5\text{g/mol}$$
$$= 4.5045\text{g} \approx 4.5\text{g}$$

②称量：在托盘天平上称取4.5g氯化钠固体。

③溶解：将称好的4.5g氯化钠固体溶质放入50mL烧杯中，加适量蒸馏水，用玻璃棒搅拌溶解。

④转移：将上述完全溶解的固体溶质用玻璃棒引流转移到500mL的量杯中，再用少量蒸馏水洗涤小烧杯2~3次，并把洗涤液全部转移到500mL量杯中。

⑤定容：向量杯中加蒸馏水至接近500mL刻度线处时，改用胶头滴管逐滴滴入蒸馏水至刻度。

⑥混匀：将所得溶液用玻璃棒搅拌均匀即可。

将所配溶液倒入试剂瓶中并贴上标签，注明溶液名称、浓度和配制日期。

第4节　溶液的渗透压

一、渗透现象和渗透压

（一）渗透现象

在一杯纯水中加入少量浓的蔗糖溶液，静置一段时间整杯水都会有甜味，最后得到浓度均匀的蔗糖溶液，这种现象叫做扩散。扩散是一种双向运动，是溶质分子和溶剂分子相互运动的结果。只要两种不同浓度的溶液相互接触，都会发生扩散现象。

有一种性质特殊的膜，它只允许较小的溶剂分子自由通过，而溶质分子很难通过，这种膜叫做半透膜。如生物的细胞膜、动物的膀胱膜等都是半透膜。如果用半透膜把水和蔗糖溶液隔开，那会发生怎样的现象呢？

在长颈漏斗口用丝线缚上一层半透膜，这种半透膜只让水分子通过，而蔗糖分子很难通过。

倒置漏斗，向漏斗装入蔗糖溶液，然后把它安装固定在一盛水的烧杯中，并使漏斗内蔗糖溶液的液面与烧杯中水面相平，一段时间后，就可看到漏斗内液面上升，当液面上升到一定高度后，就不再改变了(图2-3)。如果把烧杯的水换成浓度较稀的蔗糖溶液，也会发生以上的现象。这种溶剂分子通过半透膜由纯溶剂进入溶液或由稀溶液进入浓溶液的现象，叫做渗透现象，简称渗透。

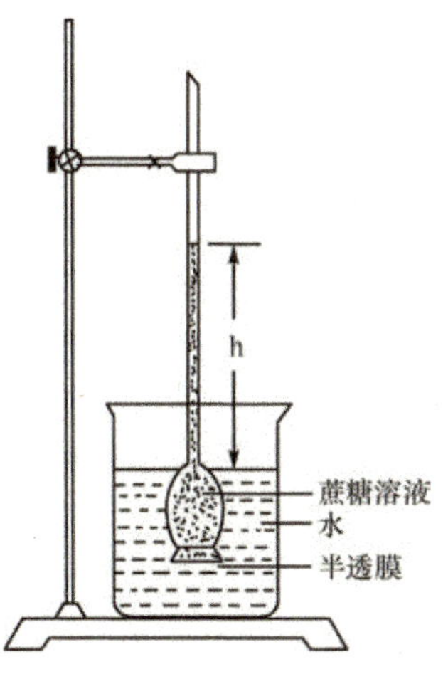

图2-3 渗透现象和渗透压

由上可见，产生渗透现象必须具备两个条件：一是两溶液之间要有半透膜隔开；二是半透膜两侧溶质粒子的总浓度不相等。

为什么会产生渗透现象呢？这是因为水分子可以通过半透膜向两个相反的方向扩散。在单位体积内，纯水(或稀溶液)中的水分子数目比溶液(或浓溶液)中的水分子数目多。因此在单位时间内，从纯水(或稀溶液)一方通过半透膜进入溶液（或浓溶液）的水分子数目比从溶液(或浓溶液)一方通过半透膜进入纯水(或稀溶液)的水分子数目多。这样，浓溶液一侧的液面就缓缓上升。

(二) 渗透压

由于溶液的液面上升会产生方向向下的静水压，这种压力阻止水分子向溶液扩散，而且随着液面的升高，静水压逐渐增大，导致水分子由纯水进入溶液的扩散速率越来越小。当液面上升到一定高度时，必然会使水分子进出半透膜的速率相等，这时达到渗透平衡状态，于是液面停止上升。这种恰能阻止渗透现象继续发生而达到渗透平衡，在液面上所施加的最小压力称为该溶液的渗透压。

渗透压的SI单位是帕斯卡(Pa)，医学上常使用它的倍数单位千帕(kPa)。

二、渗透压与溶液浓度的关系

渗透压大小与稀溶液的浓度密切相关，溶液的浓度越大，单位体积内溶质分子就越多，而溶剂水分子就越少，因此，纯水中的水分子渗透进入溶液就越多，渗透压就越大。

实验证明，在一定温度下，稀溶液的渗透压大小与单位体积溶液中所含溶质的粒子(分子或离子)数成正比，而与溶质粒子的性质和大小无关。

因此，如要比较两种溶液的渗透压大小，只要比较这两种溶液的粒子(分子或离子)的总浓度大小即可。

对非电解质，如葡萄糖、蔗糖等，由于在溶液中不发生电离，1个分子就是1个粒子。所以，对非电解质溶液，在相同温度下，只要它们的物质的量浓度相等，其渗透压也必然相等。所以，0.1mol/L葡萄糖溶液的渗透压与0.1mol/L蔗糖溶液的渗透压相等。

对电解质溶液，由于电解质的电离使溶液中的粒子数成倍地增加，如NaCl电离成Na^+和Cl^-。因此，0.1mol/L NaCl溶液中有0.1mol/L Na^+和0.1mol/L Cl^-，两种离子的浓度之和为0.2mol/L。由此可见，对于电解质溶液，若1mol该电解质能电离出$a$mol的阳离子和$b$mol的阴离子，那么，浓度为c_B的电解质溶液中，能产生渗透压的粒子浓度就是$(a+b)\times c_B$。所以，浓度均为0.1mol/L的葡萄糖溶液、NaCl溶液和$CaCl_2$溶液，就很容易比较出它们的渗透压大小。其顺序为：0.1mol/L葡萄糖溶液的渗透压最小，0.1mol/L $CaCl_2$溶液的渗透压最大。

等渗、低渗和高渗溶液

在相同温度下，渗透压相等的溶液称为等渗溶液。若两种溶液的渗透压不等，则渗透压高的为高渗溶液，渗透压低的为低渗溶液，如 1mol/L 葡萄糖溶液与 1mol/L 蔗糖溶液为等渗溶液；而 1mol/L 葡萄糖溶液与 1mol/L NaCl 溶液相比，前者是低渗溶液，后者是高渗溶液，可见高渗或低渗是相比较而言的。在医学上，等渗、低渗或高渗是以人体血浆渗透压作为比较的标准，与血浆渗透压相同的溶液，临床上称为等渗溶液；比血浆渗透压高（或低）的就称为高渗（或低渗）溶液。37℃时血浆渗透压为 720 ~ 800kPa，相当于血浆中能产生渗透作用的各种电解质离子和其他粒子的总浓度为 280 ~ 310mmol/L 所产生的渗透压。因此，若溶液的粒子总浓度在 280 ~ 310mmol/L 或接近于此范围的就可认为是等渗溶液。临床上常用的等渗溶液有：9g/L 生理盐水、50g/L 葡萄糖溶液、$\frac{1}{6}$mol/L 乳酸钠溶液等。

链 接

三、渗透压在医学上的意义

渗透压与医学的关系十分密切，如临床上给病人大量输液时，必须使用等渗溶液，如果使用高渗溶液或低渗溶液就可能导致红细胞皱缩或膨胀甚至破裂（溶血）。

案例 2-6

图 2-4 中表示的是红细胞分别在 6g/L、9g/L、15g/L 的 NaCl 溶液中的不同形态（箭头的长度表示水分子进出的相对量）。

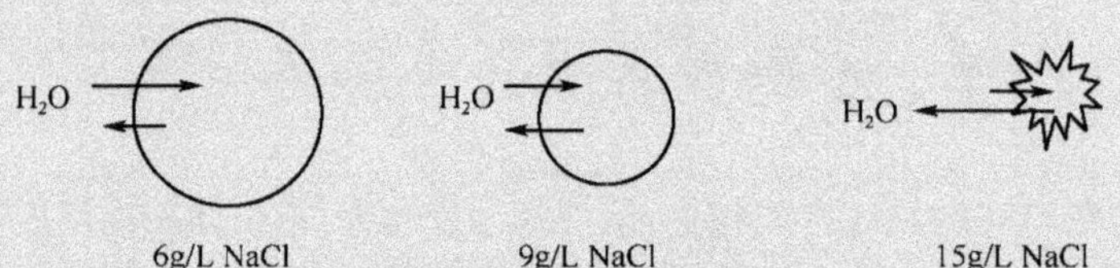

图 2-4 红细胞在不同浓度 NaCl 溶液中的形态

问题：

1. 上述三种浓度的 NaCl 溶液中的等渗、低渗、高渗溶液分别是什么？
2. 红细胞在三种溶液中会出现上述不同情况的原因是什么？

血浆渗透压

血浆渗透压由两部分渗透压构成：一部分是血浆中的 NaCl、$NaHCO_3$、葡萄糖、尿素等晶体物质所产生的渗透压叫做晶体渗透压；另一部分是血浆蛋白质所产生的渗透压叫做血浆胶体渗透压。这两部分渗透压在生理上都起着重要的作用。血浆晶体渗透压能维持细胞内外水的相对平衡，而血浆胶体渗透压则能维持血容量和血管内外水及盐的相对平衡。

链 接

小结

1. 分散系 一种或几种物质被分散成细小的粒子,分散在另一种物质里所得到的体系叫做分散系,包括分子或离子分散系、胶体分散系、粗分散系。

2. 胶体分散系主要包括溶胶和高分子溶液,溶胶的主要性质有丁铎尔效应和电泳现象。溶胶稳定的主要原因有胶粒带电和胶粒的溶剂化作用;使溶胶聚沉主要方法有加入少量的电解质和加入与胶粒带相反电荷的溶胶。

3. 高分子溶液的特性是稳定性大和黏度大,同时具有对溶胶的保护作用。

4. 溶液的浓度 是指一定量的溶液(或溶剂)中所含溶质的量。常用的浓度有:

物质的量浓度:$c_B = \dfrac{n_B}{V}$; 质量浓度:$\rho_B = \dfrac{m_B}{V}$; 体积分数:$\varphi_B = \dfrac{V_B}{V}$;

质量分数:$\omega_B = \dfrac{m_B}{m}$。

5. 溶液浓度的换算 $\rho_B = c_B \cdot M_B$ 和 $c_B = \dfrac{\omega_B \cdot \rho}{M_B}$。

6. 溶液稀释公式 稀释前溶质的量=稀释后的溶质的量。

7. 溶液配制的两种基本方法 一定质量溶液的配制和一定体积溶液的配制。

8. 渗透现象和渗透压 溶剂分子通过半透膜由纯溶剂进入溶液或由稀溶液进入浓溶液的现象,叫做渗透现象;恰能阻止渗透现象继续发生而达到渗透平衡,在液面上所施加的最小压力称为该溶液的渗透压。

9. 渗透压与溶液浓度的关系 在一定温度下,稀溶液的渗透压大小与单位体积溶液中所含溶质的粒子(分子或离子)数成正比,而与溶质粒子的性质和大小无关。

目标检测

一、名词解释

1. 分散系 2. 溶液的浓度 3. 物质的量浓度 4. 渗透压 5. 乳化作用

二、填空题

1. 根据分散相粒子的大小,分散系可分为________分散系、________分散系和________分散系三类。

2. 胶体粒子比较稳定的主要原因是________和________。

3. 胶体粒子在电场作用下向阴极或阳极定向移动的现象叫做________。

4. 在溶胶中加入一定量的________溶液,能显著提高溶胶对电解质的稳定性,这种现象叫做________。

5. 产生渗透现象的条件是________和________。

6. 在一定条件下,稀溶液的渗透压的大小与溶液中的________成正比,与________无关。

7. 正常人的血浆渗透压为________,相当于血浆的渗透浓度为________。

8. 把红细胞置于低渗溶液中,就可能发生________现象;红细胞置于高渗溶液中,则可能发生________现象。

三、选择题

1. 泥浆水属于( )
   A. 真溶液 B. 溶胶 C. 悬浊液 D. 乳浊液

2. 胶体溶液区别于其他溶液的实验事实是( )
   A. 丁铎尔效应 B. 电泳现象 C. 胶粒能通过滤纸 D. 上述方法都不行

3. 下列不是溶液具有的性质的是( )
   A. 能透过半透膜 B. 不稳定 C. 均匀 D. 透明

4. 胶体分散系的分散质颗粒的直径为( )
   A. 小于1nm B. 1~100nm C. 大于100nm D. 大于1nm

5. 下列物质中,不属于悬浊液的是( )
   A. 外用硫磺合剂 B. 氢氧化铝乳胶

C. 氧化锌涂剂　　D. 松节油搽剂

6. 生理盐水的质量浓度是(　　)

A. 18.8mol/L　　B. 17.8mol/L

C. 0.9g/L　　D. 9g/L

7. 下列溶液中,n_{Cl^-}最大的是(　　)

A. 0.2mol/L NaCl 40mL

B. 0.1mol/L $CaCl_2$ 30mL

C. 0.1mol/L $AlCl_3$ 30mL

D. 0.4mol/L KCl 20mL

8. 50mL 0.2mol/L $Fe_2(SO_4)_3$溶液稀释成200mL溶液后,SO_4^{2-}的浓度为(　　)

A. 0.05mol/L　　B. 0.1mol/L

C. 0.15mol/L　　D. 0.2mol/L

9. 多少体积的1mol/L硫酸溶液中含有4.9g硫酸(　　)

A. 10mL　　B. 20mL　　C. 30mL　　D. 50mL

10. 从200mL 1.5mol/L NaOH溶液中取出50mL,则剩余的溶液的物质的量浓度为(　　)

A. 6mol/L　　B. 3mol/L

C. 1.5mol/L　　D. 2mol/L

四、计算题

1. 将10mL 3mol/L的氢氧化钡溶液加水稀释到1000mL,则稀溶液中的$c_{Ba^{2+}}$和c_{OH^-}分别为多少?

2. 将6mol/L的氨水100mL加水稀释到600mL,则稀释后溶液的物质的量的浓度等于多少?

3. 实验室要配制50g/L的葡萄糖溶液500mL,需要200g/L的葡萄糖多少毫升?

4. 现将4g NaOH溶解于水配成250mL溶液,求该溶液中的NaOH的物质的量浓度和质量浓度各是多少?

5. 在标准状况下,33.6L氯化氢气体溶于水配成1000mL溶液,则该溶液的物质的量浓度和质量浓度分别是多少?

五、简答题

1. 实验室需配制500mL 2mol/L的硫酸溶液,问需要质量分数为0.98、密度为1.84kg/L的市售浓硫酸多少毫升?并写出配制过程?

2. 配制9g/L生理盐水500mL,需要NaCl的质量是多少?配制步骤如何?

(潘　健　苏文昭)

第3章 物质结构和元素周期律

学习目标

1. 了解电子云和分子间作用力
2. 理解同位素、元素周期律、核外电子运动状态及化学键
3. 掌握原子组成、元素性质的递变规律及1～20号元素原子的核外电子排布

物质在不同条件下表现出来的各种性质,都与它们的结构有关。初中阶段已经学过一些有关物质结构的初步知识,为了更好地学习物质的性质及其变化规律,现在需要进一步学习有关物质结构理论和元素周期律的基础知识,并能体现其在医学领域中的应用。

第1节 原子结构

一、原子的组成

原子是由居于原子中心带正电的原子核和带负电的核外电子构成。由于原子核带的电量跟核外电子所带的电量相等而电性相反,因此,原子作为一个整体不显电性。原子很小,而原子核更小,它的半径约是原子的万分之一,它的体积只占原子体积的几千亿分之一。原子核由一般质子和中了构成,质子带一个单位的正电荷,中子呈电中性,因此,原子核内所带的电荷数由质子数决定,即核电荷数,它们的表示符号为Z,且有如下关系:

$$核电荷数(Z)=核内质子数=核外电子数$$

由于电子的质量很小,仅约为质子质量的1/1836,所以,原子的质量主要集中在原子核上。质子和中子的质量也很小,都约为 1.67×10^{-27}kg。因此,为了计算的方便,通常用它们的相对质量,即相对原子质量。

通过科学实验测得,作为计算相对原子质量标准的碳原子(^{12}C)的质量是 1.9927×10^{-26}kg,它的1/12为 1.6606×10^{-27}kg,质子和中子对它的相对质量分别为1.007和1.008,取近似整数值为1。如果忽略电子的质量,将原子核内所有的质子和中子的相对质量取近似整数值加起来,所得的数值,称为该原子的相对质量数,简称质量数,用符号 A 表示。中子数用符号 N 表示。则有:

$$质量数(A)=质子数(Z)+中子数(N)$$

因此,只要知道上述三个数值中的任意两个,就可以推算出另一个数值来。

例如,知道硫原子的核电荷数为16,质量数为32,则:

$$硫原子的中子数=32-16=16$$

归纳起来,如表3-1所示。

表3-1 构成原子的粒子及其性质

构成原子的粒了	电　子	质　子	中　子
电性和电量	1个电子带1个单位负电荷	1个质子带1个单位正电荷	不显电性
质量/kg	9.109×10^{-31}	1.673×10^{-27}	1.675×10^{-27}
相对质量	1/1836(电子与质子质量之比)	1.007	1.008

如果以^A_ZX代表一个质量数为A，核电荷数为Z的原子，那么构成原子的粒子之间的关系可表示如下：

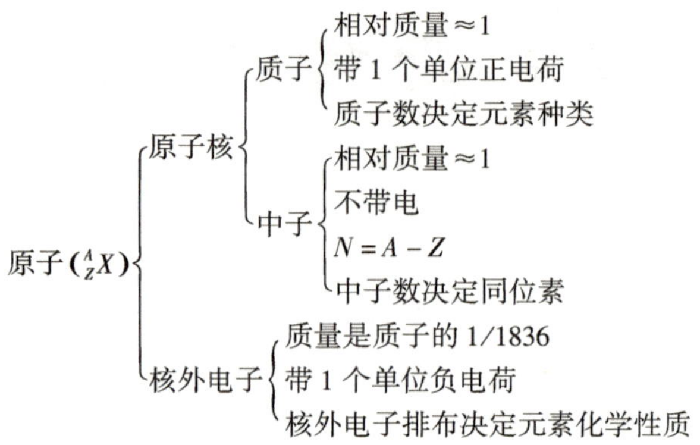

二、同　位　素

我们已经知道，具有相同核电荷数（质子数）的同一类原子总称为元素。也就是说，同种元素原子的质子数相同，但中子数不一定相同。例如，氢元素的原子都含有1个质子，但有的氢原子不含中子，有的氢原子含1个中子，还有的氢原子含2个中子（表3-2）。

表3-2　氢元素三种不同原子的组成

名称	俗称	质子数	中子数	核电荷数	质量数	符号
氕	氢	1	0	1	1	^1_1H或H
氘	重氢	1	1	1	2	^2_1H或D
氚	超重氢	1	2	1	3	^3_1H或T

不含中子的氢原子叫做氕。

含1个中子的氢原子叫做氘，就是重氢。

含2个中子的氢原子叫做氚，就是超重氢。

为了便于区别，将氕记为^1_1H，氘记为^2_1H（或D），氚记为^3_1H（或T）。元素符号的左下角记核电荷数，左上角记质量数。例如：普通水可以写成^1H_2O，相对分子质量为18；重水可以写成^2H_2O，相对分子质量为20。

重水和普通水

重水和普通水一样，也是由氢和氧化合而成的液体化合物，不过，重水分子的氢原子和普通水分子的有所不同。我们知道，氢有3种同位素：一种是氕，它和一个氧原子化合可以生成普通的水分子H_2O；另一种是氘（重氢），它和一个氧原子化合可以生成重水分子D_2O；还有一种是氚，又称超重氢。

重水与普通水看起来十分相像，是无臭无味的液体，它们的化学性质也一样，不过某些物理性质却不相同。普通水的密度为1g/cm³，而重水的密度为1.056g/cm³；普通水的沸点为100℃，重水的沸点为101.42℃；普通水的冰点为0℃，重水的冰点为3.8℃。此外，普通水能够滋养生命，培育万物；而重水则不能使种子发芽，人和动物若是喝了重水，还会引起死亡。不过，重水的特殊价值体现在原子能技术应用中。制造威力巨大的核武器，就需要重水来作为原子核裂变反应中的减速剂，也可作为制重氢的材料，普通水中重水含量约为0.02%（质量分数）。

链接

人们将具有相同质子数和不同中子数的同一种元素的不同种原子(核素)互称为同位素。许多元素都有同位素。上述$^{1}_{1}H$、$^{2}_{1}H$和$^{3}_{1}H$是氢的三种同位素,$^{2}_{1}H$和$^{3}_{1}H$是制造氢弹的材料。铀元素也有$^{234}_{92}U$、$^{235}_{92}U$、$^{238}_{92}U$等多种同位素,其中$^{235}_{92}U$是制造原子弹的材料和核反应堆的燃料。碳元素有$^{12}_{6}C$、$^{13}_{6}C$和$^{14}_{6}C$等几种同位素,而$^{12}_{6}C$就是我们将它的质量当做计算相对原子量标准的那种碳原子(通常也叫碳-12)。碘元素有$^{127}_{53}I$和$^{131}_{53}I$两种同位素,钴元素有$^{59}_{27}Co$和$^{60}_{27}Co$两种同位素等。

同一元素的各种同位素虽然质量数不同,但它们的化学性质几乎完全相同。自然界存在的某种元素,不论是游离态还是化合态,各种同位素原子所占百分比一般是不变的。我们平常所说的某种元素的相对原子质量,实际上是按各种同位素原子在自然界所占百分比计算出来的相对原子质量的平均值。例如,元素氯是$^{35}_{17}Cl$和$^{37}_{17}Cl$两种同位素的混合物,从表 3-3 的数据即可计算出氯元素的平均相对原子质量。

$$34.969 \times 75.77\% + 36.966 \times 24.23\% = 35.453$$

即氯的相对原子质量为 35.453。这正是元素的相对原子质量常常不是整数而带有小数的原因。

表 3-3 平均相对原子质量计算

符号	同位素的相对原子质量	在自然界中各同位素原子所占百分比
$^{35}_{17}Cl$	34.969	75.77
$^{37}_{17}Cl$	36.966	24.23

同理,根据同位素的质量数和自然界中各同位素原子所占百分比,也可以算出该元素的近似相对原子质量。

同位素按它们的性质可以分为稳定性同位素和放射性同位素两类。放射性同位素能够自发地放出不可见的射线(如 α、β、γ 射线),这种性质叫做放射性,放射性同位素又有天然放射性同位素和人造放射性同位素之分。放射性同位素和稳定性同位素的化学性质近乎相同,但放射性同位素原子能放出一定的射线,且这种射线能被适当的探测仪器发现,从而测定出它的踪迹,所以,放射性同位素原子可用作“示踪原子”。例如,可用$^{131}_{53}I$确定甲状腺的功能状态,研究药物的作用机制、药物的吸收和代谢等。另外,在医学上还可以利用放射线对组织细胞的破坏作用来治疗某些疾病。例如,可用钴($^{60}_{27}Co$)或镭($^{226}_{88}Ra$)对癌症进行放射性治疗等。近年来,放射性同位素的应用得到迅速发展,如用放射性同位素射线消毒、扫描等,已经成为诊断脑、肝、肾、肺等脏器病变的一种安全简便的方法。

放射性元素在医学领域的应用

利用放射性同位素发出的射线彻底灭菌,是射线杀伤力的一种最直接表现。尤其是人们经常利用射线对医疗器械进行灭菌消毒,如:手术时缝合伤口用的缝线、肠壁缝合线、一次性注射器、插入支气管用的探针导管、手术用的橡皮手套、取血用的采血板、放入子宫的避孕环、人工肾脏透视器等,都采用射线消毒技术。

癌症过去一直被看作不治之症,但是,现在情况有了改变,人们能够对其进行早期诊断,辅之以早期治疗,因而大大增加了癌症被治愈的希望。根据医学辞典的解释,治疗癌症最有效的手段之一就是放射治疗。对于内脏器官上的癌细胞,以手术切除为主,照射为辅。但是,有一些癌症表面上看来范围很小,却有可能潜藏着已经发生转移的癌细胞;一旦有癌细胞残留下来,即使是很少的一点,也有可能引起癌症的复发。所以,手术的面积要大些,手术后再用射线进行照射,以杀死残余的癌细胞,根除癌症。

链接

第2节 原子核外电子的运动状态和电子排布

电子是质量很小的带负电荷的微粒，它在原子这样大小的空间（直径约 10^{-10}m）内作高速的运动，它的运动跟普通物体运动有何不同？有何特殊规律？现在对这些问题做初步的探讨。

一、电 子 云

宏观世界中，物质的运动有着共同的规律，可以在任何时间测出它们的方位和速度。而电子运动和宏观物质运动不同，它不是沿着一定的轨迹绕核运动，而是在原子核周围空间的各个区域内按一定的概率出现，在一定时间内，有些区域出现的机会（称概率）较多，而有些区域出现的机会较少。如果用小黑点来标记该电子出现过的地方，小黑点的疏密就表示该电子在核外出现的概率大小。电子在核外空间一定范围内经常出现，就犹如一团带负电的云雾笼罩在原子核周围，人们形象地称之为电子云。

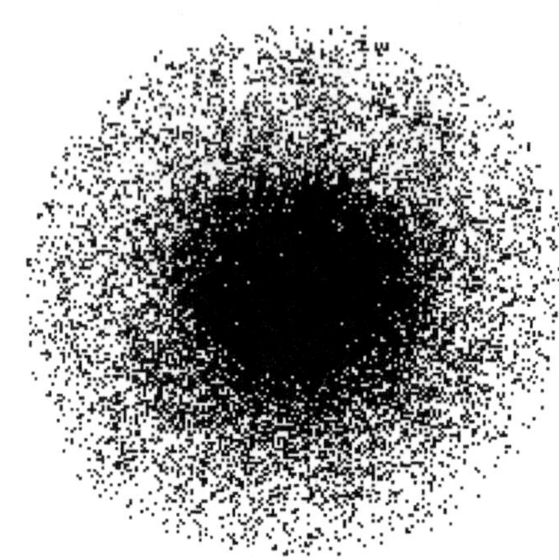

图 3-1 氢原子电子云示意图

图 3-1 中小黑点比较密集的地方，就是电子出现概率大的地方，黑点疏的地方，就是电子出现少的地方。离核越近处密度越大，离核越远处密度越小。也就是说，在离核越近处，单位体积空间内电子出现的机会多，而离核越远处，单位体积空间内电子出现的机会就少。

二、原子核外电子的运动状态

电子能在核外一定区域内作高速运动，说明它们都具有一定的能量。实验证明，电子离核越近，能量越低；离核越远，能量越高。电子离核的远近，反映出电子能量的高低。氢原子核外只有一个电子，它在离核 0.53×10^{-10}m 处出现概率最大，这时的能量最低，称基态。处于基态的电子最稳定。如果给氢原子增加能量，电子就会跳到离核较远的区域运动，由此可知，核外电子由于能量不同表现出分层运动。对于其他元素的原子来说，它们的核外电子数比氢原子多，这些电子在核外运动状态比较复杂，需要从四个方面来描述，即电子层、电子亚层、电子云的伸展方向和电子自旋状态。这样就可以描绘出电子在原子核外区域出现概率的大小，以及它们的能量高低情况。

（一）电子层

根据原子核外电子能量的高低，将核外电子分层排布，能量低的在里层，能量高的在外层。电子层共分七层，由里向外依次称为第一电子层、第二电子层……第七电子层，习惯上常用 K、L、M、N、O、P、Q 等字母来对应表示。K 层也就是第一层，以此类推。

（二）电子亚层

科学研究发现，在同一电子层中，电子的能量高低还稍有差别。根据这个差别，又可以把一

个电子层分为一个或几个亚层,分别用 s、p、d、f 等符号表示。用 n 表示电子层数,则有:

$n=1$ 时,只有一个 s 亚层,表示为 1s。

$n=2$ 时,有一个 s 亚层和一个 p 亚层,表示为 2s、2p。

$n=3$ 时,有一个 s 亚层、一个 p 亚层和一个 d 亚层,分别表示为 3s、3p、3d。

$n=4$ 时,有一个 s 亚层、一个 p 亚层、一个 d 亚层和一个 f 亚层,分别表示为 4s、4p、4d、4f。

同一电子层中,亚层的能量大小顺序为 $s<p<d<f$。多电子的原子其核外电子排布时,可能出现能量交错。

(三)电子云的伸展方向

核外电子除了占据一定的电子层和电子亚层之外,在亚层中,电子云还有不同的伸展方向。其中,s 亚层有 1 个伸展方向,p 亚层有 3 个伸展方向,d 亚层有 5 个伸展方向,f 亚层有 7 个伸展方向。每一个伸展方向相当于核外电子的一个运动轨道,则第一层只有 1 个运动轨道,第二层有 $1+3=4$ 个运动轨道,第三层有 $1+3+5=9$ 个运动轨道,第四层有 $1+3+5+7=16$ 个运动轨道。即每个电子层可能有的最多轨道数应为 n^2 个。

每个轨道中最多只能容纳 2 个电子。

(四)电子的自旋状态

电子不仅在核外空间不停地运动,而且还作自旋运动。电子的自旋状态有两种,即顺时针和逆时针。

总之,电子在原子核外的运动状态是相当复杂的。每一个电子的运动状态必须由它所处的电子层、电子亚层、电子云的空间伸展方向和自旋状态四个方面来决定。

三、原子核外电子的排布

我们知道,核外电子分层排布是有一定规律的:①各电子层最多可容纳的电子数目是 $2n^2$。②最外层电子数目不超过 8 个(K 层为最外层时不超过 2 个)。③次外层电子数目不超过 18 个,倒数第三层电子数目不超过 32 个。

科学研究还发现另一条规律,就是核外电子总是优先排布在能量较低的电子层里,然后再由里往外,依次排布在能量逐步升高的电子层里,即排满了第 1 层才排第 2 层,排满了第 2 层才排第 3 层,以此类推。

在同一电子层中,电子也是遵循能量由低到高的顺序依次排布的,即按 s、p、d、f 亚层的顺序排布。只有前一亚层排满后,才依次排入下一亚层。

需要注意的是,从第三电子层的 d 亚层开始就会出现能级交错的现象。

以上几点是相互联系的,不能孤立地理解。例如,当第 3 层不是最外层时,最多可以排布 18 个电子,而当它是最外层时,则最多可以排布 8 个电子。又如,当第 5 层为次外层时,就不是最多排布 $2\times5^2=50$ 个电子,而是最多排布 18 个电子。

知道原子的核外电子数和电子层排布以后,我们可以画出原子结构示意图。图 3-2 是 1 ~ 18 号元素的原子结构示意图。其中圆圈表示原子的原子核及核内质子数,弧线表示电子层,弧线上面的数字表示该电子层的电子数。

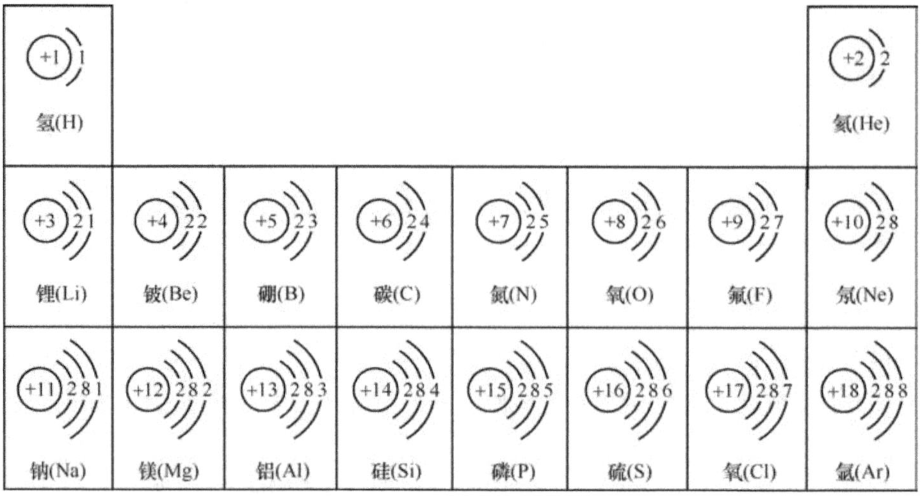

+1 1 氢(H)							+2 2 氦(He)
+3 2 1 锂(Li)	+4 2 2 铍(Be)	+5 2 3 硼(B)	+6 2 4 碳(C)	+7 2 5 氮(N)	+8 2 6 氧(O)	+9 2 7 氟(F)	+10 2 8 氖(Ne)
+11 2 8 1 钠(Na)	+12 2 8 2 镁(Mg)	+13 2 8 3 铝(Al)	+14 2 8 4 硅(Si)	+15 2 8 5 磷(P)	+16 2 8 6 硫(S)	+17 2 8 7 氯(Cl)	+18 2 8 8 氩(Ar)

图 3-2　1～18 号元素的原子结构示意图

四、原子结构与元素性质的关系

在化学中,元素的性质一般是指它的金属性或非金属性。元素的金属性,通常是指它的原子有失去电子而成为阳离子的趋势。元素的原子越容易失去电子,其单质与水或酸反应置换出氢气就越容易,其最高价氧化物所对应的水化物的碱性越强,其金属性也就越强。元素的非金属性,通常是指它的原子有得到电子而成为阴离子的趋势。元素的原子越容易获得电子,其单质与氢气反应生成气态氢化物就越容易,氢化物的稳定性就越强,其最高价氧化物的水化物酸性就越强,其非金属性也就越强。

从图 3-2 可以看出,稀有气体元素的最外层为 8 个电子(He 最外层为 2 个电子),这种结构是一种最稳定结构,不易得失电子,也就不易与其他物质发生化学反应。所以,通常称它们为惰性元素。钾、钠、钙、镁等元素的原子最外层电子数都少于 4 个,在反应中比较容易失去最外层电子,使次外层变为最外层,成为 8 个电子的稳定结构,故表现出较活泼的金属性。氟、氯、氮、氧等元素的原子最外层电子数都多于 4 个,在反应中比较容易得到电子,使最外层变为 8 个电子的稳定结构,因而呈现出较活泼的非金属性。可见原子结构与元素性质密切相关。

镁在人体中的作用

在生物学上,镁的作用极为重要,因为它是叶绿素分子的核心原子。人体内到处都有以镁为催化剂的代谢反应,约有一百个以上的重要代谢必须靠镁来进行,镁几乎参与人体所有的新陈代谢过程。在人体细胞内,镁是第二重要的阳离子(钾第一),其含量也仅次于钾。镁具有多种特殊的生理功能:它能激活体内多种酶,抑制神经异常兴奋性,维持核酸结构的稳定性,以及参与体内蛋白质的合成、肌肉收缩和体温调节,并有维持生物膜电位的作用。

链接

第3节 元素周期律和元素周期表

我们已经知道,不同核电荷数的各种元素中,某些元素之间的性质非常相似,有些元素之间的性质又很不相同。那么,在各元素之间是否也存在某种内在的联系呢?人们在长期的生活实践和科学实验中已经认识和解决了这一问题。

为了方便,人们按照核电荷数由小到大的顺序给元素编了号,这种序号,叫做元素的原子序数。很显然,元素的原子序数等于它的核电荷数。

下面,我们将1~20号元素的核外电子排布、原子半径和元素主要化合价列成表3-4来加以讨论。

表3-4 1~20号元素的原子核外电子排布、原子半径和主要化合价

原子序数	元素名称	元素符号	最外层电子数	原子半径/10^{-10}m	主要化合价
1	氢	H	1	0.37	+1
2	氦	He	2	1.22	0
3	锂	Li	1	1.52	+1
4	铍	Be	2	0.89	+2
5	硼	B	3	0.82	+3
6	碳	C	4	0.77	+4、-4
7	氮	N	5	0.75	+5、-3
8	氧	O	6	0.74	+6、-2
9	氟	F	7	0.71	-1
10	氖	Ne	8	1.60	0
11	钠	Na	1	1.86	+1
12	镁	Mg	2	1.60	+2
13	铝	Al	3	1.43	+3
14	硅	Si	4	1.17	+4、-4
15	磷	P	5	1.10	+5、-3
16	硫	S	6	1.02	+6、-2
17	氯	Cl	7	0.99	+7、-1
18	氩	Ar	8	1.92	0
19	钾	K	1	2.27	+1
20	钙	Ca	2	1.97	+2

一、元素周期律

(一)核外电子排布的周期性

从表3-4可以看出,1~2号元素,即从氢到氦,只有一个电子层,电子由1个增到2个,达到稳定结构;3~10号元素,即从锂到氖,有两个电子层,最外层电子从1个递增到8个,达到稳定结构;11~18号元素,即从钠到氩,有三个电子层,最外层电子也从1个递增到8个,达到稳定结构。如果我们对18号以后的元素继续研究下去,同样可以发现,每隔一定数目的元素,仍会重复出现原子最外层电子从1个递增到8个的情况。也就是说,随着原子序数的递增,元素原子的最外层电子排布呈现周期性变化。

（二）原子半径的周期性变化

从表3-4还可以看出，由锂到氟，随着原子序数的递增，原子半径由大逐渐变小；由钠到氯，随着原子序数的递增，原子半径又是由大逐渐变小。如果把所有的元素都按原子序数递增的顺序排列起来，将会发现，随着原子序数的递增，元素的原子半径也会发生周期性变化。

（三）元素主要化合价的周期性变化

从表3-4又可以看出，从第11号元素到第17号元素，在极大程度上重复着第3号元素到第9号元素所表现的化合价的变化——正价从+1(Na)逐渐递变到+7(Cl)，从中部元素开始有负价，负价是从-4(Si)递变到-1(Cl)。如果研究第18号元素以后的元素化合价，同样可以看到与前面18种元素相似的变化。也就是说，元素的化合价随着原子序数的递增而呈现周期性变化。

通过以上事实，我们可以归纳出一条规律：元素的性质随着元素原子序数（核电荷数）的递增而呈现周期性变化，称为元素周期律。元素的性质呈周期性变化是元素原子的核外电子排布呈周期性变化的必然结果。

随着原子序数的递增 { 元素原子的最外层电子排布；元素原子半径；元素化合价；元素的金属性和非金属性 } 呈现周期性变化

二、元素周期表

根据元素周期律，把现在已知的约112种元素中电子层数目相同的各种元素，按原子序数递增的顺序从左到右排成横行，再把不同横行中最外层电子数相同、性质相似的元素按电子层数递增的顺序由上而下排成纵行，这样得到的一个表，叫做元素周期表（见彩插：元素周期表）。元素周期表是元素周期律的具体表现形式，它反映了元素之间的相互联系和内在规律。下面我们就来学习元素周期表的有关知识。

（一）元素周期表的结构

1. 周期　元素周期表中有7个横行，也就是7个周期，依次用1、2、3、4、5、6、7来表示。周期的序数就是该周期中元素原子具有的电子层数，同周期中的元素电子层数相同。

不同的周期里所含元素的数目不一定相同，第一周期中只有2种元素；第二、三周期中各有8种元素，第四、五周期中各有18种元素，第六周期有32种元素。我们把含有元素较少的第一、二、三周期叫做短周期，把含有元素较多的第四、五、六周期叫做长周期。第七周期到现在为止还没有完全填满，叫做不完全周期。

在第六周期中，从57号元素镧到71号元素镥共有15种元素，电子层结构和元素性质非常相似，总称为镧系元素。第七周期中，从89号元素锕到103号元素铹也有15种元素，总称为锕系元素。镧系元素和锕系元素按原子序数递增的顺序排在周期表下方的两个横行，在周期表中则各占一格。锕系元素中的大多数元素是人工进行核反应时获得的。

2. 族　元素周期表中共有18个纵行，分16个族，其中有7个主族、7个副族、1个第Ⅷ族和1个0族。

(1) 主族：由短周期和长周期元素共同构成的族叫做主族。共有七个主族。用罗马数字（Ⅰ、Ⅱ、Ⅲ、Ⅳ、Ⅴ、Ⅵ、Ⅶ）后面加A来表示。其中ⅠA族在周期表的左侧，ⅦA族在周期表的右侧。主族的序数和本族中元素原子的最外层电子数相同。

(2) 副族:完全由长周期元素构成的族叫做副族。也有 7 个。用罗马数字后面加 B 来表示。分别记作:ⅠB、ⅡB、ⅢB、ⅣB、ⅤB、、ⅥB、ⅦB。副族元素位于周期表中间偏左。

(3) 0 族:由稀有气体(惰性)元素构成的族叫做 0 族。该族元素的原子最外层(除氦为 2 个外)都是 8 个电子的稳定结构。它们的化学性质极不活泼,化合价主要表现为 0 价,在周期表的最右侧。

(4) Ⅷ族:由长周期左数第 8、9、10 这三个纵行的元素构成。第Ⅷ族元素在周期表的中间。

(二) 元素周期表中元素性质的递变规律

1. 同周期中元素性质的递变规律　在同一周期中的各元素,电子层数相同,从左到右,最外层电子数目逐渐增多,原子半径依次减小。所以,随着核电荷数的递增,原子核对最外层电子的吸引力依次增强,原子失去电子的能力逐渐减弱,得到电子的能力逐渐增强,元素的金属性逐渐减弱,非金属性逐渐增强。如第三周期元素中,Na 的金属性最强,Al 显两性(金属性与非金属性),Cl 的非金属性最强。

2. 同一主族中元素性质的递变规律　在同一主族中的各元素,原子最外层电子数目相同,从上到下,原子的电子层数逐渐增多,原子半径逐渐增大,原子核对最外层电子的吸引力逐渐减小。所以,元素的原子失去电子的能力逐渐增强,得到电子的能力逐渐减弱,元素的金属性逐渐增强,非金属性逐渐减弱。如ⅠA 族稳定元素中,Li 的金属性最弱,Cs 的金属性最强;ⅦA 族稳定元素中,F 的非金属性最强,I 的非金属性最弱。

副族元素化学性质的变化规律比较复杂,这里就不讨论了。

三、元素周期律和元素周期表的意义

1869 年,俄国化学家门捷列夫在前人探索的基础上,提出“元素的性质随着相对原子质量的递增而呈周期性变化”的元素周期律,并根据周期律编制了第一个元素周期表,它是元素周期律和元素周期表的最初形式。直到 20 世纪原子结构理论有所发展以后,元素周期律和元素周期表才发展成为现在的形式。

门捷列夫

1834 年,门捷列夫生于一个多子女家庭,中学时父母先后去世。在大学一年级时,他是全班 28 名学生中的第 25 名,但他奋起直追,大学毕业时便跃居第一名,荣获金质奖章,二十三岁时成为副教授,三十一岁时成为教授。门捷列夫在写作《有机化学》一书时,几乎整整两个月没有离开书桌。

他在溶液水化理论、气体压力、液体的膨胀、气体的临界温度、煤的地下气化等方面做出了贡献。晚年,他为了研究气象,自费建造气球,成功地观察到日蚀(日食)现象。这种不怕艰险、献身科学的精神,深深地感动了他的朋友们。门捷列夫年过七旬后,积劳成疾,双目半盲,但他仍然每天清晨开始工作。1907 年 1 月 20 日清晨 5 时,他因肺炎逝世,时年 73 岁。在他临去世时,手里还握着笔,他面前的写字台上还放着一本未写完的关于科学和教育的著作。他去世后长长的送葬队伍达几万人之多。队伍前面,既不是花圈,也不是遗像,而是几十位学生抬着的大木牌,牌上画着元素周期表——他一生的主要功绩!

链接

元素周期律和元素周期表的研究和出现,揭示了元素之间相互联系的自然规律,它把所有元素纳入一个具有内在联系的整体之中,对于化学的学习和研究,具有十分重要的意义,是一个非常有力的学习工具,在工农业生产和科学研究方面也有着广泛的应用。例如,可以根据元素在周期表中的位置,推断它的原子结构和一般性质。反之,亦可推断元素在周期表中的位置。

通过实践和分析研究,发现性质相似的元素也具有类似的用途,这些元素一般都集中在元素周期表中的某一个区域。如用来制农药的元素像氟、氯、硫、磷等,它们在元素周期表的非金属区,即周期表的右上方,对这个区域里的元素作进一步研究和探讨,可能找到制新品种农药的原料;又如,半导体材料的元素往往介于金属元素和非金属元素之间;可用做催化剂的元素和耐高温、耐腐蚀的合金材料,大多数是过渡元素或它们的化合物。

第4节 化学键

世界是由各种物质构成的,构成物质的结构粒子可以是原子、离子或分子等,而分子又是由原子构成的。原子在相互结合形成分子时,原子之间存在着相互作用力,这种相互作用力不仅存在于直接相邻的原子之间,而且也存在于分子内不直接相邻的原子之间;但前一种相互作用比较强烈,破坏它需消耗比较大的能量,是原子相互作用而结合成分子的主要因素。

这种分子中相邻原子(或离子)之间强烈的相互作用称为化学键。

在原子相互结合形成分子时,原子核没有发生变化,只是原子核外的最外层电子(价电子)发生了转移或偏移;由于变化方式的不同,原子间的相互作用也不相同,所以化学键分为离子键、共价键、金属键等不同类型(表3-5)。

表3-5 化学键类型

化学键类型	离子键	共价键	金属键
概念	阴阳离子间通过静电引力所形成的化学键	原子间通过共用电子对所形成的化学键	金属阳离子与自由电子间通过相互作用而形成的化学键
成键微粒	阴阳离子	原子	金属阳离子与自由电子
成键性质	静电作用	共用电子对	电性作用
形成条件	活泼金属元素和活泼非金属元素	非金属与非金属元素	金属内部
实例	NaCl、MgO	HCl、H_2	Fe、Na

一、离子键

(一)离子键的形成

我们知道,金属钠跟氯气能发生化学反应,生成氯化钠:

$$2Na + Cl_2 = 2NaCl$$

这是由于钠原子的最外层有1个电子,容易失去,氯原子的最外层有7个电子,容易获得1个电子,从而使最外层都达到8个电子的稳定结构;当钠跟氯在一定条件下发生反应时,钠原子最外层的1个电子转移到氯原子的最外层上去,形成了带正电荷的钠离子(Na^+)和带负电荷的氯离子(Cl^-);钠离子和氯离子之间除了有静电引力相互作用外,还有电子与电子、原子核与原子核之间的相互排斥作用;当这两种离子接近到某一定距离时,吸引和排斥的作用达到了平衡,于是阴、阳离子之间就形成了稳定的化学键。

像这种由阴、阳离子间通过静电引力作用所形成的化学键叫做离子键(图 3-3)。

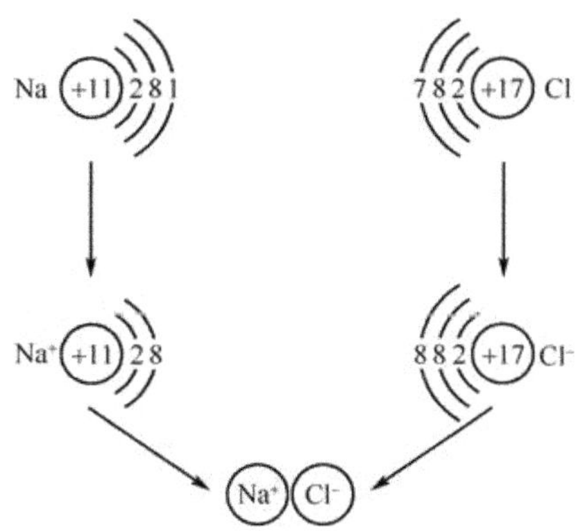

图 3-3　离子键示意图

离子键的形成可用电子式表示,所谓电子式就是在元素符号的周围用小黑点(或 ×)来表示原子最外层的电子及电子得失的式子。例如,NaCl、K_2S、$MgBr_2$ 的形成过程,用电子式表达形式如下:

NaCl的形成　$Na\cdot + \cdot\ddot{\underset{\cdot\cdot}{Cl}}: \longrightarrow Na^+[:\ddot{\underset{\cdot\cdot}{Cl}}:]^-$

K_2S的形成　$K\cdot + \cdot\ddot{\underset{\cdot\cdot}{S}}\cdot + K\cdot \longrightarrow K^+[:\ddot{\underset{\cdot\cdot}{S}}:]^{2-}K^+$

$MgBr_2$的形成　$\cdot\ddot{\underset{\cdot\cdot}{Br}}: + Mg: + \cdot\ddot{\underset{\cdot\cdot}{Br}}: \longrightarrow [:\ddot{\underset{\cdot\cdot}{Br}}:]^- Mg^{2+}[:\ddot{\underset{\cdot\cdot}{Br}}:]^-$

(二) 离子化合物

由离子键形成的化合物叫做离子化合物。如 NaCl、$CaCl_2$、MgO 等都是离子化合物。在离子化合物中,离子具有的电荷数,就是它们的化合价数。如 Na^+、K^+ 是 +1 价,Ca^{2+}、Mg^{2+} 是 +2 价,Cl^-、Br^- 是 −1 价,O^{2-}、S^{2-} 是 −2 价。离子化合物在室温下多数以晶体形式存在,又称为离子晶体。

二、共　价　键

(一) 共价键的形成

我们首先来讨论氢原子是如何结合成氢分子的。在通常状况下,当一个氢原子和另一个氢原子接近时,就相互作用而生成氢分子。这是由于两个氢原子最外层都只有 1 个电子,都比较容易结合 1 个电子,使原子最外层变为 2 个电子的稳定结构。

当两个氢原子相互接近时,就形成为两个氢原子共用的电子对。这两个共用的电子在两个氢原子核周围运动,致使每个氢原子都具有像氦原子的稳定结构,于是形成了稳定的化学键。

像氢分子那样,原子间通过共用电子对所形成的化学键,叫做共价键。

氢分子的生成可用电子式表示为:

$$H\cdot + \cdot H \longrightarrow H:H$$

在化学上常用一根短线表示一对共用电子,因此,氢分子又可表示为 H—H,且形成的价键为共价单键。

氯分子、氮分子的形成跟氢分子相似,可分别表示为:

$$:\ddot{\underset{..}{Cl}}\cdot + :\ddot{\underset{..}{Cl}}\cdot \longrightarrow :\ddot{\underset{..}{Cl}}:\ddot{\underset{..}{Cl}}: \qquad Cl-Cl \qquad \text{共价单键}$$

$$:\dot{\underset{\cdot}{N}}\cdot + \cdot\dot{\underset{\cdot}{N}}: \longrightarrow :N\vdots\vdots N: \qquad N\equiv N \qquad \text{共价叁键}$$

两原子之间形成的共价键的数量,等于它们共用电子对的数量。

我们再来讨论氯化氢分子是如何形成的。我们知道氢气和氯气在一定条件下,能发生化学反应,生成氯化氢:

$$H_2 + Cl_2 = 2HCl$$

这是由于氢原子最外层有 1 个电子,比较容易得到 1 个电子,达到最外层 2 个电子的稳定结构。氯原子最外层有 7 个电子,容易得到 1 个电子,达到 8 个电子的稳定结构。当氢原子和氯原子在一定条件下相互接近时,两个原子则形成一对共用电子对,这样,两个原子都达到稳定结构,形成稳定的共价键。由于氯原子吸引电子能力比氢原子强,所以共用电子对不能像双原子单质分子那样,均等地为两个原子所共用,而是偏向吸引电子能力较强的氯原子一方,即两个不同元素的原子形成共价键时,电子对有偏移。

氯化氢分子的形成可表示为:

$$H\cdot + \cdot\ddot{\underset{..}{Cl}}: \longrightarrow H:\ddot{\underset{..}{Cl}}:$$

用短线形式可以表示为:H—Cl 。

水分子、氨分子和二氧化碳的形成与氯化氢相似,可分别表示为:

```
   O              N
  / \           / | \
 H   H         H  H  H        O ═C ═O
```

(二) 共价键的分类

共价键分为非极性共价键和极性共价键。相同原子间形成的共价键,由于两个相同原子吸引电子能力相同,共用电子对不偏向任何一方,成键的原子都不显电性。这样的共价键叫做非极性共价键,简称非极性键。

例如 H_2、O_2、N_2等,它们所形成的共价键就都属于非极性键。

不同种原子之间形成的共价键,由于它们吸引电子能力不同,共用电子对必然偏向吸引电子能力较强的一方,因而吸引电子能力较强的原子就带部分负电荷,即为共价化合物分子中的阴离子;吸引电子能力较弱的原子就带部分正电荷,即为共价化合物分子中的阳离子。这样的共价键叫做极性共价键,简称极性键。

例如 HCl、H_2O、NH_3等,它们所形成的共价键就都属于极性键。

由共价键形成的化合物,叫做共价化合物。如 HCl、H_2O、NH_3等都是共价化合物。

共价键不同于离子键,离子键无方向性和饱和性,而共价键的特点是有方向性和饱和性。

(三) 原子晶体

原子间通过共价键所形成的有规则几何外形的晶体称为原子晶体。最典型的原子晶体是金刚石。由于形成原子晶体的共价键的键能很大,所以原子晶体硬度大、熔点很高。例如,金刚石的硬度很大，是自然界最硬的物质，熔点(3550°C)也很高。由于金刚石具有这样的性质，它广泛地应用于地质勘探、石油钻井以及硬质金属和玻璃的加工等方面。

在周期表中间部位的元素，如 B、C、Si、Ge、As、Sb、Bi、Se、Te 等，它们的单质在固态时都能形成原子晶体，金刚石就是碳的一种同素异形体单质。

在原子晶体中没有离子存在，所以在固态和熔融状态时不导电。但是，硅、锗等原子晶体，可以做优良的半导体材料。

第 5 节　分子间作用力

一、分子的极性

(一) 非极性分子

以非极性键结合而成的分子，共用电子对不偏向任何一个原子，从整个分子看，分子内的电荷分布是对称的，这样的分子没有极性叫做非极性分子。以非极性键结合而成的双原子分子都是非极性分子，如 H_2、O_2、N_2 等。

(二) 极性分子

以极性键结合而成的双原子分子，如 HCl 分子中，共用电子对偏向于氯原子，氯原子一端带有部分负电荷，氢原子一端带有部分正电荷，整个分子的电荷分布不对称，这样的分子叫做极性分子，以极性键结合而成的双原子分子都是极性分子，如 HF、HBr、HI 等。

以极性键结合而成的多原子分子，可能是极性分子，也可能是非极性分子。这决定于分子中共价键的空间排列。如直线型的二氧化碳分子(O ═C ═O)，两个碳氧键之间夹角是 180°，电子云对称分布，两个键的极性可以完全抵消，分子中正负电荷重心重合，整个分子不显电性，属于含极性键的非极性分子。这类分子空间构型一般为直线型、正三角形或正四面体结构，如 CH_4、BF_3、SiO_2 和 CO_2 等都属于以上类型。

而 V 字形的水分子，两个氢氧键之间夹角是 104. 5°，三角锥型的氨分子，三个氮氢键之间夹角是 107°18′，它们都是极性键形成的极性分子。

二、分子间作用力

自然界千万种物质的存在离不开分子内力(化学键)和分子间力，化学键决定微观物质的本质，分子间力决定宏观物质的存在。分子间力可分为范德华力和氢键等。

(一) 范德华力

许多共价化合物，如蔗糖、干冰、碘等，都是由许许多多的分子组成的，在固态时都是晶体状态，这类晶体形成的结合力就是分子间作用力。分子间作用力首先由荷兰物理学家范德华提出的,故称为范德华力。分子间通过范德华力所形成有规则排列的晶体称为分子晶体。分子间的范德华力很弱,它比化学键键能小得多。因此,分子晶体的熔、沸点都比较低。离子晶体、原子晶体、金属晶体和分子晶体的结构特性比较见表3-6。

表3-6 四类晶体的结构特性比较

晶体种类	结合粒子	结合力	晶体的特性	实例	熔点
离子晶体	阴离子和阳离子	离子键	硬而脆,熔点、沸点较高,熔融状态或其溶液易导电	NaCl MgO	801℃ 2852℃
原子晶体	原子	共价键	硬度很大,熔点、沸点很高,基本不溶于常见溶剂,不易导电	金刚石 SiO_2	3550℃ 1732℃
分子晶体	极性分子	范德华力或氢键	硬度很小,熔点、沸点很低,多溶于极性溶剂	HCl NH_3	-114.8℃ -77.7℃
	非极性分子	范德华力	硬度极小,能溶于非极性溶剂	CO_2 Cl_2	-56.6℃ -101℃
金属晶体	金属阳离子和自由电子	金属键	有延展性,导热、导电性能好,硬度、熔点、沸点差异较大	W Na	3430℃ 97.72℃

(二) 氢键

在水分子中,氧原子吸引电子的能力很强,从而使氢、氧原子之间的共用电子对强烈地偏向于氧原子,因此,氧原子带有部分负电荷,氢原子带有部分正电荷。这种带部分正电荷的氢原子很容易吸引另一个水分子中带部分负电荷的氧原子,从而使两个(甚至几个)水分子结合起来。如图所示:

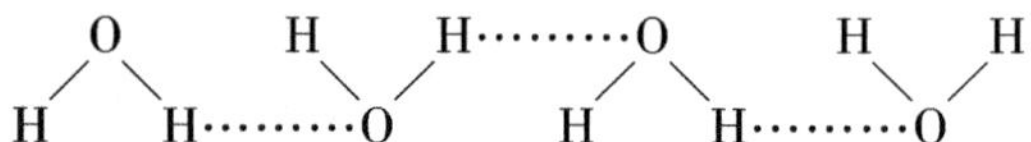

凡是和非金属性很强、半径很小的元素原子(F、O、N)形成共价键的氢原子,还可以再和这类元素的另一个原子相结合,这种结合力叫做氢键。氢键通常用虚线"…"表示。

氢键不是化学键,而是一种特殊的分子间作用力,其键能介于范德华力和化学键之间,它们的键能比例大约为:

范德华力		氢键		化学键
1	:	10	:	100

氢键对物质的物理性质,如熔点、沸点、溶解度等有较大的影响。具有氢键的化合物比没有氢键的同类化合物的熔点和沸点高得多。如果溶质分子能与水分子形成氢键,则其溶解度很大。在0°C以下时,全部水分子都以氢键缔合起来,形成有规则排列的晶体——冰,冰就是典型的氢键晶体,由于氢键的本质也是分子间作用力,所以,氢键晶体仍属于分子晶体。

一、原子结构

1. 几个量的关系

质量数(A)=质子数(Z)+中子数(N)

质子数=核电荷数=原子序数=原子的核外电子数

2. 同位素 具有相同质子数和不同中子数的同种元素的不同原子互称为同位素。

(1) 要点:同——质子数相同,异——中子数不同,粒子——原子。

小结

(2) 特点：同位素原子之间的化学性质几乎完全相同；自然界中稳定同位素的原子个数百分比不变。

注意：同种元素的同位素可组成不同的单质或化合物，如 H_2 与 D_2 是两种不同的单质；H_2O 和 D_2O 是两种不同的化合物。

二、原子核外电子的运动状态和排布

1. 核外电子排布规律

(1) 核外电子是由里向外，分层排布的。

(2) 第 n 电子层最多容纳的电子数为 $2n^2$ 个；最外层电子数不得超过 8 个；次外层电子数不得超过 18 个，倒数第三层电子数不得超过 32 个。

(3) 以上几点是互相联系的。核外电于排布规律是书写原子结构示意图的主要依据。

2. 原子结构示意图。

三、元素周期律和元素周期表

1. 元素周期律　元素的性质随着元素原子序数(核电荷数)的递增而呈周期性变化的规律，叫做元素周期律。

元素性质周期性变化的实质是由于元素原子核外电子排布的周期性变化。

2. 元素周期表　元素周期表是元素周期律的具体表现形式。

同周期元素从左到右(稀有气体除外)，元素的金属性逐渐减弱，非金属性逐渐增强。

同主族元素从上到下，非金属性逐渐减弱，金属性逐渐增强。

3. 元素周期表与原子结构的关系

元素所在的周期序数 = 元素原子的电子层数

元素所在的主族序数 = 元素原子的最外电子层数 = 元素的最高正化合价数

四、化学键

在原子结合成分子时，相邻的原子之间强烈的相互作用，叫做化学键。化学反应的实质就是旧键断裂和新键形成的过程。

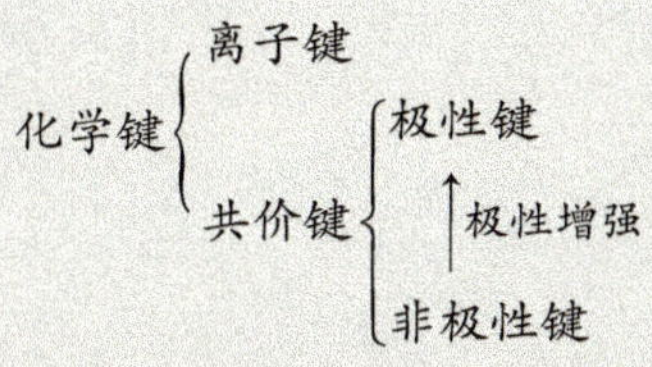

目标检测

一、名词解释

1. 元素　2. 同位素　3. 化学键　4. 元素周期律

二、填空题

1. 原子由带正电荷的________和带负电荷的________构成。原子核由带正电荷的________和不带电的________构成。

2. ________数相同，而________数不同的同种元素的不同原子互称为同位素。

3. 离子键是________之间通过________所形成的化学键。

4. 共价键是________通过________所形成的化学键。

5. H_2O 的相对分子质量为________，D_2O 的相对分子质量为________。

6. 元素周期表中，周期序数取决于原子结构的____

____,主族序数取决于原子结构的________。

7. 构成物质的微粒有分子、原子和离子等。氯化钠、金刚石、氯化氢、水四种物质中,由分子构成的物质是________;由离子构成的物质是________;由原子直接构成的物质是________。

三、选择题

1. 下列原子中,原子核内没有中子的是(　　)

A. $^{1}_{1}H$　B. $^{12}_{6}C$　C. $^{2}_{1}H$　D. $^{37}_{17}Cl$

2. 原子的种类决定于原子的(　　)

A. 相对原子质量大小

B. 质子数和中子数

C. 最外层电子数

D. 核电荷数

3. 下列元素原子核外具有4个电子层的是(　　)

A. $_{2}He$　B. $_{10}Ne$　C. $_{18}Ar$　D. $_{19}K$

4. 某元素原子核外最外层电子数为5,其原子序数是(　　)

A. 13　B. 15　C. 17　D. 19

5. 元素周期表结构中,与电子层数相关的是(　　)

A. 周期数　B. 族序数

C. 分区　D. 镧系元素

6. 元素的化学性质主要取决于原子结构的(　　)

A. 核电荷数　B. 质量数

C. 核外电子层数　D. 最外层电子数

7. 干冰的熔点很低,其原因是(　　)

A. C═O键的键能很小

B. CO_2为极性键构成的非极性分子

C. 它是分子晶体且范德华力很弱

D. 分子中原子间的核间距离很大

8. 下列是元素的原子序数,属于稀有气体的一组是(　　)

A. 1、3、11、19　B. 11、12、13、14

C. 2、10、18、36　D. 9、17、35、53

四、简答题

1. 画出原子序数为17和20两种元素原子的结构示意图,并回答下列问题:

(1) 指出它们在周期表中的位置,各表现出什么化学性质?

(2) 它们彼此化合时以什么类型的化学键结合,形成什么物质?

2. 下列分子哪些是极性分子,哪些是非极性分子?

(1) H_2　(2) HCl　(3) CO_2　(4) SO_2

(5) NH_3　(6) H_2O

(刘向前　苏文昭)

第4章 重要元素及其化合物

学习目标

1. 了解卤族、氧族、氮族、碳族和碱金属的通性
2. 理解卤素单质、卤化氢、O_2、O_3、H_2O_2、氮、碳、磷、碳酸、硅和硅酸的性质
3. 理解重要的硫酸盐、碳酸盐、氮的氧化物、磷的化合物、硅酸盐的性质
4. 理解碱金属氧化物的性质、水的处理的主要内容
5. 掌握卤素单质化学性质、卤素单质制法、卤离子的检验、重要金属卤化物的性质
6. 掌握硫和硫的主要化合物、硝酸及硝酸盐、氨和铵盐的化学性质
7. 掌握碱金属的盐、镁、铝和铁的性质

目前为止,已确定的元素中非金属有22种,其余大部分均为金属元素。本章主要学习常见的非金属和金属及它们的重要化合物。

第1节 卤族元素

一、卤素的通性

卤素的希腊文原意是“成盐元素”。卤素容易与金属直接化合生成典型的盐。卤素是元素周期表中的第ⅦA族元素,包括氟(F)、氯(Cl)、溴(Br)、碘(I)、砹(At)五种元素,其中砹是放射性元素,在这里不作介绍。

卤原子的最外层电子数都是7(图4-1),它们的单质在化学反应中都容易得到1个电子,形成具有稳定结构的-1价阴离子,表现出强烈的氧化性,是典型的非金属元素,具有相似的化学性质。

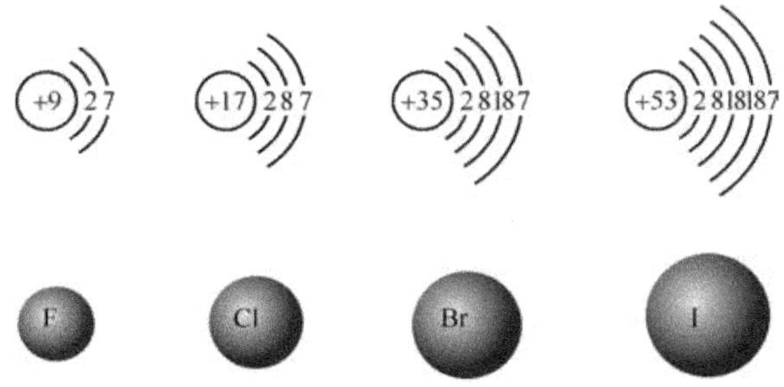

图4-1 卤素原子结构和大小示意图

卤原子虽然最外层电子数相同但是电子层数不同。从氟到碘,随着电子层数逐渐增多,原子半径逐渐增大,卤原子得电子的能力逐渐减弱,非金属性逐渐减弱,单质的氧化性逐渐减弱。反之,卤离子的还原性逐渐增强。

卤素单质的氧化性递减顺序: $F_2 > Cl_2 > Br_2 > I_2$

卤离子的还原性递增顺序: $F^- < Cl^- < Br^- < I^-$

二、卤素单质的性质和制法

(一) 卤素单质的物理性质

卤素单质都是非极性的双原子分子,分子式分别为 F_2、Cl_2、Br_2、I_2。卤素单质主要的物理性质见表 4-1。

表 4-1 卤素单质的物理性质

性 质	F_2	Cl_2	Br_2	I_2
物态(298K,101.3Pa)	气体	气体	液体	固体
颜色	浅黄	黄绿	红棕	紫黑
熔点/K	53.38	172	265.8	386.5
沸点/K	84.86	238.4	331.8	457.4
在水中的溶解度/(mol/L)	反应	0.09	0.21	0.0013

根据卤素的溶解性,碘在水中的溶解度很小,在医药上常用乙醇溶解碘来制备碘酊(或碘酒)。而在分析化学碘量法的应用中,常通过加入适量碘化钾来增加碘的溶解度。溴和碘难溶于水,易溶于四氯化碳等有机溶剂,通常通过萃取操作将溴和碘从水溶液中分离出来。

所有卤素具有刺激性气味,强烈刺激眼、鼻等,吸入较多会中毒,甚至死亡。使用液溴,必须戴橡胶手套。卤素单质可用于消毒,如自来水常用氯气(在 1L 水中通入约 0.002g Cl_2)来杀菌消毒;碘酊也用作外用消毒剂。

利用碘能发生升华(固体物质不经过转变成液态而直接变成气态的现象称为升华)的性质,可通过加热的方法对碘进行提纯和含量测定。

碘与人体健康

碘是人体必需的一种元素,与人体的健康息息相关,健康成人体内的碘的总量约为 30mg (20 ~ 50mg),其中 70% ~ 80% 存在于甲状腺。碘有多种生理功能:促进生物氧化、调节蛋白质合成和分解、促进糖和脂肪代谢、调节水盐代谢、促进维生素的吸收利用、增强酶的活力、促进生长发育等。国家规定在每克食盐中添加碘 20μg,全民可通过食用加碘盐这一简单、安全、有效和经济的补碘措施,来预防碘缺乏病。但是,人体摄入过多的碘也是有害的,日常饮食碘过量同样会引起"甲亢"。是否需要在正常膳食之外特意"补碘",要经过正规体检,听取医生的建议,切不可盲目"补碘"。

链接

(二) 卤素单质的化学性质

由于卤素单质具有很高的化学活性,因此,它们在自然界不可能以游离状态存在,而是以稳定的化合物形式存在。比如,氟主要以萤石 CaF_2、冰晶石 Na_3AlF_6、氟磷灰石 $Ca_5(PO_4)_3F$ 等矿物质存在于自然界中;氯和溴主要以化合态存在于火成岩和沉积岩中,其主要资源来源于海水;碘以 $NaIO_3$形式存在,如智利硝石等。

它们的主要化学性质表现在以下几个方面:

1. 与金属反应　在室温下，卤素单质可与镁、铁、铜等金属反应，在金属表面形成保护膜，可阻止进一步反应。溴和碘与金、铂等贵金属在室温不作用。氟能与所有金属直接化合，反应猛烈，伴随燃烧和爆炸。卤素单质与金属反应的作用活泼性顺序为：氟＞氯＞溴＞碘。例如：

$$Mg + X_2 \xlongequal{} MgX_2$$

2. 与氢气的反应　卤素单质虽然都能和氢气直接化合，生成卤化氢，但是表现出的氧化性却逐渐减弱。

氟与氢气的反应，不需要光照，在暗处就能剧烈化合并发生爆炸，生成的氟化氢很稳定。

氯气与氢气在常温没有光照的条件下混合，反应较慢，但在光照或加热时，氯气与氢气的反应也是发生爆炸，瞬间完成。溴与氢气在加热至500℃时才能较缓慢地发生反应，生成的溴化氢也不如氯化氢稳定。

$$H_2 + Cl_2 \xlongequal{点燃} 2HCl$$

$$H_2 + Br_2 \xlongequal{500℃} 2HBr$$

碘与氢气的反应更不容易发生，要在不断加热的条件下才能缓慢进行，而生成的碘化氢很不稳定，同时发生分解，此反应是可逆反应。

$$H_2 + I_2 \overset{\triangle}{\rightleftharpoons} 2HI$$

3. 与水反应　卤素单质与水会发生有以下两种情况：

（1）氟的非金属性最强，单质氟与水发生剧烈反应，生成氟化氢和氧气。方程式如下：

$$2F_2 + 2H_2O \xlongequal{} 4HF + O_2\uparrow$$

（2）氯、溴、碘的非金属性依次减弱，I_2与水只有很微弱的反应，它们的单质与水反应通式如下：

$$X_2 + H_2O \rightleftharpoons HX + HXO$$

氯气与水反应后生成“氯水”，氯水中的次氯酸（HClO）是强氧化剂，能对自来水杀菌消毒，还可用作棉、麻和纸张等的漂白剂。次氯酸不稳定，易分解放出氧气，因此要将氯水置于棕色瓶子中，并避光保存。

$$Cl_2 + H_2O \rightleftharpoons HCl + HClO$$

$$2HClO \xlongequal{} 2HCl + O_2\uparrow$$

4. 与碱反应　卤素单质与碱溶液反应可生成卤化物、次卤酸盐和水。如氯气与氢氧化钙溶液反应，生成氯化钙和次氯酸钙。工业上用氯气和消石灰（主要成分为氢氧化钙）作用生产漂白粉。在潮湿的空气里，次氯酸钙与空气里的二氧化碳和水蒸气反应，生成次氯酸。所以漂白粉具有漂白、消毒作用。

$$2Ca(OH)_2 + 2Cl_2 \xlongequal{} CaCl_2 + \underset{次氯酸钙}{Ca(ClO)_2} + 2H_2O$$

$$Ca(ClO)_2 + CO_2 + H_2O \xlongequal{} CaCO_3\downarrow + 2HClO$$

次氯酸盐比次氯酸稳定，容易储运。

5. 卤素单质间的置换反应　卤素单质的氧化能力不同，活动性顺序为：氟＞氯＞溴＞碘。氧化能力强的卤素单质能把氧化能力弱的卤素从它的卤化物中置换出来。

【演示实验4-1】　在分别盛有1mL 0.1mol/L NaBr溶液和1mL 0.1mol/L KI溶液的两支试管中各加入1mL新配制的氯水，适当振荡混合，再各加入0.5mL四氯化碳，用力振荡，观察溶液及四氯化碳层颜色的变化。

试管号和试剂	加入1mL新配制的氯水	再加入0.5mL四氯化碳
1# 1mL 0.1mol/L NaBr	溶液颜色变深	四氯化碳层变深红棕色

2# 1mL 0.1mol/L KI	溶液颜色变深	四氯化碳层变紫红色

结论：Cl_2从 NaBr 和 KI 中置换出Br_2和I_2单质，反应方程式如下：

$$Cl_2 + 2NaBr = 2NaCl + Br_2$$

$$Cl_2 + 2KI = 2KCl + I_2$$

【演示实验 4-2】 在分别盛有 1mL 0.1mol/L NaCl 溶液和 1mL 0.1mol/L KI 溶液的两支试管中各加入 1mL 新配制的溴水，适当振荡混合，再各加入 0.5mL 四氯化碳，用力振荡，观察溶液及四氯化碳层颜色的变化。

试管号和试剂	加入 1mL 新配制的溴水	再加入 0.5mL 四氯化碳
3# 1mL 0.1mol/L NaCl	溶液颜色与溴水颜色相似	四氯化碳层变深红棕色
4# 1mL 0.1mol/L KI	溶液颜色变深	四氯化碳层变紫红色

结论：Br_2不能与 NaCl 反应，Br_2从 KI 中置换出I_2。

反应方程式为： $$Br_2 + 2KI = 2KBr + I_2$$

6. 碘的特性 单质碘遇到淀粉溶液显蓝色，这是碘的特殊性质。利用这个特性可以对碘和淀粉进行相互检验和鉴别。

(三) 卤素单质的制法

卤素单质的制法主要有电解熔盐法、化学制备法等。如F_2的制备可电解KHF_2；Cl_2在工业上以石墨作阳极，铁网作阴极，电解饱和食盐水制备，实验室是将$KMnO_4$和浓 HCl 混合反应制得；溴在工业上是从卤盐母液中提取；碘自海藻灰中提取等。

$$2KHF_2 \xlongequal{\text{电解}} 2KF + H_2\uparrow + F_2\uparrow$$

$$2NaCl + 2H_2O \xlongequal{\text{电解}} Cl_2\uparrow + H_2\uparrow + 2NaOH$$

$$2KMnO_4 + 16HCl(\text{浓}) \xlongequal{\triangle} 2KCl + 2MnCl_2 + 5Cl_2\uparrow + 8H_2O$$

$$2NaI + 3H_2SO_4 + MnO_2 = 2NaHSO_4 + MnSO_4 + 2H_2O + I_2$$

不粘涂层

“特富龙（Teflon）”是杜邦公司对其研发的特氟隆物质的注册名称。美国环保署指出，杜邦公司在 1981 年 6 月至 2001 年 3 月间隐瞒了特氟隆制造过程中全氟辛酸成分可能危害人体健康的信息。此外，与杜邦同样生产含氟产品的美国 3M 公司也曾在工人血液中发现氟含量超标。英国《自然》杂志发表了报告称不粘涂层的主要成分聚四氟乙烯在高温时会产生有害的化合物并积聚在体内造成危害。对此，杜邦公司称，聚四氟乙烯的耐热温度明显高于正常的烹饪温度，因此，在烹饪使用不粘锅不会对人体带来危害。

类似于氟，氯化物浓度较高时对人体也有害，轻则致使咽喉发炎、引起咳嗽，重则致死。

链接

三、卤化氢和卤化物

(一) 卤化氢

卤化氢的通式为 HX，通常为气态。它们都有刺激性气味，有一定的毒性，HF 的毒性最强。一些卤化氢的物理性质见表 4-2。

表 4-2　卤化氢的一些物理性质

性　质	HF	HCl	HBr	HI
熔点/K	190.0	158.2	184.5	222.2
沸点/K	292.5	188.1	206.0	237.6
气化热/(kJ/mol)	30.31	16.12	17.62	19.77
键能/(kJ/mol)	568.6	431.8	365.7	298.7
密度/(g/mL)	1.14	1.097	1.49	1.70
质量分数	35.35	20.24	47	57

由表 4-2 可以看出，卤化氢的熔点、沸点、气化热和密度等参数随着卤素原子序数的增大逐渐升高，但 HF 的数据异常，原因是 HF 分子间存在键能更高的氢键(图 4-2)。

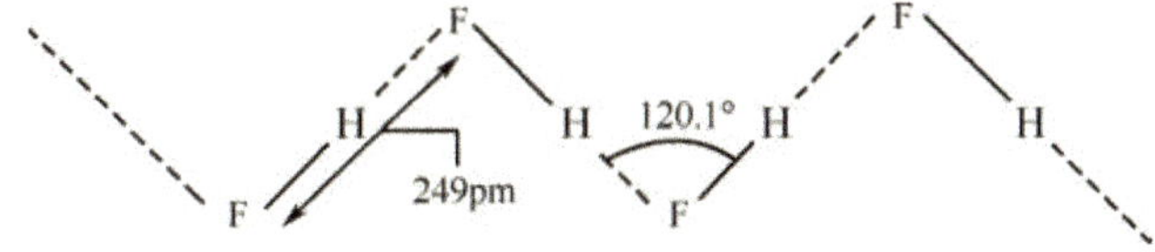

图 4-2　氟化氢分子间的氢键

卤化氢具有较高的热稳定性，HF 在很高的温度下都不容易分解；卤化氢的 pK_a 和稳定性规律随着卤素原子序数的增大逐渐降低。卤化氢的水溶液称为氢卤酸，具有酸的通性。酸性和还原性随着卤素原子序数的增大而增强。一些卤化氢的化学性质见表 4-3。

表 4-3　卤化氢的一些化学性质

性　质	HF		HCl		HBr		HI
键长/pm	92		128		141		160
键能/(kJ/mol)	568.6		431.8		365.7		298.7
1273K 时分解率/%	忽略		0.0014		0.5		33
pK_a	3.25		−7.4		−9.5		−10
稳定性规律	HF	>	HCl	>	HBr	>	HI
酸性	$HX + H_2O \longrightarrow H_3O^+ + X^-$				$K = [H][X^-]/[HX]$		
酸性变化规律	HF	<	HCl	<	HBr	<	HI
还原性	HF	<	HCl	<	HBr	<	HI

(二) 卤离子的检验

在实验室里常用硝酸银溶液来检验卤素离子，银离子与卤素离子(Cl^-、Br^-、I^-)反应分别生成白色沉淀、浅黄色沉淀和黄色沉淀，再向这些沉淀中加入适量稀硝酸，沉淀不溶解即可证明溶液中有卤素离子。离子方程式分别为：

$$Ag^+ + Cl^- \longrightarrow AgCl\downarrow \text{(白色)}$$

$$Ag^+ + Br^- \longrightarrow AgBr\downarrow \text{(浅黄色)}$$

$$Ag^+ + I^- \longrightarrow AgI\downarrow \text{(黄色)}$$

1841 年,在墨西哥发现第一种含溴(溴银矿,AgBr)矿物。当时它主要应用在照相术和医学上。AgBr 在照相术上作为光敏试剂,1857 年 KBr 开始在治疗癫 病中作为一种镇静剂和抗惊厥剂。

链接

(三)重要的金属卤化物

卤素是重要的成盐元素,在自然界中广泛存在,一般以卤化物的形式存在。如海水、盐湖、盐井里含有丰富的氯化钠等盐类。这里介绍几种与日常生活和医疗卫生有关的卤化物。

1. 氯化钠(NaCl) 俗称食盐,无色或白色的晶体。氯化钠不仅是必需调味品,而且是医疗上的重要药物。氯化钠在人体内具有重要的生理作用,人体体液正常的渗透压需要一定浓度的氯化钠来维持。医疗上用的生理盐水就是浓度为 9g/L 的氯化钠溶液,常用于出血过多、严重腹泻等引起的失水病症,也可用于洗涤伤口等。

2. 氯化钾(KCl) 氯化钾为白色结晶性粉末或无色立方形结晶,易溶于水,水溶液呈中性。氯化钾的性质和氯化钠相似,但生理作用完全不同,绝对不能用氯化钾来代替生理盐水。氯化钾在医疗上主要用作利尿药,常用于治疗心脏性、肾脏性水肿,也可用于防治低血钾症等。

3. 氯化铵(NH_4Cl) 又称硇砂,是一种无色或白色结晶性粉末。其水溶液呈酸性,医学上用它来纠正碱中毒;因其口服吸收后有促进气管分泌的作用,故医学上常将其用于止咳祛痰剂中。

4. 氯化钙($CaCl_2$) 氯化钙为白色多孔块状、粒状或蜂窝状固体。无水氯化钙是工业和实验室常用干燥剂。在医药卫生上,氯化钙可用于血钙降低引起的手足搐搦症以及肠绞痛、输尿管绞痛,可用于低钙引起的荨麻疹、渗出性水肿、瘙痒性皮肤病;还可用于维生素 D 缺乏性佝偻病、软骨病、孕妇及哺乳期妇女钙盐补充等。

5. 溴化钠(NaBr) 溴化钠为无色立方晶系晶体或白色颗粒状粉末,在空气中有吸湿性。其中,溴离子可被氟、氯所取代。在酸性条件下,能被氧氧化,游离出溴。可用于感光胶片、医药、香料、染料等工业。

6. 碘化钾(KI) 碘化钾为无色或白色立方晶体,极易溶于水、乙醇、丙酮和甘油,水溶液遇光变黄,并析出游离碘。碘化钾水溶液呈中性或微碱性。我们常吃的加碘食用盐就是在普通食盐中加入碘化钾或碘酸钾。碘化钾在皮肤科领域有一些特殊的用途。碘化钾还具有抗真菌活性。

第 2 节 氧族元素

一、氧族元素的通性

周期表中原子最外层电子数是 6 的主族元素有:氧(O)、硫(S)、硒(Se)、碲(Te)、钋(Po),它们都位于周期表中第ⅥA 族,统称为氧族元素。氧和硫是典型的非金属元素,硒、碲也是非金属,但具有部分金属性,而钋则是金属。氧族元素的最外层都是 6 个电子,因此有从其他原子获得 2 个电子的趋势,以达到稳定结构,表现出较强的非金属性。随着原子半径的逐渐增大,氧族元素的非金属性由强到弱的顺序是:氧 > 硫 > 硒 > 碲,但氧族元素的非金属性较相应的卤族元素为弱。氧族元素的性质见表 4-4。

表 4-4　氧族元素的主要性质

元素名称	氧	硫	硒	碲
原子序数	8	16	34	52
相对原子质量	15.99	32.06	78.96	127.60
原子半径/10^{-10}m	0.66	1.04	1.17	1.37
主要化合价	−2, −1	−2, 0, +2, +4, +6	−2, 0, +2, +4, +6	−2, 0, +2, +4, +6
熔点/K	54.6	386	490	1663
沸点/K	90	718	958	
颜色和状态	无色气体	黄色固体	灰色固体	银白色固体
固体密度/(g/cm^3)	1.3	2.1	4.8	6.2

氧是化学性质活泼的非金属元素，它能跟大多数金属直接化合，生成离子型化合物，如 Na_2O、MgO、ZnO 等；跟非金属元素化合则形成共价化合物，如 H_2O、CO_2 等。氧在地壳中的含量为 48.6%，居首位，氧在地球上分布极广，大气中氧的体积分数为 20.95%，海洋和江河湖泊中到处都是氧的化合物，氧在水中占 88.8%。地球上还存在着许多含氧酸盐，如土壤中所含的铝硅酸盐，还有硅酸盐、氧化物、碳酸盐的矿物。大气中的氧不断地用于动物的新陈代谢，人体中氧占 65%，植物的光合作用能把二氧化碳转变为氧气，使氧得以不断地循环。

硫是一种重要的非金属元素。在自然界，游离态的天然硫存在于火山喷口附近或地壳的岩层里。以化合态存在的硫分布很广，主要是硫化物和硫酸盐，如黄铁矿（也叫硫铁矿，FeS_2）、黄铜矿（$CuFeS_2$）、石膏（$CaSO_4 \cdot 2H_2O$）、芒硝（$Na_2SO_4 \cdot 10H_2O$）等。煤和石油里都含有少量硫。硫还是某些蛋白质的组成元素，是生物生长所需要的一种元素。硒、碲为稀有元素，钋是放射性元素，在这里不作介绍。

氧（O_2）的发现

1774 年，英国化学家 J. 普里斯特利和他的同伴用一个大凸透镜将太阳光聚焦后加热氧化汞，制得纯氧，并发现它助燃和帮助呼吸，称之为“脱燃素空气”。瑞典 C. W. 舍勒用加热氧化汞和其他含氧酸盐制得氧气虽然比普里斯特利还要早一年，但他的论文《关于空气与火的化学论文》直到 1777 年才发表，但他们两人确属各自独立制得氧。1774 年，普里斯特利访问法国，把制氧方法告诉 A. L. 拉瓦锡，后者于 1775 年重复这个实验，把空气中能够帮助呼吸和助燃的气体称为 Oxygene，这个字来源于希腊文 Oxygenēs，含义是“酸的形成者”。因此，后世把这三位学者都确认为氧气的发现者。

链接

臭氧（O_3）

当大气层中的氧气发生光化学作用时，便产生了臭氧。臭氧是淡蓝色的气体，有一种鱼腥臭味。在大气层中的浓度 0.001ppm，在离地面 20～40km 的高空臭氧层中，臭氧的浓度达到 0.2ppm。它吸收对人体有害的短波紫外线，防止其到达地球，保护了地面的生物，同时也是上层大气能量的一个储库。但氯气和氟化物促使臭氧分解为氧，会破坏臭氧保护层，成为人类关注的重要环境问题之一。臭氧是强力漂白剂，用于漂白面粉和纸浆，用臭氧消毒饮用水，水中只含氧，无特殊气味。它还用于污水处理。

链接

二、过氧化氢(H_2O_2)

(一) 物理性质

过氧化氢熔点272K,沸点423K,纯过氧化氢是淡蓝色的黏稠液体,与水以任意比混溶。其水溶液俗称双氧水,为无色透明液体,有微弱的特殊气味。

(二) 化学性质

过氧化氢是含有极性键和非极性键的极性分子,其分子结构见图4-3。由于过氧链—O—O—中O不是最低化合价,故不稳定,容易断开。溶液中含有氢离子,而过氧根在氢离子的作用下会生成氢氧根离子,其中氢离子浓度大于氢氧根离子浓度。

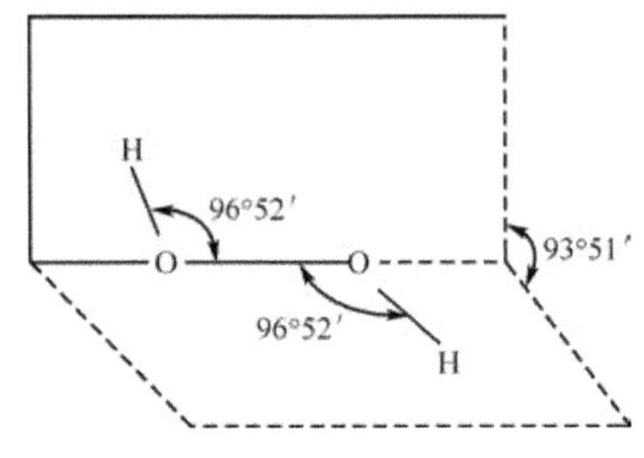

图4-3　过氧化氢的分子结构

1. 不稳定性　纯H_2O_2受热高于150℃时爆炸分解,水溶液缓慢分解。

$$2H_2O_2 = 2H_2O + O_2\uparrow$$

碱性条件、杂质离子和光加速分解。故我们必须把过氧化氢保存于棕色瓶或塑料容器中,且放置在阴凉处。为防止其分解,常加入一些稳定剂(如锡酸钠等)。

2. 氧化还原性　在H_2O_2中,氧的化合价是-1,既可以升高也可以降低,因此既可以作为氧化剂也可用做还原剂,以氧化性为主。

过氧化氢在酸性或碱性溶液中都具有氧化性。例如,H_2O_2在酸性溶液中能把碘化钾氧化析出碘。

$$H_2O_2 + 2KI + H_2SO_4 = I_2 + K_2SO_4 + 2H_2O$$

在碱性溶液中,H_2O_2能把Cr^{3+}氧化为CrO_4^{2-}。例如:

$$3H_2O_2 + Cr_2(SO_4)_3 + 10NaOH = 2Na_2CrO_4 + 3Na_2SO_4 + 8H_2O$$

H_2O_2的还原性较弱,只有遇到强氧化剂时才表现出还原性,本身被氧化而放出氧气。例如:

$$2KMnO_4 + 5H_2O_2 + 3H_2SO_4 = 2MnSO_4 + K_2SO_4 + 5O_2\uparrow + 8H_2O$$

(三) 过氧化氢的用途

在不同的情况下可有氧化作用或还原作用。漂白、消毒、化学合成、氧源、燃料及燃料推进剂等。医药上常用质量分数为0.03的过氧化氢水溶液作为外用消毒剂。

三、硫和硫的主要化合物

(一) 硫

1. 硫的物理性质和用途　硫为淡黄色的晶体,俗称硫硝。它的密度约是水的两倍。硫较脆,容易研成粉末,不溶于水,微溶于酒精,易溶于二硫化碳。硫的熔点是112.8℃,沸点是444.6℃。

硫的用途广泛,主要用来制造硫酸。硫也是生产橡胶制品的重要原料。硫还可用于制造黑色火药、焰火、火柴等。医药卫生上,硫还可用来制硫硝软膏医治某些皮肤病等。

2. 硫的化学性质　硫原子和氧原子的结构相似，最外层电子数都是 6 个，所以它们的单质具有相似的化学性质，在化学反应中容易得 2 个电子，具有活泼的氧化性。容易跟金属、氢气和其他非金属发生反应。

$$2Cu + S \xlongequal{\triangle} Cu_2S\ (\text{硫化亚铜})$$

$$S + O_2 \xlongequal{\text{点燃}} SO_2$$

（二）硫的主要化合物

1. 硫化氢（H_2S）　硫化氢是一种无色、有臭鸡蛋气味的气体，它的密度比空气略大；硫化氢能溶于水，在常温、常压下，1 体积的水能溶解 2.6 体积的硫化氢；硫化氢有剧毒，能刺激人的眼睛和呼吸道，还能与血红蛋白中的铁结合，麻醉人的中枢神经系统。空气中硫化氢的含量达到 0.1% 时，会造成人的呼吸麻痹而死亡。因此，制取或使用硫化氢时，必须在密闭系统或通风橱中进行。

在较高温度时，硫化氢分解成氢气和硫。

$$H_2S \xlongequal{\triangle} H_2 + S$$

硫化氢是一种可燃性气体。在空气充足条件下，硫化氢能完全燃烧而产生淡蓝色的火焰，并生成水和二氧化硫。

$$2H_2S + 3O_2 \xlongequal{\text{点燃}} 2H_2O + 2SO_2$$

如果硫化氢燃烧时氧气不足或缓慢氧化条件下，产物中会析出单质硫。

$$2H_2S + O_2 \xlongequal{} 2H_2O + 2S\downarrow$$

硫化氢能被碘氧化生成单质硫，被氯氧化生成硫酸。

$$H_2S + I_2 \xlongequal{} 2HI + S\downarrow$$

$$H_2S + 4Cl_2 + 4H_2O \xlongequal{} 8HCl + H_2SO_4$$

由此可见，硫化氢具有还原性。硫化氢里的硫是 -2 价，它能够失去电子而变成游离态的单质硫或高价硫的化合物。

硫化氢的水溶液叫做氢硫酸，它是一种二元弱酸，具有酸的通性，能够使石蕊试液变为浅红色。氢硫酸具有强还原性，可以被空气中的氧气氧化，生成单质硫；能够与二氧化硫反应，生成单质硫。

$$2H_2S + SO_2 \xlongequal{} 2H_2O + 3S\downarrow$$

2. 硫的氧化物

（1）二氧化硫（SO_2）：二氧化硫是一种无色、有刺激性气味的有毒气体。它的密度比空气大，易溶于水。在常温、常压下，1 体积水大约能溶解 40 体积的二氧化硫。

SO_2溶于水后，可以与水化合生成一种弱酸——亚硫酸，并且该反应是一个可逆反应。

$$SO_2 + H_2O \rightleftharpoons H_2SO_3$$

因二氧化硫能跟某些有色物质化合生成无色物质，所以二氧化硫还具有漂白性。但是生成的无色物质不稳定，容易分解而恢复原来有色物质的颜色。

（2）三氧化硫（SO_3）：三氧化硫是无色易挥发的物质，熔点为 16.8℃，沸点为 44.8℃。SO_3 与 H_2O 反应生成 H_2SO_4。

$$SO_3 + H_2O \xlongequal{} H_2SO_4$$

3. 硫酸（H_2SO_4）　纯硫酸是无色油状液体，与水以任意比混溶，是一种高沸点、难挥发的二元强酸。

硫酸除了具有酸的通性以外，浓硫酸还具有一些特殊的性质：

（1）吸水性和脱水性：浓硫酸能强烈吸收水而生成硫酸水合物。如 $H_2SO_4 \cdot H_2O$、$H_2SO_4 \cdot 2H_2O$、$H_2SO_4 \cdot 4H_2O$ 等，同时放出大量的热量。因此，浓硫酸稀释时应将浓硫酸沿器壁慢慢倒入水中，并不断搅拌。如果将水加入浓硫酸中稀释，因硫酸的密度大，水的密度小，水在上方，稀释时放出大量的热会使局部溶液温度迅速升高而使水爆沸，夹带硫酸飞溅，极易造成危险。利用浓硫酸的吸水性，工业上和实验室常用作某些气体的干燥剂，如氢气、二氧化碳、氯气等。

浓硫酸能从某些有机物中，按水分子组成的比例，夺取其中的氢和氧，从而使有机物脱水炭化。例如，蔗糖（$C_{12}H_{22}O_{11}$）、纤维等遇浓硫酸都会发生脱水炭化。

$$C_{12}H_{22}O_{11} \xlongequal{\text{浓} H_2SO_4} 12C + 11H_2O$$

浓硫酸对有机物有很强的腐蚀性，溅到衣物上会使纤维脱水烧坏，溅到皮肤上会造成灼伤，使用时要特别注意安全。

（2）氧化性：浓硫酸具有强的氧化性，加热时氧化性增强，可以跟许多金属（金、铂除外）和非金属反应。例如：

$$Cu + 2H_2SO_4(\text{浓}) \xlongequal{\triangle} CuSO_4 + SO_2\uparrow + 2H_2O$$

$$C + 2H_2SO_4(\text{浓}) \xlongequal{\triangle} CO_2\uparrow + 2SO_2\uparrow + 2H_2O$$

冷的浓硫酸会在 Fe 和 Al 金属表面生成一层致密的氧化物薄膜，阻止其进一步氧化，这种现象叫做钝化现象。利用钝化现象，可以用铁制和铝制的容器来储运冷的浓硫酸。

硫酸是重要的化工原料，广泛应用于制造化肥、药物、炸药、染料、冶金、石油等，也是化学实验室里必备的重要试剂。

四、重要的硫酸盐

（一）硫酸盐

硫酸是二元酸，能生成正盐和酸式盐。大多数的硫酸盐易溶于水，但硫酸铅和硫酸钙溶解度很小，硫酸钡几乎不溶于水，而且也不溶于酸。硫酸盐种类很多，以下介绍几种重要的硫酸盐。

1. 硫酸钠（Na_2SO_4） 白色、无臭、有苦味的结晶或粉末，有吸湿性。无水硫酸钠又称无水芒硝，中药名称为元明粉，可作缓泻剂，用于润燥破结，消肿明目。还用于制水玻璃、玻璃、瓷釉、纸浆、洗涤剂、干燥剂等。

2. 硫酸钙（$CaSO_4$） 带两个分子结晶水的硫酸钙叫做石膏或生石膏（$CaSO_4 \cdot 2H_2O$）。将石膏加热到 160℃ 左右，大部分结晶水失去，变成熟石膏（$2CaSO_4 \cdot H_2O$）。硫酸钙可用作磨光粉和气体干燥剂，用于制作医疗上的石膏绷带，也用于冶金和农业等方面。

3. 十二水合硫酸铝钾[$KAl(SO_4)_2 \cdot 12H_2O$] 无色立方、单斜或六方晶体，有玻璃光泽，能溶于水，不溶于乙醇。俗称明矾或钾矾等，是含有结晶水的硫酸钾和硫酸铝的复盐。明矾味酸涩，有毒，用做中药有抗菌、收敛等作用。明矾还可用于制备铝盐、发酵粉、油漆、造纸、防水剂等。

（二）硫酸根离子（SO_4^{2-}）的检验

使用经过盐酸（HCl）酸化的氯化钡（$BaCl_2$）可检验物质中的硫酸根。步骤是：先向待测物中滴入几滴经过盐酸酸化的氯化钡溶液，振荡均匀，如果产生白色沉淀，则证明有硫酸根存在。

$$H_2SO_4 + BaCl_2 = 2HCl + BaSO_4 \downarrow \text{（白色）}$$
$$Na_2SO_4 + BaCl_2 = 2NaCl + BaSO_4 \downarrow \text{（白色）}$$
$$Ba^{2+} + SO_4^{2-} = BaSO_4 \downarrow \text{（白色）}$$

先滴加盐酸的目的是清除溶液中干扰检验的，能跟氯离子反应生成白色沉淀的银离子；清除能与钡离子生成白色沉淀的 CO_3^{2-}、SO_3^{2-} 等干扰离子。不可以用硝酸钡检验，因为硝酸根离子在酸性条件下可以将亚硫酸根离子氧化为硫酸根离子，干扰检验。

$$Na_2CO_3 + BaCl_2 = 2NaCl + BaCO_3 \downarrow \text{（白色）}$$

$BaCO_3$也为白色沉淀，与 $BaSO_4$不易区分，但因 $BaCO_3$能跟盐酸反应而溶解，并放出气体。

$$BaCO_3 + 2HCl = BaCl_2 + CO_2 \uparrow + H_2O$$

第 3 节 氮族元素

一、氮族元素的通性

氮族元素包括氮（N）、磷（P）、砷（As）、锑（Sb）、铋（Bi）五种元素，位于元素周期表ⅤA 族。其中氮、磷是非金属元素，砷是准金属，锑和铋是金属。氮族元素的一些性质见表 4-5。

表 4-5 氮族元素的一些性质

元 素	N	P	As	Sb	Bi
原子序数	7	15	33	51	83
相对原子质量	14.01	30.97	74.92	121.76	208.98
主要化合价	−3，−2，−1，	−3，0，+1，	−2，0，+2，	+3，+5	+3，+5

氮族元素最外层电子数为 5，其主要化合价有 −3、+3 和 +5。由于氮族元素电负性均小于同周期ⅦA、ⅥA 族元素，它与卤素或氧、硫反应主要形成 +3、+5 的共价化合物；与氢反应形成 −3 的共价化合物。因此，形成共价化合物是本族的特征。氮族元素的非金属性比卤族和氧族都弱。氮族元素从上到下 +5 化合价的稳定性递减，而 +3 化合价的稳定性递增。

二、氮及其重要化合物

氮在地壳中的质量百分含量是 0.46%，绝大部分氮是以单质分子 N_2的形式存在于空气中，是空气的重要组成部分，体积分数约为 79%。除了土壤中含有一些铵盐、硝酸盐外，氮以无机化合物形式存在于自然界是很少的，而氮却普遍存在于有机体中，是组成动植物体的蛋白质和核酸的重要元素。

（一）氮及其氧化物

1. 单质氮 常温下，氮气是无色、无味的气体，熔沸点低、难于液化，在水中溶解度很小。

单质 N_2不活泼，是已知的双原子分子中性质最稳定的。在室温下，不与氧、水、酸、碱等试剂反应，但是，与锂在常温可直接反应。只有在高温高压并有催化剂存在的条件下，氮气和氢气反应生成氨。在高温下,氮的化学活性增强,能与镁、钙、铝、硼、硅等生成氮化物;在放电条件下,氮气可以和氧气化合生成一氧化氮。

$$6Li + N_2 = 2Li_3N$$

氮主要用于合成氨,由此制造化肥、硝酸和炸药等。由于氮的化学惰性,常用作保护气体,以防止物体暴露于空气时被氧化;用氮气填充粮仓,可使粮食不霉烂、不发芽,长期保存。

2. 氮的含氧化物　N 原子和 O 原子可以有多种形式结合,N 的化合价可以从 +1 到 +5。在常见的氮的氧化物中,一氧化氮 NO 和二氧化氮 NO_2 较为重要。

(1) 一氧化氮(NO):NO 是一种无色气体,微溶于水但不与水反应,不助燃。

工业上通过氨气和氧气制备一氧化氮;而实验室用金属铜和稀硝酸生产一氧化氮。

$$4NH_3 + 5O_2 \xrightarrow[\triangle]{\text{催化剂}} 4NO + 6H_2O \tag{4.1}$$

$$3Cu + 8HNO_3(\text{稀}) = 3Cu(NO_3)_2 + 2NO\uparrow + 4H_2O$$

NO 很容易与氧气反应生成红棕色的 NO_2。

$$2NO + O_2 = 2NO_2$$

(2) 二氧化氮(NO_2):NO_2 是一种红棕色、有毒的气体,低温时易聚合成无色的 N_2O_4。

$$2NO_2 \rightleftharpoons N_2O_4$$

将 NO 氧化或用铜与浓 HNO_3 反应均可制备出 NO_2。

$$2NO + O_2 = 2NO_2 \tag{4.2}$$

$$Cu + 4HNO_3(\text{浓}) = Cu(NO_3)_2 + 2NO_2\uparrow + 2H_2O$$

NO_2 与水反应可以得到 HNO_3 和 NO。

$$3NO_2 + H_2O = 2HNO_3 + NO\uparrow \tag{4.3}$$

(二) 硝酸及硝酸盐

1. 硝酸　在实验室中,用硝酸盐与浓硫酸在共热来制备少量硝酸。

$$NaNO_3 + H_2SO_4 \xrightarrow{\text{微热}} NaHSO_4 + HNO_3$$

工业上用氨的催化氧化法制造硝酸。

上述的反应式(4.1)、式(4.2)、式(4.3)就是工业上制硝酸的三步反应。

硝酸是重要的无机酸,纯硝酸是易挥发、有刺激性气味的无色液体。硝酸不稳定,易分解,在光照或受热时分解加快。

$$4HNO_3 \xrightarrow{\text{光照或受热}} 4NO_2\uparrow + O_2\uparrow + 2H_2O$$

因 NO_2 为红棕色,硝酸分解产生的 NO_2 溶在硝酸内使硝酸呈黄色。因此,硝酸要放在棕色试剂瓶内,避光低温保存。

硝酸是强酸,除具有酸的一般通性外,其氧化性更为显著。

硝酸中的 N 处于最高化合价 +5,具有强氧化性。某些金属如 Fe、Al、Cr 等能溶于稀硝酸,而不溶于冷浓硝酸。因为这类金属表面被浓硝酸氧化形成一层十分致密的氧化膜,出现钝化现象,阻止反应继续进行。所以,现在一般用铝制容器来装盛浓 HNO_3。

硝酸能跟大多数非金属反应,使它们氧化为对应的氧化物或含氧酸。例如:

$$C + 4HNO_3(\text{浓}) = CO_2\uparrow + 4NO_2\uparrow + 2H_2O$$

$$S + 6HNO_3(\text{浓}) = H_2SO_4 + 6NO_2\uparrow + 2H_2O$$

硝酸与金属反应,其还原产物中氮的化合价降低了多少,主要取决于硝酸的浓度、金属的活泼性、反应的温度。对于同一金属来说,酸愈稀则还原产物氮的化合价降低得愈多。一般的，金属（无论活泼与否）与浓硝酸反应主要生成 NO_2；而不活泼金属如 Cu、Ag、Hg、Bi 等与稀硝酸（6mol/L）反应主要生成 NO；活泼金属如 Fe、Zn、Mg 等与稀硝酸反应则生成 N_2O 或铵盐。例如：

$$Cu + 4HNO_3(浓) \xlongequal{} Cu(NO_3)_2 + 2NO_2\uparrow + 2H_2O$$
$$3Cu + 8HNO_3(稀) \xlongequal{} 3Cu(NO_3)_2 + 2NO\uparrow + 4H_2O$$
$$4Zn + 10HNO_3(稀) \xlongequal{} 4Zn(NO_3)_2 + N_2O\uparrow + 5H_2O$$
$$4Zn + 10HNO_3(很稀) \xlongequal{} 4Zn(NO_3)_2 + NH_4NO_3 + 3H_2O$$

浓盐酸和浓硝酸体积比约 3:1 的混合物称为“王水”。王水的氧化性比硝酸更强。

硝酸用途广泛，可用于制造化肥、塑料、药物、含氮染料、炸药（如 TNT、硝化甘油）等。

2. 硝酸盐　大多数是无色易溶于水的晶体。高温时，固体硝酸盐会分解放出氧气，而显氧化性。硝酸盐的热分解的产物决定于盐的阳离子。

活泼金属（金属活动顺序比 Mg 活泼，主要是碱金属和碱土金属）的硝酸盐受热分解生成亚硝酸盐和 O_2。例如：

$$2NaNO_3 \xlongequal{\triangle} 2NaNO_2 + O_2\uparrow$$

活泼性较差的金属（活泼性在 Mg 与 Cu 之间）的硝酸盐受热时分解出氧气、二氧化氮和金属氧化物。例如：

$$2Pb(NO_3)_2 \xlongequal{\triangle} 2PbO + O_2\uparrow + 4NO_2\uparrow$$

不活泼金属（比 Cu 更不活泼）的硝酸盐受热时则分解出氧气、二氧化氮和金属单质。例如：

$$2AgNO_3 \xlongequal{\triangle} 2Ag + O_2\uparrow + 2NO_2\uparrow$$

硝酸盐通常由硝酸作用于相应的金属或金属氧化物而制得。硝酸盐中最重要的是硝酸钾、硝酸钠、硝酸铵和硝酸钙等。硝酸盐是常用的化学试剂，在工农业生产上主要用来做肥料和制造炸药。

（三）氨和铵盐

1. 氨　在 NH_3 分子中，N 原子有一对孤电子对，另外三个电子与 H 原子结合成共价单键。未成键孤电子对对成键电子对有较大的排斥作用，使成键电子对间的键角减小，使 N—H 键之间的键角∠HNH 不是正四面体的 109°28′，而是分子形状是三角锥状的 106°。这种结构使得 NH_3 分子有相当大的极性，易形成氢键。氨的分子结构见图 4-4。

氨是一种有刺激臭味的无色气体。氨极易溶于水，在常温下水可溶解氨体积比为 1:700。通常把溶有氨的水溶液叫做氨水。一般市售浓氨水的密度是 0.91g/mL，含 NH_3 约 28%　。氨气在常温下易被加压液化；氨分子具有极性，分子间存在着强的氢键，故在液氨中存在缔合分子。

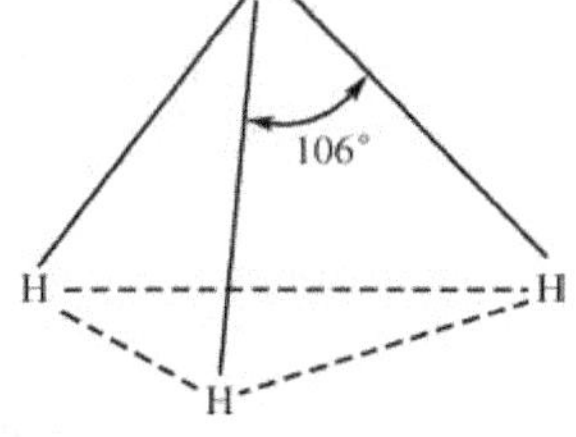

图 4-4　氨分子结构图

氨水中大部分 NH_3 与水结合成一水合氨（$NH_3 \cdot H_2O$），少部分电离出 NH_4^+ 和 OH^-，因此，在氨的水溶液中存在下列平衡：

$$NH_3 + H_2O \rightleftharpoons NH_3 \cdot H_2O \rightleftharpoons NH_4^+ + OH^-$$

由于氨水中存在少量的 OH^-，所以氨水呈弱碱性，能使酚酞试液变红。

氨水不稳定，受热分解生成氨和水：

$$NH_3 \cdot H_2O \xlongequal{\triangle} NH_3\uparrow + H_2O$$

氨与酸反应生成铵盐，例如：

$$NH_3 + HCl \xlongequal{} NH_4Cl$$

$$NH_3 + HNO_3 \xlongequal{} NH_4NO_3$$

$$2NH_3 + H_2SO_4 \xlongequal{} (NH_4)_2SO_4$$

在催化剂(铂网)的作用下,NH_3可被氧化成 NO,这个反应是工业合成硝酸的基础。

$$4NH_3 + 5O_2 \xlongequal[\triangle]{催化剂} 4NO + 6H_2O$$

实验室中通常用铵盐和强碱的反应来制备少量氨气。有些铵盐(如 NH_4NO_3、$(NH_4)_2Cr_2O_7$等)受热分解可能产生氮气或氮的氧化物,所以一般用非氧化性酸的铵盐(如 NH_4Cl)来制备少量氨气。

$$2NH_4Cl + Ca(OH)_2 \xlongequal{\triangle} CaCl_2 + 2NH_3\uparrow + 2H_2O$$

工业上制备氨是用氮气和氢气在高温、高压和催化剂存在下直接反应合成的。

$$N_2 + 3H_2 \underset{高温高压}{\overset{催化剂}{\rightleftharpoons}} 2NH_3$$

氨是重要的化工产品,氨水是常用的化肥,也是化学实验室里常用的试剂。氨不仅是氮肥工业的基础,同时又是生产硝酸、合成纤维、塑料等的原料。液氨也可用作致冷剂。

2. 铵盐　一般是无色的晶体,易溶于水。NH_4^+具有 +1 价金属离子的性质。铵盐的结构和溶解性与碱金属盐(特别是钾盐)类似。

由于氨的弱碱性,铵盐都有一定程度的水解,由强酸根组成的铵盐,其水溶液显酸性。

$$NH_4^+ + H_2O \rightleftharpoons NH_3 \cdot H_2O + H^+$$

在任何铵盐的溶液中加入强碱并加热,就会释放出有刺激性气味的 NH_3,能使湿润的红色石蕊试纸变蓝,可利用此反应检验铵盐的存在。例如,氯化铵与氢氧化钠的反应:

$$NH_4Cl + NaOH \xlongequal{\triangle} NaCl + NH_3\uparrow + H_2O$$

铵盐的一个重要性质是它的热稳定性差,固态铵盐加热易分解为氨和相应的酸。

挥发性酸的铵盐加热易分解,生成的酸和氨一起挥发,冷时又重新结合成盐。例如:

$$NH_4Cl \xlongequal{\triangle} HCl\uparrow + NH_3\uparrow$$

如果酸是不挥发性的,则只有氨挥发逸出,而酸或酸式盐则残留在容器中。例如:

$$(NH_4)_3PO_4 \xlongequal{\triangle} 3NH_3\uparrow + H_3PO_4$$

$$(NH_4)_2SO_4 \xlongequal{\triangle} NH_3\uparrow + NH_4HSO_4$$

如果相应的酸有氧化性,则分解出来的 NH_3会立即被酸氧化生成 N_2O。例如:NH_4NO_3受热分解时,NH_3被氧化成 N_2O。

$$NH_4NO_3 \xlongequal{\triangle} N_2O\uparrow + 2H_2O$$

如果加热温度高于 300℃时,N_2O 又分解为 N_2和 O_2。

$$2NH_4NO_3 \xlongequal{\triangle} 2N_2\uparrow + O_2\uparrow + 4H_2O$$

由于这些化合物分解时产生大量的热,分解产物是气体,所以如果在密闭的容器中进行就会发生爆炸。基于这个性质,NH_4NO_3可用于制造炸药。

铵盐在工农业生产和医药上都有着重要的用途。大量的铵盐用作肥料;硝酸铵用于制造炸药;氯化铵常用作制干电池的原料,它也用在焊接金属用的焊药中,利用它分解时产生的 HCl,以除去金属表面的氧化物。

三、磷及其重要化合物

(一) 磷

磷有白磷、红磷、黑磷三种同素异构体。白磷又叫黄磷,为白色至黄色蜡性固体,放于暗处有磷光发出,着火点是40℃,有恶臭。白磷活性很高,必须储存在水里,人吸入0.1g白磷就会中毒死亡。白磷在没有空气的条件下,加热到260℃或在光照下就会转变成红磷,红磷无毒,在空气中加热到240℃以上才着火,受热后能转变成白磷而燃烧,红磷是制造火柴的原料。在高压下,白磷可转变为黑磷,黑磷能导电,是磷的同素异形体中最稳定的。

在自然界中,磷以磷酸盐的形式存在,是生命体的重要元素,存在于细胞、蛋白质、骨骼和牙齿中,是人体含量较多的元素之一。约占人体重的1%,成人体内约含有600~900g的磷。它不但构成人体成分,且参与生命活动中非常重要的代谢过程,是机体很重要的一种元素。

单质磷是由磷酸钙、石英砂和碳粉的混合物在电弧炉中熔烧或蒸馏尿制得。

(二) 磷的重要化合物

1. 磷的氢化物　磷的氢化物有PH_3、P_2H_4、$P_{12}H_{16}$等,其中最重要的是PH_3,称之为膦。膦可用白磷与碱溶液加热来制备。

膦是一种无色剧毒的,有类似大蒜臭味的气体。纯膦在空气中燃烧生成磷酸。膦溶解度比NH_3小得多,其水溶液碱性比氨水弱得多。PH_3中P的化合价为-3,是一种强还原剂。将PH_3通入$AgNO_3$溶液中,Ag即析出,将PH_3通入$CuSO_4$溶液时,即有磷化亚铜Cu_3P和Cu沉淀析出。另外,PH_3在空气中的着火点是150℃,它在空气中燃烧生成磷酸,也表现出它的强还原性。

PH_3在空气中能自燃,因为在这个气体中常含有更活泼、易自燃的联膦P_2H_4,我们常说的“鬼火”就是P_2H_4气体在空气中自动燃烧的现象。

2. 磷酸(H_3PO_4)　工业上生产磷酸是用浓硫酸分解磷酸钙矿,滤去微溶于水的硫酸钙沉淀,所得滤液就是磷酸溶液。

纯净的磷酸是无色晶体,熔点42.3℃,高沸点酸,易溶于水。市售磷酸是含H_3PO_4 82%的黏稠的、不挥发的浓溶液。

H_3PO_4是一种中等强度的、稳定的三元酸,具有酸的通性。不论在酸性溶液还是碱性溶液中,H_3PO_4几乎没有氧化性。磷酸受强热时脱水,依次生成焦磷酸、三磷酸和多聚的偏磷酸。

磷酸根离子具有很强的配位能力,能与许多金属离子生成可溶性的配合物。如Fe^{3+}与PO_4^{3-}可以生成无色的可溶性的配合物$[Fe(PO_4)_2]^{3-}$和$[Fe(HPO_4)_2]^-$,利用这一性质,分析化学上常用PO_4^{3+}掩蔽Fe^{3+}离子。

磷酸的主要用途是用作食品饮料中的澄清剂,酸味剂,制备食品级磷酸盐,制备工业用金属表面处理剂,磷酸盐原料制品,有机反应催化剂,耐火材料添加剂等。

第4节　碳族元素

一、碳族元素的通性

碳族元素位于元素周期表ⅣA族,包括碳(C)、硅(Si)、锗(Ge)、锡(Sn)、铅(Pb)。碳族元素原子的最外层有4个电子,这种结构无论是获得4个电子还是失去4个电子都很困难。因此,碳族元素往往通过电子的共用来达到稳定结构。所以它们在与其他元素的原子化合时,主要形成共价型化合物。碳族元素的非金属性比同周期的氮族、氧族、卤素都弱。碳、硅是非金属,锗是金属元素,但金属性较弱,锡和铅是更为典型的金属元素。碳族元素的主要化合价有+2、+4,碳、硅、锗、锡的+4价化合物稳定,而铅的+2价化合物是稳定的。单质的密度依次增大(金刚石例外);单质熔点由碳至锗依次降低,依锡、铅次序升高。碳和硅在地壳有广泛的分布,碳元素形成的单质(金刚石)硬度最大,碳元素形成的化合物种类也最多;硅在地壳中的含量仅次于氧,其单质晶体是一种良好的半导体材料;锡、铅也较为常见,锗的含量则十分稀少,属于稀散型稀有金属。碳在地壳以二氧化碳、碳酸盐和有机物的形式存在,硅以二氧化硅和硅酸盐为主,锗、锡以二氧化物存在,铅以硫化物居多。碳族元素及其单质的一些性质见表4-6。

表4-6　碳族元素及其单质的一些性质

元素名称	C	Si	Ge	Sn	Pb
原子半径/nm	0.077	0.117	0.122	0.141	0.175
主要化合价	-4,-2,0,+2,+4	0,+2,+4	+2,+4	+2,+4	+2,+4
单质颜色和状态	金刚石:无色固体 石墨:灰黑色固体	灰黑色固体	银灰色固体	银白色固体	蓝白色固体
密度/(g/cm^3)	3.51,2.25	2.33	5.35	7.28	11.34
熔点/K	3550	1410	937.4	231.9	327.5
沸点/K	4827	2355	2830	2260	1740

碳族元素随着原子序数的增加,电子层数依次增多,原子半径逐渐增大,元素的金属性逐渐增强,非金属性逐渐减弱。碳族元素的氢化物通式为RH_4,最高价氧化物通式为RO_2,其对应水化物的通式为H_2RO_3或$R(OH)_4$。

二、碳、碳酸和碳酸盐

(一) 碳

碳在自然界中的存在形式多样,如金刚石、石墨、煤、有机化合物和碳酸盐等。金刚石和石墨是碳的两种同素异形体,其化学性质相似。

碳单质常温下性质很稳定,不溶于水、稀酸、稀碱和有机溶剂;不同条件下与氧反应,生成二氧化碳或一氧化碳。

当碳燃烧充分时,生成二氧化碳:

$$C + O_2 \xlongequal{点燃} CO_2$$

当碳燃烧不充分时,生成一氧化碳:

$$2C + O_2 \xlongequal{点燃} 2CO$$

在加热下,碳较易被硝酸氧化:

$$C + 4HNO_3(浓) \xlongequal{\triangle} CO_2\uparrow + 4NO_2\uparrow + 2H_2O$$

在高温下,碳还能与许多金属反应,生成金属碳化物。例如碳和钙在电炉里强热,可生成碳化钙。

$$2C + Ca \xlongequal{高温} CaC_2$$

碳化钙又叫电石，是制造乙炔的原料。但在工业上多用氧化钙和焦碳在电炉中高温来制造碳化钙。

$$CaO + 3C \xlongequal{高温} CaC_2 + CO\uparrow$$

碳还具有还原性，在高温下可以冶炼金属。例如：

$$2CuO + C \xlongequal{高温} 2Cu + CO_2\uparrow$$

（二）碳酸（H_2CO_3）和碳酸盐

1. 碳酸（H_2CO_3） 是二氧化碳气体溶于水而生成的酸。它极不稳定，容易分解成二氧化碳和水。

$$CO_2 + H_2O \xlongequal{} H_2CO_3$$

$$H_2CO_3 \xlongequal{} CO_2 + H_2O$$

它是一种二元弱酸，在水中分步电离：

$$H_2CO_3 \rightleftharpoons H^+ + HCO_3^-$$

$$HCO_3^- \rightleftharpoons H^+ + CO_3^{2-}$$

碳酸具有酸的通性。碳酸和我们的日常生活有着密切的关系。我们喝的汽水就是一种碳酸饮料。

2. 碳酸盐 可由金属元素阳离子和碳酸根相结合而成；或者将二氧化碳通入碱性溶液也可生成碳酸盐。

碳酸盐大多数是无色或白色物质。碳酸盐在自然界分布极广，许多碳酸盐是重要的非金属矿物原料，是提取 Fe、Mg、Mn、Cu 等金属元素及放射性元素 Th、U 的重要矿物来源，具有重要的经济意义。

ⅠA 族金属的碳酸盐可溶于水，并都能水解，溶液呈碱性；而其他金属的碳酸盐不易溶于水，如 Ba^{2+}、Sr^{2+}、Ca^{2+}、Ag^+ 的碳酸盐。难溶性的碳酸盐在二氧化碳和水的作用下，可以转化为可溶性的碳酸氢盐。

$$CaCO_3 + CO_2 + H_2O \xlongequal{} Ca(HCO_3)_2$$

所有的碳酸氢盐都溶于水，碳酸氢盐受热分解为碳酸盐、二氧化碳和水。

三、硅、硅酸和硅酸盐

（一）硅

硅是极为常见的一种元素，有无定形硅和晶体硅两种同素异形体。晶体硅为灰黑色，无定形硅为黑色，硬而有金属光泽。晶体硅的外观、物理性质与金属相近，但在化学反应中多显示非金属性，所以通常被认为是非金属。硅在元素周期表中位于金属和非金属分界线附近，因此常用来做半导体材料。

硅极少以单质的形式在自然界出现，而是以复杂的硅酸盐或二氧化硅的形式，广泛存在于岩石、沙砾、尘土之中，它构成地壳总质量的 25.7%。

硅的化学性质非常稳定。在常温下，除氟化氢以外，一般不与其他物质发生反应。

用碳在电炉中还原二氧化硅可得晶体硅。

$$SiO_2 + 2C \xlongequal{高温} Si + 2CO\uparrow$$

(二) 硅酸和硅酸盐

1. 硅酸(H_2SiO_3)　硅酸的组成很复杂，其组成随形成的条件而变化。习惯上把H_2SiO_3称为硅酸。硅酸是一个很弱的酸，其酸性比碳酸还弱，溶解度很小。硅酸是通过可溶性硅酸盐与其他酸反应制得。例如：

$$Na_2SiO_3 + 2HCl \xlongequal{} H_2SiO_3 + 2NaCl$$

反应所生成的H_2SiO_3逐渐聚合而形成胶体溶液时，则形成硅酸溶胶。若硅酸浓度较大时，则形成软而透明的、胶冻状的硅酸凝胶。硅酸凝胶经干燥脱水后得到多孔的硅酸干凝胶，称为硅胶。硅胶具有许多极细小的孔隙，因而有强烈的吸附能力。常用来吸附各种气体或水蒸气，用作实验室、袋装食品等的干燥剂或催化剂的载体。

2. 硅酸盐　指的是硅、氧与其他化学元素(主要是铝、铁、钙、镁、钾、钠等)结合而成的化合物的总称(也可表示由二氧化硅或硅酸产生的盐)。它在地壳中分布极广，是构成多数岩石(如花岗岩)和土壤的主要成分；其他类地行星的大部分地壳也以硅酸盐组成。

多数硅酸盐难溶于水，有水解性和多聚性。

多数硅酸盐熔点高，化学性质稳定，是硅酸盐工业的主要原料。硅酸盐制品和材料广泛应用于各种工业、科学研究及日常生活中。

(1) 硅酸钠(Na_2SiO_3)：普通硅酸钠为略带浅蓝色块状或颗粒状固体，高温高压溶解后是略带蓝色的透明或半透明黏稠液体。硅酸钠是重要的可溶性硅酸盐，其浓溶液称为水玻璃。

$$2Na_2SiO_3 + H_2O \xlongequal{} Na_2Si_2O_5 + 2NaOH$$

硅酸钠广泛应用于铸造业、造纸、软水剂、防火处理、黏合剂、化工原料等众多领域。

(2) 天然硅酸盐：自然界存在的各种天然硅酸盐的数量大，种类多。它们都具有难溶、难熔性。例如橄榄石、锆英石、滑石、白云母等。

第5节　碱　金　属

一、碱金属的通性

ⅠA族元素包括锂(Li)、钠(Na)、钾(K)、铷(Rb)、铯(Cs)、钫(Fr)6种。它们原子最外层只有一个电子，极易失去电子成+1价离子，显示极强的金属性。且随着电子层数递增，金属性由强到弱递变顺序为$Li < Na < K < Rb < Cs$，每一种碱金属元素都是同周期中金属性最强的元素。因其氢氧化物为强碱，故称为碱金属。其单质也是典型的金属，表现出较强的导电、导热性。碱金属的单质反应活性高，在自然状态下只以盐类存在。钾、钠是海洋中的常量元素，在生物体中也有重要作用；其余的则属于轻稀有金属元素，在地壳中的含量十分稀少。钫只能由核反应产生。碱金属元素随着原子序数的增加，熔沸点呈降低趋势，密度逐渐升高。碱金属元素的一些性质见表4-7。

表4-7　碱金属元素的一些性质

元素名称	Li	Na	K	Rb	Cs	Fr
原子序数	3	11	19	37	55	87
单质的颜色和状态	银白固体	银白固体	银白固体	银白固体	略带黄色固体	银白固体
价态	+1	+1	+1	+1	+1	+1
主要氧化物	Li_2O	Na_2O, Na_2O_2	K_2O, K_2O_2	复杂	复杂	复杂
氧化物对应的水化物	LiOH	NaOH	KOH	RbOH	CsOH	FrOH
气态氢化物	LiH	NaH	KH	RbH	CsH	FrH

二、钠和氧化钠

(一) 钠

钠是很活泼的金属,在自然界只能以化合态存在。地壳中的钠元素主要以钠长石中较多,海水中以氯化钠溶液的形式存在并浓度较大。

1. 物理性质　单质钠有银白色金属光泽。密度仅为 0.968g/cm^3,比水轻。硬度较小,可用刀切割,断面呈银白色光泽,接触空气后被氧化,颜色变暗。

2. 化学性质　钠是很活泼的金属,极易失去一个电子显示出强的还原性,是强还原剂。能与许多非金属及化合物反应。

(1) 钠与非金属反应:钠很容易与氧气反应,在纯净的氧气中,钠剧烈燃烧,生成过氧化钠。

$$2Na + O_2 \xlongequal{\triangle} Na_2O_2$$

在室温下钠与空气作用生成 Na_2CO_3,因此,金属钠不能接触空气,应放在煤油或液状石蜡中隔绝空气保存,使用时用镊子取出,用滤纸擦干表面的溶剂,用小刀小心切割。剩余的再放回煤油或石蜡中。

(2) 钠与水的反应

【演示实验 4-3】 取小烧杯一个,加入约 1/2 体积的水,用镊子取绿豆大小的金属钠放入水中,观察并记录现象。再滴入 1 滴酚酞,观察有无变化。

实验事实表明,钠比水轻,浮在水面上,与水反应剧烈,放出大量的热和气体,推动钠在水面上滚动。加入酚酞,无色透明的溶液变红,说明溶液呈碱性。

$$2Na + 2H_2O \xlongequal{} 2NaOH + H_2\uparrow$$

(二) 氧化钠

氧化钠为白色固体,分子式为 Na_2O。对人体有强烈刺激性和腐蚀性。对眼睛、皮肤、黏膜能造成严重灼伤。接触后可引起灼伤、头痛、恶心、呕吐、咳嗽、喉炎、气短。

氧化钠遇水发生剧烈反应并放热,与二氧化碳反应可生成碳酸钠。在潮湿条件下还能腐蚀某些金属。

$$Na_2O + H_2O \xlongequal{} 2NaOH$$

$$Na_2O + CO_2 \xlongequal{} Na_2CO_3$$

氧化钠置于通风、低温的地方密封储存。要远离火种、热源。防止阳光直射,应与酸类、食用化学品等分开存放,切忌混储。

三、氢氧化钠和钠盐

(一) 氢氧化钠(NaOH)

氢氧化钠是白色固体,俗称苛性碱。其水溶液对纤维、皮肤有强烈的腐蚀作用。固体氢氧化钠吸湿性很强,在空气中易潮解,吸收空气中的 CO_2 生成碳酸钠。氢氧化钠能与玻璃中的 SiO_2 反应,时间长了,在玻璃瓶口生成有黏性的硅酸钠,使瓶塞无法打开。所以,氢氧化钠应密封保存在聚四氟乙烯试剂瓶中。

氢氧化钠是强碱，能与酸和酸性氧化物反应，生成对应的盐和水。

$$NaOH + HCl \xlongequal{} NaCl + H_2O$$

$$2NaOH + H_2S \xlongequal{} Na_2S + 2H_2O$$

$$2NaOH + CO_2 \xlongequal{} Na_2CO_3 + H_2O$$

$$2NaOH + 2NO_2 \xlongequal{} NaNO_3 + NaNO_2 + H_2O$$

根据这一性质，可用氢氧化钠除去混合气体中的 CO_2、NO_2或 H_2S。

氢氧化钠广泛用于轻工纺织、化工、石油各行业。氢氧化钠还是制造肥皂、合成洗涤剂的原料。

（二）碳酸钠（Na_2CO_3）和碳酸氢钠（$NaHCO_3$）

碳酸钠俗称纯碱或苏打，碳酸氢钠俗称小苏打。二者的水溶液都呈碱性，碳酸钠溶液碱性稍强。

常把盐酸、硫酸、硝酸、碳酸钠、氢氧化钠称为“三酸二碱”，是化学工业的基本原料。

碳酸钠主要用于食品、造纸、医药、玻璃、印染、肥皂等行业的原料。还可用于冶金工业做助熔剂等。碳酸氢钠可以用于食品工业，也可以用做灭火剂。

硬水及其软化

水的硬度是指溶解在水中的钙盐与镁盐含量的多少。含量多的硬度大，反之则小。1L 水中含有 10mg CaO（或者相当于 10mg CaO）称为 1 度。软水就是硬度小于 8 的水，如雨水、雪水、纯净水等；硬度大于 8 的水为硬水，如矿泉水、自来水，以及自然界中的地表水和地下水等。硬水又分为暂时硬水和永久硬水。暂时硬水的硬度是由碳酸氢钙与碳酸氢镁引起的，经煮沸后可被去掉，这种硬度又叫碳酸盐硬度。永久硬水的硬度是由硫酸钙和硫酸镁等盐类物质引起的，经煮沸后不能去除。以上两种硬度合称为总硬度。

硬水的饮用还会对人体健康与日常生活造成一定的影响。没有经常饮硬水的人偶尔饮硬水，会造成肠胃功能紊乱，即所谓的“水土不服”；用硬水做豆腐不仅会使产量降低、而且影响豆腐的营养成分。硬水经过处理后可以转化为软水。

链接

第 6 节 其他重要的金属元素

一、镁 和 铝

镁和铝的性质有类似的地方，但因结构不同，性质又有差异。为了比较，我们把镁和铝的性质并列介绍。

（一）镁和铝的物理性质

镁和铝分别位于第三周期的ⅡA 和ⅢA 族，它们都是银白色的轻金属，有较强的韧性、延展性，有良好的导电性和导热性。镁和铝的部分性质见表 4-8。

表 4-8　镁和铝的性质

性　质	Mg	Al
相对原子质量	24.31	26.98
颜色和状态	银白色固体	银白色固体
硬度	很软	较软
密度/(g/cm^3)	1.738	2.70
熔点/K	918.15	933.55
沸点/K	1363.15	2740.15

铝常用于制作导线和电缆，铝箔常用于食品、饮料的包装等。镁和铝的更重要的用途是制造合金，制成合金可克服纯镁和纯铝的硬度、强度较低，不适于制造机器零件的缺点。例如，含有硅、铜、锌、锰等元素的镁、铝合金就具有质轻、坚韧、机械性能好等许多优良性质，用途极为广泛，如可用来做机械零件、车船材料、门窗等。

（二）镁和铝的化学性质

镁和铝位于同一周期，它们都是比较活泼的金属，但由于镁比铝的原子半径大，最外层电子数少，原子核对最外层电子的吸引力更小一些，因此，镁的最外层电子更易于失去，镁比铝更活泼。

镁和铝都能与非金属、酸等物质起反应。铝还可以跟强碱溶液起反应。

1. 与非金属反应　在常温下，镁和铝都与空气里的氧气起反应，生成一层致密而坚固的氧化物薄膜，从而使金属失去光泽。由于这层氧化物薄膜能阻止金属的继续氧化，所以，镁和铝都有抗腐蚀的性能。

铝箔在氧气里剧烈燃烧，放出大量的热和耀眼的白光，反应生成 Al_2O_3。

$$4Al + 3O_2 \xlongequal{点燃} 2Al_2O_3$$

镁和铝除了能与氧气起反应外，在加热时还能与其他非金属如硫、卤素等起反应。如

$$2Al + 3Cl_2 \xlongequal{高温} 2AlCl_3$$

$$2Al + 3S \xlongequal{高温} Al_2S_3$$

2. 与酸、碱的反应

【演示实验 4-4】　将两段用砂纸打磨过的镁条和铝条分别放入两支洁净的试管中，向试管中分别加入 6mol/L 盐酸；同样取两段用砂纸打磨过的镁条和铝条再放入两支洁净的试管中，向试管中分别加入 6mol/L 氢氧化钠溶液各 3mL，对比观察实验现象。

由实验结果可以看出，镁和铝都能与盐酸反应，放出气体，镁的反应比铝更剧烈些。镁不能跟氢氧化钠溶液反应，而铝能与碱反应，并放出氢气。

$$Mg + 2HCl \xlongequal{} MgCl_2 + H_2\uparrow$$

$$2Al + 6HCl \xlongequal{} 2AlCl_3 + 3H_2\uparrow$$

$$2Al + 2NaOH + 2H_2O \xlongequal{} 2NaAlO_2 + 3H_2\uparrow$$

通过述实验可以得出结论：镁显示金属性；铝既显示金属性，又显示非金属性。铝是两性元素。

铝遇到冷的浓硝酸、浓硫酸会产生钝化现象，在铝的表面反应生成一层氧化物保护膜，使得反应不能够再继续进行下去。因此，人们可以用铝制的容器装运浓硫酸或浓硝酸。

由于酸、碱、盐等可直接腐蚀铝制品，铝制餐具不宜用来蒸煮或长时间存放具酸性、碱性或咸味的食物。

3. 与某些氧化物的反应　镁和铝都是较活泼的金属，它们的还原性比较强，在一定条件下能与某些氧化物起反应，将其中的某些元素还原。

例如，镁能与二氧化碳起反应，夺取其中的氧，析出游离态的碳。

$$2Mg + CO_2 \xlongequal{点燃} 2MgO + C$$

用引燃剂镁条点燃铝和铁矿粉的混合物，这个反应的特点是反应过程中放出大量的热，能使温度达到3000℃，使生成的铁熔化，与 Al_2O_3 熔渣分离。这个反应称为铝热反应，反应生成 Al_2O_3 和 Fe。

$$2Al + Fe_2O_3 \xlongequal{点燃} 2Fe + Al_2O_3$$

铝热反应原理可以应用在生产上，如曾用于焊接钢轨等。在冶金工业上也常用这一反应原理，使铝与金属氧化物反应，冶炼钒、铬、锰等。

（三）铝的重要化合物

由于镁和铝都是较活泼金属，因此，它们都以化合态存在于自然界。

1. 氧化铝（Al_2O_3）　是一种白色难熔的物质，是冶炼金属铝的原料，也是一种比较好的耐火材料。它可以用来制造耐火坩埚、耐火管和耐高温的实验仪器等。

氧化铝为两性氧化物，既能与酸反应，也能与强碱反应。

$$Al_2O_3 + 6HCl = 2AlCl_3 + 3H_2O$$

$$Al_2O_3 + 2NaOH = 2NaAlO_2 + H_2O$$

2. 氢氧化铝　是几乎不溶于水的白色胶状物质。它能凝聚水中的悬浮物，又有吸附色素的性能。游泳池里用明矾作净水剂，就是应用了明矾水解所产生的胶状的 $Al(OH)_3$，其吸附能力很强，可以吸附水里的杂质，并形成沉淀，使水澄清。

氢氧化铝是两性氢氧化物，能与酸和强碱反应。

$$Al(OH)_3 + 3HCl = AlCl_3 + 3H_2O$$

$$Al(OH)_3 + NaOH = NaAlO_2 + 2H_2O$$

氢氧化铝碱性较弱，在医药上用作抗酸剂，用于治疗胃酸过多。

合　金

在工农业生产和日常生活中，我们很少使用纯金属，而主要使用合金。青铜是人类历史上使用最早的合金，而世界上最常见、用量最大的合金是钢。合金与纯金属相比有许多优良性能：硬度大、机械加工性能好、耐腐蚀等。利用这一特点，人们制造出了多种合金来满足生产生活和科技上的需要。如在铜中加锌，可增加铜的强度、耐磨性、耐腐蚀性等；铝中添加锰和非金属硅等制成硬铝，可提高铝制品的硬度，不易变形、耐磨，硬铝还可用于制造汽车、飞机、轮船等；纯铁很容易生锈，但在铁中加入铬和镍，就能变为抗腐蚀性能很好的不锈钢。近年来形状记忆合金在医学上的应用研究有了显著进展。可见，纯金属与合金的性质是不同的，合金更容易适合于不同的用途。

链接

二、铁和铁的化合物

(一) 铁的性质

铁位于第四周期第Ⅷ族，从原子结构示意图（图 4-5）上看，Fe 的次外层电子未达到饱和，和主族元素不同，不仅最外层上 2 个电子是价电子，而且次外层也有价电子。当铁与弱氧化剂反应时，只能失去最外层上 2 个电子形成 Fe^{2+}，当跟强氧化剂反应时，还能进一步失去次外层上的一个电子而形成 Fe^{3+}。

图 4-5 铁原子结构示意图

$$Fe - 2e^- = Fe^{2+}$$

$$Fe - 3e^- = Fe^{3+}$$

铁的化学性质比较活泼，它能与许多物质发生化学反应。例如，它能与氧气及某些非金属单质发生反应，与水、酸、盐溶液反应等。

> 铁位于第四周期第Ⅷ族，这一区域还有代表财富的“金”和“银”、最硬的金属“铬”、最难熔的金属“钨”、“太空金属”“钛”、像水一样的“汞”以及电器工业的主角“铜”。它们的单质、合金及重要化合物在祖国经济建设中具有广泛的用途。像上述的金、银、铜、铁等从ⅢB 到ⅡB 共 10 个纵行（包括镧系和锕系）共 68 种元素，叫做过渡元素。
>
> 链接

1. 铁与非金属反应　铁是活泼的金属，能与多种非金属反应。

$$2Fe + 3Cl_2 \overset{\triangle}{=\!=\!=} 2FeCl_3$$

$$3Fe + 2O_2 \overset{点燃}{=\!=\!=} Fe_3O_4$$

在高温下，铁还能与碳、硅、磷等化合，例如铁跟碳化合而生成一种灰色的十分脆硬而有难熔的碳化铁。

2. 铁与水的反应　常温下，铁与水不反应。高温时，红热的铁与水蒸气反应，生成四氧化三铁并放出氢气。

$$3Fe + 4H_2O(气) \overset{高温}{=\!=\!=} Fe_3O_4 + 4H_2\uparrow$$

铁中都含有碳，所以在水和空气里的氧气、二氧化碳的共同作用下，通过电化学反应，很容易生锈而被腐蚀。

3. 铁与酸的反应　铁能与稀盐酸、稀硫酸反应均生成 +2 价铁，置换出氢气。

$$Fe + 2HCl = FeCl_2 + H_2\uparrow$$

4. 铁与盐溶液反应　根据金属活动顺序，铁能与排在其后面的金属盐溶液反应，置换出不活泼的金属。例如，铁与硫酸铜溶液反应：

$$Fe + CuSO_4 = FeSO_4 + Cu$$

(二) 铁的重要化合物

1. 铁的氧化物和氢氧化物　铁的氧化物主要有氧化亚铁（FeO）、三氧化二铁（Fe_2O_3）和四氧化三铁（Fe_3O_4）。

铁的氧化物能与酸反应生成盐和水：

$$Fe_2O_3 + 6HCl \xlongequal{} 2FeCl_3 + 3H_2O$$

铁的氢氧化物有氢氧化亚铁[$Fe(OH)_2$]和氢氧化铁[$Fe(OH)_3$],均难溶于水。氢氧化亚铁有较强的还原性,很容易被空气中的氧气氧化为氢氧化铁。

$$4Fe(OH)_2 + O_2 + 2H_2O \xlongequal{} 4Fe(OH)_3\downarrow$$

2. 铁盐和亚铁盐的相互转化　Fe^{2+}有还原性,Fe^{3+}有氧化性。在一定条件下,二者可以相互转化。在强还原剂存在下,+3 价铁被还原成 +2 价铁。例如:

$$2FeCl_3 + Fe \xlongequal{} 3FeCl_2$$

因此,实验室配制氯化亚铁溶液时,可加入少量铁粉或一铁钉,防止 Fe^{2+} 被氧化为 Fe^{3+}。

而在强氧化剂存在下,+2 价铁被氧化为 +3 价铁。例如:

$$2FeCl_2 + 2Cl_2 \xlongequal{} 3FeCl_3$$

(三) Fe^{3+}的检验

【演示实验 4-5】　在白色点滴板的凹槽里滴入两滴 $FeCl_3$ 溶液,再加一滴 KSCN 溶液。观察现象。

可以看出,$FeCl_3$溶液与无色的 KSCN 溶液反应,生成血红色的 $Fe(SCN)_3$:

$$FeCl_3 + 3KSCN \xlongequal{} Fe(SCN)_3 + 3KCl$$

此反应的产物比较复杂,但现象都是血红色,我们只是写出了其中的一种。

因亚铁盐溶液无此反应,故可用硫氰酸钾(或硫氰酸铵)检验 Fe^{3+} 的存在。

铁与日常生活

人体运动出汗、排尿、女性月经和外伤出血等都会造成铁的流失。正常成年男性每日平均流失铁 1～1.5mg,女性每日平均流失铁 2mg。人体每天流失的铁如果得不到足够补充,就会使体内的储存铁减少,部分人会出现不同程度的易疲劳、注意力不集中、畏寒等,若不及时进行补铁,就会发展为血清铁减少。此时,多数人都会有明显的缺铁体征:疲劳焦躁、工作能力下降、反应迟钝等,对儿童会影响其生长发育。如果延误治疗,会出现缺铁性贫血。

自然界富含铁的食物很多,如牛肉、大豆、菠菜等。但因人体对食物中铁的吸收率非常低,有条件时还应选用一些有机铁补充剂。

链接

小结

1. 卤族元素是典型的非金属元素,其单质在化学反应中易得一个电子,表现出强烈的氧化性。

2. 氧族元素的最外层都是 6 个电子,表现出较强的非金属性,随着核电荷数的增加,元素的非金属性逐渐减弱。

3. 氮族元素的非金属性比卤族和氧族都弱,形成共价化合物是本族的特征。

4. 碳族元素原子的最外层有 4 个电子,主要形成共价型化合物。其非金属性比同周期的氮族、氧族、卤素都弱。

5. 碱金属是金属性很强的元素,其单质是典型的金属,反应活性高。

6. 镁和铝都是比较活泼的金属,镁比铝更活泼;镁和铝能与一些非金属、酸等物质起反应,铝还可以跟强碱溶液起反应。

7. 卤族、氧族、氮族、碳族和碱金属、镁、铝和铁的单质及其重要化合物的性质和用途。它们分别是:

(1) 卤族:卤化氢和金属卤化物。

小结

(2) 氧族:过氧化氢、硫、硫化氢、硫的氧化物、硫酸和重要的硫酸盐。
(3) 氮族:氮气、氮的氧化物、硝酸、硝酸盐、氨、铵盐、磷、磷的氢化物和磷酸。
(4) 碳族:碳、碳酸和碳酸盐、硅、硅酸和硅酸钠。
(5) 碱金属:金属钠、氧化钠、氢氧化钠、碳酸钠和碳酸氢钠。
(6) 镁、铝、铁、氧化铝、氢氧化铝、铁的氧化物和氢氧化物。

目标检测

一、名词解释

1. 氯水 2. 升华 3. 钝化 4. 水的硬度

二、填空题

1. 卤素在自然界里均以________态存在。卤素包括________、________、________、________和________五种元素,其中________元素是最活泼的非金属元素。卤化氢的稳定性顺序是________,还原性由强到弱的顺序是________。
2. 氧族元素包括________、________、________、________、________五种元素。
3. 硫为________色的晶体,俗称________;使用________可检验物质中的硫酸根。
4. 硝酸和浓硝酸都有________性,金属与硝酸反应时都不会产生氢气。铜和浓硝酸反应产生的气体是________,它呈________色。铜和稀硝酸反应产生的气体是________,它呈________色。
5. 氮族元素包括________、________、________、________、________5种元素。
6. 碳族元素的化合价主要有________价。
7. 纯碱是指________,分子式为________,烧碱是指________,分子式为________。
8. 亚铁离子具有________性,易被空气中的氧气氧化为________离子。

三、选择题

1. 医生建议患有甲状腺肿大的病人常食海带,这是因为海带中含有丰富的( )
   A. 碘元素 B. 铁元素
   C. 钾元素 D. 锌元素
2. 在一种无色的卤化物溶液中滴加氯水,再加入四氯化碳,结果四氯化碳层为红棕色。由此可知该卤化物为( )
   A. 氟化物 B. 氯化物
   C. 溴化物 D. 碘化物
3. 鉴别 NaCl、NaBr、KI 三种无色溶液,可使用下列哪种方法( )
   A. 滴加 HNO_3 B. 滴加 $AgNO_3$ 试液
   C. 滴加碘水 D. 滴加溴水
4. 浓硫酸可作为干燥剂,是利用它具有( )
   A. 脱水性 B. 难挥发性
   C. 吸水性 D. 强酸性
5. 可用于检验 SO_4^{2-} 的试剂是( )
   A. 氯化钡 B. 氯化钡和硫酸
   C. 氯化钡和盐酸 D. 氯化钠和盐酸
6. 下列叙述错误的是( )
   A. 氨与酸反应生成铵盐
   B. 氨气与氯化氢气体相遇产生白烟
   C. 氨水中滴加酚酞溶液显红色
   D. 氨使湿润的蓝色石蕊试纸变红
7. 能在自然界中以游离态单质存在的金属是( )
   A. 钠 B. 钾
   C. 铝 D. 铜
8. 下列金属中,可以从稀盐酸中置换出氢气的是( )
   A. Cu B. Fe
   C. Hg D. Ag
9. 现代建筑的门的框架,常用电解加工成古铜色的硬铝制造。硬铝是( )
   A. Al-Mg 合金
   B. Al-Cu-Mg-Mn-Si 合金
   C. Al-Si 合金
   D. 表面的氧化铝膜的纯铝
10. 下列元素不具有两性的是( )
    A. Si B. Ge
    C. Pb D. Al

11. 对于碳酸钠和碳酸氢钠的叙述错误的是（　　）

A. 都是强碱弱酸盐　B. 水溶液都显碱性

C. 能相互转化　D. 不能组成缓冲溶液

四、简答题

1. 氯水为什么有漂白作用？干燥的氯气是否也有漂白作用？

2. 用化学方法区分四种无色溶液：氯化钠、硫酸钠、硫酸铵、碳酸钠。写出实验步骤和现象及有关化学方程式。

3. 通过本章学习和查阅相关资料，简述钢铁在潮湿空气中发生腐蚀的过程？

（黄俊娴　苏文昭）

第5章 氧化还原反应

学习目标

1. 理解氧化反应与还原反应，常见的氧化剂与还原剂
2. 掌握氧化还原反应的实质，氧化剂与还原剂的概念
3. 掌握氧化还原反应方程式的配平原则和方法

案例 5-1

实验室里制备氯气可用高锰酸钾与浓盐酸反应制得，其反应如下：

$$KMnO_4 + HCl \longrightarrow KCl + MnCl_2 + Cl_2\uparrow + H_2O$$

问题：

1. 该反应是氧化还原反应吗？
2. 该反应如果是氧化还原反应，请指出反应的氧化剂、还原剂和氧化产物、还原产物。
3. 配平该反应的方程式。

氧化还原反应是一类重要的化学反应，其存在和应用广泛。本章学习氧化还原反应的基本概念，常见的氧化剂、还原剂和氧化还原反应方程式的配平。

第1节 氧化还原反应的基本概念

一、氧化还原反应

对氧化还原反应的认识，科学上也是经历了一个由浅入深、由表及里、由现象到本质的过程。最初氧化是指物质与氧结合的反应，还原是指物质失去氧的反应。在初中化学中，我们曾经学过木炭与氧化铜的反应。

失去氧，还原反应(被还原)：$CuO \rightarrow Cu$

$$2CuO + C \xlongequal{高温} 2Cu + CO_2\uparrow$$

得到氧，氧化反应(被氧化)：$C \rightarrow CO_2$

在这个反应里，氧化铜失去氧而变成单质铜，这种含氧化合物里的氧被夺去的反应，叫做还原反应；木炭得到氧而变成二氧化碳，这种物质得到氧的反应，叫做氧化反应。这两个截然相反的过程是在一个反应中同时发生的。像这样一种物质被氧化，另一种物质被还原的反应，称为氧化还原反应。

这种从得失氧的角度来分析氧化还原反应有很大局限性，只能分析有氧参加的反应，是氧化还原反应的表观现象。

现在再从元素化合价变化的角度来分析这个反应

化合价降低，还原反应

$$2\overset{+2}{Cu}O + \overset{0}{C} \xlongequal{高温} 2\overset{0}{Cu} + \overset{+4}{C}O_2\uparrow$$

化合价升高，氧化反应

从上面的化学反应方程式中可以看出，铜元素的化合价由氧化铜的 +2 价变成单质铜的 0 价，铜的化合价降低了，我们说氧化铜被还原了，发生了还原反应；同时，碳元素的化合价由单质碳的 0 价变成二氧化碳的 +4 价，碳的化合价升高了，我们说碳被氧化了，发生了氧化反应。

用化合价升降的观点不仅能分析像碳跟氧化铜这类有失氧和得氧的反应，还能分析那些没有氧元素参与的反应。例如，钠跟氯气的反应：

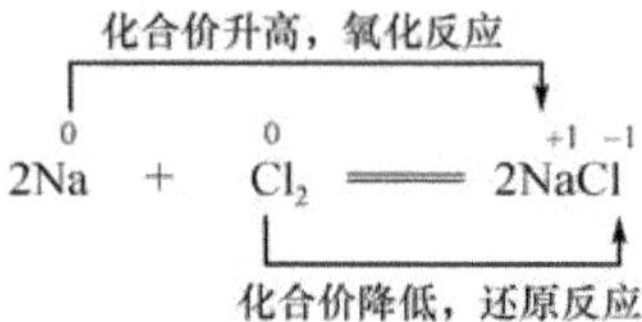

钠从 0 价升高到 +1 价，钠被氧化了；氯从 0 价降低到 −1 价，氯被还原了。这个反应尽管没有失氧和得氧，但发生了元素化合价的升降，因此也是氧化还原反应。

用化合价升降的观点来分析大量的氧化还原反应可以得出以下的认识：

物质所含元素化合价升高的反应，就是氧化反应；物质所含元素化合价降低的反应，就是还原反应。凡是有元素化合价升降的化学反应都是氧化还原反应。

在化学反应中，如果从反应物变为产物时元素的化合价是否发生了变化来分类，可以分为两类。一类是元素的化合价有变化的反应，即氧化还原反应；另一类是元素的化合价没有变化的反应，称为非氧化还原反应。例如：

$$BaCl_2 + Na_2CO_3 \xlongequal{} BaCO_3\downarrow + 2NaCl$$

由此可知，氧化还原反应的特征是：反应前后元素化合价有升降的变化。

化学反应的实质是原子之间的重新组合。我们知道，元素化合价的升降与电子转移密切相关。因此，要想揭示氧化还原反应的本质，需要从微观的角度来认识电子转移与氧化还原反应的关系。例如，钠与氯气的反应。

失去2×e，化合价升高，被氧化

$$2\overset{0}{Na} + \overset{0}{Cl_2} \xlongequal{} 2\overset{+1}{Na}\overset{-1}{Cl}$$

得到2×e，化合价降低，被还原

钠与氯气的反应属于金属与非金属的反应。从原子结构来看，钠原子的最外电子层上有 1 个电子，氯原子的最外电子层上有 7 个电子。当钠与氯气反应时，钠原子失去 1 个电子，带 1 个单位正电荷，成为钠离子；氯原子得到 1 个电子，带 1 个单位负电荷，成为氯离子。钠元素的化合价由 0 价升高到 +1 价，被氧化；氯元素的化合价由 0 价降低到 −1 价，被还原。在这个反应中，发生了电子的得失，金属钠发生了氧化反应，氯气发生了还原反应。在离子化合物中，元素化合价的数值，就是这种元素的一个原子得到或失去电子的数目。

又如氢气与氯气的反应：

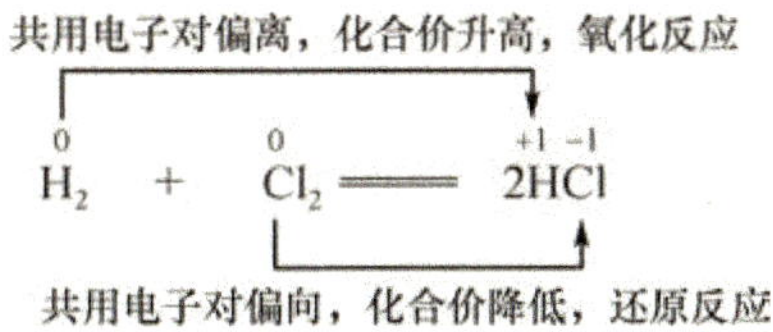

氢气与氯气的反应属于非金属与非金属的反应。从它们的原子结构来看，氢原子的最外电子层上有 1 个电子，可获得 1 个电子而形成 2 个电子的稳定结构。氯原子的最外电子层上有 7 个电子，也可获得 1 个电子而形成 8 个电子的稳定结构。

这两种元素的原子获得电子的能力相差不大。所以，在发生反应时，它们都未能把对方的电子夺取过来，而是双方各以最外层的 1 个电子组成一个共用电子对，这个电子对受到两个原子核的共同吸引，为双方共用，使双方最外电子层都达到稳定结构。在氯化氢分子里，由于氯原子对共用电子对的吸引力比氢原子的稍强一些，所以，共用电子对偏向于氯原子而偏离于氢原子。因此，氢元素的化合价从 0 价升高到 +1 价，被氧化；氯元素的化合价从 0 价降低到 -1 价，被还原。在这个反应中，发生了共用电子对的偏移，氢气发生了氧化反应，氯气发生了还原反应。氯化氢是共价化合物，共用电子对的偏移也可以使元素化合价发生变化。

通过以上的分析可知，氧化反应和还原反应共存于同一反应。从电子转移的观点来看氧化还原反应有更广泛的涵义：物质失去电子（或共用电子对偏离）的反应是氧化反应；物质得到电子（或共用电子对偏向）的反应是还原反应。凡有电子转移（电子的得失或共用电子对的偏移）的反应，都是氧化还原反应。

可见，氧化还原反应的实质是：反应中有电子的转移（电子的得失或共用电子对的偏移）。

二、氧化剂与还原剂

前面，我们分析了氧化反应、还原反应的过程以及氧化还原反应的实质。下面，我们将对氧化还原反应中的反应物和产物进行进一步的分析与学习。

案例 5-2

一个体重 50kg 的健康人，体内约含有 2g 铁，这 2g 铁在人体内不是以单质的形式存在，而是以 Fe^{2+} 和 Fe^{3+} 的形式存在。正二价铁离子易被吸收，给贫血者补充铁时，应给予含 Fe^{2+} 的亚铁盐，如硫酸亚铁。服用维生素 C，可使食物中的 Fe^{3+} 还原成 Fe^{2+}，有利于人体的吸收。

问题：

1. 在人体中进行 $Fe^{2+} \longrightarrow Fe^{3+}$ 中的转化时，Fe^{2+} 作氧化剂还是还原剂，发生什么反应？

2. “服用维生素 C，可使食物中的 Fe^{3+} 还原成 Fe^{2+}”这句话指出，维生素 C 在这一反应中作氧化剂还是还原剂？

（一）氧化剂与还原剂的概念

氧化剂和还原剂作为反应物共同参加氧化还原反应。在反应中，电子从还原剂转移到氧化剂。氧化剂是得到电子（或共用电子对偏向）的物质，在反应时所含元素的化合价降低；氧化剂具有氧化性，本身被还原。还原剂是失去电子（或共用电子对偏离）的物质，在反应时所含元素的化合价升高；还原剂具有还原性，本身被氧化。例如下列反应：

$$\overset{0}{Zn} + 2\overset{+1}{H}Cl = \overset{+2}{Zn}Cl_2 + \overset{0}{H_2}\uparrow$$

（2e：Zn → H）

还原剂　氧化剂

在上述反应中，Zn 原子失去电子，锌元素化合价由 0 价升为 +2 价，被氧化，Zn 是还原剂；HCl 中的氢原子得到电子，氢元素化合价由 +1 降为 0 价，被还原，HCl 是氧化剂。

由此可知，氧化还原反应中，氧化剂和还原剂是同时存在的。氧化剂被还原后的生成物称为还原产物；还原剂被氧化后的生成物称为氧化产物。即：

得电子(或共用电子对偏向)，化合价降低，还原反应，被还原

氧化剂 + 还原剂 ══ 还原产物 + 氧化产物

失电子(或共用电子对偏离)，化合价升高，氧化反应，被氧化

例如：

$$Fe + 2HCl = FeCl_2 + H_2\uparrow$$

还原剂　氧化剂　氧化产物　还原产物

物质的氧化性、还原性强弱与得失电子的难易程度有关，但并不取决于得失电子数目的多少。由于物质得失电子能力不同，所以氧化剂和还原剂也有强弱之分。得电子能力强的物质，其氧化性强，称为强氧化剂；失电子能力强的物质，其还原性强，称为强还原剂。

某元素化合价处于最高价态的物质，该物质只能作为氧化剂；某元素化合价处于最低价态的物质，该物质只能作为还原剂。某元素化合价介于其最高价态和最低价态之间时的物质，该物质在反应中既可作氧化剂，也可作还原剂。

因为物质的氧化性与还原性是相对，所以某元素处于中间价态的同一种物质在不同反应中，有时作氧化剂，有时作还原剂。例如：

$$H_2O_2 + Cl_2 = O_2\uparrow + 2HCl$$

还原剂　氧化剂

$$H_2O_2 + 2KI + H_2SO_4 = I_2 + K_2SO_4 + 2H_2O$$

氧化剂　还原剂

H_2O_2在上述反应中，遇强氧化剂 Cl_2时，它作还原剂；若遇强还原剂 KI 时，它作氧化剂。

一般具有可变化合价的元素，当处于最高和最低价态之间时，具有这种性质。

某元素处于中间价态的有些物质在同一反应中，既作氧化剂又作还原剂。例如：

$$H_2O + \overset{0}{Cl_2} = H\overset{-1}{Cl} + H\overset{+1}{Cl}O$$

氧化剂
还原剂

在此反应中，一个氯原子的化合价升高，另一个氯原子的化合价降低，因此，Cl_2既作氧化剂又作还原剂。

又如：

$$2H_2\overset{-1}{O_2} = 2H_2\overset{-2}{O} + \overset{0}{O_2}\uparrow$$

氧化剂
还原剂

在此反应中，一个氧原子的化合价升高，另一个氧原子的化合价降低，因此，H_2O_2既作氧化剂又作还原剂。

（二）常见的氧化剂与还原剂

1. 常见的氧化剂　氧化剂是在化学反应中得电子被还原的物质。这些物质通常是活泼的非金属单质和具有较高化合价的某元素的化合物，该元素化合价具有降低的趋势。主要有以下这些：①活泼的非金属单质：如卤素、O_2、O_3等。②部分金属阳离子：Fe^{3+}、Cu^{2+}、Ag^+等。③部分化合价比较高的盐：如 $KMnO_4$、$K_2Cr_2O_7$、$KClO_3$等。④浓 H_2SO_4、HNO_3。⑤某些氧化物和过氧化物：如 MnO_2、H_2O_2等。

2. 常见的还原剂　还原剂是在化学反应中失电子被氧化的物质。这些物质通常是活泼的金属单质和具有较低化合价的某元素的化合物，该元素化合价具有升高的趋势。主要有以下这些：①活泼金属单质：如 K、Ca、Na、Mg、Al、Zn、Fe 等。②一些非金属单质：如 H_2、C 等。③部分低价金属阳离子：如 Fe^{2+}、Sn^{2+}、Cu^+等。④部分非金属阴离子：如 S^{2-}、I^-、Br^-等。⑤部分非金属氧化物和氢化物：如 CO、SO_2、NO、H_2S、NH_3等。

第2节　氧化还原反应方程式的配平

对于氧化还原反应方程式的配平，简单的反应，如初中学过的许多反应，可以用观察法来配平，但很多氧化还原反应往往比较复杂，反应中涉及的物质比较多，除了氧化剂与还原剂外，还有酸、碱、水等介质参与，并且它们的化学计量系数有时较大，因此难以用一般的观察法配平反应方程式。故需用一定的方法和步骤来配平，配平氧化还原反应方程式的方法有多种，这里只介绍电子得失配平法。其配平的原则是：

1. 得失电子守恒　还原剂失去的电子总数与氧化剂得到的电子总数相等。

2. 质量守恒　反应前后各元素的原子数相等。

3. 电荷守恒　在离子反应中，反应前后离子所带的正负电荷总数相等。

下面以高锰酸钾在酸性溶液中跟硫酸亚铁的反应为例，说明用电子得失法配平氧化还原反应方程式的步骤。

1. 根据反应事实，写出反应物和生成物的化学式，中间用“——”表示。

$$KMnO_4 + FeSO_4 + H_2SO_4 —— MnSO_4 + K_2SO_4 + Fe_2(SO_4)_3 + H_2O$$

2. 标出反应前后化合价发生变化的元素的化合价。

$$K\overset{+7}{Mn}O_4 + \overset{+2}{Fe}SO_4 + H_2SO_4 —— \overset{+2}{Mn}SO_4 + K_2SO_4 + \overset{+3}{Fe}_2(SO_4)_3 + H_2O$$

3. 用双线桥法列出每一个氧化剂和还原剂分子得失电子的总数。得电子用“+”表示，失电子用“-”表示，分别标在双线桥的上面和下面。根据分子实际存在形式，氧化产物 $Fe_2(SO_4)_3$ 一分子含 2 个 Fe 原子，至少需要两个 $FeSO_4$分子参加反应，因此失电子总数需乘以 2。

$$K\overset{+7}{Mn}O_4 + \overset{+2}{Fe}SO_4 + H_2SO_4 —— \overset{+2}{Mn}SO_4 + K_2SO_4 + \overset{+3}{Fe}_2(SO_4)_3 + H_2O$$

（Mn：+5e；Fe：−e×2）

4. 根据反应中还原剂失去的电子总数与氧化剂得到的电子总数相等的原则，求出得电子总数和失电子总数的最小公倍数。最小公倍数为 10，因此得电子总数需乘以 2，失电子总数需乘以 5；在氧化剂、还原剂、氧化产物和还原产物的化学式前各乘以相应的系数。

$$2\overset{+7}{KMnO_4} + 10\overset{+2}{FeSO_4} + H_2SO_4 —— 2\overset{+2}{MnSO_4} + K_2SO_4 + 5\overset{+3}{Fe_2(SO_4)_3} + H_2O$$

（得电子：+5e×2；失电子：−e×2×5）

5. 用观察法配平其他物质的化学计量系数，检查核对反应前后每种元素的原子总数是否相等。并将“——”号改为“══”号。

$$2KMnO_4 + 10FeSO_4 + 8H_2SO_4 = 2MnSO_4 + K_2SO_4 + 5Fe_2(SO_4)_3 + 8H_2O$$

例 5-1 配平重铬酸钾在酸性溶液中跟碘化钾的反应方程式。

1. $K_2Cr_2O_7 + KI + H_2SO_4 —— Cr_2(SO_4)_3 + K_2SO_4 + I_2 + H_2O$

2. $K_2\overset{+6}{Cr_2}O_7 + K\overset{-1}{I} + H_2SO_4 —— \overset{+3}{Cr_2}(SO_4)_3 + K_2SO_4 + \overset{0}{I_2} + H_2O$

3. 列出每一个氧化剂和还原剂分子得失电子的总数。因为还原产物 $Cr_2(SO_4)_3$ 一分子含 2 个 Cr 原子，因此需乘以 2，氧化产物 I_2 只能以双原子分子形式存在，因此也需乘以 2。

$$K_2\overset{+6}{Cr_2}O_7 + K\overset{-1}{I} + H_2SO_4 —— \overset{+3}{Cr_2}(SO_4)_3 + K_2SO_4 + \overset{0}{I_2} + H_2O$$

（得电子：+3e×2；失电子：−e×2）

4. 求出得电子总数和失电子总数的最小公倍数为 6。因此 I_2 前乘以 3，KI 前需乘以 6。

$$K_2\overset{+6}{Cr_2}O_7 + 6K\overset{-1}{I} + H_2SO_4 —— \overset{+3}{Cr_2}(SO_4)_3 + K_2SO_4 + 3\overset{0}{I_2} + H_2O$$

（得电子：+3e×2；失电子：−e×2×3）

5. 再用观察法配平其他物质的化学计量系数，使反应前后各元素的原子总数相等。

$$K_2Cr_2O_7 + 6KI + 7H_2SO_4 = Cr_2(SO_4)_3 + 4K_2SO_4 + 3I_2 + 7H_2O$$

在水溶液中，氧化还原反应无论在什么介质（酸性、中性或碱性）的条件下反应，都有 H_2O。因此在配平氧化还原反应方程式时，当反应式两边 H 原子数或 O 原子数不相等时，可以在等式左边或右边加 H_2O 进行配平。

氧化还原反应与人类的生产、生活密切相关，应用涉及面很广。如煤与石油的燃烧，这些反应为人类的生产和生活提供了必要的能量和热能。化学能与电能的互相转变，如我们使用的各种电池，其制造原理来自氧化还原反应。

在医药生产、应用方面和专业课的学习中也广泛应用到氧化还原反应的基本原理。如在分析化学中利用氧化还原滴定法，测定一些物质的含量；药物生产和储存过程中要考虑药物的成分，防止氧化变质；用药时考虑药物在体内发生的氧化还原反应等。

化学电源

化学电源是一种把化学能直接转变为电能的装置，称为电池，是利用氧化还原反应原理设计成的装置。化学电源可分为三类：①干电池：它是一种一次性电池，放电之后不能充电，其内部的氧化还原反应是不可逆的。如日常生活中用的锌锰电池和锌汞电池等。②充电电池：又称二次电池，它在放电时所进行的氧化还原反应，在充电时可以逆向进行，使电池恢复到放电前的状态，可以多次重复使用的电池。如锂离子电池、镍氢电池和铅蓄电池等，其广泛用于日常生活和汽车、发电站等。③燃料电池:是一种高效、环境友好的由外设装备提供燃料和氧化剂等的发电装置。如氢氧燃料电池,目前已应用于航天、军事等领域。

链接

小结

一、氧化还原反应的基本概念

(一) 氧化还原反应

1. 概念归纳如表 5-1

表 5-1　氧化还原反应概念归纳

研究的角度	氧化反应	还原反应	氧化还原反应
从得失氧角度	物质得氧的反应	物质失氧的反应	得失氧的反应
从元素化合价升降角度	物质所含元素化合价升高的反应	物质所含元素化合价降低的反应	元素化合价有升降的反应
从电子转移角度	失电子(或共用电子对偏离)的反应	得电子(或共用电子对偏向)的反应	有电子转移的反应

2. 氧化还原反应的特征　反应前后,元素化合价有升降的变化。

3. 氧化还原反应的实质　反应中有电子转移(电子的得失或共用电子对的偏移)。

(二) 氧化剂与还原剂

1. 关系图

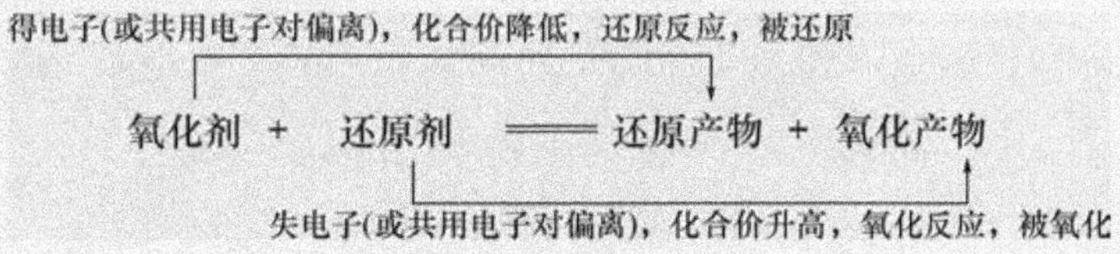

得电子(或共用电子对偏离),化合价降低,还原反应,被还原

氧化剂 + 还原剂 ══ 还原产物 + 氧化产物

失电子(或共用电子对偏离),化合价升高,氧化反应,被氧化

2. 常见的氧化剂　通常是活泼的非金属单质和具有较高化合价的某元素的化合物。

3. 常见的还原剂　通常是活泼的金属单质和具有较低化合价的某元素的化合物。

二、氧化还原反应方程式的配平

电子得失配平法的原则:①还原剂失去的电子总数与氧化剂得到的电子总数必相等。②反应前后各元素的原子数必相等。③在离子反应中,反应前后离子所带的正负电荷总数相等。

目标检测

一、填空题

1. 物质所含元素化合价________的反应,称为氧化反应;元素化合价________的反应,称为还原反应。凡有元素化合价________的化学反应,称为氧化还原反应。

2. 氧化还原反应的特征是:反应前后,元素________有________的变化。氧化还原反应的实质是:反应中发生了电子的________________。

3. 在氧化还原反应中,________电子(或共用电子对偏向),化合价________的物质,称为氧化剂;________电子(或共用电子对偏离),化合价________的物质,称为还原剂。在 $Cl_2 + 2KI = 2KCl + I_2$ 反应中,_______原子得到电子,化合价________;_______原子失去电子,化合价________;氧化剂是________,还原剂是________。

4. 在 K、SO_2、H_2S、KI、Fe^{2+}、Fe^{3+}、$KMnO_4$、H_2O_2、Cu^{2+}中,只能作氧化剂的有________,只能作还原剂的有________,既可作氧化剂也可作还原剂的有________。

二、单项选择题

1. 下列关于氧化还原反应的叙述不正确的是(　　)
   A. 反应中元素的化合价有升降的改变
   B. 反应中一定有单质的参加
   C. 氧化反应和还原反应同时发生
   D. 反应中发生电子的转移

2. 下列叙述正确的是(　　)
   A. 氧化剂反应后的产物叫氧化产物
   B. 得电子越多的氧化剂,其氧化性就越强
   C. 氧化剂在反应中所含元素的化合价降低
   D. 阳离子只能得到电子被还原,只能作氧化剂

3. 下列反应不是氧化还原反应的是(　　)
   A. $Br_2 + 2KI = 2KBr + I_2$
   B. $2HClO = 2HCl + O_2\uparrow$
   C. $KClO_3 + 6HCl = 3Cl_2\uparrow + KCl + 3H_2O$
   D. $CaCO_3 + 2HCl = CO_2\uparrow + CaCl_2 + H_2O$

4. 在 $Cl_2 + 2KOH = KCl + KClO + H_2O$ 反应中,还原产物是________
   A. KClO　　B. KCl
   C. Cl_2　　D. KOH

5. 下列反应中,水作为氧化剂的是(　　)
   A. $C + 2H_2O \xlongequal{高温} CO_2 + 2H_2\uparrow$
   B. $3NO_2 + H_2O = 2HNO_3 + NO\uparrow$
   C. $2Na_2O_2 + 2H_2O = 4NaOH + O_2\uparrow$
   D. $2F_2 + 2H_2O = 4HF + O_2\uparrow$

三、配平下列氧化还原反应方程式

1. $C + H_2SO_4$(浓)—— $CO_2\uparrow + SO_2\uparrow + H_2O$
2. $Zn + HNO_3$(稀)—— $Zn(NO_3)_2 + NH_4NO_3 + H_2O$

四、实践题

通过报纸、杂志、书籍或互联网等,查阅有关氧化还原反应在日常生活、医药、工农业生产和科学技术中应用的几个具体事例。

(苏文昭　周纯宏)

第6章 化学反应速率和化学平衡

学习目标

1. 了解化学反应速率、可逆反应和化学平衡的概念
2. 理解浓度、压强、温度、催化剂等条件对化学反应速率的影响
3. 理解化学平衡常数的表达式和化学平衡移动原理，能应用化学平衡移动原理解决实际问题
4. 掌握浓度、压强、温度等条件对化学平衡的影响

化学反应速率和化学平衡是学习和研究任何一个化学反应都会涉及的两个方面的问题。研究化学反应的快慢，属于化学反应速率的范畴；研究化学反应进行的方向和程度，属于化学平衡的问题。

在这一章里，我们重点学习和探讨化学反应速率和化学平衡的有关知识，运用其相关理论，分析和解决一些简单的化工生产中的实际问题。

第1节 化学反应速率

一、化学反应速率的概念和表示方法

在日常生活和生产中各种化学反应的进行有快有慢。有些反应进行得很快，如火药爆炸、酸碱中和反应、照相底片的感光等瞬间就能完成；而有些反应则很慢，如钢铁的锈蚀、橡胶的老化、大理石的腐蚀等需要很长时间才能完成。为了衡量化学反应进行快慢的程度，引入了化学反应速率的概念。

化学反应速率是用单位时间内反应物浓度减少或生成物浓度增加的量来表示的。化学反应速率符号用 v 表示；浓度(c)通常用物质的量浓度，单位用 mol/L；时间(t)根据反应的快慢用秒(s)、分(min)或小时(h)来表示。这样化学反应速率的单位可用 mol/(L·s)、mol/(L·min)、mol/(L·h)。

设某化学反应在时刻 t_1 时反应物或生成物浓度为 c_1，t_2 时刻时反应物或生成物的浓度为 c_2，则该化学反应速率的表达式为：

$$v(\text{反应物}) = -\frac{\Delta c}{\Delta t} \qquad v(\text{生成物}) = \frac{\Delta c}{\Delta t} \tag{6.1}$$

式中，$\Delta c = c_2 - c_1$ 为浓度改变量；$\Delta t = t_2 - t_1$ 为反应进行的时间。

对于用反应物浓度的变化来表示的化学反应速率，由于反应物浓度随时间的变化不断减少，所以 Δc 为负值，为了统一使反应速率为正值，所以公式中加“－”号。

例6-1 今有一化学反应，在 t_1 时刻测得各物质的浓度为 c_1，经过 5min 后，在 t_2 时刻测得各物质的浓度为 c_2，各数值表示如下：

	A +	3B	= 2C
t_1 时刻 c_1(mol/L)	6	8	4
t_2 时刻 c_2(mol/L)	4	2	8

求：此化学反应在该条件下的速率是多少？

$$解:v_A=-\frac{\Delta c}{\Delta t}=-\frac{c_2-c_1}{t_2-t_1}=-\frac{4-6}{5}=\frac{2}{5}=0.4[\text{mol/(L}\cdot\text{min)}]$$

$$v_B=-\frac{\Delta c}{\Delta t}=-\frac{c_2-c_1}{t_2-t_1}=-\frac{8-2}{5}=\frac{6}{5}=1.2[\text{mol/(L}\cdot\text{min)}]$$

$$v_C=\frac{\Delta c}{\Delta t}=\frac{c_2-c_1}{t_2-t_1}=\frac{8-4}{5}=\frac{4}{5}=0.8[\text{mol/(L}\cdot\text{min)}]$$

通过以上计算可以得出以下结论:对于同一反应,若用不同物质的浓度变化表示的化学反应速率的大小是不同的,但都表示同一化学反应的速率。此外,它们之间的关系与化学反应式中的化学计量系数成比例,即:

$$v_A:v_B:v_C=0.4:1.2:0.8=1:3:2$$

二、影响化学反应速率的因素

我们知道不同化学反应的反应速率是不同的。影响化学反应速率的因素有反应物的本身性质和浓度、压强、温度、催化剂、光、辐射及磁场等外界条件。本节主要探讨浓度、压强、温度和催化剂等外因对化学反应速率的影响。

(一) 浓度对学反应速率的影响

木炭、单质硫、红磷等在纯氧中燃烧比在空气中燃烧要剧烈得多,是因为纯氧比空气中氧气的浓度大。浓度对化学反应速率的影响很大。

【演示实验 6-1】 取两支试管编为①、②号,分别在两支试管中加入少量锌粒,然后在①号试管中加入 5mL 1mol/L 盐酸,②号试管中加入 5mL 0.1mol/L 盐酸,静置观察实验现象。

上面实践表明,①号试管中在锌粒表面产生气泡的速度很快,而②号试管中产生气泡的速度较慢。由此可见反应物浓度越大,化学反应速率就越快。

大量实验证明:当其他条件不变时,增大反应物的浓度,会增大化学反应速率;减小反应物的浓度,会降低化学反应速率。

(二) 压强对化学反应速率的影响

根据玻意耳定律:在密闭容器中,当温度一定时,一定量的气体体积与其压强成反比。因此,在其他条件不变的密闭容器中,若把气体的压强增大到原来的 n 倍,则气体的体积缩小为原来的 $1/n$ 倍,这样气体的浓度也随之增大为原来的 n 倍。由此可见,对于在密闭容器中进行的、有气体参加的化学反应,当温度一定时,改变压强实质上就是改变气体反应物的浓度,即压强对化学反应速率的影响与浓度对化学反应速率的影响相同。

可总结为:当其他条件不变时,对于在密闭容器中进行的、有气体参加的化学反应,增大压强会增大化学反应速率,减小压强会降低化学反应速率。

如果参加化学反应的物质是固体、液体或它们的溶液,压强的改变对其体积影响很小,浓度也几乎不变。因此,我们认为压强的改变对于没有气体参加的化学反应,不影响其反应速率。

(三) 温度对化学反应速率的影响

我们有这样的生活体验:冬天温度低,食物腐败变质的速率较慢;而夏天温度高,食物腐败霉变的速率非常快。由此可见,温度对化学反应的影响比较显著。

当其他条件不变时,升高温度可以增大化学反应速率,降低温度可以降低化学反应速率。经过多次实验表明，当其他条件不变时，温度每升高10℃化学反应速率比原来提高2～4倍。

在生产生活实践中，我们常采用改变温度来控制化学反应速率，以实现其目的。对于易变质的食物和药品，通常放在冰箱或阴凉、低温处；而对于需要加快化学反应速率的化工生产和化学实验，常采用加热的办法来实现。

(四) 催化剂对化学反应速率的影响

催化剂是一种能改变化学反应速率而本身的组成、质量和化学性质在反应前后都不发生改变的物质。

【演示实验6-2】 取两支试管编为①、②号，分别在两支试管中加入10mL质量分数为0.3的H_2O_2溶液，然后在①号试管中加入少许MnO_2粉末，②号试管用作比较，静置观察实验现象。

上述反应的化学方程式为：

$$2H_2O_2 \xlongequal{MnO_2} 2H_2O + O_2\uparrow$$

实验结果表明：①号试管产生气泡的速率很快，②号试管只产生了少量气泡。MnO_2的加入加快了H_2O_2的分解反应。MnO_2在这个反应中起催化剂的作用。

可总结为：催化剂可以改变物质的化学反应速率。催化剂又可分为正催化剂和负催化剂。正催化剂可加快化学反应速率；负催化剂可减慢化学反应速率。

生物催化剂——酶

大多数酶是由蛋白质组成(少数为RNA)的，能促进生物体的新陈代谢。生命活动中的消化、吸收、呼吸、运动和生殖都是酶促反应过程。酶是细胞赖以生存的基础。酶主要有以下特征：①高选择性：一种酶参与一种反应，例如淀粉酶只能促进淀粉水解，尿酶只能促进尿素水解。②高效性：相同条件下酶能成千万倍地增大化学反应速率。③高敏感性：由于大多数酶是蛋白质，因而会被高温、强酸、强碱等破坏而变性。

链接

第2节 化学平衡

一、可逆反应和化学平衡

(一) 可逆反应和不可逆反应

化学反应可分为两类：不可逆反应和可逆反应。

不可逆反应是在一定条件下，只能向一个方向进行的化学反应。

例如：

$$NaOH + HCl \xlongequal{} NaCl + H_2O$$

当有足量的盐酸时，氢氧化钠将全部反应完全，而且这个反应不能逆向进行，即相同条件下不可能将氯化钠加入水而得到盐酸和氢氧化钠。

还有许多化学反应与上述反应不同，它们的反应不能进行到底，在同一条件下反应物能转变为生成物，生成物也能同时转化为反应物。这种在同一条件下，能同时向两个相反方向进行的化学反应称为可逆反应。为了表示反应的可逆性，化学方程式中常用两个带相反箭头的符号

“$\rightleftharpoons$”代替“$=$”。

例如,工业上合成三氧化硫的反应就是可逆反应:

$$2SO_2 + O_2 \rightleftharpoons 2SO_3$$

在可逆反应中,通常把从左到右进行的反应叫正反应,从右到左进行的反应叫逆反应。

(二) 化学平衡

可逆反应的特点,是反应不能进行到底。反应无论进行多久,反应物始终不会完全转化为生成物,也就是反应物和生成物总是同时存在的。有气体参加的可逆反应必须在密闭容器中进行。上述合成SO_3的反应中,在一定温度和压强下将一定量的SO_2和O_2充入一密闭容器中,反应开始时,容器中SO_2和O_2的浓度最大,正反应的速率最大,逆反应的速率为零。随着反应的进行,SO_2和O_2不断消耗,SO_3不断增加,反应物浓度逐渐减少,因而正反应速率也逐渐减小;随着生成物浓度的增大,逆反应速率逐渐增大。当反应进行到一定的程度时,正反应速率等于逆反应速率(图6-1),此时反应物浓度和生成物浓度会保持不变。我们把像这样,在一定条件下,可逆反应的正反应速率等于逆反应速率,反应物浓度和生成物浓度不再随时间变化而改变的状态叫化学平衡状态,简称为“化学平衡”。

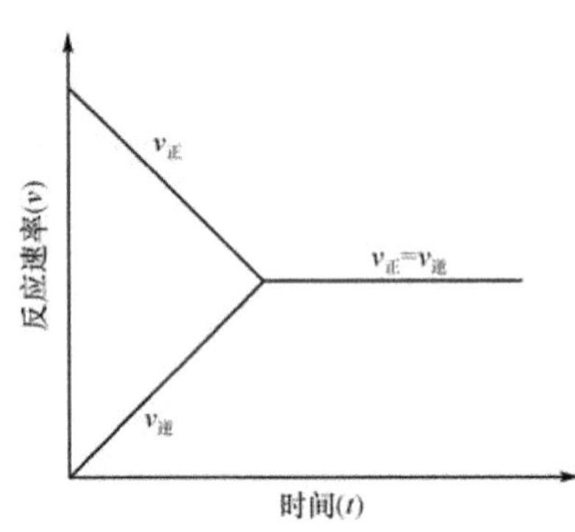

图6-1 可逆反应的化学平衡

化学平衡是动态平衡,且在条件不变时 $v_{正} = v_{逆} \neq 0$,即在化学平衡状态时反应物浓度和生成物浓度不随时间变化而改变,但反应却没有停止。

例如,工业上合成三氧化硫的可逆反应$2SO_2 + O_2 \rightleftharpoons 2SO_3$,在其他条件一定的情况下,起始反应物和生成物的浓度(单位 mol/L)分别是 $c_{SO_{2始}}$、$c_{O_{2始}}$、$c_{SO_{3始}}=0$。假设经过一段时间的反应,达到平衡时消耗了 $x$mol/L SO_2,那么根据方程式的计量关系可以计算出,反应了的O_2为 $\frac{1}{2}x$mol/L,生成了 $x$mol/L SO_3。达到平衡时,反应物和生成物的浓度(单位 mol/L)分别为:

$$c_{SO_{2平衡}} = c_{SO_{2始}} - x$$

$$c_{O_{2平衡}} = c_{O_{2始}} - \frac{1}{2}x$$

$$c_{SO_{3平衡}} = c_{SO_{3始}} + x = 0 + x = x$$

则,存在下面的关系:

	$2SO_2$	+	O_2	$\rightleftharpoons$	$2SO_3$
起始浓度(mol/L)	$c_{SO_{2始}}$		$c_{O_{2始}}$		0
平衡浓度(mol/L)	$c_{SO_{2始}} - x$		$c_{O_{2始}} - \frac{1}{2}x$		x

此反应达到平衡时,反应仍在继续进行,$v_{正} = v_{逆}$,所以反应物和生成物的平衡浓度不再随着时间改变而变化。

二、化学平衡常数

由于在一定条件下,可逆反应达到化学平衡时反应物和生成物浓度都保持不变,此时各物质的浓度存在着一定的量的关系。对于任一可逆反应:

$$aA + bB \rightleftharpoons eE + fF$$

平衡时存在：

$$K_c = \frac{[E]^e[F]^f}{[A]^a[B]^b} \qquad (6.2)$$

式中，K_c称为化学平衡常数；a、b、e、f为反应物和生成物的化学计量系数；[A]、[B]、[E]、[F]为相应反应物与生成物的平衡浓度(单位为 mol/L)。此关系式称为化学平衡常数表达式，它表示在一定条件下，可逆反应达到平衡时生成物浓度的化学计量数次幂乘积与反应物浓度的化学计量数次幂乘积之比是一个常数。

平衡常数的大小可反映化学反应进行的程度。K_c越大，平衡时生成物相对浓度越大，反应进行的程度越大；K_c越小，平衡时生成物相对浓度越小，反应进行的程度越小。平衡常数K_c只与温度的变化有关，而与浓度的变化无关。

化学平衡是可逆反应达到的最大程度。工业生产和实验研究常用化学平衡常数来计算可逆反应达到平衡时反应物和生成物的浓度以及反应物的转化率；另外，也可以利用平衡体系中各物质浓度间的数量关系，计算一定条件下可逆反应的平衡常数。

例 6-2　在某温度下，将 H_2 和 I_2 各 0.10mol 的气态混合物充入 10L 密闭容器中，充分反应，达到平衡后，测得 $c_{H_2} = 0.0080$mol/L。

(1) 求反应的平衡常数。

(2) 在上述温度下，将 H_2 和 I_2 各 0.20mol 的气态混合物充入该密闭容器中，试求达到平衡时各物质的浓度和 H_2 的转化率。

解：(1) 将 H_2 和 I_2 各 0.10mol 的气态混合物充入 10L 密闭容器中，$c_{H_2始} = c_{I_2始} = \frac{0.10mol}{10L} = 0.010mol/L$。$c_{H_2平衡} = 0.0080$mol/L，反应消耗 H_2 为 $0.010 - 0.0080 = 0.0020$mol/L。根据方程式中的计量关系可以计算出，达到平衡时消耗的 I_2 为 0.0020mol/L；生成 HI(g) 0.0040mol/L。而平衡时 $c_{I_2} = 0.0080$mol/L。有下列关系：

	$H_2(g)$	+ $I_2(g)$	$\rightleftharpoons$ $2HI(g)$
起始时各物质浓度(mol/L)	0.010	0.010	0
反应中转化的浓度(mol/L)	0.0020	0.0020	0.0040
平衡时各物质浓度(mol/L)	0.0080	0.0080	0.0040

根据化学平衡常数表达式：

$$K_c = \frac{[HI]^2}{[H_2][I_2]}$$

可得

$$K_c = \frac{0.0040^2}{0.0080 \times 0.0080} = 0.25$$

(2) 将 H_2 和 I_2 各 0.20mol 的气态混合物充入该密闭容器中，$c_{H_2始} = c_{I_2始} = \frac{0.20mol}{10L} = 0.020mol/L$。因为反应温度不变，所以此条件下的化学平衡常数 $K_c = 0.25$。设该反应达到平衡时，$c_{H_2转化} = x$mol/L，根据反应方程式的计量关系，可得 $c_{I_2转化} = x$mol/L，$c_{HI_2生成} = 2x$mol/L，并且存在下列关系：

	$H_2(g)$	+ $I_2(g)$	$\rightleftharpoons$ $2HI(g)$
起始时各物质浓度(mol/L)	0.020	0.020	0
反应中转化的浓度(mol/L)	x	x	$2x$
平衡时各物质浓度(mol/L)	$0.020 - x$	$0.020 - x$	$2x$

根据化学平衡常数表达式：

$$K_c = \frac{[HI]^2}{[H_2][I_2]}$$

可得

$$K_c=\frac{(2x)^2}{(0.020-x)(0.020-x)}=0.25$$

解得:$x=0.0040\text{mol/L}$。则,平衡时各物质的浓度分别为:$c_{H_2平衡}=c_{I_2平衡}=0.020-0.0040=0.016\text{mol/L}$,$c_{HI_{平衡}}=0.0040\times2=0.0080\text{mol/L}$。

转化率是指在一定体系的反应中,已转化的某组分的浓度与该组分原始浓度之比的百分数。

该反应中 H_2 的转化率为:

$$\frac{已转化的\ H_2\ 的浓度}{H_2\ 的原始浓度}\times100\%=\frac{0.0040}{0.020}\times100\%=20\%$$

答:(1) 该反应的平衡常数 $K_c=0.25$。

(2) 达到平衡时各物质的浓度分别为:$c_{H_2平衡}=c_{I_2平衡}=0.016\text{mol/L}$,$c_{HI_{平衡}}=0.0080\text{mol/L}$。$H_2$ 的转化率为 20% 。

平衡常数表达式的书写规则

1. 固体物质和纯液态物质的浓度是为 1。
2. 在稀溶液中进行的反应如有水参加,水的浓度是为 1。
3. 反应方程式书写不同,平衡常数的表达式就不同,例如:

①$N_2+3H_2 \rightleftharpoons 2NH_3$　　$K_1=\frac{[NH_3]^2}{[N_2][H_2]^3}$

②$\frac{1}{3}N_2+H_2 \rightleftharpoons \frac{2}{3}NH_3$　　$K_2=\frac{[NH_3]^{2/3}}{[N_2]^{1/3}[H_2]}$

显然这里 $K_1\neq K_2$。

链接

化学平衡常数 K_c 还是可逆反应是否达到平衡状态的标志。在可逆反应由起始态到平衡态过程中的任一状态,生成物浓度的化学计量数次幂乘积与反应物浓度的化学计量数次幂乘积之比我们称之为浓度商,用 Q_c 表示。Q_c 与 K_c 表达式在形式上完全相同,但其意义不同,通过二者的比较可以判断可逆反应进行的方向。对于任一可逆反应,

当 $Q_c<K_c$ 时,$v_正>v_逆$,反应正向进行。

当 $Q_c>K_c$ 时,$v_正<v_逆$,反应逆向进行。

当 $Q_c=K_c$ 时,$v_正=v_逆$,反应体系处于平衡状态。

第 3 节　化学平衡的移动

化学平衡是一定条件下的动态平衡。可逆反应达到化学平衡状态后,如果改变其反应条件(浓度、压强、温度),原有的平衡体系就会受到破坏,原来已达到平衡的体系中各组分的浓度会随之改变,在新的条件下又会建立起新的平衡。这种因反应条件的改变,可逆反应从一种平衡状态向另一种平衡状态转化的过程叫化学平衡的移动。

当一个化学反应从一种化学平衡转化为新的化学平衡时,如果生成物的浓度比原来平衡的浓度增大了,就说平衡向正反应方向移动;如果生成物的浓度比原来平衡的浓度减小了,就说平衡向逆反应方向移动。综上所述,在新的平衡状态下,哪一种物质的浓度比平衡前浓度增大了,就说化学平衡就向生成这种物质的方向移动了。

影响化学平衡的主要因素有浓度、压强和温度。

一、浓度对化学平衡的影响

【演示实验6-3】 在一只小烧杯中加入10mL 0.1mol/L的$FeCl_3$溶液和10mL 0.1mol/L的KSCN溶液混合均匀,溶液立即变为血红色。取3支小试管编为①、②、③号,各加入5mL上述红色溶液。在①号试管中加入4滴1mol/L的$FeCl_3$溶液,在②号试管中加入4滴1mol/L的KSCN溶液,③号试管留作对照,比较各试管颜色的变化。

$FeCl_3$与KSCN反应产生血红色的$Fe(SCN)_3$,这个反应可表示为:

$$FeCl_3 + 3KSCN \rightleftharpoons Fe(SCN)_3 + 3KCl$$

实验现象:分别加入反应物$FeCl_3$和KSCN溶液的①、②号试管中溶液的颜色都变深了,说明了溶液中$Fe(SCN)_3$浓度增大了。由此可得,增大任何一种反应物的浓度会促使化学平衡向正反应方向移动,从而增大了生成物的浓度。

通过其他实验证明,如果减少任何一种反应物的浓度会促使化学平衡向逆反应方向移动。

浓度对化学平衡的影响可以总结为:当其他条件不变时,增大反应物的浓度或减小生成物的浓度,都会使平衡向正反应方向移动;增大生成物的浓度或减小反应物的浓度,都会使平衡向逆反应方向移动。

化工生产中,常根据利用浓度对化学平衡的影响,在反应体系中加入过量的廉价的反应物,使较贵重的反应物充分反应,转化为产物;或者在反应进行中,不断将产物从反应体系中移出,使反应不断正向进行。

二、压强对化学平衡的影响

对于有气体物质(不管是反应物还是生成物)参加的可逆反应,当化学反应达到平衡时,如果改变压强化学平衡也会使发生移动。现以下面的反应为例说明压强对化学平衡的影响。

$$\underset{\text{红棕色}}{2NO_2(\text{气})} \rightleftharpoons \underset{\text{无色}}{N_2O_4(\text{气})}$$

该反应中,2体积NO_2反应只生成1体积N_2O_4,显然正反应方向是气体体积减小的反应,逆反应方向是气体体积增大的反应。

现用医用注射器吸入一定量的NO_2和N_2O_4的混合气体(图6-2A),当把活塞往外拉时体积增大、压强减小,注射器内各物质的浓度立即减小颜色变浅。隔一会儿,注射器内颜色又会逐渐变深(图6-2B),说明此时生成了更多的红棕色的NO_2。因此,减小压强平衡就向气体体积增大的方向移动。反之,如果将活塞往里推,即增大压强,活塞内气体颜色将会先变深又逐渐变浅。因此,增大压强平衡会向气体体积减小的方向移动。

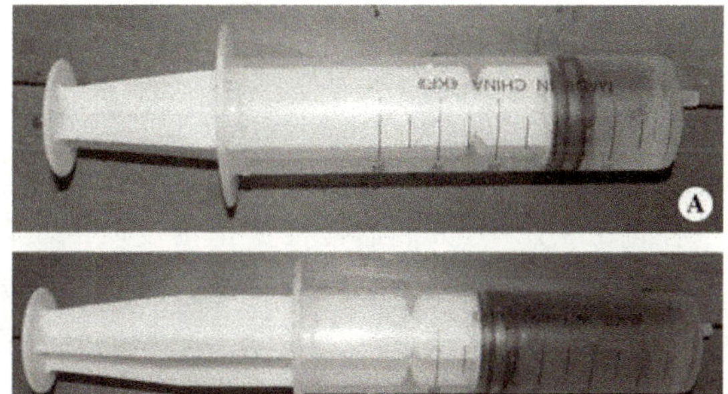

图6-2 NO_2和N_2O_4平衡移动实验

综上所述:对于有气体物质(不管是反应物还是生成物)参加的可逆反应,当其他条件不变时,增大压强,会使化学平衡向气体体积减小的方向移动;减小压强,会使化学平衡向气体体积增大的方向移动。

此外,对于反应前后气体体积不变的反应,例如:$N_2(\text{气}) + O_2(\text{气}) \rightleftharpoons 2NO(\text{气})$,改变压强不会使化学平衡发生移动。

对于有气体物质参加的可逆反应,压强是通过对气体物质浓度的影响而对化学平衡产生影响的。其影响结果和浓度对化学平衡的影响一样。

浓度和压强对化学平衡的影响,如果用浓度商与平衡常数之间的比较来进行解释,也会得到上面的结论。

三、温度对化学平衡的影响

化学反应一般伴随着放热或吸热现象的发生。放出热量的反应叫放热反应;吸收热量的反应叫吸热反应。热量用"Q"表示,一般写在化学方程式的右端,放热用"+Q"表示,吸热用"-Q"表示。例如:

$$N_2(气)+3H_2(气)\rightleftharpoons 2NH_3(气)+Q$$

对于可逆反应,如果正反应方向是放热反应,那么逆反应方向就是吸热反应。温度的变化会使化学平衡发生移动。

上述可逆反应是工业上合成 NH_3 的反应。实验测得,当该反应的温度升高后,平衡混合物中 NH_3 的浓度会降低,说明此时该反应向逆反应方向移动了,即向吸热反应方向移动了;当该反应的温度降低时,平衡混合物中 NH_3 的浓度会升高,说明此时该反应向正反应方向移动了,即向放热反应方向移动了。

温度对化学平衡的影响可以总结为:在其他条件不变时,升高温度,化学平衡会向吸热反应方向移动;降低温度,化学平衡会向放热反应方向移动。

四、勒夏特列原理

通过我们对浓度、压强和温度对化学平衡的学习,可以得知:如果在平衡体系内增加反应物的浓度,平衡就向正反应方向(即减小反应物浓度的方向)移动;如果增大平衡体系的压强,平衡就向气体体积减小的方向(即体系压强减小的方向)移动;如果升高平衡体系的温度,平衡就向降低温度的吸热反应方向移动。

法国著名化学家勒夏特列(Henry Le Chatelier)把浓度、压强和温度对化学平衡的影响总结为一条普遍规律:如果改变影响平衡的一个条件(如浓度、压强或温度),平衡就向着减弱这种改变的方向移动,这个规律叫化学平衡移动原理,又称为勒夏特列原理。

由于催化剂能同等程度地改变正反应和逆反应的速率,因此催化剂对化学平衡的移动没有影响,不能提高反应物的转化率。

在化工生产中,人们通常根据化学反应的实际情况,综合考虑影响化学反应速率和化学平衡的各种因素,选择最佳的反应条件。比如合成氨生产中,通常会采用一定的温度(因为合成氨反应为放热反应,温度过高会降低反应物的转化率和 NH_3 的产率;温度低会使反应速度减慢)、高压(因为正反应是气体体积减小的反应,加压可以使化学平衡正向移动)、催化剂(用铁触媒做催化剂可以加快反应速度)、分离氨气(减小生成物浓度,使反应正向移动)、加入过量的 N_2(因为 N_2 比 H_2 廉价,加入过量的 N_2 可以促使化学平衡正向移动,提高 H_2 的转化率)等办法使生产达到最大限度的优化。

1. 化学反应速率是用单位时间内反应物浓度减少或生成物浓度增加的量来表示的,化学反应速率的表达式为:$v=\pm\dfrac{\Delta c}{\Delta t}$。

小结

2. 影响化学反应速率的因素

(1) 浓度：当其他条件不变时，增大反应物的浓度，会增大化学反应速率；减小反应物的浓度，会降低化学反应速率。

(2) 压强：当其他条件不变时，对于在密闭容器中进行的有气体参加的化学反应，增大压强会增大化学反应速率，减小压强会降低化学反应速率。

(3) 温度：当其他条件不变时，升高温度可以增大化学反应速率，降低温度可以减小化学反应速率。经过多次实验表明，当其他条件不变时，温度每升高10℃，化学反应速率比原来提高2～4倍。

(4) 催化剂：可以大大改变化学反应的速率。催化剂又可分为正催化剂和负催化剂。

3. 可逆反应是在同一条件下，能同时向两个相反方向进行的化学反应。

4. 化学平衡状态是在一定条件下，可逆反应进行到正反应速率等于逆反应速率，反应物浓度和生成物浓度不再随时间变化而改变的状态。化学平衡是动态平衡，且在条件不变时 $v_{正}=v_{逆}\neq 0$。

对于任一可逆反应：　$aA+bB \rightleftharpoons eE+fF$

化学平衡常数的表达式：　$K_c=\dfrac{[E]^e[F]^f}{[A]^a[B]^b}$

5. 影响化学平衡移动的因素

(1) 浓度：当其他条件不变时，增大反应物的浓度或减小生成物的浓度，都会使平衡向正反应方向移动；增大生成物的浓度或减小反应物的浓度，都会使平衡向逆反应方向移动。

(2) 压强：对于有气体物质(不管是反应物还是生成物)参加的可逆反应，当其他条件不变时，增大压强，会使化学平衡会向气体体积减小的方向移动；减小压强，会使化学平衡会向气体体积增大的方向移动。

(3) 温度：在其他条件不变时，升高温度，化学平衡会向吸热反应方向移动；降低温度，化学平衡会向放热反应方向移动。

勒夏特列原理：如果改变影响平衡的一个条件(浓度、压强和温度)，平衡就向着减弱这种改变的方向移动。

目标检测

一、名词解释

1. 化学反应速率　2. 可逆反应　3. 化学平衡　4. 勒夏特列原理

二、填空题

1. 影响化学反应速率的因素主要有________、________、________和________。

2. 在同一反应条件下，能同时________进行的化学反应叫可逆反应。

3. 已知可逆反应：CO_2(气)+C(固)$\rightleftharpoons$2CO(气)，当反应达平衡后，增大________浓度可使平衡向正方向移动；如果升高温度可使平衡朝正方向移动，那么生成CO的方向是________(吸或放)热反应。

三、选择题

1. 一定条件下反应 N_2(气)+$3H_2$(气)$\rightleftharpoons$$2NH_3$(气)在10L的密闭容器中进行，测得2min内，$N_2$的物质的量由20mol减小到8mol，则2min内N_2的反应速率为(　　)

A. 1.2mol/(L·min)

B. 1mol/(L·min)

C. 0.6mol/(L·min)

D. 0.4mol/(L·min)

2. 在某温度下，反应ClF(气)+F_2(气)$\rightleftharpoons$$ClF_3$(气)，正反应为放热反应，在密闭容器中达到平衡后，下列说法正确的是(　　)

A. 温度不变，缩小体积，ClF的转化率增大

B. 温度不变，增大体积，ClF_3的产率提高

C. 升高温度，增大体积，有利于平衡向正反应方向移动

D. 降低温度，体积不变，F_2的转化率减小

3. 硫代硫酸钠（$Na_2S_2O_3$）与稀 H_2SO_4溶液作用时，发生如下反应：

$Na_2S_2O_3 + H_2SO_4 = Na_2SO_4 + SO_2 + S\downarrow + H_2O$

下列化学反应速率最大的是（　　）

A. 0.1mol/L $Na_2S_2O_3$和0.1mol/L H_2SO_4溶液各5mL，加水5mL，反应温度10℃

B. 0.1mol/L $Na_2S_2O_3$和0.1mol/L H_2SO_4溶液各5mL，加水10mL，反应温度10℃

C. 0.1mol/L $Na_2S_2O_3$和0.1mol/L H_2SO_4溶液各5mL，加水10mL，反应温度30℃

D. 0.2mol/L $Na_2S_2O_3$和0.2mol/L H_2SO_4溶液各5mL，加水10mL，反应温度30℃

4. 在可逆反应中，改变下列条件一定能加快反应速率的是（　　）

A. 增大反应物的量

B. 升高温度

C. 增大压强

D. 使用催化剂

5. 在 $2A + B \rightleftharpoons 3C + 4D$ 反应中，表示该反应速率最快的是（　　）

A. $v(A) = 0.5mol/(L \cdot s)$

B. $v(B) = 0.3mol/(L \cdot s)$

C. $v(C) = 0.8mol/(L \cdot s)$

D. $v(D) = 1mol/(L \cdot s)$

6. 下列叙述中，不能用化学平衡移动原理解释的是（　　）

A. 红棕色的 NO_2，加压后颜色先变深后变浅

B. 高压比常压有利于合成 SO_3的反应

C. 由 H_2（气）、I_2（气）、HI（气）气体组成的平衡体系加压后颜色变深

D. 黄绿色的氯水光照后颜色变浅

7. 在一定条件下，发生 $CO + NO_2 \rightleftharpoons CO_2 + NO$ 反应中，达到化学平衡后，降低温度，混合气体的颜色变浅，下列有关该反应的说法中正确的是（　　）

A. 逆反应为放热反应

B. 逆反应为吸热反应

C. 降温后 CO 的浓度增大

C. 降温后各物质的浓度不变

8. 在一定温度下，可逆反应 $A(g) + 3B(g) \rightleftharpoons 2C(g)$ 达到平衡的标志是（　　）

A. C 的生成速率与 B 的生成速率相等

B. 单位时间生成 $n$mol A，同时生成 $3n$mol B

C. A、B、C 的浓度不再变化

D. A、B、C 的分子数比为1:3:2

9. 反应 $2A(g) \rightleftharpoons 3B(g) + C(g)$（正反应为吸热反应）达到平衡时，要使正反应速率降低，A 的浓度增大，应采取的措施是（　　）

A. 加压

B. 减压

C. 减小 C 的浓度

D. 升高温度

10. 压强变化不会使下列化学反应的平衡发生移动的是（　　）

A. $H_2(g) + I_2(g) \rightleftharpoons 2HI(g)$

B. $3H_2(g) + N_2(g) \rightleftharpoons 2NH_3(g)$

C. $2SO_2(g) + O_2(g) \rightleftharpoons 2SO_3(g)$

D. $C(s) + CO_2(g) \rightleftharpoons 2CO(g)$

四、运用化学反应速率和勒夏特列原理简述，在合成氨工业中，如何选择适当的条件提高氨的产率？

（张贵川　郭海立）

第 7 章 电解质溶液

学习目标

1. 了解有关一元弱酸、弱碱电离平衡及缓冲溶液 pH 的计算
2. 理解弱电解质电离平衡、水的离子积
3. 掌握离子反应和离子反应方程式
4. 掌握溶液的酸碱性、同离子效应、盐的水解
5. 掌握缓冲溶液组成、配制及应用

弱电解质的电离平衡是一种重要的化学平衡，它与我们的日常生活以及化学生产、化工制药、化工分析、医学检验等密不可分。通过本章的学习，掌握弱电解质的电离平衡、溶液的酸碱性和 pH、离子反应和离子方程式、同离子效应和盐的水解等基础知识，进而掌握缓冲溶液的相关知识，为专业课的学习和将来的生产实践打下坚实的基础。

第 1 节 弱电解质的电离平衡

在初中化学中我们学过蒸馏水、乙醇不导电，酸、碱、盐溶液却能导电，并且知道它们的溶液中存在离子。人体的体液和组织液中都存在电解质的离子，如 Na^+、K^+、Ca^{2+}、Mg^{2+}、Cl^-、HCO_3^-、$H_2PO_4^-$、HPO_4^{2-}等，这些离子与人体的许多生理现象和病理现象有着密切的联系。

案例 7-1

临床上治疗胃酸过多或酸中毒时使用碳酸氢钠；面粉发酵过程中有酸味，因此在制作馒头的时候，一般要加少量小苏打，中和发酵过程中产生的有机酸。

问题：

1. 胃酸的主要成分是盐酸，请写出盐酸与碳酸氢钠反应的化学方程式。
2. 盐酸、小苏打、面粉发酵产生的有机酸是电解质吗？它们是强电解质还是弱电解质？它们的水溶液中存在哪些离子？哪些离子是大量存在的？
3. 如果面粉发酵产生的有机酸的化学式简写为 HB，它显酸性的原因是什么？
4. 写出 HB 与碳酸氢钠反应的方程式。
5. 上述反应的实质是什么？你能对案例中提到的两个反应的过程做出合理的解释吗？

一、强、弱电解质的概念和电离方程式

我们知道氯化钠、硝酸钾、氢氧化钠的晶体不导电，而它们的水溶液能够导电。原因是它们在水溶液里发生了电离，产生了能够自由移动的离子。如果我们将氯化钠、硝酸钾、氢氧化钠晶体加热熔化，它们也能导电。

凡在水溶液里或熔化状态下能导电的化合物叫做电解质。像蔗糖、酒精这样无论是熔化状态或水溶液状态下都不导电的化合物叫做非电解质。

【演示实验 7-1】 按照图 7-1 的装置把仪器连接好，然后把等体积的 0.1mol/L 的盐酸、氢氧

化钠、氨水、醋酸、氯化钠的水溶液，分别倒入五个烧杯中，连接电源。注意观察灯泡发光的明亮程度。

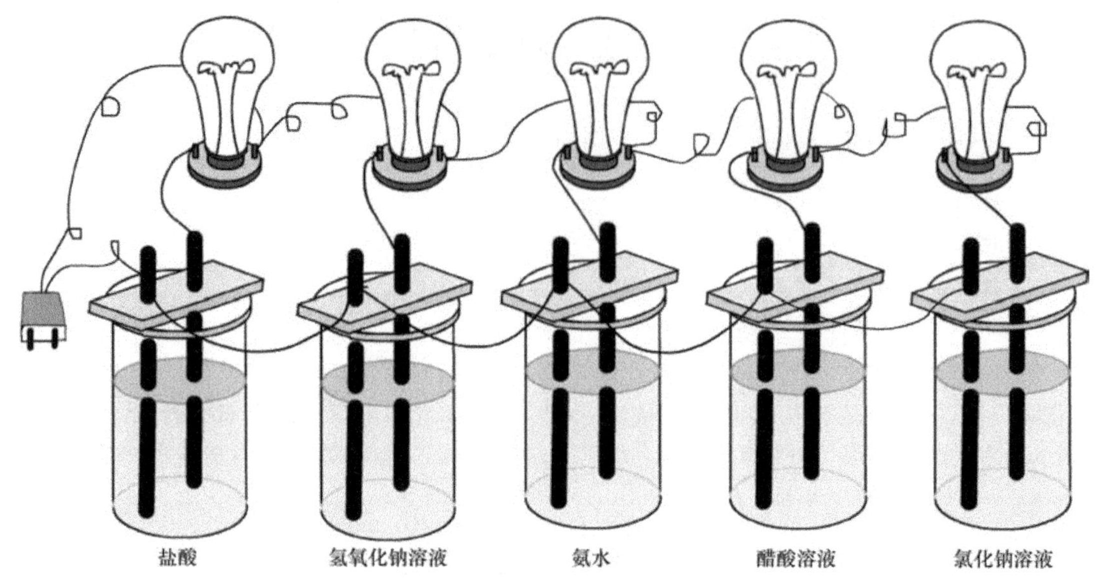

图 7-1　不同电解质溶液导电性实验

实验结果表明：连接插入醋酸溶液、氨水的电极上的灯泡比其他三个灯泡暗。

可见，体积和浓度相同而种类不同的酸、碱和盐的水溶液，在同样条件下的导电能力是不相同的。

盐酸、氢氧化钠和氯化钠溶液的导电能力比醋酸溶液和氨水强。

这是什么原因呢？因为电解质溶液之所以能够导电，是由于溶液里有能够自由移动的离子存在。溶液导电性的强弱跟溶液里能自由移动的离子的多少有关。也就是说，相同体积和浓度的导电性强的溶液里，能自由移动的离子数目一定比导电性弱的溶液里的多。这说明，电解质在溶液里电离的程度是不同的。

盐酸、氢氧化钠和氯化钠水溶液中的电离程度比醋酸溶液和氨水大。

我们把在水溶液里全部电离为离子的电解质称为强电解质；在水溶液里只有部分电离为离子的电解质称为弱电解质。

强酸、强碱以及大多数的盐都是强电解质，例如 HCl、HNO_3、$HClO_4$、H_2SO_4、$NaOH$、KOH、$Ba(OH)_2$、$Ca(OH)_2$、$NaCl$、KCl、$MgCl_2$、Na_2SO_4等。

某些强电解质的电离方程式如下：

$$HCl = H^+ + Cl^-$$

$$NaOH = Na^+ + OH^-$$

$$Na_2SO_4 = 2Na^+ + SO_4^{2-}$$

弱酸、弱碱都是弱电解质，例如 CH_3COOH、HCN、H_2CO_3、H_2S、$NH_3 \cdot H_2O$ 等。

在弱电解质溶液里，弱电解质分子电离成离子的同时，离子又相互结合成分子，弱电解质的电离是个可逆过程，所以电离方程式用可逆符号表示。

例如醋酸、氨水的电离方程式：

$$CH_3COOH \rightleftharpoons CH_3COO^- + H^+$$

$$NH_3 \cdot H_2O \rightleftharpoons NH_4^+ + OH^-$$

弱电解质在水溶液中的电离程度很小，所以其水溶液中离子浓度很小，大部分以分子形式存在。

如果弱电解质是多元弱酸，则它们的电离是分步进行的。例如，碳酸的电离方程式：

$$H_2CO_3 \rightleftharpoons H^+ + HCO_3^-$$

$$HCO_3^- \rightleftharpoons H^+ + CO_3^{2-}$$

必须指出，水是极弱的电解质。其电离方程式：

$$H_2O \rightleftharpoons H^+ + OH^-$$

二、弱电解质的电离平衡

（一）电离平衡

醋酸、氨水等弱电解质在水溶液中，分子电离成离子的速率，必将随着溶液里离子的逐渐增多而减慢，同时离子结合成分子的速率逐渐加快。当电离过程进行到一定程度时，两者速率相等，电离过程就达到了平衡状态。

在一定条件（如温度、浓度）下，弱电解质分子在水溶液中电离成离子的速率和离子结合成分子的速率相等，分子和离子浓度不再随时间而改变的状态，叫做电离平衡。电离平衡和其他化学平衡一样，是一种动态平衡。例如：

$$CH_3COOH \rightleftharpoons H^+ + CH_3COO^-$$

平衡时，溶液里醋酸分子、醋酸根离子和氢离子的浓度都保持不变。

当改变条件时，电离平衡的移动遵循平衡移动的原理。如在醋酸溶液里滴入硫酸，电离平衡向左移动，使溶液里的醋酸根离子浓度减小，醋酸分子浓度增大，新的条件下，建立起新的平衡状态。同理，在醋酸溶液里滴入氢氧化钠或醋酸钠溶液，醋酸的电离平衡都将发生移动，直至达到新的平衡。

【讨论】 根据平衡移动的原理，在醋酸溶液里滴入氢氧化钠或醋酸钠溶液，平衡是如何移动的？

（二）同离子效应

【演示实验7-2】 在小烧杯内加入适量的稀氨水，滴入1滴酚酞，摇匀后分别倒入2支试管中。在其中一支试管里加入少量氯化铵固体，另一支作对照。

实验结果表明，在氨水中滴加酚酞，因溶液呈碱性而显红色。加入氯化铵后，溶液颜色变浅。

这是由于加入氯化铵后，氯化铵全部电离成NH_4^+和Cl^-，溶液里$[NH_4^+]$增大，破坏了氨水的电离平衡，使平衡向左移动，导致氨水的电离度减小，溶液里的$[OH^-]$减少，故颜色变淡。这一过程可表示为：

$$NH_3 \cdot H_2O \rightleftharpoons NH_4^+ + OH^-$$

$$NH_4Cl = NH_4^+ + Cl^-$$

在弱电解质溶液里，加入和弱电解质具有相同离子的强电解质，使弱电解质的电离度减小的现象称为同离子效应。

同离子效应实际上是一种电离平衡的移动。

同离子效应在药物分析中可用来控制溶液里某种离子的浓度，也可用于缓冲溶液的配制。

(三) 电离度和电离平衡常数

不同的弱电解质在水溶液里的电离程度是不同的。这种电离程度的大小,可用电离度来表示。弱电解质的电离度就是当弱电解质在溶液中达到电离平衡时,溶液中已经电离的电解质分子数占原来总分子数(包括已电离和未电离)的百分数。电解质的电离度常用符号 α 来表示:

$$电离度(\alpha)=\frac{已电离的电解质分子数}{溶液中原有电解质的分子总数}\times 100\%$$

例如,25℃时,在 0.1mol/L 的醋酸溶液里,每 10 000 个醋酸分子里有 133 个分子电离成离子。它的电离度是:

$$\alpha=(133/10\ 000)\times 100\%=1.33\%$$

常见弱电解质的电离度见表 7-1。

表 7-1 常见弱电解质的电离度(25℃,0.1mol/L)

电解质	化学式	电离度/%	电解质	化学式	电离度/%
氢氰酸	HCN	0.01	硼酸	H_3BO_3	0.01
醋酸	CH_3COOH	1.33	氢硫酸	H_2S	0.07
氢氟酸	HF	8.5	碳酸	H_2CO_3	0.17
氨水	$NH_3\cdot H_2O$	1.33	磷酸	H_3PO_4	27

从表 7-1 可见,在相同条件下,不同弱电解质的电离度不同,这是由弱电解质的本质所决定的,一般来说,电解质越弱,电离度越小。所以电离度的大小,可以表示弱电解质的相对强弱。

电离度不仅跟电解质的本性有关,还跟溶液的浓度、温度等有关。同一弱电解质,通常是溶液越稀,离子互相碰撞而结合成分子的机会越少,电离度越大。如在 25℃时,0.2mol/L 的醋酸电离度为 0.934%;0.001mol/L 的醋酸电离度为 12.40%。

弱电解质的电离平衡符合一般的化学平衡原理,所以不同的弱电解质在水溶液里的电离程度也可用电离平衡常数来表示。在一定温度下,当弱电解质达到电离平衡时,已电离的离子浓度的乘积与未电离的分子浓度之比是一个常数,这个常数称为电离平衡常数,简称电离常数,用 K_i 表示。一般来说,弱酸的电离常数用 K_a 表示,弱碱的电离常数用 K_b 表示。

例如,醋酸的电离平衡如下:

$$CH_3COOH \rightleftharpoons H^+ + CH_3COO^-$$

电离常数表达式为:

$$K_a=\frac{[H^+]\cdot[CH_3COO^-]}{[CH_3COOH]}$$

例如,氨水的电离平衡如下:

$$NH_3\cdot H_2O \rightleftharpoons NH_4^+ + OH^-$$

【思考】 请同学们试着写出它的电离常数表达式。

不同的弱电解质有不同的电离常数。电离常数大,表示该弱电解质比较容易电离;电离常数小,表示该弱电解质难电离。

常见弱电解质的电离常数见表 7-2。

表 7-2 常见弱电解质的电离常数(25℃)

电解质	电离方程式	电离常数 K_i
氢氰酸	$HCN \rightleftharpoons H^+ + CN^-$	$K_a = 4.93 \times 10^{-10}$
醋酸	$CH_3COOH \rightleftharpoons H^+ + CH_3COO^-$	$K_a = 1.76 \times 10^{-5}$
氢氟酸	$HF \rightleftharpoons H^+ + F^-$	$K_a = 3.53 \times 10^{-4}$
氢硫酸	$H_2S \rightleftharpoons H^+ + HS^-$	$K_{a_1} = 9.1 \times 10^{-8}$
	$HS^- \rightleftharpoons H^+ + S^{2-}$	$K_{a_2} = 1.1 \times 10^{-12}$
碳酸	$H_2CO_3 \rightleftharpoons H^+ + HCO_3^-$	$K_{a_1} = 4.30 \times 10^{-7}$
	$HCO_3^- \rightleftharpoons H^+ + CO_3^{2-}$	$K_{a_2} = 5.61 \times 10^{-11}$
磷酸	$H_3PO_4 \rightleftharpoons H^+ + H_2PO_4^-$	$K_{a_1} = 7.52 \times 10^{-3}$
	$H_2PO_4^- \rightleftharpoons H^+ + HPO_4^{2-}$	$K_{a_2} = 6.23 \times 10^{-8}$
	$HPO_4^{2-} \rightleftharpoons H^+ + PO_4^{3-}$	$K_{a_3} = 2.2 \times 10^{-13}$
亚硫酸	$H_2SO_3 \rightleftharpoons H^+ + HSO_3^-$	$K_{a_1} = 1.54 \times 10^{-2}$
	$HSO_3^- \rightleftharpoons H^+ + SO_3^{2-}$	$K_{a_2} = 1.02 \times 10^{-7}$
氨水	$NH_3 \cdot H_2O \rightleftharpoons NH_4^+ + OH^-$	$K_b = 1.76 \times 10^{-5}$

从表中可以看出,多元弱酸的电离是分步进行的,每一步电离都有相应的电离常数(通常用 K_{a_1}、K_{a_2}、K_{a_3} 表示),并且其各步电离常数逐级减小,即 $K_{a_1} > K_{a_2} > K_{a_3}$,一般都相差 $10^4 \sim 10^5$。所以多元弱酸溶液的氢离子主要来自第一步的电离,我们可以用第一步的电离常数 K_{a_1} 来比较多元弱酸电离程度的相对大小。

电离平衡常数与化学平衡常数一样,与温度有关,而与浓度无关。

(四) 一元弱酸、弱碱电离平衡的计算

对于弱酸、弱碱的水溶液,我们应该了解其酸性强度(H^+浓度)和碱性强度(OH^-浓度)。知道电离常数,便可计算弱酸、弱碱水溶液的 H^+浓度、OH^-浓度。

例 7-1 298K 时,HAc 的电离常数为 1.76×10^{-5}。计算 0.10mol/L HAc 溶液的 H^+离子浓度和电离度。

解:HAc 水溶液中,同时存在两个电离平衡:

$$H_2O \rightleftharpoons H^+ + OH^-$$

$$HAc \rightleftharpoons H^+ + Ac^-$$

可以看出,H^+有两个来源。但在计算 H^+浓度时,可采用合理的近似处理,以简化计算过程。通常当酸电离出的 H^+浓度远大于 H_2O 电离出的 H^+浓度时,可忽略水的电离,溶液中$[H^+] \approx [Ac^-]$。设平衡时$[H^+] = x$mol/L,则$[Ac^-] = x$mol/L

	HAc $\rightleftharpoons$	H^+ +	Ac^-
起始浓度/(mol/L)	0.10	0	0
平衡浓度/(mol/L)	$0.10 - x$	x	x

$$K_a = \frac{[H^+][Ac^-]}{[HAc]} = \frac{x \cdot x}{0.10 - x} = 1.76 \times 10^{-5}$$

因为$[HAc]/K_a(HAc) > 500$,所以$[H^+]$很小,可认为 $0.10 - x \approx 0.10$,上式可近似计算,得

$$\frac{x^2}{0.10} = 1.76 \times 10^{-5}$$

$$x = 1.33 \times 10^{-3} \text{mol/L}$$

$$\alpha = \frac{[H^+]}{[HAc]_{起始}} = \frac{1.33 \times 10^{-3}}{0.10} \times 100\% = 1.33\%$$

答：0.10mol/L HAc 水溶液的 $[H^+] = 1.33 \times 10^{-3}$ mol/L，电离度 $\alpha = 1.33\%$。

上述计算需要注意以下几点：①电离平衡常数表达式中的各组分浓度均是电离平衡时的浓度。②可近似计算的原因是 $[HAc]/K_{aHAc} > 500$，[HAc] 是起始浓度。③根据 HAc 电离方程式中的系数关系可以得知，溶液中的 $[H^+]$（此题忽略了水电离出的 H^+）等于已电离的 [HAc]。所以，电离度的计算中直接用 $[H^+]$ 来代替已电离的 [HAc]。④溶液浓度的表示除了上面用到的以外，我们还经常用 $c_{组分}$ 的方式来表示。如：$[H^+]$ 可以用 c_{H^+}；[HAc] 可以用 c_{HAc} 来表示。

把以上近似计算推广到一般，浓度为 $c_{酸}$ 的一元弱酸溶液中：

$$c_{H^+} = \sqrt{K_a \cdot c_{酸}}$$
$$c_{酸}/K_a \geq 500$$

请同学们试着推导：

$$\alpha = \sqrt{\frac{K_a}{c_{酸}}}$$

对浓度为 $c_{碱}$ 一元弱碱溶液，同理可以得到近似计算公式：

$$c_{OH^-} = \sqrt{K_b \cdot c_{碱}}$$
$$c_{碱}/K_b \geq 500$$

第 2 节　离子反应和离子方程式

一、离子反应和离子方程式

电解质溶于水后全部或部分电离成离子，所以电解质在水溶液里发生的反应，实际上是它们离子之间的反应。这种在水溶液中有离子参加的反应称为离子反应。

绝大部分离子反应是离子间的复分解反应，例如硫酸钠溶液跟氯化钡溶液的反应：

$$Na_2SO_4 + BaCl_2 \xlongequal{} BaSO_4 \downarrow + 2NaCl$$

硫酸钠、氯化钡、氯化钠都是易溶于水的强电解质，它们在溶液里都是以离子形式存在的。硫酸钡是难溶性物质，在溶液中以分子沉淀形式存在。所以，上面的化学反应方程式可以写为：

$$2Na^+ + SO_4^{2-} + Ba^{2+} + 2Cl^- \xlongequal{} BaSO_4 \downarrow + 2Na^+ + 2Cl^-$$

可以看出，反应前后钠离子和氯离子没有变化。把没有参加反应的 Na^+ 和 Cl^- 从化学方程式中消去，得

$$SO_4^{2-} + Ba^{2+} \xlongequal{} BaSO_4 \downarrow$$

这就是硫酸钠溶液跟氯化钡溶液的反应的实质。这种用实际参加反应的离子符号来表示化学反应实质的式子叫离子方程式。

请同学们练习写出硫酸铵溶液和硝酸钡溶液反应的离子方程式。

可以看出，得到的离子方程式与上一反应完全相同。这就说明，只要是可溶性的硫酸盐和可溶性钡盐在溶液中的反应，实质上都是 SO_4^{2-} 和 Ba^{2+} 结合为硫酸钡沉淀的反应。因此，离子方程式不仅表示物质间的某个反应，而且表示了同一类型的离子反应。所以，离子方程式更能说明离子反应的本质。

书写离子方程式时，我们必须熟知电解质的溶解性和它们的强弱，一般应遵循以下原则和

步骤:①写出反应的化学方程式。②弱电解质(包括弱酸、弱碱、水等)、难溶物或易挥发性(气体)物质都应写成分子式或化学式,易溶强电解质写成离子形式。③消去方程式两边不参加反应的离子。④检查离子方程式两边各种原子数目、各离子电荷的总代数和是否相等。

如氢氧化钡溶液和盐酸溶液的反应:

$$Ba(OH)_2 + 2HCl = BaCl_2 + 2H_2O$$

其离子方程式书写步骤为

$$Ba^{2+} + 2OH^- + 2H^+ + 2Cl^- = Ba^{2+} + 2Cl^- + 2H_2O$$

$$H^+ + OH^- = H_2O$$

强酸、强碱中和反应的实质是 H^+ 和 OH^- 中和生成水。

二、离子反应发生的条件

前面提到过,绝大部分离子反应是离子间的复分解反应,这类离子反应的发生必须具备下列条件之一:

1. 生成难溶于水的物质　例如:

$$AgNO_3 + NaCl = AgCl\downarrow + NaNO_3$$

$$Ag^+ + NO_3^- + Na^+ + Cl^- = AgCl\downarrow + NO_3^- + Na^+$$

$$Ag^+ + Cl^- = AgCl\downarrow$$

2. 生成易挥发物质(气体)　例如:

$$Na_2CO_3 + 2HCl = 2NaCl + H_2O + CO_2\uparrow$$

$$2Na^+ + CO_3^{2-} + 2H^+ + 2Cl^- = 2Na^+ + 2Cl^- + H_2O + CO_2\uparrow$$

$$CO_3^{2-} + 2H^+ = H_2O + CO_2\uparrow$$

3. 生成弱电解质(包括水)　例如:

$$NaOH + HAc = NaAc + H_2O$$

$$Na^+ + OH^- + HAc = Na^+ + Ac^- + H_2O$$

$$OH^- + HAc = H_2O + Ac^-$$

离子反应除了复分解反应以外,还有其他类型的反应,如有离子参加的置换反应等。例如,初中化学学过的锌粒与稀盐酸制氢气的反应。

$$Zn + 2HCl = ZnCl_2 + H_2\uparrow$$

离子反应方程式为:　$Zn + 2H^+ = Zn^{2+} + H_2\uparrow$

综上所述,离子反应发生的条件是:生成难溶于水的物质、生成易挥发物质(气体)、生成弱电解质(包括水),只要符合其中之一即可。

【思考】　前面我们学习了铁的知识,铁与氯化铁的反应,它是不是离子反应?

第 3 节　水的电离和溶液的 pH

任何电解质水溶液都有其酸碱性,电解质溶液的酸碱性与水的电离有着密切的联系。为了从本质上来认识溶液的酸碱性,我们先来研究水的电离情况。

一、水的离子积

前面提过水是一种极弱的电解质,它能微弱地电离,其电离方程式如下:

$$H_2O \rightleftharpoons H^+ + OH^-$$

在一定温度下，水的电离达到平衡时，其电离平衡表达式：

$$K_i = \frac{c_{H^+} \cdot c_{OH^-}}{c_{H_2O}}$$

或：

$$c_{H^+} \cdot c_{OH^-} = K_i \cdot c_{H_2O}$$

一定温度下，K_i 是常数，因为水的电离极其微弱，所以 c_{H_2O} 也可以视为常数，则 $K_i \cdot c_{H_2O}$ 还是一个常数，用 K_w 来表示。

$$K_w = c_{H^+} \cdot c_{OH^-}$$

式中，K_w 称为水的离子积常数，简称水的离子积。从上面等式可以看出，在一定温度下，水中的氢离子和氢氧根离子浓度的乘积是一常数。实验测得在25℃时，纯水中的 H^+ 和 OH^- 的浓度均为 1.0×10^{-7}mol/L，所以：

25℃时 $K_w = c_{H^+} \cdot c_{OH^-} = 1.0 \times 10^{-7} \times 1.0 \times 10^{-7} = 1.0 \times 10^{-14}$

水的电离反应是吸热反应，所以温度升高能促进水的电离，使 K_w 增大。常温条件下，一般都用 $K_w = 1.0 \times 10^{-14}$进行计算。

二、溶液的酸碱性和 pH

我们知道，常温下纯水中的 $c_{H^+} = c_{OH^-} = 1.0 \times 10^{-7}$mol/L，并且存在着这样的电离平衡：$H_2O \rightleftharpoons H^+ + OH^-$。当在纯水中加入酸，$H^+$浓度增大，水的电离平衡向左移动，$OH^-$浓度减小。新的平衡下 $c_{H^+} > c_{OH^-}$，溶液显酸性。反之，当在纯水中加入碱，OH^-浓度增大，水的电离平衡向左移动，H^+浓度减小。新的平衡下 $c_{H^+} < c_{OH^-}$，溶液显碱性。

实验进一步证明，在一定温度下，不仅在纯水中$[H^+]$和$[OH^-]$的乘积是一常数，在其他稀溶液中也是这样，即 $K_w = c_{H^+} \cdot c_{OH^-}$。

结论一　知道了溶液中 H^+的浓度，就可以计算出溶液中 OH^-的浓度，反之亦然。

例如：在25℃时某溶液中 $c_{H^+} = 1.0 \times 10^{-1}$mol/L，则

$$c_{OH^-} = \frac{K_w}{c_{H^+}} = \frac{1.0 \times 10^{-14}}{1.0 \times 10^{-1}} = 1.0 \times 10^{-13}\text{mol/L}$$

结论二　溶液的酸碱性是由溶液中 c_{H^+} 和 c_{OH^-} 的相对大小决定的。其关系如下：

中性溶液　$c_{H^+} = c_{OH^-} = 1.0 \times 10^{-7}$mol/L

酸性溶液　$c_{H^+} > c_{OH^-}$，$c_{H^+} > 1.0 \times 10^{-7}$mol/L

碱性溶液　$c_{H^+} < c_{OH^-}$，$c_{H^+} < 1.0 \times 10^{-7}$mol/L

由上述的关系可知，c_{H^+} 越大，溶液的酸性越强；c_{H^+} 越小，溶液的酸性越弱。当然，c_{OH^-} 越大，溶液的碱性越强；c_{OH^-} 越小，溶液的碱性越弱。

我们经常会用到一些 c_{H^+} 很小的溶液，如 c_{H^+} 等于 1.34×10^{-3}mol/L，用这样的数值来表示溶液酸碱性强弱很不方便。为此化学上常采用 H^+浓度的负对数来表示溶液酸碱性的强弱，我们把它叫做溶液的 pH。

$$pH = -\lg cH^+$$

例如：常温下纯水的 $c_{H^+} = 1.0 \times 10^{-7}$mol/L，则 $pH = -\lg 1.0 \times 10^{-7} = 7$；$c_{H^+} = 1.0 \times 10^{-5}$mol/L 的酸性溶液，$pH = -\lg 1.0 \times 10^{-5} = 5$；$c_{H^+} = 1.0 \times 10^{-9}$mol/L 的碱性溶液，$pH = -\lg 1.0 \times 10^{-9} = 9$。

由此可以看出溶液的酸碱性和 pH 的关系(图7-2)：

中性溶液　$pH = 7$

酸性溶液　$pH < 7$

碱性溶液　$pH > 7$

【讨论 1】　试着用自己的语言总结 c_{H^+}、pH、溶液酸碱性关系。

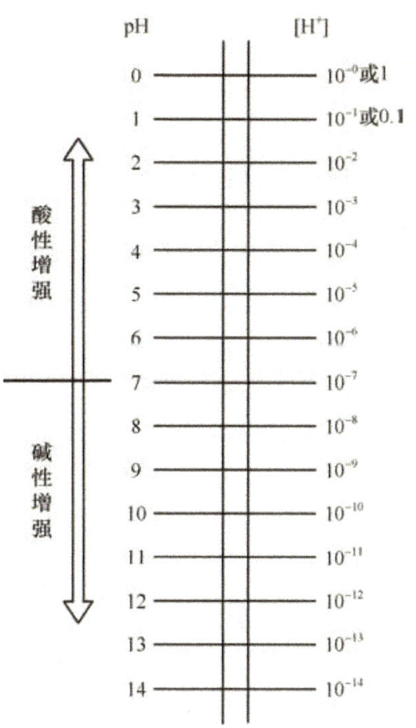

图 7-2　$[H^+]$、pH、溶液酸碱性的关系

溶液的酸碱性也可以用 pOH 来表示，pOH 就是 OH^- 浓度的负对数。

$$pOH = -\lg c_{OH^-}$$

【讨论 2】　试着推导任何水溶液中 $pH + pOH = 14$。

由此可见：对于 c_{H^+} 很小的溶液，用 pH 表示溶液的酸碱性比较方便。但当溶液中 c_{H^+} 大于 1.0mol/L 时，用 pH 表示酸碱性的强弱并不方便，如下表 7-3 所示。

表 7-3　酸溶液里 H^+ 浓度大于 1mol/L 时的 pH

$[H^+]$/(mol/L)	2	4	6
pH	-0.3	-0.6	-0.78

所以，当溶液中 c_{H^+} 大于 1.0mol/L 时，一般不用 pH 表示溶液的酸碱性，而是直接用 H^+ 的浓度表示。

例 7-2　计算常温下 0.1mol/L HAc 溶液的 pH。

解：查表得知常温下 $K_{aHAc} = 1.76 \times 10^{-5}$，因为 $c_{HAc} / K_{aHAc} > 500$，可以采用近似计算，则有

$$c_{H^+} = \sqrt{K_{aHAc} \cdot c_{HAc}} = \sqrt{1.76 \times 10^{-5} \times 0.1} = 1.33 \times 10^{-3} \text{mol/L}$$

$$pH = -\lg c_{H^+} = -\lg 1.33 \times 10^{-3} = 2.88$$

答：常温下，0.1mol/L HAc 溶液的 pH 是 2.88。

例 7-3　计算常温下 0.1mol/L $NH_3 \cdot H_2O$ 溶液的 pH。

解：查表得知常温下 $K_{bNH_3 \cdot H_2O} = 1.76 \times 10^{-5}$，因为 $c_{NH_3 \cdot H_2O} / K_{bNH_3 \cdot H_2O} > 500$，可以采用近似计算，则有

$$c_{OH^-} = \sqrt{K_{bNH_3 \cdot H_2O} \cdot c_{NH_3 \cdot H_2O}} = \sqrt{1.76 \times 10^{-5} \times 0.1} = 1.33 \times 10^{-3} \text{mol/L}$$

$$pOH = -\lg c_{OH^-} = -\lg 1.33 \times 10^{-3} = 2.88$$

$$pH = 14 - pOH = 14 - 2.88 = 11.12$$

答：常温下，0.1mol/L $NH_3 \cdot H_2O$ 溶液的 pH 是 11.12。

测定溶液 pH 的方法很多，通常可用酸碱指示剂（第 12 章有详细介绍），pH 试纸或 pH 计（一种测定溶液 pH 的仪器）。

第 4 节　盐的水解

一、盐的水解及其酸碱性

我们已经知道，水溶液的酸碱性，主要是取决于溶液中 H^+ 浓度和 OH^- 浓度的相对大小。NaAc、Na_2CO_3、NH_4Cl、NH_4Ac 和 NaCl 等盐类物质，在水中既不能电离出 H^+ 离子，也不能电离出

OH^-离子，它们的水溶液似乎都应该是中性的，事实并非如此。

【演示实验 7-3】 把少量的醋酸钠、碳酸钠、氯化铵、醋酸铵、氯化钠的晶体分别放入 5 支盛有蒸馏水的试管中，振荡，使它们溶解。然后用 pH 试纸分别测溶液的 pH。

实验结果表明，醋酸钠、碳酸钠的水溶液显碱性，氯化铵水溶液显酸性，醋酸铵、氯化钠水溶液显中性。这是什么原因呢？下面我们以上述几种物质为例，作进一步的讨论。

(一) 强碱弱酸盐的水解

NaAc 是一种由强碱（氢氧化钠）和弱酸（醋酸）中和反应所生成的盐。在它的水溶液中，存在着下列几种电离：

$$NaAc \longrightarrow Na^+ + Ac^-$$
$$+$$
$$H_2O \rightleftharpoons OH^- + H^+$$
$$\Updownarrow$$
$$HAc$$

由于Ac^-跟水电离的H^+结合而生成弱电解质 HAc，消耗了溶液中的H^+，使溶液中的H^+浓度减小，从而破坏了水的电离平衡，使水的电离平衡向右移动，OH^-浓度增大，直至建立新的平衡。结果，溶液里$[OH^-]>[H^+]$，使溶液显碱性。

上述水解反应的化学方程式：$NaAc + H_2O \rightleftharpoons NaOH + HAc$

离子方程式：$Ac^- + H_2O \rightleftharpoons OH^- + HAc$

强碱弱酸盐在水溶液中，电离出的弱酸根离子与水电离出的H^+结合，生成弱酸，使溶液中的H^+浓度减小，从而破坏了水的电离平衡，使水的电离平衡向右移动。当弱酸根离子与H^+生成弱酸的反应达到平衡，水解反应也达到平衡。此时，溶液中的$[OH^-]>[H^+]$，溶液显一定的碱性。

像这样，盐类在水溶液里电离出的离子跟水电离的$[H^+]$或$[OH^-]$结合生成弱电解质（弱酸或弱碱）的反应，称为盐类的水解。

从上式可见，盐类水解后生成了酸和碱。所以，盐类的水解反应可看作是酸碱中和反应的逆反应：

$$\text{酸} + \text{碱} \underset{\text{水解}}{\overset{\text{中和}}{\rightleftharpoons}} \text{盐} + \text{水}$$

盐的水解反应是其水溶液呈现酸碱性的根本原因。下面，我们来学习其他几种盐的水解情况。

(二) 强酸弱碱盐的水解

NH_4Cl是一种由强酸（盐酸）和弱碱（氨水）中和反应所生成的盐。在它的水溶液中，存在着下列几种电离：

$$NH_4Cl \longrightarrow NH_4^+ + Cl^-$$
$$+$$
$$H_2O \rightleftharpoons OH^- + H^+$$
$$\Updownarrow$$
$$NH_3 \cdot H_2O$$

由于NH_4^+跟水电离的OH^-结合而生成弱电解质$NH_3 \cdot H_2O$，消耗了溶液中的OH^-，使溶液中的OH^-浓度减小，从而破坏了水的电离平衡，使水的电离平衡向右移动，H^+浓度增大，直至建立新的平衡。结果，溶液中$[H^+]>[OH^-]$，溶液显酸性。

上述水解反应的化学方程式：$NH_4Cl + H_2O \rightleftharpoons NH_3 \cdot H_2O + HCl$

离子方程式：　　　　　$NH_4^+ + H_2O \rightleftharpoons NH_3 \cdot H_2O + H^+$

强酸弱碱盐在水溶液中，电离出的阳离子与水电离出的 OH^- 结合，生成弱碱，使溶液中的 OH^- 浓度减小，从而破坏了水的电离平衡。当水解反应达到平衡时，溶液中的 $[H^+] > [OH^-]$，溶液显一定的酸性。

（三）弱酸弱碱盐的水解

NH_4Ac 是一种由弱酸（醋酸）和弱碱（氨水）中和反应所生成的盐。在它的水溶液中，存在着下列几种电离：

$$
\begin{array}{ccccc}
NH_4Ac = & NH_4^+ & + & Ac^- \\
 & + & & + \\
H_2O \rightleftharpoons & OH^- & + & H^+ \\
 & \Updownarrow & & \Updownarrow \\
 & NH_3 \cdot H_2O & & HAc
\end{array}
$$

上述水解反应的化学方程式：$NH_4Ac + H_2O \rightleftharpoons NH_3 \cdot H_2O + HAc$

离子方程式：　　　　$NH_4^+ + Ac^- + H_2O \rightleftharpoons NH_3 \cdot H_2O + HAc$

弱酸弱碱盐在水溶液中，电离出的弱酸根离子和阳离子，分别与水电离出的 H^+ 和 OH^- 结合，生成相对应的弱酸和弱碱，使溶液中的 H^+ 和 OH^- 浓度都减小，从而破坏了水的电离平衡。使水的电离平衡向右移动，直至建立新的平衡。

从上述水解方程式可以看出，弱酸弱碱盐溶液的酸碱性取决于水解生成的弱酸和弱碱的相对强弱，也就是由水解生成的弱酸和弱碱电离平衡常数的相对大小来决定。

当 $K_a = K_b$ 时，$[II^+] = 10^{-7} mol/L$　　溶液为中性

当 $K_a > K_b$ 时，$[H^+] > 10^{-7} mol/L$　　溶液为酸性

当 $K_a < K_b$ 时，$[H^+] < 10^{-7} mol/L$　　溶液为碱性

由于醋酸和氨水的电离平衡常数基本相等，所以 NH_4Ac 溶液接近中性。

（四）强酸强碱盐不水解

强酸强碱盐电离出的阴、阳离子都不能与水电离出的 H^+ 和 OH^- 结合生成弱电解质，不能破坏水的电离平衡。因此，强酸强碱盐不水解，其水溶液为中性。

氯化钠是由强酸（HCl）和强碱（NaOH）中和反应生成的强酸强碱盐。所以，其水溶液显中性。

（五）多元弱酸盐和多元弱碱盐的水解

Na_2CO_3 是一种由强碱（氢氧化钠）和弱酸（碳酸）中和反应所生成的盐。碳酸是二元酸，所以碳酸钠的水解反应复杂一些，要分两步进行：

第一步是碳酸钠在水溶液里电离出来的 CO_3^{2-} 进行水解。

$$
\begin{array}{ccc}
Na_2CO_3 = 2Na^+ + & CO_3^{2-} \\
 & + \\
H_2O \rightleftharpoons OH^- + & H^+ \\
 & \Updownarrow \\
 & HCO_3^-
\end{array}
$$

离子方程式是：$CO_3^{2-} + H_2O \rightleftharpoons HCO_3^- + OH^-$

第二步是第一步生成的 HCO_3^- 进一步水解。

离子方程式是：$HCO_3^- + H_2O \rightleftharpoons H_2CO_3 + OH^-$

由此可见，溶液里的 CO_3^{2-} 跟水分子电离出来的 H^+ 结合生成 HCO_3^-；HCO_3^- 又跟 H^+ 继续结合生成 H_2CO_3，使溶液中的 H^+ 浓度减小，促使水继续电离，溶液里的 OH^- 浓度增加。水解反应达到平衡时，溶液中的 $c_{H^+} < c_{OH^-}$，溶液显一定的碱性。

多元弱酸是分步电离的，且以第一步电离为主。多元弱酸盐的水解也是分步进行的且以第一步水解为主。

同样道理，多元弱碱盐的水解也是分步进行的，多元弱碱盐电离出的阳离子与水电离的 OH^- 结合生成弱碱。水解反应达到平衡时，溶液中的 $c_{H^+} > c_{OH^-}$，溶液显一定的酸性，如 $AlCl_3$、$FeCl_3$ 等。

必须指出，盐类的水解是中和反应的逆过程，水解程度都比较小，所以书写水解离子方程式时，一般不标出气体符号和沉淀符号。

二、影响盐水解的因素

案例 7-2

实验室配制 $FeCl_3$ 溶液时，我们通常要向溶液中加入一定量的盐酸，否则很难得到澄清的 $FeCl_3$ 溶液；实验室配制 $Fe(OH)_3$ 胶体溶液需要向沸水中逐滴加入 $FeCl_3$ 溶液。

问题：

1. 请写出水解方程式。
2. 配制 $FeCl_3$ 溶液时，为什么要加入一定量的盐酸。
3. 配制 $Fe(OH)_3$ 胶体溶液需要向沸水中逐滴加入 $FeCl_3$ 溶液。盐的水解是吸热反应过程吗？

盐类水解程度的大小，主要由盐的本性所决定。同时当水解达到平衡时，跟其他平衡一样，也受温度、浓度等因素的影响。

（一）温度的影响

盐类水解是中和反应的逆反应。中和反应是放热反应，所以水解必然是吸热反应。因此，升高温度能促进盐的水解。

我们常用纯碱（Na_2CO_3）溶液来洗涤油污物品，热的纯碱溶液去污效果比较好，这是因为加热能促使纯碱的水解，使[OH^-]浓度增大，去油污的能力增强。

（二）溶液酸碱度的影响

当增大或减小 H^+ 和 OH^- 的浓度时，水解平衡要向左或向右移动。这样，可以通过调节溶液的酸碱度抑制或促进水解反应的进行。

如案例所述，实验室配制 $FeCl_3$ 溶液时，由于 $FeCl_3$ 是强酸弱碱盐，容易水解生成难溶于水的 $Fe(OH)_3$，致使溶液浑浊，得不到澄清的 $FeCl_3$ 溶液。所以配制 $FeCl_3$ 溶液时，为了抑制水解，通常要向溶液中加入一定量的盐酸。

$$FeCl_3 + 3H_2O \rightleftharpoons Fe(OH)_3 + 3HCl$$

离子方程式为　$Fe^{3+} + 3H_2O \rightleftharpoons Fe(OH)_3 + 3H^+$

三、盐的水解在医药上的应用

由于盐的水解现象普遍存在，所以在生产实践和科学实验等方面都有其广泛的应用。

临床上治疗胃酸过多或酸中毒时使用碳酸氢钠，就是利用碳酸氢钠水解后呈碱性的性质；治疗碱中毒时使用氯化铵就是利用氯化铵水解后呈酸性的性质。

但是盐的水解也会带来不利的影响。例如某些药物容易因水解而变质，对这些药物应密闭保存在干燥处，以防止水解变质。

第 5 节　缓冲溶液

案例 7-3

取 2 支试管，分别加入 2mL 0.1mol/L HAc 和 2mL 0.1mol/L NaAc 混合溶液，用 pH 试纸测定溶液的 pH。再分别向 2 支试管里滴入 2 滴稀盐酸和 2 滴稀氢氧化钠溶液，再用 pH 试纸测定溶液的 pH。

问题：

1. 两支试管中溶液的 pH 前后是否有变化？如果两支试管中装入的是同体积的蒸馏水，会有什么现象？
2. 这样的溶液是什么溶液？有什么作用？
3. 这种溶液的组成有什么特点？有相同特点的混合溶液是否有相同的作用？你能举出其他例子吗？
4. 这种溶液的 pH 如何计算？
5. 这种溶液的配制有什么要求？
6. 这种溶液在生活和生产中有什么作用？

通过下面的学习，我们会对上述问题有了清楚的认识。

一、缓冲作用和缓冲溶液

实验结果表明：2 支试管里溶液的 pH 几乎不变。说明醋酸和醋酸钠的混合溶液具有抗酸和抗碱的能力。能抵抗外来少量酸、碱或稀释而保持溶液的 pH 几乎不变的作用称为缓冲作用，具有缓冲作用的溶液称为缓冲溶液。

缓冲溶液的缓冲原理是同离子效应。在 HAc-NaAc 的缓冲体系中存在着下列电离：

$$NaAc = Na^+ + Ac^-$$

$$HAc \rightleftharpoons H^+ + Ac^-$$

NaAc 完全电离生成大量的 Ac^- 抑制了 HAc 的电离，降低了 HAc 的电离度，这时 c_{HAc} 和 c_{Ac^-} 都很大，同时存在于 HAc 的电离平衡之中。

在上述混合溶液中加入少量强酸时，H^+ 便和溶液中大量存在的 Ac^- 结合生成 HAc，使电离平衡 $HAc \rightleftharpoons H^+ + Ac^-$ 向左移动，从而消耗掉大部分外加的 H^+。因此，达到新平衡时，H^+ 浓度不会显著增加。NaAc 是该缓冲溶液的抗酸成分。

在上述混合溶液中加入少量强碱时，OH^- 与溶液中的 H^+ 结合生成水，使溶液中的 H^+ 浓度减小。这时 HAc 的电离平衡向右移动，以补充 H^+ 的减少，同时消耗掉大部分外加的 OH^-。因此，达到新平衡时，溶液中的 H^+ 浓度也几乎保持不变。HAc 是该缓冲溶液的抗碱成分。

显然，当加入大量的强酸、强碱，溶液中的抗酸成分 Ac^- 或抗碱成分 HAc 消耗将尽时，就不再具有缓冲能力了。所以，缓冲溶液的缓冲能力是有限的。

二、缓冲溶液的组成

缓冲溶液具有缓冲作用，是由于溶液里存在抗酸成分和抗碱成分，而且这两种成分之间存在着化学平衡。通常把这两种成分称为缓冲对。

组成缓冲溶液的缓冲对主要有三种类型：

1. 弱酸及其对应的盐　例如：HAc-NaAc、H_2CO_3-$NaHCO_3$、H_3PO_4-NaH_2PO_4 等。
2. 弱碱及其对应的盐　例如：$NH_3 \cdot H_2O$-NH_4Cl 等。
3. 多元弱酸酸式盐及其对应的次级盐　例如：Na_2CO_3-$NaHCO_3$、NaH_2PO_4-Na_2HPO_4、Na_2HPO_4-Na_3PO_4 等。

后面两种缓冲对组成的缓冲溶液，其缓冲作用原理与 HAc-NaAc 缓冲溶液的原理相似。

三、缓冲溶液 pH 的计算

既然缓冲溶液具有保持溶液 pH 相对稳定的能力。因此，知道缓冲溶液本身的 pH 就十分重要。

缓冲溶液中存在下列平衡：　$HB \rightleftharpoons H^+ + B^-$

其中，HB 为抗碱成分，B^- 为抗酸成分。根据电离平衡常数表达式可得：

$$K_a = \frac{c_{H^+} \times c_{B^-}}{c_{HB}} \quad 即 \quad c_{H^+} = K_a \frac{c_{HB}}{c_{B^-}}$$

两边取负对数得：

$$pH = pK_a + \lg \frac{c_{B^-}}{c_{HB}}$$

由于某一缓冲溶液的体积是固定的，又可写成：

$$pH = pK_a + \lg \frac{n_{抗酸成分}}{n_{抗碱成分}}$$

以上两式均是缓冲溶液 pH 计算的近似公式，即缓冲公式。式中 pK_a 是缓冲溶液中抗碱成分的 K_a 的负对数。

常见缓冲溶液共轭酸的 K_a、pK_a（表 7-4）。

表 7-4　常见缓冲溶液共轭酸的 K_a、pK_a

缓冲对	共轭酸	K_a（25℃）	pK_a
CH_3COOH-CH_3COO^-	CH_3COOH	1.76×10^{-5}	4.75
H_2CO_3-HCO_3^-	H_2CO_3	4.30×10^{-7}	6.37
HCO_3^--CO_3^{2-}	HCO_3^-	5.61×10^{-11}	10.3
H_2PO_4-HPO_4^{2-}	$H_2PO_4^-$	6.23×10^{-8}	7.21
$NH_3 \cdot H_2O$-NH_4^+	NH_4^+	5.68×10^{-10}	9.25

利用缓冲公式,可以计算缓冲溶液的 pH。

例 7-4 1L 某缓冲溶液中含有 0.10mol HAc 和 0.20mol NaAc,求该溶液的 pH。

解:查表得知醋酸的 $K_a = 1.76 \times 10^{-5}$

则:$pK_a = -\lg(1.76 \times 10^{-5}) = 4.75$

$$pH = pK_a + \lg\frac{n_{NaAc}}{n_{HAc}} = 4.75 + \lg\frac{0.20}{0.10} = 4.75 + 0.3 = 5.05$$

答:该缓冲溶液的 pH 为 5.05。

例 7-5 将 0.10mol/L 的 Na_2HPO_4 溶液 20mL 和 0.20mol/L 的 NaH_2PO_4 溶液 10mL 混合,求该溶液的 pH。

解:查表得知 $H_2PO_4^-$ 的 $K_a = 6.23 \times 10^{-8}$

则:$pK_a = -\lg(6.23 \times 10^{-8}) = 7.21$

$$pH = pK_a + \lg\frac{n_{Na_2HPO_4}}{n_{NaH_2PO_4}} = 7.21 + \lg\frac{0.10 \times 20}{0.20 \times 10} = 7.21$$

答:该缓冲溶液的 pH 为 7.21。

例 7-6 将 0.20mol/L 的 $NH_3 \cdot H_2O$ 溶液 50mL 和 0.20mol/L 的 NH_4Cl 溶液 50mL 混合,求溶液的 pH。

解:查表得知 NH_4^+ 的 $K_a = 5.68 \times 10^{-10}$

则:$pK_a = -\lg(5.68 \times 10^{-10}) = 9.25$

$$pH = pK_a + \lg\frac{n_{NH_3 \cdot H_2O}}{n_{NH_4Cl}} = 9.25 + \lg\frac{0.20 \times 50}{0.20 \times 50} = 9.25$$

答:该缓冲溶液的 pH 为 9.25。

四、缓冲溶液的配制

实际工作中,常常需要配制一定 pH 的缓冲溶液。缓冲对的选择和缓冲溶液的配制需要满足以下条件:

1. 配制一定 pH 的缓冲溶液,可以选择 pK_a 与所需 pH 相等或接近的弱酸及其盐,使得缓冲溶液的 pH 在所要求的稳定的酸度范围之内。例如:

$pK_{aHAc} = 4.75$,欲配制 pH 为 5 左右的缓冲溶液,可选择 HAc-NaAc 缓冲对。$pK_{aH_2PO_4^-} = 7.21$,欲配 pH 为 7 左右的缓冲溶液,可选择 NaH_2PO_4-Na_2HPO_4 缓冲对。$pK_{aHCO_3^-} = 10.25$,欲配 pH 为 10 左右的缓冲溶液,可选择 $NaHCO_3$-Na_2CO_3 缓冲对。

2. 为了使缓冲溶液对外加酸、碱有同等的缓冲能力,通常要配制缓冲对浓度比为 1 左右的缓冲溶液。即 $c_{弱酸}/c_{弱酸盐} = 1$ 或者 $c_{弱碱}/c_{弱碱盐} = 1$。

3. 为了使缓冲溶液有一定的抗酸、抗碱能力,要求缓冲对有一定的浓度,一般浓度范围在 0.05 ~ 0.5mol/L 之间。

4. 所选择的缓冲溶液,不能与反应物或生成物发生副反应。药用缓冲溶液还必需考虑到是否有毒性等。例如,硼酸-硼酸盐缓冲溶液因为有毒,显然不能用作口服或注射剂的缓冲溶液。

5. 通过计算,然后配制。

例 7-7 如何配制 pH = 5 的缓冲溶液 100mL?

解:选择 HAc-NaAc 缓冲对,因为 $pK_{aHAc} = 4.75$,接近于 pH = 5 的配制条件,浓度均为 0.20mol/L。

设取 NaAc 的体积为 VmL,HAc 的体积为 $(100 - V)$mL

根据
$$pH = pK_a + \lg\frac{n_{NaAc}}{n_{HAc}}$$
得
$$5 = 4.75 + \lg\frac{0.20V}{0.20(100 - V)}$$
解得
$$V = 64(mL)$$
$$100 - V = 100mL - 64mL = 36mL$$

答：取 0.20mol/L HAc 溶液 36mL 和 0.20mol/L NaAc 溶液 64mL 混合均匀后，便得到 pH = 5 的缓冲溶液。

五、缓冲溶液的应用

缓冲溶液最重要的作用是控制和调整溶液的 pH。

缓冲溶液在工业、农业、生物学、医学、化学等方面都有很重要的用途。例如，在土壤中，由于含有 H_2CO_3-$NaHCO_3$ 和 NaH_2PO_4-Na_2HPO_4 以及其他有机酸及其盐类组成的复杂的缓冲体系，所以能使土壤维持一定的 pH，从而保证了植物的正常生长。但由于环境的影响，如酸雨现象，破坏了土壤的缓冲体系，在有些地方可以造成作物颗粒无收的严重后果。

又如人体血液的酸碱度能经常保持恒定（pH = 7.4 ± 0.05）的原因，固然大部分依靠各种排泄器官将过多的酸、碱物质排出体外，但也因血液具有多种缓冲机构，以保持其本身和机体的酸碱平衡。在人体血液中的主要缓冲体系是：H_2CO_3-$NaHCO_3$、血浆蛋白-血浆蛋白盐、血红蛋白-血红蛋白盐等。其中，H_2CO_3-$NaHCO_3$ 缓冲对在血液中浓度最高，缓冲能力最强，在维持血液正常 pH 起到了重要的作用。

当人体代谢过程中产生的酸进入血液时，HCO_3^- 便立即与它结合生成 H_2CO_3，过量的 H_2CO_3 在随血液经过肺部时，以 CO_2 形式排出体外，所以血液 pH 不因酸性代谢物的进入而改变。

当人体代谢过程中产生的碱进入血液时，血液中的 H^+ 便立即与它结合生成 H_2O。H^+ 的消耗由 H_2CO_3 电离来补充，H_2O 可通过肾、毛孔排出体外，所以血液 pH 不因碱性代谢物的进入而改变。

小结

1. 凡在水溶液里或熔化状态下能导电的化合物叫做电解质。根据在水溶液中的电离程度不同分为强电解质和弱电解质。

2. 在一定条件（如温度、浓度）下，弱电解质分子在水溶液中电离成离子的速率和离子结合成分子的速率相等，分子和离子浓度不再随时间而改变的状态，叫做电离平衡。电离平衡和其他化学平衡一样，是一种动态平衡。

不同的弱电解质在水溶液里的电离程度是不同的，电离程度的大小可用电离度和电离平衡常数来表示。

3. 在一元弱酸、弱碱电离平衡的计算中，我们要注意到（以一元弱酸为例）：当 $c_{酸}/K_a \geq 500$ 时，通过近似计算导出： $c_{H^+} = \sqrt{K_a \cdot c_{酸}}$　　$\alpha = \sqrt{\frac{K_a}{c_{酸}}}$

4. 在弱电解质溶液里，加入和弱电解质具有相同离子的强电解质，使弱电解质的电离度减小的现象称为同离子效应。同离子效应实际上是一种电离平衡的移动。

5. 这种在水溶液中有离子参加的反应称为离子反应。用实际参加反应的离子符号来表示化学反应实质的式子叫离子方程式。

离子反应发生的条件是：生成难溶于水的物质、生成易挥发物质（气体）、生成弱电解质（包括

小结

水)，只要符合其中之一即可。

6. 常温下，任何稀溶液中都有 $K_w = c_{H^+} \cdot c_{OH^-} = 1.0 \times 10^{-14}$

$c_{H^+} = c_{OH^-} = 1.0 \times 10^{-7} mol/L$ 中性溶液 pH = 7

$c_{H^+} > 1.0 \times 10^{-7} mol/L$ 酸性溶液 pH < 7

$c_{H^+} < 1.0 \times 10^{-7} mol/L$ 碱性溶液 pH > 7

7. 强碱弱酸盐的水解使溶液显碱性；强酸弱碱盐的水解使溶液显酸性；弱酸弱碱盐溶液的酸碱性取决于水解生成的弱酸和弱碱的相对强弱，也就是由水解生成的弱酸和弱碱电离平衡常数的相对大小来决定；强酸强碱盐不水解；多元弱酸盐的水解是分步进行的且以第一步水解为主。

8. 能抵抗外来少量酸、碱或稀释而保持溶液的 pH 几乎不变的作用称为缓冲作用，具有缓冲作用的溶液称为缓冲溶液。缓冲溶液的缓冲原理是同离子效应。

组成缓冲溶液的缓冲对主要有三种类型：弱酸及其对应的盐；弱碱及其对应的盐；多元弱酸酸式盐及其对应的次级盐。

缓冲溶液 pH 计算的两个近似公式。

缓冲对的选择和缓冲溶液的配制需要满足五个条件。

目标检测

一、名词解释

1. 电解质 2. 电离平衡 3. 同离子效应 4. 盐的水解 5. 缓冲作用 6. 缓冲溶液

二、填空题

1. 对于同一弱电解质来说，溶液越稀，其电离度越________，这是因为在稀溶液中________；温度越高，其电离度越________，这是因为________。

2. 在相同温度下，相同浓度的氢氟酸、醋酸、氢氰酸中，氢离子浓度最大的是________，未电离的溶质分子浓度最大的是________。

3. 现有 ①0.1mol/L 的盐酸、②0.1mol/L 的硫酸、③0.1mol/L 的氢氧化钠、④0.1mol/L 的醋酸、⑤0.1mol/L的氯化钠五种溶液，这五种溶液中 $[H^+]$ 由小到大的排列顺序为________。

4. 盐类水解反应的实质是________，也可以看作是________反应的逆反应。

5. 在配制 $Al_2(SO_4)_3$ 溶液时，为了防止发生水解，应加入少量的________；在配制 Na_2S 溶液时，为了防止发生水解，应加入少量的________。

三、选择题

A 型题

1. 下列电离方程式中，正确的是(　　)

A. $NH_3 \cdot H_2O = NH_4^+ + OH^-$

B. $KClO_3 = K^+ + Cl^- + 3O^{2-}$

C. $H_2S = 2H^+ + S^{2-}$

D. $NaOH = Na^+ + OH^-$

2. 下列离子方程式中，能正确反映醋酸与氢氧化钠反应的离子方程式为(　　)

A. $CH_3COOH + OH^- = CH_3COO^- + H_2O$

B. $H^+ + OH^- = H_2O$

C. $CH_3COOH + OH^- + Na^+ = CH_3COONa + H_2O$

D. $CH_3COOH + NaOH = CH_3COO^- + Na^+ + H_2O$

3. 0.01mol/L 的盐酸与 0.01mol/L 的醋酸溶液中的氢离子浓度相比较，则(　　)

A. 盐酸远大于醋酸 B. 醋酸接近于盐酸

C. 盐酸远小于醋酸 D. 无法比较

4. 某电解质溶液 pH = 1，则该电解质溶液的物质的量浓度是(　　)

A. 0.1mol/L B. 小于 0.1mol/L

C. 大于 0.1mol/L D. 不能确定

5. 常温下，下列溶液中 OH^- 浓度最小的是(　　)

A. pH = 0 的溶液

B. 0.05mol/L 硫酸溶液

C. 0.5mol/L 盐酸

D. 0.05mol/L 氢氧化钡溶液

6. 甲溶液的 pH 为 4,乙溶液的 pH 为 2,则甲溶液中的$[OH^-]$是乙溶液中$[OH^-]$的(　　)

A. 100 倍　　B. 2 倍

C. 1/100　　D. 1/2

7. 下列各方程式中,属于水解反应的是(　　)

A. $H_2O + H_2O \rightleftharpoons H_3O^+ + OH^-$

B. $OH^- + HCO_3^- \rightleftharpoons H_2O + CO_3^{2-}$

C. $CO_2 + H_2O \rightleftharpoons H_2CO_3$

D. $CO_3^{2-} + H_2O \rightleftharpoons HCO_3^- + OH^-$

8. 在硫化钠溶液中,$[Na^+]$与$[S^{2-}]$的关系是(　　)

A. $[Na^+] = [S^{2-}]$

B. $[Na^+]:[S^{2-}] = 2:1$

C. $[Na^+]:[S^{2-}] < 2:1$

D. $[Na^+]:[S^{2-}] > 2:1$

9. 在 CH_3COONa 水溶液中存在下列的水解平衡:

$CH_3COO^- + H_2O \rightleftharpoons CH_3COOH + OH^-$(正反应为吸热反应)

为了抑制 CH_3COONa 的水解,可采取的措施是(　　)

A. 加少量的酸　　B. 加少量的碱

C. 加水　　D. 加热

10. 在纯水中加入少量酸或碱后,水的离子积(　　)

A. 增大　　B. 减小

C. 不发生变化　　D. 无法判断

11. 下列溶液不具有缓冲作用的是(　　)

A. 0.1mol/L HAc 和 0.1mol/L KAc 溶液等体积混合

B. 0.1mol/L H_2CO_3 和 0.1mol/L NaAc 溶液等体积混合

C. 0.1mol/L Na_2HPO_4 和 0.2mol/L NaH_2PO_4 溶液等体积混合

D. 0.1mol/L $NH_3 \cdot H_2O$ 和 0.2mol/L NH_4Cl 溶液等体积混合

B 型题

(第 12~15 题选项)

A. 左　　B. 右

C. 增大　　D. 减小

氨水中存在电离平衡:$NH_3 \cdot H_2O \rightleftharpoons NH_4^+ + OH^-$

12. 加水稀释,平衡向(　　)移动,电离度(　　),$[OH^-]$(　　)

13. 加酸,平衡向(　　)移动,电离度(　　),pH(　　)

14. 加碱,平衡向(　　)移动,电离度(　　),pH(　　)

15. 加 NH_4Cl,平衡向(　　)移动,电离度(　　),$[OH^-]$(　　)

C 型题

16. 下列化合物中,属于强电解质的有(　　),属于弱电解质的有(　　),属于非电解质的有(　　)

A. 氯化钠　　B. 蔗糖

C. 硝酸　　D. 碳酸

E. 汽油　　F. 酒精

G. 氢氧化钾　　H. 硝酸银

I. 水　　J. 氨

17. 下列溶液显酸性的有(　　),显碱性的有(　　),显中性的有(　　)

A. KCN　　B. KNO_3

C. $FeCl_3$　　D. NH_4NO_3

E. $Al_2(SO_4)_3$　　F. CH_3COONH_4

G. $KHCO_3$　　H. Na_2S

I. $BaCl_2$

四、简答题

1. 在下列物质中,哪些能导电?为什么能导电?写出电离方程式。哪些不能导电?为什么?

(1)氢氧化钾的水溶液　(2)氯化钾晶体

(3)醋酸的水溶液　(4)纯醋酸

(5)氯水　(6)液氯

2. 下列哪些离子在溶液中能发生水解反应?写出水解反应的离子方程式。

(1)Al^{3+}　(2)Fe^{3+}

(3)CO_3^{2-}　(4)SO_4^{2-}

(5)PO_4^{3-}

3. 写出下列反应的离子方程式:

(1)氢氧化钾跟硝酸反应

(2)硝酸银跟溴化钠反应

(3)氢氧化钠跟盐酸反应

(4)硫化亚铁跟盐酸反应

4. 在稀氨水中存在着如下平衡:

$NH_3 \cdot H_2O \rightleftharpoons NH_4^+ + OH^-$

按表中的要求填写当外界条件改变时,对稀氨水的电离平衡和电离度的影响。

加入物质	少量 NaOH 溶液	少量 NH_4Cl	适量水	降温
平衡移动方向				
电离度				

5. 在溶液导电性的实验装置里注入浓醋酸溶液时，灯光很暗，如果改用浓氨水，结果相同。可是把上述两种溶液混合起来实验时，灯光却十分明亮。为什么？
6. 草木灰是农村常用的钾肥，它含有碳酸钾。解释为什么草木灰不宜于用作氮肥的铵盐混合使用。
7. 日常生活中，人们每天要食入酸性或碱性物质，为什么正常人血液的 pH 总是维持在 7.35 ~ 7.45 这一范围内？

五、计算题

1. 在氟化氢溶液中，已电离的氟化氢为 0.02mol，未电离的氟化氢为 0.18mol，求该溶液中氟化氢的电离度。
2. 在 1L 溶液里含有 4g NaOH，求该溶液的 pH。
3. 血浆中含有 $H_2PO_4^-$-HPO_4^{2-} 缓冲对，而 $H_2PO_4^-$ 的 $pK_a = 6.8$（37℃），已知正常人血浆中 $[HPO_4^{2-}]/[H_2PO_4^-] = 4/1$，求血浆的 pH。在尿液里也有这一缓冲对，但它们在尿中的比值比血浆中的比值小，设为 1/9，求这一尿液的 pH。
4. 25℃，0.01mol/L HAc 溶液的电离度为 4.2%，求 HAc 的电离常数。

（张东瑾　周纯宏）

第8章 分析化学概述

学习目标

1. 说出分析化学的任务和作用
2. 简述分析化学的主要方法

第1节 分析化学的任务和作用

分析化学的任务是确定物质的化学组成,测量各组成的含量以及表征物质的化学结构。

分析化学是“建立和应用各种方法、仪器和策略获取关于物质在空间和时间方面的组成和性质的信息的科学”(IUPAC关于分析化学的定义)。

分析化学在国民经济的发展,国防力量的壮大,自然资源的开发,以及科学技术的进步等各个方面的作用是举足轻重的。例如,从土壤成分、化肥、农药到农作物生长过程的研究,从武器装备的生产和研制到刑事犯罪案件的侦破,从资源测探、矿山开发到三废的处理和综合利用,无一不需要分析化学的配合。

在医药卫生方面,临床检验、新药研制、药品质量控制、药物有效成分的分离和测定、药物代谢和药物动力学研究、药物制剂稳定性研究及生物利用度研究都离不开分析化学的知识。在药剂专业教学中,分析化学是一门重要的专业基础课,其理论知识在药物分析、药剂学、药理学和制剂分析等各个学科领域都有广泛应用;其实验技能无论是在上述课程的后期学习中,还是对将来从事药物研究和质量检验等工作都是十分重要的。

分析化学是一门获得物质的组成和结构信息的科学,这些信息对于生命科学、材料科学、环境科学和能源科学都是必不可少的,因此,分析化学被称为科学技术的眼睛,是进行科学研究的基础。

第2节 分析方法的分类

根据分析任务、分析对象、测定原理、操作方法和试样用量的不同,分析化学可有多种分类方法。

一、化学分析与仪器分析

以物质化学反应为基础的分析方法称为化学分析法。化学分析法历史悠久,是分析化学的基础,主要有重量分析法和容量分析法。容量分析法又称滴定分析法,包括酸碱分析法、沉淀滴定、配位滴定和氧化还原滴定等内容。

以物质物理和物理化学性质为基础的分析方法称为物理和物理化学分析法。这一类一般需要专用的仪器,通常又称为仪器分析法。最主要仪器分析法有:

1. 光学分析法　根据物质的光学性质所建立的分析方法,主要包括:①分子光谱法:例如可见和紫外分光光度法、红外光谱法、分子荧光光谱法、磁共振法;②原子吸收光谱法、原子发射光谱法;③其他:如拉曼光谱、化学发光、光声光谱等。

2. 电化学分析法　根据物质的电化学性质所建立的分析方法，主要包括电位分析法、电导分析法、库伦法、极谱法和伏安法等。

3. 色谱分析法　根据物质分配系数不同所建立的一系列分离分析方法，主要包括薄层色谱法、气相色谱法、液相色谱法等。

4. 热分析法　根据物质的热力学性质所建立的分析方法，主要包括热重量法和差热分析法等。

5. 其他分析法　如质谱法、X射线衍射法、电子显微镜分析法以及免疫分析法等。

二、定性分析、定量分析和结构分析

定性分析的任务是鉴定物质由哪些元素、原子团或化合物所组成；定量分析的任务是测定物质中有关成分的含量；结构分析又称结构解析，其任务是应用各种光谱方法研究物质的分子结构或晶体结构。

三、无机分析和有机分析

无机分析的对象是无机物，有机分析的对象是有机物。无机分析中，由于组成无机物的元素种类众多，通常要求鉴定物质的组成和测定各组成的含量。有机分析中组成的元素种类不多，但有机物的结构常常相当复杂，分析的重点是官能团分析和结构解析。

四、常量分析、半微量分析和微量分析

根据试样的用量及操作规模不同，可分为常量、半微量、微量和超微量分析，分类的基本情况如表8-1所示。

表8-1　试样用量与分析方法

方　法	试样质量	试样体积
常量分析	>0.1g	>10mL
半微量分析	0.01～0.1g	1～10mL
微量分析	0.1～10mg	0.01～1mL
超微量分析	<0.1mg	<0.01mL

根据待测定成分相对含量的不同，一般可作以下的区分。质量分数大于1%的成分为常量成分，对应的称为常量分析；质量分数在0.01%～1%的成分为微量成分；质量分数小于0.01%的成分为痕量成分。痕量成分的分析不一定是微量分析，有时为了测定痕量成分的含量，取样千克以上。

五、例行分析和仲裁分析

一般生产单位对产品的分析检验属于例行分析。由权威机构对产品进行的质量认定、不同单位对分析结果有争议时请权威单位进行的分析等常常称为仲裁分析。

第3节 分析化学的发展与趋势

分析化学有悠久的历史。在科学史上，分析化学来自于古代的炼丹术，是研究化学的开路先锋，对于现代科学的发展做出了重要的贡献。分析化学对元素的发现、相对原子质量的测定、定比定律、倍比定律等化学基本定律的确立，做出了重要贡献。

进入20世纪，一些重大的科学发现为新方法的建立和发展提供了良好的基础，分析化学学科的发展经历了三次重大变革。第一次是在20世纪初，由于物理化学溶液理论的发展，为分析化学提供了理论基础，建立了溶液四大平衡理论，使分析化学由一种技术发展成为一门科学。第二次变革发生在第二次世界大战前后，物理学和电子学的发展，促进了各种仪器分析方法的发展，改变了经典分析化学以化学分析为主的格局。第三次变革始于20世纪70年代，信息时代的到来，生命科学、环境科学、材料科学等学科发展的需要与相互促进，使分析化学成为当代最富有活力的学科之一。现代分析化学完全能提供各种物质的组成、质量、结构、分布、形态等全面的信息。而微区分析、无损分析、联用技术、在线检测等新技术、新方法的应用使分析化学向更高的境界发展，孕育着一次新的飞跃。

分析化学将进一步吸取生物学、微电子学、计算机学、数学、材料科学等学科的新成就，向着提高选择性、提高灵敏性、提高分析速度的方向发展。提高分析技术的智能化水平，尽可能地获取复杂体系的多维化学信息，充分利用与挖掘化学信息。同时，分析化学将由现在的化学模式转变为生物——化学模式。分析化学家将更加关注生物活性物质和生命体本身的研究。

分析化学的起源

分析化学这一名称虽创自玻意耳，但其实践运用与化学工艺的历史同样古老。古代冶炼、酿造等工艺的高度发展，都是与鉴定、分析、制作过程的控制等手段密切联系在一起的。在东、西方兴起的炼丹术、炼金术等都可视为分析化学的前驱。

链接

第4节 分析化学的学习方法

分析化学课程是培养具有创新精神和实践能力强的化学化工类专业人才所必需的重要课程，也是制药工程、生物工程、生物技术、食品科学与工程、水产养殖和农学类等专业的重要基础课，包括分析化学理论课和实验课。课程目的是初步掌握现代分析化学领域中的基本理论知识和科学实验技术。各种分析方法既自成体系，又相互联系。通过对本课程的学习，牢固掌握其基本的原理和测定方法，建立起严格的“量”的概念和创造性思维方法，培养分析、解决问题的能力。根据本课程特点，在学习中应注意：

1. 学习分析化学理论课时，应按照预习、听讲、复习、做作业、课堂讨论，答疑等环节。掌握每一个理论的来由、结论、作用和局限性，一些特别重要的概念，要反复思考。

2. 本课程涉及公式颇多，不同公式有不同的适用条件；应记住最基本的公式，同时掌握重要的推导方法是学习的有效方法。

3. 尽量多做习题是学好分析化学原理的前提，因为概念、理论的掌握是以反复做习题为基础的。

4. 多想、多问、多看。由于分析化学原理涉及整个化学领域的基础理论，涉及面广，因此课本只是最基本的内容，留有很大的空间给学生思考、想象。最好的读书方法是对书中的每一句话都问一个为什么,最精明的学生是能充分利用老师的学生。

5. 认真做好每一个实验,结合实际问题的处理及具体实验步骤的设计、实验结果的计算与评价及至实验中的注意事项等,一步一步地进行思考、计算,在实施过程中,根据实验的进展不断完善。

本章简单介绍了分析化学的任务和作用,对分析化学方法进行了分类。分析化学的主要任务是定性分析、定量分析和结构分析,主要方法有化学分析法和仪器分析法。

(李云胜　郭海立)

第9章 定性分析概述

学习目标

1. 了解定性分析,熟悉分别分析与系统分析
2. 理解反应的灵敏性与选择性、空白实验与对照实验等基本概念
3. 掌握常见阴、阳离子的检验方法

某工厂排放的污水中,是否含有污染环境的Pb^{2+}、Hg^{2+}等重金属离子呢?科学上是如何知道自然界中各种物质的成分呢?

本章我们一起来学习物质化学成分的分析方法——定性分析。

第1节 概 述

一、定性分析的任务和方法

定性分析的任务是鉴定物质中所含的化学成分。根据分析对象的不同,可分为无机定性分析和有机定性分析。对于无机定性分析来说,鉴定的通常为元素或离子,而在有机定性分析中,所鉴定的通常是元素、官能团或化合物。

定性分析方法可采用化学分析法和仪器分析法。化学分析法依据的是物质的化学反应,如果反应是在溶液中进行的,称为湿法。湿法分析属于离子分析,检出的结果不是元素而是离子,湿法分析是最常用的定性分析方法。如果反应是在固体之间进行的,则称为干法,例如焰色反应、熔珠试验等,这种方法操作简单、灵敏,但干扰较大,只能作为辅助试验方法。

本章主要介绍湿法分析。

二、定性分析反应进行的条件

定性分析中应用的化学反应不仅要完全、迅速地进行,而且还要有明显的外部特征,否则我们就无法鉴定某离子是否存在。这些外部特征通常是:沉淀的生成或溶解、溶液颜色的改变、气体的生成以及有特殊气味的产生等。

分析化学中的化学反应只有在一定条件下才能进行,否则不会按照预定的方向进行,或者造成分离不彻底,鉴定不明确,从而得不到正确的结论。反应要求的具体条件主要有以下几个方面:

1. 反应物的浓度　在溶液中相互反应的离子,只有当其浓度足够大时反应才能发生,有明显现象产生。以沉淀反应为例,从理论上讲,溶液中发生沉淀的离子浓度,其乘积应大于溶度积,否则沉淀不会发生。但在实际的鉴定反应中,被测离子的浓度往往还要比理论上计算的浓度大若干倍,才能得出肯定的结果。

2. 溶液的酸度　许多分离和鉴定反应都要求在一定的酸度下进行。例如,用NH_4SCN鉴定Fe^{3+}时,宜在酸性溶液中进行,在碱性溶液中Fe^{3+}将被沉淀为$Fe(OH)_3$而不与试剂发生反应。

3. 溶液的温度　对某些沉淀的溶解度以及对某些反应进行的速度都有较大的影响。例如,

在100℃时，$PbCl_2$沉淀在100g水中可溶解3.34g，是室温下溶解度（20℃时，每100g水中可溶解0.99g）的3倍多。根据这一情况，当以沉淀的形式分离它时，应尽量在低温下进行；相反，将它以热水溶解并同其他氯化物沉淀分离时，又应趁热进行。又如，NH_4^+的鉴定是加强碱并加热，使NH_3排出。不加热时NH_3排出既缓慢又不完全。

4. 溶剂的影响　大部分无机微溶化合物在有机溶剂中的溶解度比在水中的小，所以向水溶液中加入适当的有机溶剂，可降低其溶解度。例如，以生成$CaSO_4$的形式分离或鉴定Ca^{2+}时，就需要同时加入乙醇以降低其溶解度。

第2节　反应的灵敏性和选择性

一、反应的灵敏性

对于同一种离子，可能有几种甚至多种不同的鉴定反应。评价这些反应可以从不同的角度去进行，而灵敏性是其中最重要的一项。为了便于在不同的鉴定反应之间进行比较，灵敏性最好能以数值形式来表示，这些数值称为灵敏度，反应的灵敏度一般同时用“检出限量”和“最低检出浓度”来表示。

（一）最低检出浓度

最低检出浓度是指在一定条件下，被检出离子得到肯定结果的最低浓度，一般以1∶G表示，G是含有1g被鉴定离子的溶剂的质量（在实际计算中，由于溶液很稀，把G看做是溶液的质量、溶剂的体积或溶液的体积都没有多大关系）。

例如：在中性或弱酸性溶液中，以$Na_3Co(NO_2)_6$为试剂鉴定K^+时，将含有K^+的试液逐级稀释，每次取1滴（0.05mL）进行鉴定，稀释到K^+与水的质量比为1∶12 500时，仍可以得到$K_2Na[Co(NO_2)_6]$黄色沉淀，表示有K^+存在。再继续稀释下去，则得到肯定结果的机会就少于半数。因此，1∶12 500就是这个鉴定反应的最低检出浓度。

（二）检出限量

检出限量是指在一定条件下，某鉴定反应能检出的某离子的最小质量，记作m，单位为微克（μg）（$1\mu g = 1\times10^{-3}mg = 1\times10^{-6}g$）。

在上述鉴定K^+的实例中，我们每次取的试液体积为0.05mL，其中所含K^+的绝对质量m为：

$$1:12\,500 = m:0.05$$

$$m = 1\times0.05/12\,500 = 4\times10^{-6}(g) = 4(\mu g)$$

检出限量越小，最低检出浓度越低，则此鉴定反应的灵敏度越高。对于同一离子，不同鉴定反应具有不同的灵敏度。

二、反应的选择性

在大多数情况下，一种试剂往往可以与多种离子作用。如果一种试剂只与为数不多的离子起反应，这种试剂称为选择试剂，相应的反应称为选择性反应。与选择试剂起反应的离子种类越少，则这一反应的选择性越高。如果加入的试剂只与一种离子起反应，则这一反应的选择性最高，称为该离子的特效反应，该试剂称为特效试剂。

例如：在试样中含有 NH_4^+ 离子时，加 NaOH 并加热，会有 NH_3 气体放出，此气体有特殊气味，并可使湿润的红色石蕊试纸变蓝。一般认为这是 NH_4^+ 的特效反应，那么 NaOH 就是鉴定 NH_4^+ 离子的特效试剂。

$$NH_4^+ + OH^- \longrightarrow NH_3\uparrow + H_2O$$

但是，到目前为止，特效反应并不多，而且所谓特效也并非绝对专一，而是相对于一定条件而言的。上述鉴定 NH_4^+ 的特效反应也只是在一般阳离子中是特效的，离开这个范围，则干扰它的还有 CN^-、有机胺类等。

对于选择性高的反应，我们很容易创造特效条件，使其在特定条件下，成为特效反应。创造特效条件的主要方法有：控制溶液的酸度、掩蔽干扰离子、分离干扰离子等。

三、空白试验和对照试验

在定性分析中，因为经常采用灵敏度较高的鉴定反应，因此当试样中不含某种离子，而在试剂或蒸馏水中含有这种杂质离子时，则会误认为试样中有这种离子存在，造成过度检出。另外，当试样中含有某一离子时，由于试剂失效或反应条件控制不当，则会误认为这种离子不存在，造成漏检。为了正确判断分析结果，及时纠正错误，通常要做空白试验和对照试验。

（一）空白试验

用蒸馏水代替试液，用同样的方法进行试验，称为空白试验。空白试验用于检验试剂或蒸馏水中是否含有被检验的离子。

例如：在试样的 HCl 溶液中用 NH_4SCN 鉴定 Fe^{3+} 时，得到了浅红色溶液，表示有微量的 Fe^{3+} 存在。为弄清楚这微量的 Fe^{3+} 是否为原试样所有，可另取配制试液用的蒸馏水，加入同量的 HCl 和 NH_4SCN 溶液，如果得到同样的浅红色，说明此微量的 Fe^{3+} 并非原试样所有；如果得到红色更浅或无色的溶液，则说明试样中确实含有微量的 Fe^{3+}。

（二）对照试验

用已知离子的溶液代替试液，用同样的方法进行鉴定，称为对照试验。对照试验用于检验试剂是否失效，或是否正确控制反应条件。

例如：用 $SnCl_2$ 试剂鉴定 Hg^{2+} 时，未出现灰黑色的沉淀，一般认为无 Hg^{2+} 存在。但是考虑到 $SnCl_2$ 试剂容易被空气氧化而失效，可取一份含 Hg^{2+} 的溶液，加入同样的 $SnCl_2$ 试剂，如果仍未出现灰黑色沉淀，则说明 $SnCl_2$ 试剂已经失效。

第 3 节　分别分析和系统分析

在多种离子共存时，不需要经过分离，直接检查出待检离子的方法，称为分别分析法。理想的分别分析法需要采用特效试剂或创立特效条件，在此条件下，所采用的试剂仅和一种离子发生作用。分别分析法最适用于指定范围内离子的分析，即对试样组成已大致了解，仅需确定其中某些离子是否存在。分别分析法可按任意次序对离子一一进行检出。

但是，对于组成较为复杂的试样，当要求对其中每种离子都要进行检出时，用分别分析法一种一种地去检出各种离子并不方便。这时可以采用系统分析法。在系统分析法中，首先用几种试剂将溶液中性质相近的离子分成若干组，然后在每一组中用适当的反应鉴定某种离子是否存在，也可以在各组内进一步分离和鉴定。

将各组离子分开的试剂叫组试剂，组试剂一般是沉淀剂。采用组试剂将反应相似的离子整组分出，可以使复杂的分析任务大为简化。当加入某种组试剂后，发现不与试剂起任何反应，则表示某一组离子都不存在，就可不必费时地去检出它们了。这种方法通常称为反证法或消去法。经过若干初步试验“消去”一些离子以后，再根据可能存在的离子的性质，灵活地将系统分析与分别分析结合起来，可以拟定出最简便的检验方案来。

通常在阴离子分析中，主要采用分别分析法；在阳离子分析中，则主要采用系统分析法。

第4节 常见阴离子的检验

一、阴离子的初步试验

在水溶液中，非金属元素常以简单或复杂的阴离子存在，例如，硫元素可以形成S^{2-}、SO_4^{2-}、$S_2O_3^{2-}$、SCN^-等，所以非金属元素虽然不多，但形成的阴离子种类却不少。由于阴离子的总数很多，在普通教材中难以一一研究，所以本书只讨论常见的11种阴离子：SO_4^{2-}、$S_2O_3^{2-}$、SO_3^{2-}、S^{2-}、CO_3^{2-}、PO_4^{3-}、Cl^-、Br^-、I^-、NO_3^-、NO_2^-的鉴定方法。

由于许多阴离子共存的机会较少，大多数情况下彼此也不妨碍鉴定，因此对阴离子一般都采用分别分析的方法。采用分别分析方法鉴定阴离子，并不是将这11种阴离子的鉴定反应逐一实验，而应预先做些初步试验，以消除某些离子存在的可能性，简化分析步骤。阴离子的初步试验一般包括以下几步：

1. 与稀硫酸作用　在试样中加稀硫酸并加热，若产生气泡，表示可能含有$S_2O_3^{2-}$、SO_3^{2-}、S^{2-}、CO_3^{2-}、NO_2^-。如试样是溶液，所含离子的浓度又不高时，就不一定观察到明显的气泡。

2. 与$BaCl_2$溶液作用　在中性或弱碱性试液中滴加$BaCl_2$溶液，生成白色沉淀，表示可能存在SO_4^{2-}、$S_2O_3^{2-}$、SO_3^{2-}、CO_3^{2-}、PO_4^{3-}；若没有沉淀生成，表示不存在SO_4^{2-}、$S_2O_3^{2-}$、SO_3^{2-}、S^{2-}、CO_3^{2-}、PO_4^{3-}，$S_2O_3^{2-}$则不能肯定，因为$S_2O_3^{2-}$浓度大时才生成沉淀。

3. 与$AgNO_3+HNO_3$的作用　若有沉淀，表示可能有S^{2-}、$S_2O_3^{2-}$、Cl^-、Br^-、I^-。由沉淀的颜色还可以做出进一步的判断。

4. 还原性阴离子的检验　强还原性阴离子S^{2-}、SO_3^{2-}、$S_2O_3^{2-}$可以被碘氧化，因此可根据加入淀粉-I_2溶液后是否褪色，可判断这些阴离子是否存在。若用强氧化剂$KMnO_4$溶液试验，Cl^-、Br^-、I^-、NO_2^-也可被氧化，使$KMnO_4$溶液褪色。

5. 氧化性阴离子的检验　在酸化的试液中加入KI溶液和CCl_4，若振荡后CCl_4层显紫色，则有氧化性阴离子。在我们讨论的阴离子中，只有NO_2^-有此反应。

二、阴离子的个别鉴定反应

1. SO_4^{2-}的鉴定　SO_4^{2-}在水溶液中为无色，与$BaCl_2$作用生成既不溶于水又不溶于稀HCl或稀HNO_3的白色沉淀$BaSO_4$。因此，可在稀HNO_3存在下利用$BaCl_2$试剂鉴定SO_4^{2-}。

$$Ba^{2+}+SO_4^{2-}=BaSO_4\downarrow\text{（白色）}$$

2. S^{2-}的鉴定

（1）亚硝酰铁氰化钠法：在碱性溶液中，S^{2-}能与亚硝酰铁氰化钠$Na_2[Fe(CN)_5NO]$作用生成紫色配合物。

$$S^{2-} + 4Na^+ + [Fe(CN)_5NO]^{2-} \longrightarrow Na_4[Fe(CN)_5NOS]$$

（2）醋酸铅法：S^{2-}遇稀盐酸或稀硫酸能放出无色、有臭蛋味的 H_2S 气体，逸出的 H_2S 气体能使湿润的醋酸铅试纸变黑。

$$S^{2-} + 2H^+ \longrightarrow H_2S\uparrow$$

$$H_2S + Pb(Ac)_2 \longrightarrow PbS\downarrow + 2HAc$$

由于 S^{2-}对 SO_3^{2-}、$S_2O_3^{2-}$的鉴定都有干扰，因此在鉴定 SO_3^{2-}与 $S_2O_3^{2-}$时，应预先取一部分试液，加入固体 $CdCO_3$将 S^{2-}除去。

3. SO_3^{2-}的鉴定　在中性溶液中 SO_3^{2-}与亚硝酰铁氰化钠 $Na_2[Fe(CN)_5NO]$作用生成玫瑰红色配合物。加入过量 $ZnSO_4$溶液则颜色变深。若加 1 滴 $K_4[Fe(CN)_6]$溶液则生成红色沉淀，但酸可使红色沉淀消失，因此溶液为酸性时必须用 $NH_3 \cdot H_2O$ 中和。

4. $S_2O_3^{2-}$的鉴定　$S_2O_3^{2-}$与过量 $AgNO_3$作用，生成白色硫代硫酸银沉淀，此沉淀很快水解成为黄色、棕色最后变为黑色的 Ag_2S 沉淀。这是鉴定 $S_2O_3^{2-}$的最好方法。

5. CO_3^{2-}的鉴定　CO_3^{2-}与酸作用生成 CO_2，CO_2能使 $Ca(OH)_2$溶液或 $Ba(OH)_2$溶液变浑浊。

$$CO_3^{2-} + 2H^+ \longrightarrow H_2O + CO_2\uparrow$$

$$CO_2 + Ca(OH)_2 \longrightarrow CaCO_3\downarrow + H_2O$$

$$CO_2 + Ba(OH)_2 \longrightarrow BaCO_3\downarrow + H_2O$$

$S_2O_3^{2-}$、SO_3^{2-}与酸作用生成 SO_2，也能使 $Ca(OH)_2$溶液或 $Ba(OH)_2$溶液变浑浊，因此它们存在时应加 H_2O_2溶液，将它们氧化，以除去干扰。

6. PO_4^{3-}的鉴定　在酸性溶液中，PO_4^{3-}能与钼酸铵反应，能生成黄色磷钼酸铵沉淀（PO_4^{3-}含量低则形成黄色溶液）。

$$PO_4^{3-} + 3NH_4^+ + 12MoO_4^{2-} + 24H^+ \longrightarrow (NH_4)_3PO_4 \cdot 12MoO_3 \cdot 6H_2O\downarrow + 6H_2O$$

7. Cl^-、Br^-、I^-的鉴定　由于强还原性阴离子 S^{2-}、SO_3^{2-}、$S_2O_3^{2-}$等干扰 Br^-、I^-的鉴定，所以首先要向试液中加入稀 HNO_3和 $AgNO_3$使 Cl^-、Br^-、I^-等沉淀为银盐，以便同强还原性离子分开。

$$Ag^+ + Cl^- \longrightarrow AgCl\downarrow$$

$$Ag^+ + Br^- \longrightarrow AgBr\downarrow$$

$$Ag^+ + I^- \longrightarrow AgI\downarrow$$

（1）Cl^-的鉴定：以 12%（$NH_4)_2CO_3$处理银盐沉淀，只有 AgCl 能溶解，生成$[Ag(NH_3)_2]^+$。将此溶液酸化，AgCl 白色沉淀又重新出现。

$$AgCl + 2NH_3 \cdot H_2O \longrightarrow [Ag(NH_3)_2]^+ + Cl^- + H_2O$$

（2）AgBr 和 AgI 的处理：为了使 Br^-、I^-重新进入溶液，在 AgBr 和 AgI 的沉淀上加锌粉和水，并加热处理，反应按下式进行：

$$2AgBr + Zn \longrightarrow 2Ag\downarrow + Zn^{2+} + 2Br^-$$

$$2AgI + Zn \longrightarrow 2Ag\downarrow + Zn^{2+} + 2I^-$$

（3）Br^-、I^-的鉴定：取处理好的溶液加 H_2SO_4和 CCl_4，并逐滴加入氯水，振荡，CCl_4层显紫色，表示有 I^-。因为 I^-是比 Br^-强的还原剂，首先被氧化：

$$2I^- + Cl_2 \longrightarrow I_2 + 2Cl^-$$

继续加入氯水，I_2被氧化为 IO_3^-，紫色消失，CCl_4层出现 Br_2的红棕色，表示有 Br^-存在。

$$2Br^- + Cl_2 \longrightarrow Br_2 + 2Cl^-$$

$$I_2 + 5Cl_2 + 6H_2O \longrightarrow 2IO_3^- + 10Cl^- + 12H^+$$

8. NO_3^- 的鉴定 NO_3^- 有较强的氧化性，在浓 H_2SO_4 存在下，NO_3^- 可与 $FeSO_4$ 溶液反应，生成 $[Fe(NO)SO_4]$（亚硝酰硫酸亚铁）棕色环。

$$NO_3^- + 3Fe^{2+} + 4H^+ = 3Fe^{3+} + NO + 2H_2O$$

$$FeSO_4 + NO = [Fe(NO)SO_4]（棕色）$$

NO_2^- 也有类似反应，可加入固体 NH_4Cl 或 $(NH_4)_2SO_4$，小心加热将 NO_2^- 破坏。

$$NH_4^+ + NO_2^- = 2H_2O + N_2\uparrow$$

9. NO_2^- 的鉴定

（1）试液用 HAc 酸化，加入 KI 溶液和 CCl_4，振荡。若试液中含有 NO_2^-，则会有 I_2 产生，CCl_4 层显紫色。

$$2NO_2^- + 2I^- + 4H^+ = 2NO + I_2 + 2H_2O$$

（2）在微酸性溶液中，NO_2^- 与加入的对氨基苯磺酸和 α-萘胺作用，形成红色氮染料，这是鉴定 NO_2^- 的特效反应。

第5节 常见阳离子的检验

阳离子的种类较多，常见的有20多种，分别检出时，容易发生相互干扰，所以一般阳离子分析都是利用系统分析方法先分成几组，然后再根据阳离子的个别特性加以检出。

一、常见阳离子的分组

至今应用最广泛的分组方案是硫化氢系统分组方案，主要是以硫化物溶解度不同为基础的系统分析方法。硫化氢系统分析法具有系统性强，分离方法较严密等优点。但是也存在着操作步骤复杂，分析花费时间较多，硫化氢污染空气等缺点。除经典的硫化氢分组方案外，还有以酸碱为组试剂的酸碱系统分析法等。由各种分组方案演变而来的分析系统已达百种以上。本教材将常见的20多种阳离子分为六组。

第一组：易溶组 NH_4^+、Na^+、K^+、Mg^{2+}。

第二组：氯化物组 Ag^+、Hg_2^{2+}、Pb^{2+}。

第三组：硫酸盐组 Ba^{2+}、Ca^{2+}、Pb^{2+}。

第四组：氨合物组 Cu^{2+}、Cd^{2+}、Zn^{2+}、Co^{2+}、Ni^{2+}。

第五组：两性组 Al^{3+}、Cr^{3+}、$Sn^{2+,4+}$、$Sb^{3+,5+}$。

第六组：氢氧化物组 Fe^{3+}、Hg^{2+}、Bi^{3+}、Mn^{2+}。

二、各组阳离子的分离和鉴定方法

（一）第一组阳离子的分析

本组阳离子包括 NH_4^+、Na^+、K^+、Mg^{2+}，它们的盐大多数可溶于水，没有一共同的试剂可以作组试剂，而是采用个别鉴定的方法，将它们加以检出。

1. NH_4^+ 的鉴定 取试液3～4滴，加入几滴 6mol/L NaOH，再滴加奈氏试剂（即 K_2HgI_4 的 KOH 溶液），若溶液呈红棕色，则表示有 NH_4^+ 存在。

2. Na^+ 的鉴定 取试液3～4滴，加 6mol/L HAc 1滴及醋酸铀酰锌试剂7～8滴，用玻璃棒在试管内壁摩擦，如有黄色晶体出现，表示有 Na^+ 存在。

$$Na^+ + UO_2^{2+} + Zn^{2+} + 5Ac^- + 6H_2O = UO_2Ac_2 \cdot ZnAc_2 \cdot NaAc \cdot 6H_2O \downarrow$$

3. K^+ 的鉴定　取试液3～4滴，加入4～5滴亚硝酸钴钠 $Na_3[Co(NO_2)_6]$ 溶液，搅拌并摩擦试管内壁，如有黄色沉淀生成，则表示有 K^+ 存在。

$$2K^+ + Na^+ + [Co(NO_2)_6]^{3-} = K_2Na[Co(NO_2)_6] \downarrow$$

4. Mg^{2+} 的鉴定　取试液1滴，加6mol/L NaOH 及镁试剂各1～2滴，搅拌后，如有天蓝色沉淀生成，则表示有 Mg^{2+} 存在。镁试剂为对硝基偶氮间苯二酚，是一种有机染料，在酸性溶液中为黄色，碱性溶液中为红色或红紫色。当被 $Mg(OH)_2$ 沉淀吸附后呈天蓝色。

（二）第二组阳离子的分析

本组阳离子包括 Ag^+、Hg_2^{2+}、Pb^{2+}，它们的氯化物不溶于水，其中 $PbCl_2$ 可溶于 NH_4Ac 和热水中，而 AgCl 可溶于氨水中。因此检出这三种离子时，可先把这些离子沉淀为氯化物，然后再进行鉴定反应。

取分析试液20滴，加入2mol/L HCl 至沉淀完全（若无沉淀，表示无本组阳离子存在），离心分离。沉淀用1mol/L HCl 数滴洗涤后按下法鉴定 Pb^{2+}、Ag^+、Hg_2^{2+}（离心分离后，离心液保留作其他离子的分离鉴定用）。

1. Pb^{2+} 的鉴定　将上面得到的沉淀加入3mol/L NH_4Ac 5滴，在水浴中加热搅拌，趁热离心分离，向离心液中加入 $K_2Cr_2O_7$ 或 K_2CrO_4，能生成黄色 $PbCrO_4$ 沉淀表示有 Pb^{2+} 存在。

$$PbCl_2 + Ac^- = [PbAc]^+ + 2Cl^-$$

$$2[PbAc]^+ + Cr_2O_7^{2-} + H_2O = PbCrO_4 \downarrow + 2HAc$$

沉淀用3mol/L NH_4Ac 溶液数滴加热洗涤除去 Pb^{2+}，离心分离后沉淀留作 Ag^+ 和 Hg_2^{2+} 的鉴定用。

2. Ag^+ 和 Hg_2^{2+} 的分离和鉴定　取上面所得的沉淀，滴加 $NH_3 \cdot H_2O$ 5～6滴，不断搅拌，沉淀变为灰黑色，表示有 Hg_2^{2+} 存在。

$$Hg_2Cl_2 + 2NH_3 = HgNH_2Cl \downarrow + Hg \downarrow + NH_4^+ + Cl^-$$

离心分离，在离心液中加 HNO_3 酸化，如有白色沉淀产生，表示有 Ag^+ 存在。

$$AgCl + 2NH_3 \cdot H_2O = [Ag(NH_3)_2]^+ + Cl^- + H_2O$$

$$[Ag(NH_3)_2]^+ + Cl^- + 2H^+ = AgCl \downarrow + 2NH_4^+$$

（三）第三组阳离子的分析

本组阳离子包括 Ba^{2+}、Ca^{2+}、Pb^{2+}，它们的硫酸盐都不溶水，因此用 H_2SO_4 与乙醇处理（$CaSO_4$ 在水中溶解度较大，在乙醇中溶解度显著降低），可将本组离子分离出来。

取本组离子混合试液20滴（或上面分离第二组后保留的溶液），在水浴中加热，逐滴加入1mol/L H_2SO_4 至沉淀完全后，再过量数滴（若无沉淀，表示无本组离子存在），加入95%乙醇4～5滴静置3～5min，冷却后离心分离（离心液保留作其他组阳离子的分析），沉淀用混合溶液（10滴1mol/L H_2SO_4 加入乙醇3～4滴）洗涤1～2次后，弃去洗涤液，在沉淀中加入3mol/L NH_4Ac 7～8滴，加热搅拌，离心分离。

1. Pb^{2+} 的鉴定　取离心液按第二组鉴定 Pb^{2+} 的方法鉴定 Pb^{2+} 的存在。

2. Ba^{2+} 的鉴定　沉淀中加入饱和 Na_2CO_3 溶液，置沸水浴中加热搅拌1～2min，离心分离，弃去离心液（硫酸盐沉淀会转化成碳酸盐，这些碳酸盐溶于 HAc 中），沉淀再用饱和 Na_2CO_3 溶液同样处理2次后，用约10滴蒸馏水洗涤一次，弃去洗涤液，沉淀用 HAc 溶解后，加入 $NH_3 \cdot H_2O$

调节 pH 至 4 ~ 5，加入 K_2CrO_4 2 ~ 3 滴，能生成黄色沉淀表示有 Ba^{2+} 存在。离心分离，离心液留作 Ca^{2+} 的鉴定用。

$$Ba^{2+} + CrO_4^{2-} = BaCrO_4 \downarrow$$

3. Ca^{2+} 的鉴定　上面保留的离心液中加入饱和 $(NH_4)_2C_2O_4$ 溶液 2 ~ 3 滴，生成白色 CaC_2O_4 沉淀表示有 Ca^{2+} 存在。

$$Ca^{2+} + C_2O_4^{2-} = CaC_2O_4 \downarrow$$

（四）第四组阳离子的分析

本组阳离子包括 Cu^{2+}、Cd^{2+}、Zn^{2+}、Co^{2+}、Ni^{2+} 离子，它们与过量的氨水都能生成相应的氨合物，因此称为氨合组。Fe^{3+}、Fe^{2+}、Hg^{2+}、Bi^{3+}、Mn^{2+}、Al^{3+}、Cr^{3+} 等离子在过量氨水中因生成氢氧化物沉淀而与本组阳离子分离。

取本组混合试液 20 滴（或分离第三组后保留的离心液），加入 3mol/L NH_4Cl 2 滴，3% H_2O_2 溶液 3 ~ 4 滴（避免 Al^{3+} 与 Mn^{2+} 进入本组），用浓氨水碱化后，在水浴中加热，再滴加浓氨水，每加 1 滴即搅拌，注意有无沉淀生成，如有沉淀，再加入浓氨水并过量 4 ~ 5 滴，继续在水浴中加热 1min，取出，冷却后离心分离（沉淀留作其他组阳离子的分析），离心液按下述方法鉴定 Cu^{2+}、Cd^{2+}、Zn^{2+}、Co^{2+}、Ni^{2+} 离子。

1. Cu^{2+} 的鉴定　取离心液 2 ~ 3 滴，用 HAc 酸化后，加入 $K_4[Fe(CN)_6]$ 溶液 1 ~ 2 滴，生成红棕色沉淀，表示有 Cu^{2+} 存在。

2. Co^{2+} 的鉴定　取离心液 2 ~ 3 滴，用 HCl 酸化后，加入新配制的 $SnCl_2$ 2 ~ 3 滴，饱和 NH_4SCN 2 ~ 3滴，戊醇 5 ~ 6 滴，搅拌后，有机层显蓝色，表示有 Co^{2+} 存在。

3. Ni^{2+} 的鉴定　取离心液 2 滴，加入二乙酰二肟溶液 1 滴，戊醇 5 滴，搅拌后出现红色，表示有 Ni^{2+} 存在。

4. Zn^{2+}、Cd^{2+} 的分离和鉴定　取离心液 15 滴，在沸水浴中加热近沸，加入 $(NH_4)_2S$ 溶液 5 ~ 6 滴，搅拌，加热至沉淀凝聚再继续加热 3 ~ 4min，离心分离。沉淀用 0.1mol/L NH_4Cl 溶液数滴洗涤 2 次，离心分离，弃去洗涤液，在沉淀中加入 2mol/L HCl 4 ~ 5 滴，充分搅拌，离心分离，将离心液在沸水浴中加热，除尽 H_2S 后，用 6mol/L NaOH 碱化并过量 2 ~ 3 滴，搅拌，离心分离。

取离心液 5 滴，加入二苯硫腙 10 滴，搅拌，并在水浴中加热，水溶液呈粉红色，表示有 Zn^{2+} 存在。

沉淀用蒸馏水数滴洗涤 1 ~ 2 次后，离心分离，弃去洗涤液，沉淀中加入 2mol/L HCl 3 ~ 4 滴，搅拌溶解，然后加入等体积的饱和 H_2S 溶液，如有黄色沉淀生成，表示有 Cd^{2+} 存在。

（五）第五组和第六组阳离子的分离

第五组与第六组阳离子主要存在于分离第四组后的沉淀中，利用 Al、Cr、Sb、Sn 的氢氧化物的两性，用过量的碱可将这两组的元素分开。

取五、六两组混合离子试液 20 滴在水浴中加热，加入 3mol/L NH_4Cl 2 滴，3% H_2O_2 溶液 3 ~ 4 滴，逐滴加入浓氨水至沉淀完全，离心分离弃去离心液。

在所得的沉淀（或在分离第四组阳离子后保留的沉淀）中加入 3% H_2O_2 溶液 3 ~ 4 滴，6mol/L NaOH 溶液 15 滴，在沸水浴中加热并搅拌 3 ~ 5min，使 CrO_2^- 氧化为 CrO_4^{2-} 并破坏过量的 H_2O_2，离心分离，离心液作第五组阳离子鉴定用，沉淀作第六组阳离子鉴定用。

（六）第五组阳离子的分析

1. Cr^{3+} 的鉴定　取离心液 2 滴，加入乙醚 5 滴，逐滴加入浓 HNO_3 酸化，再加 3% H_2O_2 溶液 2

~3 滴,振荡试管,乙醚层出现蓝色表示有 Cr^{3+} 存在。

2. Al^{3+} 的鉴定　将剩余离心液用 H_2SO_4 酸化,然后用 $NH_3 \cdot H_2O$ 碱化并多加几滴,离心分离,弃去离心液,沉淀用 0.1mol/L NH_4Cl 数滴洗涤,加入 3mol/L NH_4Cl 及浓 $NH_3 \cdot H_2O$ 各 2 滴,$(NH_4)_2S$ 溶液 7 ~8 滴,在水浴中加热至沉淀凝聚,离心分离。

沉淀用数滴 0.1mol/L NH_4Cl 溶液洗涤 1 ~2 次后,加入 H_2SO_4 2 ~3 滴,加热使沉淀溶解,然后加入 3mol/L NaAc 溶液 3 滴,铝试剂溶液 2 滴,搅拌,在沸水中浴中加热 1 ~2min,如有红色絮状沉淀出现,表示有 Al^{3+} 存在。

离心液用 HCl 逐滴中和至呈酸性后,离心分离,弃去离心液。在沉淀中加入浓 HCl 15 滴,在沸水浴中加热充分搅拌,除尽 H_2S 后,离心分离,弃去不溶物,离心液供鉴定 Sb 和 Sn 用。

3. Sn^{4+} 的鉴定　取上述离心液 10 滴,加入铝片或少许镁粉,在水浴中加热使之溶解完全后,再加浓 HCl 1 滴,$HgCl_2$ 2 滴,搅拌,若有白色或黑色沉淀析出,表示有 Sn^{4+} 存在。

$$SnCl_2 + HgCl_2 = SnCl_4 + Hg_2Cl_2 \downarrow$$

$$SnCl_2 + Hg_2Cl_2 = SnCl_4 + 2Hg \downarrow$$

4. Sb^{5+} 的鉴定　取上述离心液 1 滴,于光亮的锡箔上放置约 2 ~3min,如锡片上出现黑色斑点,表示有 Sb^{5+} 存在。

(七) 第六组阳离子的分析

取分离第五组与第六组阳离子所得的沉淀,加入 3mol/L H_2SO_4 10 滴,3% H_2O_2 溶液 2 ~3 滴,搅拌,加热 3 ~5min,以溶解沉淀和破坏过量的 H_2O_2,离心分离,弃去不溶物,离心液供下面 Fe^{3+}、Hg^{2+}、Bi^{3+}、Mn^{2+} 的鉴定。

1. Fe^{3+} 的鉴定　取离心液 1 滴,与硫氰酸盐(KSCN 或 NH_4SCN)作用,如溶液呈血红色,表示有 Fe^{3+} 存在。

2. Hg^{2+} 的鉴定　取离心液 2 滴,加入新配制的 $SnCl_2$,出现白色或灰黑色沉淀,表示有 Hg^{2+} 存在。

3. Bi^{3+} 的鉴定　取离心液 2 滴,加入亚锡酸钠溶液(5 滴 $SnCl_2$ 溶液加入过量 NaOH 溶液即得),出现黑色沉淀,表示有 Bi^{3+} 存在。

$$Sn^{2+} + 4OH^- = [Sn(OH)_4]^{2-}$$

$$3[Sn(OH)_4]^{2-} + 2Bi^{3+} + 6OH^- = 3[Sn(OH)_6]^{2-} + 2Bi \downarrow$$

4. Mn^{2+} 的鉴定　取离心液 2 滴,加入少量 $NaBiO_3$ 固体,搅拌,离心沉降,如溶液显紫红色,表示有 Mn^{2+} 存在。

$$Mn^{2+} + 5NaBiO_3 + 14H^+ = 2MnO_4^- + 5Bi^{3+} + 5Na^+ + 7H_2O$$

通过本章的学习,理解定析分析反应的基本概念,掌握常见阴、阳离子的定性分析方法,能进行一般的定性分析工作。

1. 定性分析的任务是鉴定物质中所含的化学成分。
2. 湿法分析的反应条件主要包括:反应物的浓度、溶液的酸度、溶液的温度、溶剂的影响。
3. 反应的灵敏度一般同时用“检出限量”和“最低检出浓度”来表示。
4. 选择性反应、选择性试剂、特效反应。
5. 空白试验和对照试验。
6. 用分别分析的方法鉴定常见的阴离子。
7. 用系统分析的方法鉴定阳离子。

目标检测

1. 什么叫空白试验和对照试验？它们在分析实验中有何意义？
2. 鉴定反应应具备哪些外部条件？
3. 什么是组试剂？离子分组的目的是什么？
4. 如何鉴别下列各组物质？
   (1) $AlCl_3$, $MgCl_2$, ΓeCl_3
   (2) $NaCl$, Na_2SO_4, Na_2CO_3
5. 对某酸性未知试液的分析，下列分析报告是否正确？
   (1) MnO_4^-, Na^+, I^-, SO_4^{2-}
   (2) CO_3^{2-}, Na^+, SO_4^{2-}, Ba^{2+}
   (3) Ag^+, NO_3^-, Cl^-, Fe^{3+}
   (4) Na^+, NO_3^-, NH_4^+, SO_4^{2-}

（朱玉红　郭海立）

第10章 定量分析概述

学习目标

1. 了解定量分析的任务及试样分析的程序
2. 理解误差的种类、来源、表示方法
3. 理解有效数字及其运算规则
4. 掌握提高定量分析结果准确度的方法
5. 掌握分析天平的使用规则和称量方法,熟练使用分析天平

第1节 定量分析的任务和方法

一、定量分析的任务

定量分析是通过试样中的待测组分与试剂定量地进行化学反应,测定试样中有关组分的相对含量的化学分析方法。

定量分析在工业生产中,通过对原料、中间产品和产品质量进行分析,可以控制生产流程,改进生产技术,提高产品质量;在农业、牧业方面,土壤的测定,水质的化验,农药残留量的分析,污染状况的监测,肥料、农药、饲料和农产品品质的评定,家禽的科学饲养和临床诊断等,都广泛地用到定量分析的理论和技术。

二、定量分析的一般程序

定量分析的检测过程包括以下主要步骤:试样的采集、试样的预处理、试样的分解和分离、试样的含量测定和试样定量分析结果的计算及评价。

(一)试样的采集

试样的采集就是要从待检验的大批物料中采集具有代表性的部分物质作为样品(即原始试样)。这就要求采集的试样必须具有高度的代表性和均匀性。采集的试样可以是固体、液体或气体。一般采集方法是从大批物料的不同部分、不同深度选取多个取样点采样,混合均匀,从中取少量作为分析试样进行分析。

(二)试样的预处理

在定量分析中,大多数分析方法不能直接用于测定原始试样,原始试样必须制备成分析试样后,才能进行含量测定。固体原始试样通常因吸收空气中的水分而不同程度的发潮,因此在称取样品之前,要对原始试样烘干或减压干燥。干燥后的试样应放置在干燥器中保存。

(三)试样的分解和分离

1. 试样的分解 在定量分析中,通常要求将试样进行分解并配制成溶液,然后再进行测定。

常用分解方法有溶解法和熔融法。

2. 干扰物质的分离　对于组成比较复杂的试样，在进行分析时，样品中其他组分会对被测组分的含量测定造成干扰，需通过加掩蔽剂、控制酸度或分离的方法去除干扰成分，再进行测定。常用分离的方法有沉淀法、挥发法、萃取法、色谱法等。

(四) 试样的含量测定

进行试样的含量测定时，要根据试样的组成、被测组分的性质及含量、测定目的要求等情况，选用恰当的定量分析方法。如常量组分一般采用准确度较高的重量分析法或滴定分析法，微量组分一般采用灵敏度较高的仪器分析法。

(五) 试样定量分析结果的计算及评价

根据所取试样的质量，测定所得数据和分析过程中有关化学反应的计量关系，计算试样中有关组分的含量，并对分析结果做出相应的评价。

第 2 节　误差与分析数据的处理

定量分析的任务是准确测定试样中各组分的相对含量。因此，要求分析结果必须具有一定的准确度。不准确的分析结果会导致生产上的损失，资源上的浪费，甚至会得出错误的结论。

在定量分析中，由于受分析方法、测量仪器、试剂等客观因素和分析工作者的主观因素等方面的制约，测得的分析结果可能与真实值不完全一致。即使在相同的条件下，对同一样品进行重复多次测定，也不可能得到完全相同的分析结果。这说明误差是客观存在的，并且也是难以避免的。因此，在进行定量分析时，不仅要测定被测组分的含量，而且要对分析结果的准确性做出判断。这就要了解误差的性质及其出现的规律，查找产生误差的原因，采取有效措施减小误差，从而提高分析结果的准确度。

一、系统误差与偶然误差

定量分析中，根据误差产生的原因和性质，可分为系统误差和偶然误差。

(一) 系统误差

系统误差又称可定误差，是由于分析过程中某些确定的因素造成的，对分析结果的影响比较固定。在同一条件下重复测定时，会重复出现，具有重复性和单向性，使测定结果总是偏高或偏低，并可以设法减小或加以校正。产生系统误差的原因主要有：

1. 方法误差　由于分析方法本身的某些不足所造成的误差称为方法误差。例如，滴定分析中，由于滴定终点和化学计量点不完全相符而产生的误差。需要分析人员掌握并正确选择、使用分析方法，以严谨的态度实施科学的分析，克服和减小方法误差对分析结果造成的影响。

2. 仪器误差　由于所用仪器本身不够准确或未经校准所引起的误差称为仪器误差。例如，天平两臂不等长，滴定管、容量瓶、移液管等容量仪器刻度不够准确，在使用过程中就会使测定结果产生误差。为克服仪器误差，提高分析结果的准确性，定量分析前需要对仪器进行校正。

3. 试剂误差　由于所用试剂或蒸馏水不纯而引起的误差称为试剂误差。例如，使用的试剂中含有微量的被测组分或存在干扰的杂质等。定量分析所用的试剂一般为分析纯试剂和蒸馏水或纯化水。

4. 操作误差　主要指在正规操作的情况下，由于操作者的主观因素所造成的误差称为操作误差。例如，滴定管读数习惯性偏高或偏低，滴定终点颜色的辨别稍微过深或过浅。

上述四种误差，在一次分析测定过程中均可能存在，并且对分析结果的影响比较固定，通常可以通过实验测定其大小，用校正值的方法予以消除。

（二）偶然误差

偶然误差又称随机误差和不可定误差，是由于分析过程中，一些不能准确掌握或完全未知的因素引起的，以各种各样的方式影响着测量结果。如测量时的环境温度、湿度、气压、仪器的微小波动，分析人员对相同试样的处理及分析时的微小差别等。

偶然误差是由不确定因素引起的，是可变的，有大有小、有正有负。引起偶然误差的原因难以观察和控制，因而不能用校正值的方法来减免。但偶然误差遵从统计规律，在消除系统误差的前提下，随着测定次数的越多，测量结果的平均值就越趋于真实值。因此，通常采用“多次测定，取平均值”等数据处理方法来减少偶然误差。

除上述两类误差外，由于分析工作者的粗心大意或不按操作规程所产生的错误，属于过失误差。例如，溶液溅出、加错试剂、读错刻度、记录和计算错误等，这些不应有的过失是完全可以避免的。因此，在分析工作中，当出现较大误差时，应查明原因，对该次分析所引起的错误结果，应弃去不用。

二、准确度与误差

准确度是指测量值与真实值接近的程度。准确度的高低通常用误差来衡量。误差越小，表明测量值与真实值越接近，准确度越高。相反，误差越大，表示准确度越低。误差又分为绝对误差和相对误差。

绝对误差（E）是指测量值（X）与真实值（T）之差。

$$E = X - T \tag{10.1}$$

相对误差（RE）是指绝对误差（E）在真实值（T）中所占的百分率。

$$RE = \frac{E}{T} \times 100\% \tag{10.2}$$

例 10-1　用万分之一分析天平称量某样品两份，其质量分别为 0.1001g 和 0.0101g，真实值分别为 0.1000g 和 0.0100g，求绝对误差和相对误差。

解：$E = X - T$

$$E_1 = 0.1001 - 0.1000 = 0.0001(\text{g})$$

$$E_2 = 0.0101 - 0.0100 = 0.0001(\text{g})$$

$$RE = \frac{E}{T} \times 100\%$$

$$RE_1 = \frac{0.0001}{0.1000} \times 100\% = 0.1\%$$

$$RE_2 = \frac{0.0001}{0.0100} \times 100\% = 1\%$$

由上例可见，两份样品称量的绝对误差相等，但相对误差不相等。当称量的绝对误差相等时，称量的质量较大时，相对误差小，称量的准确度较高；称量的质量较小时，相对误差大，称量的准确度较低。所以，用相对误差表示分析结果的准确度更确切。

绝对误差和相对误差都有正负，正值表示分析结果偏高，为正误差；负值表示分析结果偏低，为负误差。

三、精密度与偏差

（一）精密度

精密度是指在相同条件下，对同一试样多次测量值之间的相互接近的程度。它反映了分析结果的再现性，用偏差表示。偏差绝对值越小，说明分析结果的精密度越高；反之，精密度越低。因此，偏差的大小是衡量精密度高低的尺度。

（二）偏差

偏差又分为绝对偏差、平均偏差、相对平均偏差等。具体表示方法如下：

1. 绝对偏差（d）　表示测量值（$x_i, i=1,\cdots,n$）与平均值（$\bar{x}$）之差。

$$d_i = x_i - \bar{x} \tag{10.3}$$

2. 平均偏差（$\bar{d}$）　各单个绝对偏差绝对值之和与测定次数之比。

$$\bar{d} = \frac{|x_1 - \bar{x}| + |x_2 - \bar{x}| + \cdots + |x_n - \bar{x}|}{n}$$

$$\bar{d} = \frac{\sum_{i=1}^{n} |x_i - \bar{x}|}{n} \tag{10.4}$$

3. 相对平均偏差（$R\bar{d}$）　平均偏差在平均值中所占的百分率。

$$R\bar{d} = \frac{\bar{d}}{\bar{x}} \times 100\% \tag{10.5}$$

（三）准确度和精密度

以测定某样品中氯离子含量的四种方法为例，说明定量分析中准确度与精密度的关系。样品中氯离子的真实含量为 0.1000g，测量结果如图 10-1 所示（横坐标单位为 g）。

由图 10-1 可以看出，方法 1 的精密度高，准确度不高，说明系统误差大；方法 2 的精密度高，准确度高，说明系统误差和偶然误差都小，测量结果可靠；方法 3 虽然平均值接近于真实值，但精密度很差，说明偶然误差较大，测量结果不可取；方法 4 的准确度和精密度都不高，说明系统误差和偶然误差都大，测量结果不准确。

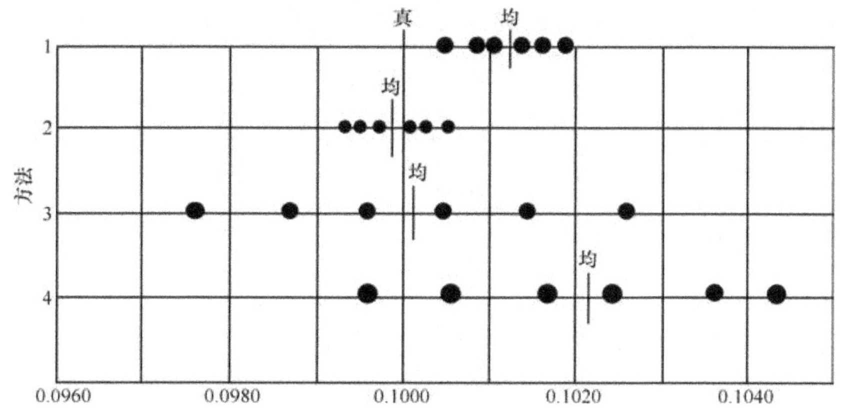

图 10-1　定量分析中准确度和精密度

真：真实结果；均：平均结果；●一个别测定值

根据以上讨论，可以得出结论：精密度高，准确度不一定高。在消除系统误差的前提下，精密度高准确度才会高。因此，在定量分析结果评价时，既要消除系统误差又要减小偶然误差，才能提高分析结果的准确度。

四、提高分析结果准确度的方法

从误差产生的原因来看，只有尽可能减小系统误差和偶然误差，才能提高分析结果的准确度。

（一）减小测量中的系统误差

1. 对照试验　是指用已知准确含量的标准品代替样品，按照与测定试样相同的分析方法、条件、步骤对标准品进行分析，以此对照。它是检查系统误差的有效方法，如检查试剂是否失效、反应条件是否正常、测量方法是否可靠等。

2. 空白试验　是指在不加样品的情况下，用与测定样品相同的方法、条件、步骤对空白样品（一般用蒸馏水）进行定量分析，用实验所得结果作为空白值，从样品分析结果中减去空白值。这样就可以消除由于试剂、蒸馏水、试验器皿以及环境带入的杂质所引起的系统误差。

3. 校准仪器　可以减少仪器误差。例如，分析天平的砝码、移液管、滴定管、容量瓶等，在使用前必须进行校准，并在计算结果时采用校正值。

4. 严格操作　分析工作者应严格按规程进行认真操作，尽量减小主观因素所引起的误差。

（二）减小测量中的偶然误差

根据偶然误差的分布规律和产生的原因，在消除系统误差的前提下，可通过增加平行测定次数取平均值的方法来减小偶然误差。

五、定量分析结果的处理

在定量分析中，要对测得的实验数据进行合理分析，对分析结果做出正确、科学的评价。

（一）一般分析结果的处理

在忽略系统误差的前提下进行定量分析实验，一般是对每种试样平行测定 3～5 次后，先计算测定结果的平均值，再计算此次测定结果的相对平均偏差。如果相对平均偏差 $R\bar{d} \leqslant 0.2\%$，说明测定结果符合要求，取其平均值作为最后的分析结果。否则，此次测定结果不符合要求，需重新做实验。

在制定分析标准的定量分析中，就不能这样简单处理，需要对试样进行多次平行测定，将获得的数据用统计法进行处理后得到分析结果。

（二）可疑值的取舍

在定量分析中，若平行测得几个数据，可能有个别数据过高或过低，将其按正常值纳入测定结果中，会影响分析结果的准确度。这样的数据称为可疑值。是否保留这一数据，必须做出正确的判断。常用四倍法和 Q 检验法对可疑值进行取舍。

1. 四倍法　检验步骤：

（1）除去可疑值外，计算其余数据算术平均值（$\bar{x}$）及平均偏差（$\bar{d}$）。

（2）按下式计算：

$$\frac{|可疑值 - \bar{x}|}{\bar{d}} \geqslant 4$$

（3）若计算值≥4,则弃去可疑值;若计算值<4 时,可疑值应保留。

此法仅应用于从一组数据(4～8 个)中舍弃一个,而不能从三个数据中舍弃一个,或五个数据中舍弃两个。

例 10-2　平行测定某溶液的浓度(单位为 mol/L),其结果为:0.9922,0.9934,0.9938 及 0.9942。计算可疑值 0.9922 是否应舍弃?

解:平行测定结果为 4 个,可以采用四倍法判断可疑值是否应舍弃。取其余三个测定结果计算平均偏差和相对平均偏差,

$$\bar{x} = \frac{0.9934 + 0.9938 + 0.9942}{3} = 0.9938$$

$$\bar{d} = \frac{|x_1 - \bar{x}| + |x_2 - \bar{x}| + |x_3 - \bar{x}|}{n}$$

$$= \frac{|0.9934 - 0.9938| + |0.9938 - 0.9938| + |0.9938 - 0.9942|}{3}$$

$$= 0.0003$$

$$\frac{|可疑值 - \bar{x}|}{\bar{d}} = \frac{|0.9922 - 0.9938|}{0.0003} = 5.3 > 4$$

所以可疑值 0.9922 应舍弃。

2. Q 检验法

（1）将所有测定数据按从小到大的顺序排列。

（2）确定可疑值,按下式计算 Q 值:

$$Q_{计算} = \frac{|可疑值 - 临近值|}{最大值 - 最小值}$$

（3）可疑值的判断,查舍弃商 Q 值表(表 10-1),若 $Q_{计算} \geqslant Q_{表}$,可疑值应弃去不用;反之,则保留。

表 10-1　舍弃商 Q 值表(置信概率 90%)

测定次数(n)	3	4	5	6	7	8	9	10
$Q_{0.90}$	0.94	0.76	0.64	0.56	0.51	0.47	0.44	0.41

例 10-3　有一标准溶液(浓度单位 mol/L),经四次标定的结果是 0.1014,0.1012,0.1019,0.1016,运用 Q 法确定可疑值,问可疑值是否应当弃去?

解:将数据按大小顺序排列 0.1012,0.1014,0.1016,0.1019

$$Q_{计算} = \frac{|可疑值 - 临近值|}{最大值 - 最小值} = \frac{|0.1019 - 0.1016|}{0.1019 - 0.1012} = 0.43$$

查表 10-1,$n = 4$ 时,$Q_{表} = 0.76$,$0.43 < 0.76$,所以 0.1019 不应舍弃。

最后需要说明的是:四倍法适用于三次以上的平行测定,而 Q 检验法只适用 n 为 3～10 次的平行测定。但四倍法对精密度要求严格,有时会把有用的数据舍弃。当一次舍弃后平行测定数据中还有可疑值时,可依次舍弃检验。

第 3 节　有效数字及其运算规则

在定量分析中,为了获得准确的分析结果,不仅需要准确的测量,还需要正确的记录和计

算。实验测得的数据，不仅表示测得结果的大小，还要反映数据的准确程度。要准确到什么程度，要保留几位数字，就必须了解有效数字的有关问题。

一、有效数字的概念

有效数字是指在定量分析中能够测量到的，并且具有实际意义的数字。它包括所有的准确数字和最后一位可疑数字。

记录测量数据和计算分析结果时，保留几位有效数字，应根据测量仪器的精密程度和分析方法的准确程度决定。例如，用万分之一的分析天平称量某试样的质量为3.7423g，有五位有效数字。这一数值中，3.742是准确的，最后一位“3”存在误差，是可疑数字。根据分析天平的称量样品的准确程度，该试样的质量实际为(3.7423 ± 0.0001)g。又如，若用5mL移液管量取5mL某溶液，应记录为5.00mL，三位有效数字5.00mL中，最后一位“0”是不准确的数字，此溶液的体积可能为(5.00 ± 0.01)mL。

在确定有效数字的位数时，数字中的“0”有两种作用。在第一数字(1～9)前的“0”不是有效数字，只起定位作用，与测量的准确度无关。而在数字中或数字后的“0”是有效数字。

例如：1.0009、20.304　　五位有效数字

0.1003、4.087×10^{-2}　　四位有效数字

0.0550、1.24×10^{3}　　三位有效数字

0.0056、0.40%　　二位有效数字

0.002、0.02%　　一位有效数字

在定量分析中还会经常遇到pH、p*K*等对数值，它们的有效数字仅决定于小数点后面的数字位数。例如pH = 12.68[即 $c(H^+)=2.1\times10^{-13}$mol/L]，其中在小数点后只有两位数字，因此，pH = 12.68的有效数字是两位，而不是四位。

二、有效数字的运算法则

常用有效数字的运算规则：

1. 记录测量数据时，只保留一位可疑数字。

2. 数字修约规则　在处理数据时，应合理地保留有效数字，按要求弃去多余的数字，这一过程称为“数字修约”。数字修约规则如下：

(1)“四舍六入五留双”规则：当被修约数字小于5时，就舍去该数字；若被修约数字大于5时，就进位；当被修约数字等于5时，且5的后面无数字或数字为零时，若5的前一位是偶数(包括“0”)就舍去，若是奇数就进位。当被修约数字等于5，且5的后面还有非零数字时，则进位。

例如：将下列测量值修约为四位有效数字：

2.7534　　2.753

0.341 86　　0.3419

4.2465　　4.246

1.044 50　　1.044

1.043 50　　1.044

(2) 修约数字要求：对测量值要一次修约到所需位数，不能分次修约。如将5.4367修约为三位有效数字，不能先修约成5.437，再修约成5.44，而是一次修成5.44。

3. 有效数字运算规则

（1）加减法：几个数据相加或相减时和或差的有效数字保留的位数，应以小数点后位数最少，即绝对误差最大的数据，作为判断结果保留位数的依据。

例如：0. 0131 + 21. 64 + 1. 02582，其和有效数字的位数应以 21. 64 为依据，保留到小数点后第二位，计算时，先修约成 0. 01 + 21. 64 + 1. 03 再计算其和为 22. 68。

（2）乘除法：有几个数相乘时，积或商的有效数字位数的保留，应以有效数字最少的数据为依据。

例如：0. 0131 × 21. 64 × 1. 02582，其积的有效数字的保留以 0. 0131 为依据，确定其他的数据要保留的位数，修约后进行计算。

$$0.0131 \times 21.6 \times 1.03 = 0.291$$

（3）对数运算：在对数运算中，所取对数的位数应和真数的有效数字位数相等。如：pH = 13. 00，则$[H^+] = 1.0 \times 10^{-13}$。

4. 表示准确度和精密度时，应保留一位有效数字，最多可保留二位。如：$R\bar{d} = 0.02\%$。

三、有效数字的运算在分析实验中的应用

1. 正确记录测量数据　用万分之一的分析天平称量物体质量时，测定结果应记录到小数点后第四位。例如，12. 4500g 不能记录成 12. 450g，更不能记录成 12. 45g。读取 10mL 移液管的读数时，应记录到小数点后二位。例如量取某溶液体积为 10mL，应记录成 10. 00mL。

2. 正确选取试剂用量和选用适当的仪器

例 10-4　万分之一的分析天平绝对误差为 ± 0. 0001g，为使称量时的相对误差在 0. 1% 以下，样品称取量为多少克才能达到上述要求？

解：$RE \leqslant \frac{E}{T} \times 100\%$

$RE \leqslant \frac{E}{m} \times 100\%$

$m \geqslant \frac{\pm 0.0001}{0.01\%} \times 100\%$

$m \geqslant 0.1(g)$

由此可见，样品称取的质量不能低于 0. 1g。

第 4 节　分析天平的使用规则和称量方法

分析天平是定量分析中用于称量的精密仪器，是根据杠杆原理设计的。根据天平的结构特点，可作如下分类：

- 分析天平
  - 机械天平
    - 等臂天平
      - 半机械加码电光天平
      - 全机械加码电光天平
    - 不等臂天平——单盘减码式电光天平
  - 电子天平

分析天平按精度分可分为十级，一级天平精度最好，十级天平精度最差。天平的精度是天平的名义分度值与最大载荷之比。

目前常用的机械天平有 TG-328B 型和 TG-328A 型；电子天平有日本岛津 AEG-220GA 型、AEG-320 型；国产的有 FA2004B 型等。几种天平的结构如图 10-2、图 10-3。

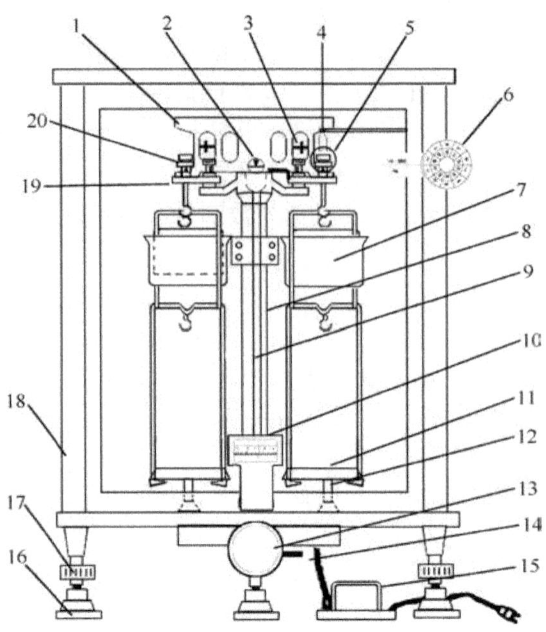

图 10-2　双盘半自动机械加码电光天平

1. 天平梁;2. 支点刀;3. 平衡螺丝;4. 加码杠杆;5. 环码;6. 指数盘;7. 阻尼器;8. 天平柱;9. 指针;10. 光幕;11. 天平盘;12. 盘托;13. 升降枢纽;14. 调零杆;15. 变压器;16. 脚垫;17. 天平脚;18. 天平箱;19. 翼翅板;20. 吊耳

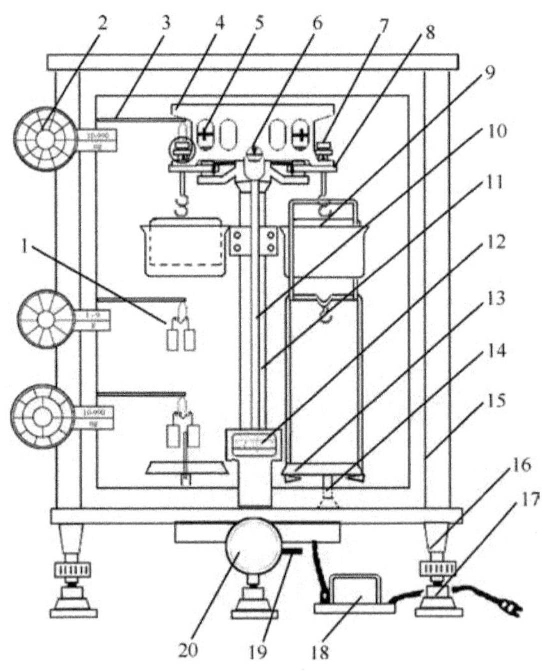

图 10-3　全机械加码电光天平

1. 砝码;2. 指数盘;3. 加码杠杆;4. 天平梁;5. 平衡螺丝;6. 支点刀;7. 吊耳;8. 翼翅板;9. 阻尼器;10. 指针;11. 天平柱;12. 光幕;13. 天平盘;14. 盘托;15. 天平箱;16. 天平脚;17. 脚垫;18. 变压器;19. 调零杆;20. 升降枢纽

一、分析天平的使用规则

（一）机械天平

1. 称量前，检查天平是否水平，若不水平，则调节前面两个天平脚使天平水平。并用毛刷清扫天平盘和天平底板。

2. 仔细检查天平摆动部分的梁体、吊耳、环码及指数盘等部件的位置是否正常，并做出相应处理。检查砝码盒内砝码是否齐全。

3. 不得用手直接接触天平箱内各部件，调节平衡螺丝和重心螺丝应戴手套；砝码应使用镊子夹取；称量瓶的取放必须戴手套或使用纸带。

4. 称量的质量不得超过天平的最大载荷。

5. 被称物的温度应与天平箱内的温度相同。

6. 被称物不得直接放在天平盘上，应放在一定容器（一般用称量瓶）内进行称量，具有腐蚀性、挥发性或吸湿性的药品应加盖密闭后称量。

7. 称量时不要使用前门，只能使用两侧门。读数时应关闭天平门，以免空气对流而影响读数的准确性。

8. 取放物体或加减砝码时，都必须关闭天平（将升降枢纽沿逆时针方向旋转到底），以免天平梁、吊耳挪位，损坏刀口、刀承。开关升降枢纽的动作应轻缓，通常先半开，若光幕移动速度快，说明两侧明显不平衡，应立即关闭，增减砝码或者药品，直到半开升降枢纽后光幕移动速度较慢时并能使标线停在 0 ~ 10mg 之内时才全开。读数时，升降枢纽必须沿顺时针方向旋转到底。

9. 用指数盘增减环码时应轻缓转动，以免环码跳落。

10. 同一次分析工作或对同一试样的多次称量，应使用同一台分析天平及同一盒砝码，以减小误差。

11. 称量的数据应及时记录在记录本上，原始数据应真实，不得随意改动。

12. 称量过程中若发现天平出现故障，应及时报告老师或管理员，未经同意不得擅自修理。

13. 称量完毕后，将升降枢纽关闭，所有指数盘回零位，取出被称物和砝码，砝码放回原砝码盒。关好天平门，罩好天平罩，切断电源，填好使用登记本。经老师允许后方可离开实验室。

（二）电子天平（图 10-4）

图 10-4　FA2004B 电子天平

1. 安装和调节水平　将天平放置在操作位置，在天平后部调节水平旋钮，使天平水准仪中的水平泡恰至中央位置。

2. 接通电源　按电源开关键，预热 30min。

3. 校准天平　准备好所需校准砝码，从秤盘上取走任何加载物，按“TARE”键，清零。等待天平稳定后，按“C”键，显示“[”后用镊子轻轻放上校准砝码至秤盘中心，关上玻璃门约 30s 后，显示校准砝码值，并发出“嘟”声，取出校准砝码，天平校准完毕。

4. 简单称量　按“TARE”键清零，样品放在秤盘上，显示值即为物品的质量。待数字稳定后读取称量结果。

5. 去皮　将空容器放在天平秤盘上，显示其质量值，单击“TARE”键去皮，显示值回复到0.0000g，向空容器中加料，并显示净质值。

6. 取出样品　切勿将样品散落在天平内。

7. 关机　恢复零点平衡，按住电源开关键，关闭电源，盖好防尘罩。

8. 登记　如实填写仪器设备运行记录。

二、分析天平的称量方法

（一）直接称量法

1. 直接称量法的概念　调好零点，直接称取某一物体的质量称为直接称量法。

2. 操作方法　检查天平的水平，各指数盘是否回至零位。接通电源，调好零点。半机械加码电光天平为左盘放置被称物品，右盘放置从砝码盒中取出的1g以上的砝码，然后用指数盘试加克以下的环码，直至光幕移动缓慢，最后停止并使光幕标线停止在微分标尺0～10mg范围内。光幕所指即为称量的毫克数。被称物体的质量为：

被称物质质量(g)＝砝码质量＋指数盘所示克数(环码质量)＋光幕所示克数

例如：称某一空称量瓶，当天平达到平衡时，天平右盘的砝码为18g，指数盘所示为270mg，光幕所示为8.2mg，则：

$$空称量瓶质量(g)=18g+0.27g+0.0082g=18.2782g$$

全机械加码电光电天平右盘放置被称物品，所有砝码和环码全部由指数盘增减，被称物品的质量等于指数盘的读数和光幕读数之和。记录数据时，都应记录到以克为单位的小数点后第四位。

（二）减重称量法

1. 减重称量法的概念　利用每两次称量之差，求得一份或多份被称物体的质量称减重称量法。

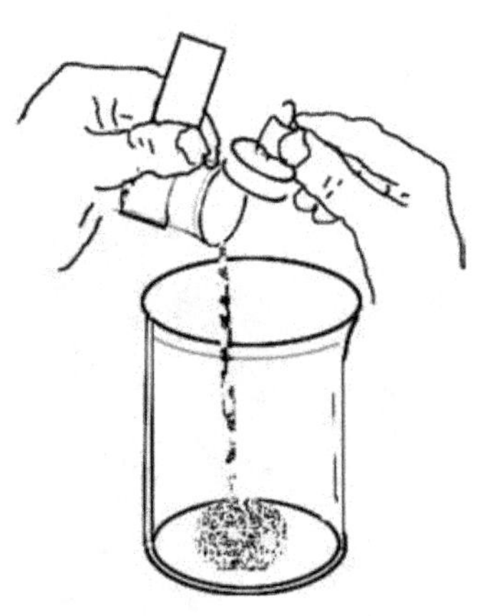

图10-5　倒出药品的操作

2. 操作方法　在洁净而干燥的称量瓶中加入适量药品，按直接称量法(但不需调零点)准确称得其总质量为m_1。取出称量瓶，移到事先准备好的盛放药品的洁净容器上方(如锥形瓶)，打开称量瓶盖，使称量瓶倾斜，用称量瓶盖轻轻敲击称量瓶口内缘，使药品慢慢落入容器中(图10-5)。待敲出的药品接近所需量时，慢慢直立称量瓶，再用瓶盖轻轻回敲瓶口外缘，使黏附在瓶口处的药品落回到瓶内，盖好瓶盖，再准确称得其质量为m_2。则两次称量之差(m_1-m_2)即为敲出的第一份药品的质量。同样再敲出第二份药品后，称得质量为m_3，则敲出的第二份药品的质量为m_2-m_3。照此方法继续称量，可称取多份药品。

3. 减重称量法的特点　不需调节天平的零点，可连续称取多份药品，省时省力。是分析工作中常用的称量方法。

（三）固定质量称量法

固定质量称量法即称量固定质量样品的方法。某些实验需要称取指定质量的试样，可采用此法。

例如，称量0.3500g药品，操作方法如下：准确称量洁净、干燥的表面皿，得质量为m，然后在天平右盘增加0.3500g环码，再用药匙逐渐加入药品，半开天平，直到所加药品只差很小质量时，便可全开天平，极小心地用左手持盛药品的药匙，伸向表面皿中心部位上方约2～3cm处，药匙的顶部在掌心上，用拇指、中指和掌心拿稳药匙，用食指轻敲药匙柄，让被称药品慢慢抖入表面皿中（图10-6），直到光幕停点与称量表面皿时的停点一致，所示质量即为$m+0.3500g$，则所称的药品质量为0.3500g。

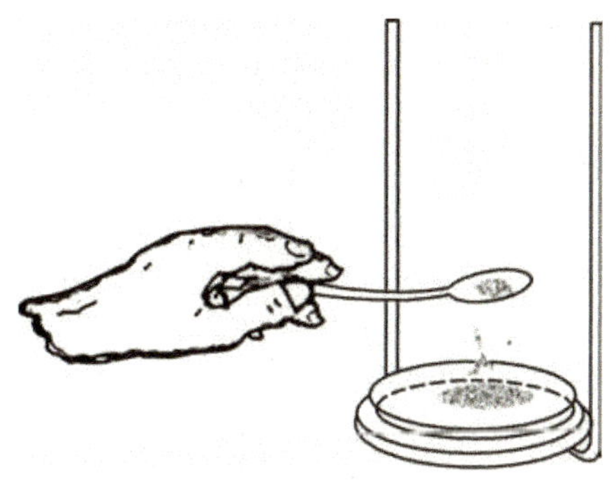

图10-6　固体质量称量法操作

小结

1. 定量分析的一般程序　定量分析主要通过试样的采集、试样的预处理、试样的分解和分离、试样的含量测定和试样定量分析结果的计算及评价五个过程来测定试样中有关组分的相对含量。

2. 定量分析的误差及分析数据的处理　定量分析误差分为系统误差和偶然误差，根据两类误差的性质、产生的原因，可以通过对照试验、空白试验、校准误差以及严格操作等方法减小误差。

在记录数据时应根据所用分析方法和仪器的精确度，正确记录有效数字位数，根据需要按"四舍六入五留双"的原则对测定数据进行修约、加减乘除运算，正确表示分析结果。

对测量值中的可以数据，应用四倍法或Q检验法判断其值的取舍，采取行之有效的方法，减小误差，提高测定结果的准确度。

3. 分析天平是根据杠杆原理设计的，是定量分析中常用的精密仪器之一。根据结构特点可分为机械天平和电子天平；按精度可分为十级。

4. 使用分析天平必须遵守使用规则。

5. 根据称量的需要，可采用直接称量法、减重称量法和固定质量称量法。

目标检测

一、名词解释

1. 绝对误差　2. 相对误差　3. 绝对偏差
4. 平均偏差　5. 相对平均偏差　6. 有效数字
7. 系统误差　8. 偶然误差　9. 减重称量法

二、填空题

1. 测量值与真实值之间的差值称为________。
2. 偏差的大小是衡量________高低的尺度。
3. 精密度是在相同条件下对同一试样多次平行测定结果________。
4. 用________代替试样溶液，在同样的条件下进行测定为空白试验。
5. 有效数字是指在分析工作中________数字。
6. 对照试验可以消除________误差。
7. 顺时针转动升降枢纽，天平________；逆时针转动升降枢纽，天平处于________状态。
8. 取放砝码必须用________夹取，同一样品分析中的几次称量，应使用________砝码。
9. 称量方法包括________、________和________三种。

三、选择题

1. 某同学由于滴定管读数偏低所造成的误差是（　　）
   A. 方法误差　B. 仪器误差
   C. 试剂误差　D. 操作误差
2. 下列数据中，具有两位有效数字的是（　　）
   A. 1.005　B. 0.0500
   C. 0.02　D. 0.0054
3. 下列数据中属于分析天平的正确读数的是（　　）
   A. 2.1305　B. 2.132

C. 2. 13　　D. 2. 13050

4. 精密度表示方法不包括(　　)

A. 绝对偏差　　B. 相对误差

C. 平均偏差　　D. 标准偏差

5. 减小偶然误差的方法是(　　)

A. 对照试验　　B. 空白试验

C. 校准仪器　　D. 多次测量求平均值

6. 滴定管读数误差为 ±0. 02mL,若滴定时用去滴定液 20. 00mL,则相对误差是(　　)

A. ±0. 1%　　B. ±0. 01%

C. ±1. 0%　　D. ±0. 001%

7. 下列哪种误差属于操作误差(　　)

A. 加错试剂

B. 溶液溅失

C. 操作人员看错砝码面值

D. 操作者对终点颜色的变化辨别不够敏锐

8. 空白试验能减小(　　)

A. 仪器误差　　B. 方法误差

C. 操作误差　　D. 试剂误差

9. 可取的实验结果是(　　)

A. 精密度差,准确度高

B. 精密度高,准确度差

C. 精密度高,准确度高

D. 系统误差小,偶然误差大

10. 用 HCl 标准溶液滴定相同体积的 NaOH 溶液时,四个学生记录的消耗 HCl 溶液体积如下,哪一个是正确的(　　)

A. 19. 100mL　　B. 19. 2mL

C. 19. 0mL　　D. 19. 10mL

11. 电光天平称得某样品质量 20. 3492g,光幕上的读数为(　　)

A. 3mg　　B. 3. 4mg

C. 9mg　　D. 9. 2mg

E. 92mg

12. 用电光天平称得某样品时,用了 10g、5g、2g、1g 砝码各一个,指数盘上的读数是 280mg,光幕的读数 0. 6mg,则此样品的质量为(　　)

A. 18. 2806g　　B. 10. 8286g

C. 18. 28006g　　D. 18. 2860g

E. 18. 6280g

13. 在 A ~ E 选项中,选择正确答案完成下列题目

A. 0mg　　B. 8. 0mg

C. 8. 8mg　　D. 80mg

E. 800mg

(1) 用半机械加码电光天平称量某物体的质量为 16. 0888g,则环码指数盘内圈的读数是(　　)

(2) 指数盘外圈的读数是(　　)

(3) 光幕上的读数是(　　)

(4) 用全机械加码电光天平称量某样物体的质量为 16. 8080g,则指数盘内圈的读数是(　　)

(5) 光幕的读数是(　　)

四、简答题

1. 误差的种类及消除误差的办法有哪些?

2. 下列数据是几位有效数字?

① 2. 0834　② 0. 0265　③ 0. 003420

④ 30. 0410　⑤ 7.6×10^{-3}　⑥ $pK_a=4.75$

⑦ 1.03×10^{-3}　⑧ 21. 02%　⑨ 0. 0036%

⑩ 0. 5%

3. 将下列数据修约成四位有效数字。

① 23. 0834　　② 0. 026524

③ 0. 013420　　④ 30. 0410

⑤ 3.62146×10^{-3}

(潘　英　刘春元　郭海立)

第11章 滴定分析法概论

学习目标

1. 了解滴定分析法的重要概念、特点和方法
2. 理解滴定分析法的基本条件,会用滴定分析的计算依据进行滴定分析的有关计算
3. 掌握标准溶液的配制、标定和浓度表示方法
4. 掌握滴定分析常用仪器的使用方法

第1节 滴定分析法的特点、分类及条件

一、滴定分析法的特点

滴定分析法又称容量分析法,是化学分析法中重要的定量分析方法之一。它是使用滴定管将一种已知准确浓度的试剂溶液滴加到被测物质的溶液中,直到所加的试剂溶液与被测物质按化学计量关系定量反应完全,然后根据试剂溶液的浓度和所消耗的体积,计算出被测物质的含量。这一类分析方法统称为滴定分析法。

已知准确浓度的试剂溶液称为标准溶液(又称滴定液)。将标准溶液从滴定管中滴加到被测物质溶液中的操作过程称为滴定。滴加的标准溶液与被测物质恰好完全反应的这一点,也就是标准物质与被测物质反应的量正好符合化学反应式的计量关系的那一点,叫做化学计量点(简称计量点)。反应到达了"计量点",就停止滴定。但在计量点时,许多反应往往没有易为人察觉的任何外部特征,因此通常在待测溶液中加入一种辅助试剂。在滴定过程中,利用它的颜色突变,作为化学计量点到达的信号,终止滴定,这种辅助试剂称为指示剂。在指示剂变色时停止滴定,这一点称为滴定终点。在实际滴定分析操作中,滴定终点和理论上的计量点往往不能恰好吻合,它们之间往往存在很小的差别,由此而引起的分析误差称为终点误差。为了减小终点误差,应选择适当的指示剂,使滴定终点尽可能接近化学计量点。

想一想:滴定时装在滴定管中的溶液可以是待测溶液吗?

滴定分析法具有以下特点:①准确度高,一般情况下相对误差在0.2%以下。②所用仪器简单、操作方便、快速。③多用于常量分析,应用非常广泛。

二、滴定分析法的分类

根据标准溶液与被测物质间所发生的化学反应的类型不同,将滴定分析法分为下列四类:

1. 酸碱滴定法　是以酸碱中和反应为基础反应的分析方法,如强酸强碱滴定的基本反应式为:

$$H^+ + OH^- = H_2O$$

常用HCl标准溶液测定碱或碱性物质,用NaOH标准溶液测定酸或酸性物质。

2. 沉淀滴定法　是以沉淀反应为基础的分析方法。这类方法在滴定的过程中,有沉淀产生。银量法是沉淀滴定法中应用最广泛的方法,此法用硝酸银为标准溶液测定卤化物、硫氰酸盐;用硫氰酸铵或硫氰酸钾为标准溶液测定银盐。反应式为:

$$Ag^+ + X^- = AgX\downarrow$$

式中，X^-为Cl^-、Br^-、I^-及SCN^-等离子。

3. 氧化还原滴定法　是以氧化还原反应为基础的分析方法。用氧化性标准溶液测定还原性物质；用还原性标准溶液测定氧化性物质。常用的方法有高锰酸钾法、碘量法等。

4. 配位滴定法　是以配位反应为基础的分析方法。应用较为广泛的是以氨羧配位剂（常用EDTA）作为标准溶液测定金属离子，反应式为：

$$M + Y = MY$$

式中，M代表金属离子；Y代表EDTA配位剂。

三、滴定分析法的基本条件

在各种类型的化学反应中，并不都能用于滴定分析，适用于滴定分析的化学反应，必须具备下述条件：

1. 反应必须能定量地完成　反应要按一定化学反应式进行完全，完全程度要求达到99.9%以上，无副反应，才能定量计算。

2. 反应速度要快　滴定反应要求在瞬间完成，对于速度较慢的反应，需要加热或加催化剂，用以加快反应速度。

3. 被测物质中的杂质不得干扰主反应，否则应预先将杂质除掉。

4. 有较简便的方法用于确定化学计量点。

第2节　标准溶液

一、标准溶液浓度的表示方法

标准溶液浓度常用物质的量浓度和滴定度表示。物质的量浓度的相关知识在第2章已经学过，下面我们学习滴定度的表示方法。

滴定度有两种表示方法：

1. 指每毫升标准溶液中所含溶质的质量（g/mL），用T_B表示。如T_{NaOH} = 0.004 000g/mL，表示1mL氢氧化钠溶液中含有0.004 000g氢氧化钠。

2. 指每毫升标准溶液能反应掉的待测物质的质量（g/mL），用$T_{B/A}$表示。式中下标B表示标准溶液的化学式，A表示被测物质的化学式。如$T_{HCl/NaOH}$ = 0.004 000g/mL，表示用HCl标准溶液滴定NaOH试样时，每1mL HCl标准溶液恰好与0.004 000g NaOH完全反应。若已知滴定度，再乘以滴定中所消耗的标准溶液的体积，就可算出被测物质的质量。公式表示为：

$$m_A = T_{B/A} \times V_B$$

例11-1　如用$T_{HCl/NaOH}$ = 0.004 000g/mL HCl标准溶液滴定NaOH溶液，消耗HCl标准溶液21.00mL，计算试样中NaOH的质量。

解：　$m_{NaOH} = T_{HCl/NaOH} \times V_{HCl} = 0.004\,000 \times 21.00 = 0.084\,00\ (g)$

答：试样中NaOH的质量为0.084 00g。

二、标准溶液的配制与标定

（一）标准溶液的配制

1. 直接配制法　准确称取一定质量的纯物质（基准物质），溶解后，定量转移到容量瓶中，准确加水稀释至标线，根据称取物质的质量和溶液的体积，即可直接计算出溶液的准确浓度。直接配制法简便，溶液配好混合均匀后便可使用。

能够用来直接配制标准溶液的纯物质叫做基准物质，它必须具备下列条件：

（1）物质的纯度要高，含量不得低于99.9%。

（2）物质的组成应与化学式完全符合，若含结晶水，其组成也应与化学式符合，如硼砂 $Na_2B_4O_7 \cdot 10H_2O$。

（3）性质稳定，如干燥时不分解，称量时不风化、不潮解、不吸收空气中的二氧化碳、不被空气氧化。

（4）最好使用相对分子质量较大的物质，因为在物质的量相同的情况下，摩尔质量越大，称取的质量就越大，称量误差就可相应减小。

2. 间接配制法　凡是不符合上述条件的物质，无法直接配制出准确浓度的标准溶液，可先配成近似浓度的溶液，再用基准物质或另一种标准溶液来确定它的准确浓度。这种利用基准物质或另一种标准溶液来确定该标准溶液浓度的操作过程称为标定。

（二）标准溶液的标定

用间接法配制的标准溶液，其准确浓度并不知道，需通过标定确定其准确浓度。标定方法主要有以下两种：

1. 基准物质标定法

（1）多次称量法：精密称取若干份同样的基准物质，分别溶于适量的水中，然后用待标定的溶液滴定，根据基准物质的质量和待标定的溶液所消耗的体积，即可计算出该溶液的准确浓度，最后取平均值作为标准溶液的浓度。

（2）移液管法：精密称取较大的一份基准物质，溶解后，定量转移到容量瓶中，稀释至刻度，摇匀。用移液管取出若干份溶液（如2～3份），用待标定的标准溶液滴定，最后取浓度的平均值作为该待标定的标准溶液的浓度。

2. 标准溶液比较法　准确吸取一定体积的待标定溶液，用某标准溶液滴定，或准确吸取一定体积的某标准溶液，用待标定的溶液进行滴定。根据两种溶液所消耗的体积及标准溶液的浓度，可计算出待标定溶液的准确浓度。这种用标准溶液来测定待标定溶液准确浓度的操作过程称为比较法标定。如果某标准溶液的浓度由于某些原因不够准确时，就会直接影响待标定溶液浓度的准确性，显然比较法不如用基准物质直接标定的方法精确，但比较法简便易行。

想一想：直接法配制的标准溶液要标定吗？

第3节　滴定分析的计算

一、滴定分析计算的依据与基本公式

（一）滴定分析计算的依据

在滴定分析中，用标准溶液（B）滴定被测物质（A）溶液时，反应物之间按照化学反应计量关系进行反应。例如，对任一滴定反应：

$$bB + aA = P(\text{生成物})$$

式中，b、a 为反应式中相应反应物的系数。当滴定到达化学计量点时，$b$mol B 恰好与 $a$mol A 完全反应，由此可推导出以下关系式：

$$a \times n_B = b \times n_A$$

即反应式中 A 的系数 a 与实际反应的 B 的物质的量 n_B 的乘积等于反应式中 B 的系数 b 与实际反应的 A 的物质的量 n_A 的乘积。这就是滴定分析计算的依据，也就是反应物 B 与 A 之间的等量关系式。

（二）滴定分析计算的基本公式

1. $$n_B = \frac{m}{M_B}$$

2. 由 $c_B = \frac{n_B}{V}$ 得到 $$n_B = c_B \times V$$

3. 被测物质含量的计算公式　设 m_s 为样品的质量，m_A 为样品中的被测组分的质量，ω_A 为被测组分的质量分数。则有：

$$\omega_A = \frac{m_a}{m_s}$$

二、滴定分析计算的一般步骤

滴定分析计算一般按下列步骤进行：①写出有关的化学反应方程式，并将其配平。②按照滴定分析计算的依据，找出被测物质与标准溶液间的等量关系式。③利用滴定分析计算的基本公式，将相关数据代入等量关系式中。④进行相关计算。

三、滴定分析计算示例

（一）用比较法标定标准溶液的浓度

例 11-2　用 0.1000mol/L 的 NaOH 标准溶液滴定 20.00mL 未知浓度的 H_2SO_4 溶液，终点时消耗 NaOH 溶液 21.10mL，问 H_2SO_4 溶液的物质的量浓度是多少？

解：写出化学反应式　$2NaOH + H_2SO_4 \xlongequal{} Na_2SO_4 + 2H_2O$

找出等量关系　$n_{NaOH} = 2n_{H_2SO_4}$

将　$n_{NaOH} = c_{NaOH} \times V_{NaOH}$

$$n_{H_2SO_4} = c_{H_2SO_4} \times V_{H_2SO_4}$$

代入关系式中，得到：$c_{NaOH} \times V_{NaOH} = 2c_{H_2SO_4} \times V_{H_2SO_4}$

$$0.1000 \times 21.10 = 2 \times c_{H_2SO_4} \times 20.00$$

$$c_{H_2SO_4} = 0.052\ 75(\text{mol/L})$$

答：H_2SO_4 溶液的物质的量浓度是 0.052 75mol/L。

（二）用基准物质标定标准溶液的浓度

例 11-3　精密称取基准物质草酸（$H_2C_2O_4 \cdot 2H_2O$）0.1500g 溶于适量水中，标定 NaOH 溶液，终点时消耗 NaOH 溶液 22.10mL，求 NaOH 溶液的浓度。

解：$$H_2C_2O_4 + 2NaOH \xlongequal{} Na_2C_2O_4 + 2H_2O$$

$$2n_{H_2C_2O_4} = n_{NaOH}$$

$$2 \times \frac{m_{H_2C_2O_4 \cdot 2H_2O}}{M_{H_2C_2O_4 \cdot 2H_2O}} = c_{NaOH} \times V_{NaOH}$$

$$2 \times \frac{0.1500}{126.07} = c_{NaOH} \times 22.10 \times 10^{-3}$$

$$c_{NaOH} = 0.1077(mol/L)$$

（三）溶液的稀释

例 11-4 现有 0.1008mol/L NaOH 溶液 500.0mL，欲将其稀释成 0.1000mol/L，应向溶液中加多少毫升水？

解：设加水量为 xmL，因为溶液稀释前后溶质的物质的量相等，则

$$0.1008 \times 500.0 = 0.1000 \times (500.0 + x)$$

$$x = 4.00(mL)$$

应向溶液中加 4.00mL 水，即得 0.1000mol/L 的溶液。

（四）用直接法配制一定浓度的标准溶液

例 11-5 用容量瓶配 0.02000mol/L 的 K_2CrO_7 标准溶液 250mL，问应称取 K_2CrO_7 多少克？

解：
$$c_B = \frac{n_B}{V} = \frac{\frac{m_B}{M_B}}{V} \qquad m_B = c_B \times V \times M_B$$

$$m_B = 0.02000 \times 0.2500 \times 294.2 = 1.4710(g)$$

答：应称取 K_2CrO_7 1.4710g。

（五）估算基准物质的称取量

例 11-6 当用无水 Na_2CO_3 标定 0.1mol/L 盐酸溶液时，欲消耗盐酸溶液 20～25mL，应称取基准物质无水 Na_2CO_3 多少克？

解：
$$2HCl + Na_2CO_3 = 2NaCl + CO_2\uparrow + H_2O$$

$$n_{HCl} = 2n_{Na_2CO_3}$$

$$V_{HCl} = 20mL \text{ 时}，0.1 \times 20 \times 10^{-3} = 2 \times \frac{m_{Na_2CO_3}}{106}$$

$$m_{Na_2CO_3} = 0.11(g)$$

$V_{HCl} = 25mL$ 时，同理可算出 $m_{Na_2CO_3} = 0.13(g)$

故应称取基准物质无水 Na_2CO_3 0.11～0.13g。

（六）被测物质含量的计算

例 11-7 用 HCl 标准溶液（0.1000mol/L）滴定 0.2010g 不纯的 K_2CO_3，完全中和时消耗 HCl 标准溶液 24.00mL，计算样品中 K_2CO_3 的含量？

解：
$$2HCl + K_2CO_3 = 2KCl + CO_2\uparrow + H_2O$$

$$n_{HCl} = 2n_{K_2CO_3}$$

$$c_{HCl} \times V_{HCl} = 2 \times \frac{m_{K_2CO_3}}{M_{K_2CO_3}}$$

$$0.1 \times 24.00 \times 10^{-3} = 2 \times \frac{m_{K_2CO_3}}{138.21}$$

$$m_{K_2CO_3} = 0.1658(g)$$

$$\omega_A = \frac{m_A}{m_s} = \frac{0.1658}{0.2010} = 0.8249$$

答：样品中 K_2CO_3 的含量为 $\omega_{K_2CO_3} = 0.8249$。

（七）物质的量浓度与滴定度的换算

例 11-8 已知 $c_{HCl} = 0.1000mol/L$，计算 T_{HCl} 及 $T_{HCl/CaO}$。

解：(1)

$$T_{HCl} = c_{HCl} \times M_{HCl} \times 10^{-3}$$
$$= 0.1000 \times 36.46 \times 10^{-3}$$
$$= 0.003\,646(g/mL)$$

(2)

$$2HCl + CaO = CaCl + H_2O$$

$$n_{HCl} = 2\,n_{CaO}$$

$$c_{HCl} \times V_{HCl} = 2 \times \frac{m_{CaO}}{M_{CaO}}$$

$$0.1000 \times 1 \times 10^{-3} = 2 \times \frac{m_{CaO}}{56.00}$$

$$m_{CaO} = 0.002\,800(g)$$

$m_{CaO} = 0.002\,800g$ 即是 1mL HCl 能反应掉的 CaO 的质量，也就是 $T_{HCl/CaO}$。

所以

$$T_{HCl/CaO} = 0.002\,800(g)/mL$$

第 4 节　滴定分析的常用仪器

滴定分析中常用的仪器主要有滴定管、容量瓶、移液管。

一、滴　定　管

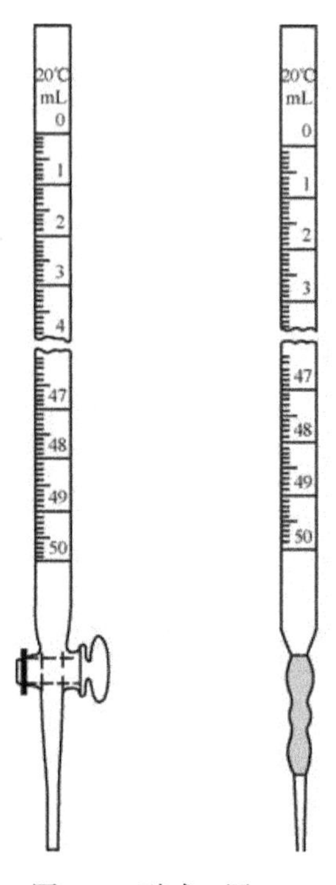

图 11-1　酸式滴定管　图 11-2　碱式滴定管

滴定管是滴定用的量器，用于准确测量滴定中消耗的标准溶液的体积，它是细长、具有精密刻度的玻璃管，管的下端有尖嘴。常用滴定管的体积为 25mL 或 50mL，最小刻度为 0.1mL，最小刻度间可估计到小数点后第二位，读数绝对误差一般为 ±0.01mL。

滴定管分为两种（图 11-1、图 11-2）。带有玻璃活塞的称为酸式滴定管，用来盛酸、酸性或氧化性溶液，不能盛放碱或碱性溶液，因其腐蚀玻璃使活塞难于转动。另一种为碱式滴定管，用来盛放碱或碱性溶液，不能盛酸或氧化性溶液，以免腐蚀橡皮管。它的下端连接一段橡皮管，管内有一小玻璃珠，用来控制溶液的流速，橡皮管下端再连接一尖嘴玻璃管。

（一）滴定管的准备

使用滴定管时，首先应检漏，若酸式滴定管漏水或活塞不润滑、活塞转动不灵活，在使用之前，应在活塞上涂上凡士林。操作方法如图 11-3 所示。若碱式滴定管漏水则须更换玻璃珠或橡皮管或尖嘴玻璃管。

滴定管检查不漏水后，进行洗涤，清洁干净的滴定管才能装标准溶液，洁净的滴定管应是将管内的水倒出后，以管的内壁不挂水珠为净。为避免滴定管中残留的水分改变标准溶液的浓度，在装溶液前，先用少量待装标准溶液润洗 2 ~ 3 次。滴定管装满溶液后，应检查管下端是否有气泡。如有气泡，打开活塞，使溶液急速下流，除去气泡。碱式滴定管，可将橡皮管向上弯曲，挤压稍高于玻璃珠所在处的橡皮管，使溶液从出口处喷出而除去气泡（图 11-4）。然后将溶液控制在零刻度或以下。

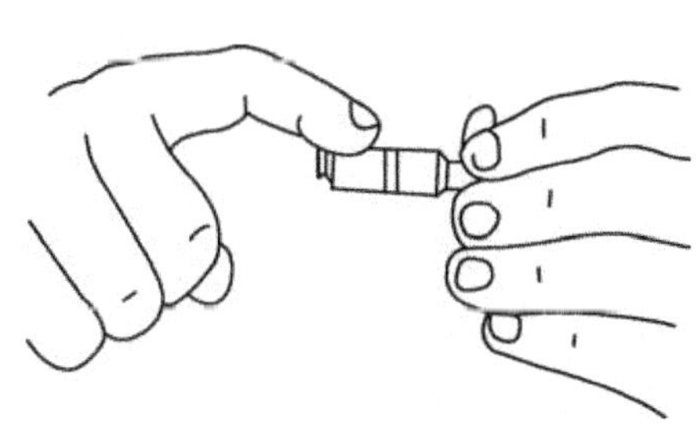

图 11-3　酸式滴定管活塞涂凡士林

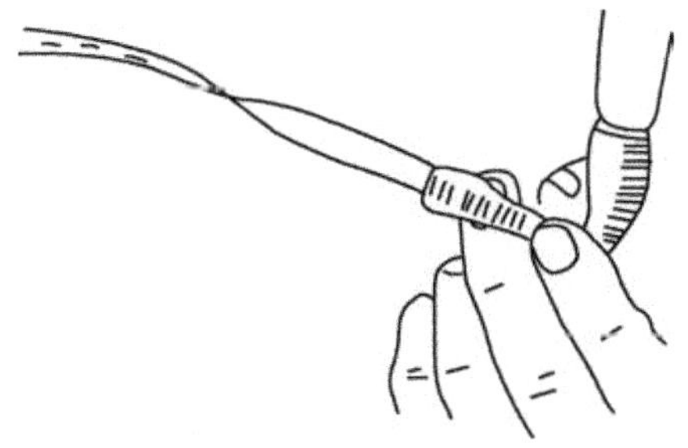

图 11-4　碱式滴定管尖嘴排气操作

（二）滴定

滴定是将标准溶液由滴定管滴加到锥形瓶或烧杯溶液中的操作过程。使用酸式滴定管时（图 11-5），左手拇指在活塞前面，食指和中指在活塞后面，灵活握住活塞柄。转动活塞时，手指微微弯曲，轻轻向里扣住，手心不要顶住小头一端，以免顶出活塞，使溶液流出。使用碱式滴定管时，左手拇指和食指挤捏玻璃珠外橡皮管，使之与玻璃珠之间形成一狭缝，溶液即可流出（图 11-6）。滴定时注意不要移动玻璃珠，也不要摆动尖嘴，以防空气进入尖嘴。

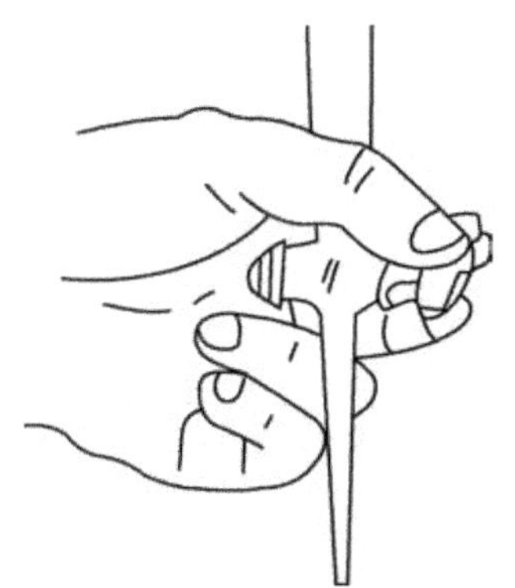

图 11-5　酸式滴定管操作

图 11-6　碱式滴定管滴定操作

滴定时，滴定管尖嘴应插入锥形瓶瓶口少许（约 1cm），左手控制溶液的流速，右手拿住锥形瓶瓶颈，向同一方向圆周运动，边滴边摇（图 11-6）。

开始滴定时，以每秒 3 ~ 4 滴为宜。近终点时，须用少量蒸馏水绕圈冲洗锥形瓶内壁，将残留在瓶壁的溶液冲下，使反应完全。同时滴定速度要放慢，每次滴加 1 滴或半滴标准溶液，不断旋摇，直至终点。仅需半滴时，微微转动活塞使溶液悬在出口管尖嘴形成半滴，并将其与锥形瓶内壁接触，再用洗瓶冲洗下来与溶液反应。

（三）滴定管的读数

读数时滴定管应保持垂直，管内的液面呈弯月形，读数时，读取弯月面最低处与刻度线的相

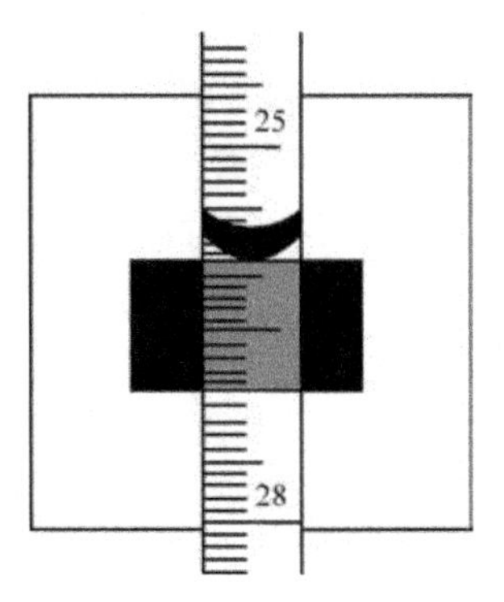

图 11-7 滴定管读数

切之点，视线与切点在同一水平线上，否则将因眼睛的位置不同得出不同读数而引起误差。也可在滴定管后面衬一张纸卡为背景，使读数清晰(图 11-7)。

深色溶液的弯液面下缘较难看清，如 $KMnO_4$ 或 I_2 溶液等，可读取液面的最上缘。

每次滴定完毕，须等 1～2min，待内壁溶液完全流下再读数，读数时应估计到 0.01mL。每次滴定的初读数和末读数必须由一人读取，以免两人的读数误差不同而引起误差的积累。

二、移液管与吸量管

移液管与吸量管(图 11-8)是用于准确移取一定体积溶液的量器。移液管又称腹式吸管。它是中部膨大、下端为细长尖嘴的玻璃管，管上只有一个刻度，常用的有 10mL、20mL、25mL、50mL 等规格，它用于准确移取一定体积的溶液。吸量管又称刻度吸管，是管身上有许多刻度的直形管，常用的有 1mL、2mL、5mL、10mL 等多种规格。这种吸管可用于准确量取刻度范围内所需体积溶液。

用移液管与吸量管移取溶液前，为了除去残留在管内的水分，先将已洗净的管子用少量待测溶液润洗 3 次。

如图 11-9 所示，吸取溶液时，左手拿洗耳球，右手将移液管插入溶液中吸取。当溶液吸至标线以上时，立即用食指将管口堵住，将管尖提离液面，用滤纸轻拭管尖外壁，然后稍松食指使液面缓缓下降至弯月面下缘与标线相切，立即按紧管口，把移液管移入稍微倾斜的容器中并同时将其竖直，使管尖与容器内壁接触。松开食指，使溶液全部流出，移液管再停留 15s 后取出。不要将管尖的液体吹出，因移液管校准时，这部分液体体积未计算在内。

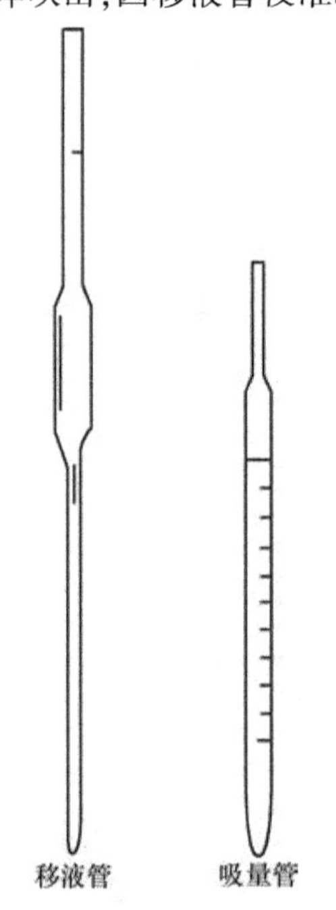

图 11-8 移液管、吸量管

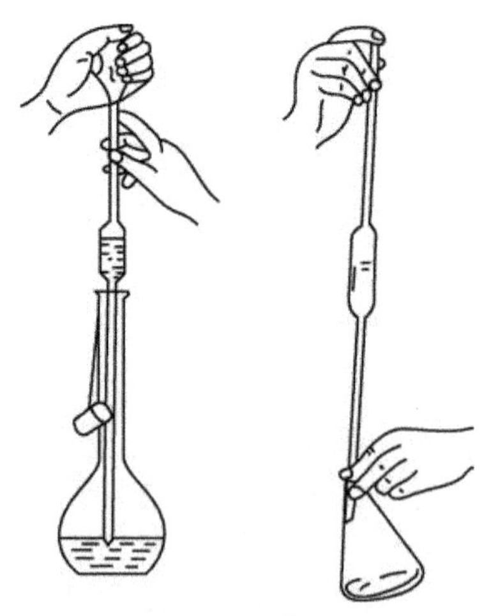

图 11-9 移液管转移溶液的操作

想一想：可以用滴定管代替移液管、吸量管量取溶液吗？
可以用量筒、量杯代替移液管、吸量管量取溶液吗？

三、容　量　瓶

容量瓶是用于准确配制和稀释溶液的容器，它是一种细长颈梨形的平底玻璃瓶，带有磨口塞或塑料塞。瓶颈上刻有环形标线，表示在所指温度下，当液体至标线时，液体体积恰好与瓶上注明的体积相等。它通常的容量瓶有 50mL、100mL、250mL、500mL、1000mL 等多种规格。

使用容量瓶之前先要检查是否漏水。方法是将容量瓶装满水，盖紧瓶塞，一手按住瓶塞，一手手指握住瓶底，将瓶倒置 1 ~ 2min，观察瓶口是否有水渗出（图 11-10），如不漏水，将瓶塞转动 180°后再试验一次，仍不漏水，即可使用。配制溶液前需先将容量瓶洗净。

如用固体为溶质配制溶液时，先将准确称量好的固体物质放在烧杯中，加少量蒸馏水溶解后，再将溶液定量转移至容量瓶中。

转移时，用一玻棒插入容量瓶中，玻棒下端接触瓶颈内壁，烧杯嘴紧靠玻棒，使溶液沿着玻棒流入容量瓶中（图 11-11），溶液全部流完后，将玻棒向上提起并同时直立，使附着在玻棒与烧杯嘴之间的溶液流回烧杯中，再用少量蒸馏水冲洗烧杯，洗液一并转入容量瓶中，重复冲洗三次。加入蒸馏水至容量瓶的 2/3 处，旋转容量瓶，使溶液混匀。

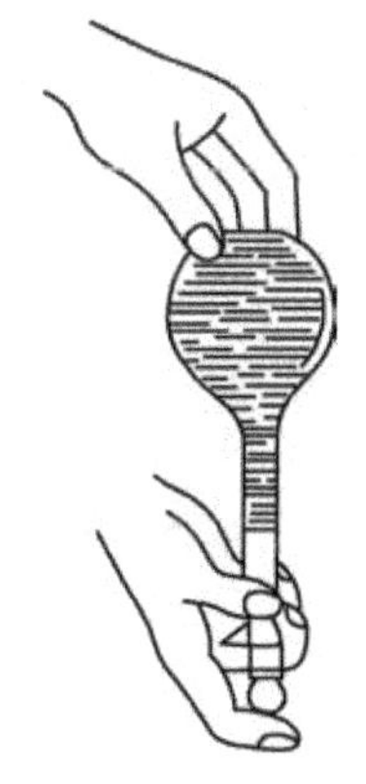

图 11-10　容量瓶检漏

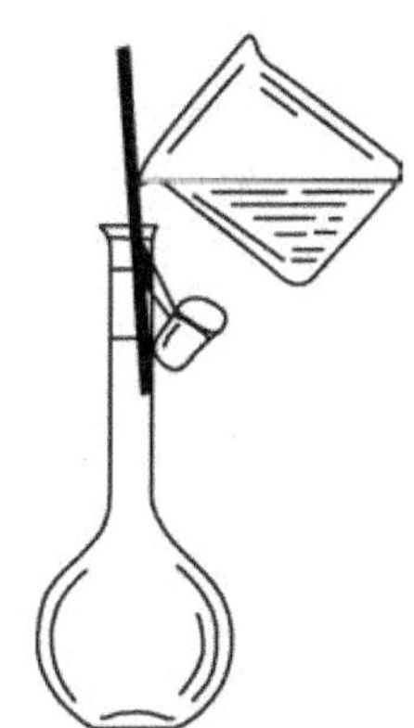

图 11-11　溶液转入容量瓶

接近标线时，要逐滴加蒸馏水，直至溶液弯月面下缘与标线相切为止。盖紧瓶塞，倒转容量瓶摇动数次，再直立，如此反复 10 ~ 20 次，使溶液充分混匀。

容量瓶不能长期存放溶液，配制好的溶液应倒入清洁干燥的试剂瓶中储存。容量瓶不能用直火加热，也不能盛放热溶液。

本章重点学习了滴定分析的基本概念、滴定分析法的条件、标准溶液浓度的表示方法、配制与标定及滴定分析计算，常用的滴定分析仪器。适用于滴定分析的化学反应必须具备一定的条件。

滴定分析是通过标准溶液的量来确定被测组分的量，标准溶液浓度的表示方法有两种：物质的量浓度和滴定度。标准溶液的配制方法有两种：直接法和间接法。凡是基准物质用直接法配制，其浓度可通过计算得到，基准物质以外的物质只能用间接法配制，其浓度需通过标定得到。

滴定分析计算的依据是：$a \times n_B = b \times n_A$。

滴定分析中常用的仪器主要有滴定管、容量瓶、移液管。

目 标 检 测

一、名词解释

1. 标准溶液 2. 滴定 3. 化学计量点 4. 滴定终点 5. 终点误差 6. 基准物质 7. 标定

二、填空题

1. 滴定分析法准确度高,一般情况下相对误差在________以下。
2. 基准物质的纯度要高,含量不得低于________。
3. 滴定管具有精密刻度,最小刻度为________。
4. 滴定管洗净的标准为________。

三、选择题

1. 说法不对的是:酸式滴定管可以盛装(　　)
   A. 酸溶液　　B. 酸性溶液
   C. 氧化性溶液　　D. 碱溶液
2. 说法不对的是:碱式滴定管的准备(　　)
   A. 检漏　　B. 涂凡士林
   C. 洗涤、润洗　　D. 排气泡
3. 下列说法错误的是(　　)
   A. 滴定管在装溶液前,先用少量待装标准溶液润洗 2~3 次
   B. 用移液管移取溶液前,洗净的移液管先用少量待吸溶液润洗 2~3 次
   C. 锥形瓶在装待测液前,先用少量待测液润洗 2~3次
   D. 锥形瓶在装待测液前,不需用待测液润洗
4. 下列说法正确的是(　　)
   A. 直接法配制标准溶液要用基准物质
   B. 间接法配制标准溶液要用基准物质
   C. 基准物质的摩尔质量一定要较大
   D. 基准物质不可用于标定
5. 下列说法不正确的是(　　)
   A. 移液管用于准确移取一定体积的溶液
   B. 容量瓶用于准确配制一定体积的溶液
   C. 量筒用于量取或配制一定体积的溶液
   D. 量筒量取或配制一定体积的溶液时,准确度比移液管、容量瓶高
6. 下列说法不正确的是(　　)
   A. 滴定时,滴定管下端应深入锥形瓶中少许
   B. 滴定管装深色溶液时,读数可读取液面的最上缘
   C. 移液管上有许多刻度
   D. 滴定度有两种表示方法

四、计算

1. 用基准物质硼砂($Na_2B_4O_7 \cdot 10H_2O$)标定盐酸溶液的浓度,精密称取 0.4325g 硼砂,用待标定的盐酸溶液滴定,终点时消耗 21.35mL,计算此盐酸溶液的浓度。
2. 已知密度为 1.19g/mL 的浓盐酸,$\omega_{HCl} = 0.36$,计算此盐酸溶液的浓度。欲配制 0.2mol/L 的盐酸溶液 500mL,应取该浓盐酸多少毫升?
3. (1) 求 0.1000mol/L HCl 溶液的滴定度 T_{HCl} 为多少?
   (2) 已知 $T_{NaOH} = 0.004\ 000$g/mL,求 c_{NaOH}的浓度。
   (3) 已知 $T_{HCl} = 0.004\ 374$g/mL,求 $T_{HCl/NaOH}$ 及 $T_{HCl/CaO}$。
4. 称取碳酸钠样品 0.1303g,溶解后用 0.1006mol/L 的 HCl 标准溶液滴定,终点时消耗该 HCl 标准溶液 23.52mL,求样品中 Na_2CO_3的含量。

(龙　海　丁秋玲)

第12章 酸碱滴定法

学习目标

1. 了解酸碱指示剂的变色原理、变色范围及影响指示剂变色的因素
2. 掌握常用酸碱标准溶液的配制和标定方法
3. 掌握酸碱滴定法的实际应用

酸碱滴定法是利用酸碱间的中和反应来测定物质含量的滴定分析方法(又称中和法),是滴定分析中的一种重要分析方法。用酸作标准溶液可以测定碱,用碱作标准溶液可以测定酸,此法可用于测定酸、碱及两性物质,是一种用途极为广泛的分析方法。其反应实质为:

$$H^+ + OH^- = H_2O$$

当一定量的相同浓度的HCl和NaOH溶液发生反应时,我们如何知道两种溶液刚好反应完全呢?

第1节 酸碱指示剂

酸碱中和反应通常外观上无任何现象变化,故常选用适当的酸碱指示剂,利用其颜色的变化来确定滴定终点。本节从酸碱指示剂的变色原理、变色范围以及影响指示剂变色范围的因素等内容进行介绍。

一、指示剂的变色原理

酸碱指示剂是一类结构复杂的有机弱酸(称酸型指示剂,用HIn表示)或有机弱碱(称碱型指示剂,用InOH表示)。指示剂在溶液中能部分电离,电离后产生与指示剂本身具有不同结构的复杂离子,并且其离子与指示剂分子具有不同的颜色。随着溶液pH的变化,引起指示剂的电离平衡移动,指示剂的结构发生改变,从而导致溶液的颜色也随之改变。

例如,酚酞是一种有机弱酸,在溶液中电离平衡和颜色变化如下:

$$HIn \rightleftharpoons H^+ + In^-$$

酸式(无色)　碱式(红色)

从上述电离平衡可以看出,若向溶液中加酸平衡向左移动,酚酞主要以酸式结构存在,溶液无色;若向溶液中加碱平衡则向右移动,酚酞主要以碱式结构存在 ,溶液为红色。

随着溶液中$[H^+]$的逐渐减少,平衡向右移动,当溶液变为碱性时,酚酞主要以碱式结构存在,溶液由无色变为红色,反之,溶液由红色变为无色。可见,酸碱指示剂的变色与溶液的pH有关。

案例12-1

甲基橙是一种有机弱碱,在溶液中的颜色变化如下:

$$InOH \rightleftharpoons OH^- + In^+$$

碱式(黄色)　　酸式(红色)

问题:试分析当溶液酸度发生改变时,电离平衡如何移动,溶液颜色如何变化?

分析:当溶液的酸度增大时,平衡向右移动,溶液由黄色变为红色;反之,溶液由红色变为黄色。

二、指示剂的变色范围

是否溶液的 pH 稍有变化或者任意变化，指示剂就能发生颜色的变化呢？这就必须了解指示剂的颜色变化与溶液 pH 的关系。

下面以酸型指示剂(HIn)为例说明指示剂的变色与溶液 pH 的关系。HIn 在溶液中的电离平衡可表示为：

$$\underset{\text{酸式色}}{HIn} \rightleftharpoons H^+ + \underset{\text{碱式色}}{In^-}$$

平衡时：

$$K_{HIn} = \frac{[H^+][In^-]}{[HIn]}$$

$$[H^+] = K_{HIn} \cdot \frac{[HIn]}{[In^-]}$$

两边取负对数得：

$$pH = pK_{HIn} - \lg \frac{[HIn]}{[In^-]} \tag{12.1}$$

式中，$[HIn]$、$[In^-]$分别为指示剂酸式色和碱式色的浓度；K_{HIn}为指示剂的电离平衡常数，在一定温度下是常数。

由上式分析可知，指示剂呈现的颜色取决于$[HIn]/[In^-]$的比值，而$[HIn]/[In^-]$的大小是由 K_{HIn}与溶液中 pH 所决定。当温度一定时，K_{HIn}是一常数，$[HIn]/[In^-]$仅为 pH 的函数。所以，指示剂的颜色只随溶液 pH 的变化而改变。但并不是溶液的 pH 有任何微小的改变，就能使人眼观察到溶液颜色的变化。在溶液中，指示剂的两种颜色同时存在，只有当两种颜色的浓度之比为 10 或 10 以上时，才能观察到其中浓度较大的那种颜色。即：

当$[HIn]/[In^-] \geqslant 10$ 时，$pH \leqslant pK_{HIn} - 1$ 时，能观察到酸式色。

当$[HIn]/[In^-] \leqslant 1/10$ 时，$pH \geqslant pK_{HIn} + 1$ 时，能观察到碱式色。

因此，当溶液的 pH 由 $pK_{HIn} - 1$ 变化到 $pK_{HIn} + 1$，人眼才能明显地观察到指示剂颜色的变化。我们把指示剂颜色变化时 pH 的范围，即 $pH = pK_{HIn} \pm 1$，称为指示剂的变色范围。

当$[HIn] = [In^-]$时(即$[HIn]/[In^-] = 1$)，代入公式(12.1)中 $pH = pK_{HIn}$，此时观察到的是指示剂的混合色，也是指示剂变色最敏锐的一点，我们将此 pH 称做指示剂的理论变色点。理想情况下，要求滴定的终点与指示剂变色点的 pH 完全相同，但实际上是无法做到的。

从指示剂的变色范围 $pH = pK_{HIn} \pm 1$ 可以看出，理论上推算指示剂的变色范围应是两个 pH 单位。但实际测得的各种指示剂的变色范围并不是两个 pH 单位，而略有差异(表 12-1)。这是因为人眼对各种颜色的敏感程度不同，以及指示剂的酸式色和碱式色相互掩盖所致。

表 12-1　常用的酸碱指示剂

指示剂	pH 范围	酸色	碱色	pK_{HIn}	配制方法
百里酚蓝(第一次变色)	1.2~2.8	红	黄	1.65	0.1% 乙醇(20%)溶液
甲基黄	2.9~4.0	红	黄	3.3	0.1% 乙醇(90%)溶液
甲基橙	3.1~4.4	红	黄	3.40	0.1% 的水溶液
溴酚蓝	3.0~4.6	黄	蓝	4.1	0.1% 乙醇(20%)溶液
溴甲酚绿	3.8~5.4	黄	蓝	4.68	0.1% 乙醇(20%)溶液
甲基红	4.4~6.2	红	黄	5.0	0.1% 乙醇(60%)溶液
中性红	6.8~8.0	红	亮黄	7.4	0.1% 乙醇(60%)溶液
酚酞	8.0~9.6	无色	红色	9.1	0.1% 乙醇(60%)溶液
百里酚蓝(第二次变色)	8.0~9.6	黄	蓝	8.9	0.1% 乙醇(20%)溶液

例如，甲基红 pK_{HIn} = 5.0，理论变色范围应为 4.0～6.0，而实际变色范围是 4.4～6.2，这是由于人的眼睛对红色较对黄色更为敏感的缘故，所以导致理论变色范围与实际变色范围不一致。

对于指示剂的选择，我们要求指示剂的变色范围越窄越好，这主要是当 pH 稍有变化时，指示剂就可立即由一种颜色变为另一种颜色，使变色敏锐，有利于提高测定的准确性。

酸碱指示剂的发现

300 多年前，英国科学家玻意耳在倾倒盐酸时，将少许酸沫飞溅到紫罗兰花瓣上，在洗掉花上的酸沫时发现紫罗兰颜色变红，当时他认为可能是盐酸使紫罗兰变色了。为进一步验证，他将大量紫罗兰放入已知的几种稀酸溶液中，结果紫罗兰都变红了。由此，他推断不仅盐酸，并且其他酸都能使紫罗兰变红，他想以后可以用紫罗兰来判别溶液是否为酸。后来，他又用其他花瓣做试验，并制成花瓣的浸液用于检验酸液，同时检验一些碱液时也出现了变色，这就是最早的石蕊试液，玻意耳把它称作指示剂。为使用方便，玻意耳将纸片用浸液浸透、烘干，使用时将纸片放入溶液中，通过纸片颜色变化判断溶液酸碱性。今天，我们使用的石蕊、酚酞试液，pH 试纸，就是根据玻意耳发现的原理研制而成。

链接

三、影响指示剂变色范围的因素

（一）温度

由于指示剂的变色范围与 K_{HIn} 有关，而 K_{HIn} 是温度的函数，因此，当温度发生变化时会使指示剂的变色范围也随之变化。例如，18℃时甲基橙的变色范围是 3.1～4.4，而 100℃时，变色范围则为 2.5～3.7。一般情况下，酸碱滴定在室温下进行。

（二）指示剂的用量

一方面指示剂的用量过多或过少，会使溶液的颜色太深或太浅，从而导致指示剂在终点时变色不敏锐。另一方面，指示剂本身是弱酸或弱碱，如果用量过多，会在滴定过程中消耗一定的滴定剂，也会导致分析结果的不准确。例如，在 50～100mL 溶液中加入 2～3 滴酚酞指示液，在 pH＝9 时出现红色；相同情况下如果加入 10～15 滴酚酞指示剂，则在 pH＝8 时出现红色。因此一般情况下，在 25mL 被测溶液中加入 1～2 滴指示剂。

（三）溶剂的性质

指示剂在不同性质的溶剂中电离程度不同，导致其变色范围不同。例如，甲基橙的水溶液中其 pK_{HIn}＝3.4，而甲醇中则为 3.8。

（四）滴定程序

滴定程序是使指示剂的颜色变化由无色变有色、由浅变深为宜，这样有利于人眼对颜色的辨别。

四、混合指示剂

单一指示剂的变色范围多数比较宽,有的指示剂在变色过程中还会出现难以辨别的过渡色。因此,在某些酸碱滴定中,为了保证分析结果的准确度,常用混合指示剂来指示滴定终点,因为混合指示剂具有变色范围窄、变色敏锐的特点。

混合指示剂由人工配制而成,配制方法有两种:一是由两种(或多种)电离常数较为接近的指示剂,按一定比例混合而成(变色间隔变窄,颜色变化敏锐)。例如,溴甲酚绿(pH 3.8 ~5.4,黄 ~ 蓝)和甲基红(pH 4.4 ~6.2,红 ~ 黄)按3:1 混合配制后,在 pH5.0 ~5.2 范围内从酒红变为绿色,当 pH 为 5.1 时呈现灰色,变色范围窄,变色敏锐,易于观察。二是一种酸碱指示剂与一种惰性染料(颜色不随 pH 变化,非酸碱指示剂)混合而成,由于两者颜色互补而使终点颜色变化明显,但不改变指示剂变色范围。如甲基橙(pH 3.1 ~4.4,红 ~ 黄)和靛蓝染料(蓝色)配制的混合指示剂(靛蓝在滴定过程中不变色,只作为甲基橙变色的背景),颜色变化由紫色变为绿色,在 pH 为 4.1 时呈近乎无色的灰白色,更易于观察。常用的混合指示剂如表 12-2 所示。

表 12-2　常用的混合指示剂

序号	指示剂	浓度	组成	变色点	酸色	碱色
1	甲基黄	0.1% 乙醇溶液	1:1	3.28	蓝紫	绿
	亚甲基蓝	0.1% 乙醇溶液				
2	甲基橙	0.1% 水溶液	1:1	4.3	紫	绿
	苯胺蓝	0.1% 水溶液				
3	溴甲酚绿	0.1% 乙醇溶液	3:1	5.1	酒红	绿
	甲基红	0.2% 乙醇溶液				
4	中性红	0.1% 乙醇溶液	1:1	7.0	蓝紫	绿
	亚甲基蓝	0.1% 乙醇溶液				
5	中性红	0.1% 乙醇溶液	1:1	7.2	玫瑰色	绿
	溴百里酚蓝	0.1% 乙醇溶液				
6	酚酞	0.1% 乙醇溶液	1:2	8.9	绿	紫
	甲基绿	0.1% 乙醇溶液				
7	酚酞	0.1% 乙醇溶液	1:1	9.9	无色	紫
	百里酚酞	0.1% 乙醇溶液				

酸碱滴定及指示剂的选择

酸碱滴定通常分为四种情况:强酸强碱滴定、强酸滴定弱碱、强碱滴定弱酸、多元酸(碱)的滴定。强酸、强碱一般可直接滴定,但弱酸、弱碱电离度小,K_a(酸电离常数)和 K_b(碱电离常数)则是酸、碱的电离强度指标。只有当 $c_a \cdot K_a \geqslant 10^{-8}$ 或 $c_b \cdot K_b \geqslant 10^{-8}$ 时,弱酸或弱碱就可以被准确滴定,一般相对误差≤0.2% 。多元酸(碱)是分步电离,如果相邻的电离常数之比大于 10^4,就可以进行分步滴定。

酸碱反应完全时溶液不一定呈中性。强酸滴定弱碱,化学计量点时溶液显酸性,应选择酸性范围变色的指示剂;强碱滴定弱酸,化学计量点时溶液显碱性,应选择碱性范围变色的指示剂。指示剂的变色范围要恰好接近酸碱中和时溶液的 pH。

链接

第 2 节　酸碱标准溶液的配制与标定

酸碱滴定法中，通常将 HCl、H_2SO_4、NaOH 等配制成标准溶液，其中最常用的标准溶液是 HCl 和 NaOH 溶液。HCl 和 NaOH 标准溶液的浓度一般配成 0. 1mol/L，H_2SO_4 标准溶液的浓度常配成 0. 05mol/L。若浓度过大易造成试剂浪费，若太稀则滴定终点不明显，终点误差大。以上物质均不是基准物质，无法配制成准确浓度的溶液，先配成近似浓度，然后用基准物质标定。

一、NaOH 标准溶液(0. 1mol/L)的配制与标定

(一) 配制

固体 NaOH 具有很强的吸湿性，易吸收空气中的水分和 CO_2，生成少量 Na_2CO_3，且含少量的硅酸盐、硫酸盐和氯化物等，因而不能直接配制成标准溶液，只能采用间接法配制。又由于 Na_2CO_3 在饱和氢氧化钠溶液中不易溶解可沉于瓶底，因此，通常将 NaOH 配成饱和溶液，取上层清液稀释成所需浓度的溶液。以配制 0. 1mol/L NaOH 标准溶液 1000mL 为例。

具体步骤：取固体 NaOH 适量，加水溶解形成饱和溶液，置于聚乙烯塑料瓶中，静置数日，澄清备用。取澄清的 NaOH 饱和溶液 5. 6mL 置于 1000mL 量杯中，用新煮沸放冷的蒸馏水(除去 CO_2)稀释至刻线，搅拌均匀。倒入塑料瓶中，密塞保存。

(二) 标定

标定 NaOH 的基准物质有邻苯二甲酸氢钾、草酸等。以邻苯二甲酸氢钾标定 NaOH 为例，反应如下：

$$C_6H_4(COOH)(COOK) + NaOH \rightleftharpoons C_6H_4(COONa)(COOK) + H_2O$$

滴定时选酚酞作指示剂。

具体步骤：取在 105 ~ 110℃干燥至恒重的基准邻苯二甲酸氢钾 0. 6g，精密称定，置于锥形瓶中，加新煮沸冷却的蒸馏水 50mL 使其溶解(溶解速度较慢)，加酚酞指示剂 2 滴，用待标定的 NaOH 滴定至溶液出现粉红色(30s 内不褪色)，即为终点。记录所消耗的 NaOH 体积。按下式计算 NaOH 标准溶液的浓度：

$$c_{NaOH} = \frac{m_{KHC_8H_4O_4}}{V_{NaOH}M_{KHC_8H_4O_4}}$$

邻苯二甲酸氢钾易得纯品，不含结晶水，不吸湿，易于保存，并且摩尔质量较大(204. 2g/mol)，是目前标定碱的理想基准物质。用草酸($H_2C_2O_4 \cdot 2H_2O$)标定 NaOH 时，草酸与 NaOH 溶液按 1∶2(物质的量之比)定量反应，选酚酞作指示剂。草酸虽然便宜，但含结晶水不稳定，纯度不理想，故较少使用。

二、HCl 标准溶液(0. 1mol/L)的配制与标定

(一) 配制

市售浓盐酸易挥发，HCl 含量不稳定，且常含有杂质，因此采用间接法配制。

案例 12-2

配制 0.1mol/L HCl 标准溶液 1000mL，需要市售浓盐酸（浓度为 12mol/L）的多少体积。

提示：8.3mL。

为了使配制的盐酸标准溶液浓度不低于 0.1000mol/L，通常实际取用量比计算量要多一些，取 9.0mL。

具体步骤：用洁净的量筒取浓盐酸 9.0mL，倒入干净的量杯中，加蒸馏水稀释成 1000mL，混合均匀，倒入试剂瓶中，密塞待标定。

（二）标定

标定 HCl 溶液常用的基准物质是无水碳酸钠及硼砂。以无水碳酸钠标定 HCl 溶液为例，其反应式如下：

$$Na_2CO_3 + 2HCl \xlongequal{} 2NaCl + H_2O + CO_2\uparrow$$

具体步骤：取在 270～300℃ 干燥至恒重的基准无水碳酸钠 0.15g，精密称定，置于锥形瓶中，加蒸馏水 50mL 使其溶解，加甲基红-溴甲酚绿混合指示剂 10 滴，用待标定的 HCl 标准溶液滴定至溶液由绿色变为紫红色时，为使终点敏锐，煮沸 2min（除去 CO_2），此时颜色又回到绿色，冷却后继续滴定到暗紫色。终点时记录所消耗 HCl 溶液的体积，按下式计算盐酸的准确浓度：

$$c_{HCl} = \frac{m_{Na_2CO_3}}{\frac{1}{2}V_{HCl}M_{Na_2CO_3}}$$

无水碳酸钠容易纯制，价格便宜，但有强烈吸湿性，使用前需在 270～300℃ 下干燥约 1h，然后置于干燥器中冷却备用。硼砂（$Na_2B_4O_7 \cdot 10H_2O$）无吸湿性，也容易纯制。缺点是在空气中容易风化，要保存在相对湿度为 60% 的恒温器中。用 0.05mol/L 的硼砂标定 0.1mol/L HCl 溶液，选甲基红为指示剂。

第 3 节　酸碱滴定法的应用

酸碱滴定法在工农业生产和医药卫生等方面都有着非常重要的意义。三酸（硫酸、盐酸、硝酸）、二碱（纯碱和烧碱）是重要的化工原料，它们都用此法分析。例如测定油脂的酸值（酸值表示油脂的新鲜程度），可用氢氧化钾溶液滴定油脂中的游离酸，得到 1g 油脂消耗多少毫克氢氧化钾的数据，用以判断油脂是否变质。很多药物是有机弱碱，可以在冰醋酸介质中用高氯酸测定其含量。测定血浆中 HCO_3^- 的含量，可为临床诊断作参考。

酸碱滴定法按滴定方式可分为直接滴定法和间接滴定法。

一、直接滴定法

凡 $c \cdot K_a(K_b) \geq 10^{-8}$ 的酸或碱都可以用直接滴定法测定。

（一）食醋总酸量的测定

醋酸是一种重要的农产加工品，又是合成有机农药的一种重要原料。而食醋中的主要成分是醋酸,也有少量其他有机弱酸,如乳酸等。可用 NaOH 标准溶液直接滴定,测定其总酸量,并用含量最多的醋酸来表示。滴定反应如下:

$$NaOH + HAc \longequal NaAc + H_2O$$

用移液管移取 10.00mL 食醋样品,置于 100mL 容量瓶中,加入不含 CO_2 的蒸馏水稀释至刻度线,混合均匀。用移液管从容量瓶中移取稀释后的样品溶液 25.00mL,置于锥形瓶中,加酚酞指示剂 1 ~2 滴,用 NaOH 标准溶液滴定至淡红色,且 30s 内不褪色即为终点,记录消耗 NaOH 体积,按下式计算食醋样品溶液的总酸量:

$$\rho_{HAc} = \frac{c_{NaOH}V_{NaOH}M_{HAc}}{V \times (25.00/100.0)}$$

(二) 混合碱的分析

烧碱的主要成分是 NaOH,但是由于在生产和储存过程中,吸收空气中的 CO_2,因此,实际使用中烧碱为 NaOH 和 Na_2CO_3 的混合碱,测定烧碱含量的同时,还要测定 Na_2CO_3 的含量。可采用双指示剂法直接滴定(两种指示剂、两个滴定终点),以 HCl 为标准溶液,将混合物的含量分别测定出来。

精密称取质量为 m_s 的样品,用适量的新煮沸的冷蒸馏水溶解后,加入酚酞指示剂,用浓度为 c 的 HCl 标准溶液滴定至红色刚刚消失时,第一计量点到达,此时 Na_2CO_3 只被滴定至 $NaHCO_3$,而 NaOH 全部被滴定完,记录消耗 HCl 体积 V_1;再加入甲基橙指示剂,继续用 HCl 滴定至溶液显橙色,第二计量点到达,这时 $NaHCO_3$ 全部生成 H_2O 和 CO_2,记录此时所消耗的 HCl 体积 V_2。滴定过程图解如下:

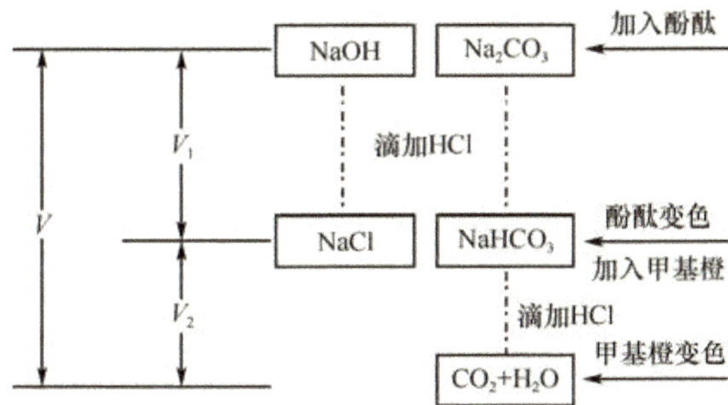

NaOH 和 Na_2CO_3 的含量按下式计算:

$$\omega_{NaOH} = \frac{c_{HCl}(V_1 - V_2)M_{NaOH}}{m_s}$$

$$\omega_{Na_2CO_3} = \frac{\frac{1}{2}c_{HCl} \times 2V_2M_{Na_2CO_3}}{m_s}$$

二、间接滴定法

有些物质虽然具有酸碱性,但是溶解性较差;有些物质酸碱性很弱,不能直接跟强酸(碱)反应,因此,不能直接滴定,只能采用间接滴定法进行测定。间接滴定法通常有两种滴定方式:一种是向被测样品中加入过量的某种物质,使其发生化学反应生成更强的酸(碱),再用碱、酸标准溶液滴定,从而间接求出被测物的量。另一种是先向被测样品中加入准确过量的一种酸 A(碱 A)标准溶液,待反应完全后,再加入另一种碱 B(酸 B)标准溶液回滴剩余的酸 A(碱 A),从而间接求出被测物质的量。

（一）药用硼酸的含量测定

硼酸（H_3BO_3）在医药上用做消毒剂和防腐剂，其酸性极弱（$pK_a = 9.24$），故不能用碱标准溶液直接滴定，但硼酸能与多元醇（如甘油、甘露醇）反应生成酸性较强的配合酸（$pK_a = 4.26$），配合酸可与 NaOH 直接反应，因此可用 NaOH 标准溶液间接滴定 H_3BO_3，选酚酞作指示剂。

$$2\begin{matrix}H_2C-OH\\ | \\ HC-OH\\ | \\ H_2C-OH\end{matrix} + H_3BO_3 = \left(\begin{matrix}H_2C-OH & OH-C_2H\\ HC-O \quad & \quad O-CH\\ & B & \\ H_2C-O \quad & \quad O-C_2H\end{matrix}\right)^- + H^+ + 3H_2O$$

精密称取质量为 m_s 的样品，在一定量甘油的存在下，以酚酞作指示剂，用 NaOH 标准溶液滴定至溶液出现淡红色即为终点。按下式计算 H_3BO_3 的含量：

$$\omega_{H_3BO_3} = \frac{c_{NaOH}V_{NaOH}M_{H_3BO_3}}{m_s}$$

（二）血浆中 HCO_3^- 的浓度测定

血浆中 HCO_3^- 的浓度测定是判断机体酸碱平衡的重要参数之一，同时也是了解肾小球功能的常用指标。

准确量取一定量的血浆样品，加入过量的 HCl 标准溶液，使其与血浆中的 HCO_3^- 作用生成 CO_2，再用 NaOH 标准溶液回滴剩余的 HCl，以酚红（pH 6.8～8.4，黄色～红色）为指示剂指示滴定终点。根据 NaOH 的消耗量，计算血浆中 HCO_3^- 浓度。相关反应及计算公式如下：

$$HCO_3^- + HCl(过量) = Cl^- + H_2O + CO_2\uparrow + HCl(剩余)$$

$$HCl(剩余) + NaOH = NaCl + H_2O$$

$$c_{HCO_3^-} = \frac{c_{HCl}V_{HCl} - c_{NaOH}V_{NaOH}}{V_{HCO_3^-}}$$

小结

酸碱滴定法是以酸碱反应为基础的定量分析方法，通过酸碱指示剂颜色的变化判定酸碱是否定量反应完全。

酸碱指示剂变色的原理是当溶液 pH 改变时，指示剂发生电离，结构发生变化，引起溶液颜色的变化。

$pH = pK_{HIn} \pm 1$ 为指示剂的理论变色范围，并且指示剂的理论变色范围与实际变色范围存在差异。

最常用的酸碱标准溶液是 HCl 和 NaOH 溶液，通常采用间接法配制标准溶液。标定 HCl 溶液常用的基准物质是无水碳酸钠和硼砂，标定 NaOH 溶液常用的基准物质有邻苯二甲酸氢钾、草酸等。

目标检测

一、填空题

1. 酸碱指示剂的变色范围为________。
2. 标定盐酸标准常用的基准物质是________和________，标定氢氧化钠标准溶液常用的基准物质有________和________。

二、选择题

1. 某酸碱指示剂的 $K_{HIn}=1.0\times10^{-5}$，则从理论上推算其 pH 变色范围是(　　)
   A. 4 ~ 5　　B. 5 ~ 6
   C. 4 ~ 6　　D. 5 ~ 7
2. 无水碳酸钠标定盐酸时应选用下列哪种指示剂(　　)
   A. 酚酞　　B. 甲基橙
   C. 甲基红　　D. 百里酚酞
3. 酸碱完全中和时(　　)
   A. 酸与碱的物质的量一定相等
   B. 酸与碱的质量相等
   C. 酸所能提供的 H^+ 和碱所能提供的 OH^- 的物质的量相等
   D. 溶液呈中性
4. 关于酸碱指示剂，下列说法错误的是(　　)
   A. 指示剂本身是有机弱酸或弱碱
   B. 指示剂的变色范围越窄越好
   C. HIn 与 In^- 的颜色差异越大越好
   D. 指示剂的理论变色范围与实际变色范围一致
5. 配制 NaOH 标准溶液，以下操作正确的是(　　)
   A. 先配成饱和溶液，装于聚乙烯塑料瓶中，密塞、放置数日再标定
   B. 标定时用煮沸并冷却过的蒸馏水
   C. 用酚酞作指示剂
   D. A + B + C

三、简答题

1. 酸碱指示剂的变色原理？影响指示剂的变色范围因素有哪些？
2. 常用酸碱标准溶液的浓度为什么不宜太浓或太稀？

四、计算题

1. 取 25.00mL 苯甲酸溶液，用 0.1000mol/L 的 NaOH 标准溶液滴定，到达滴定终点时消耗 NaOH 溶液 20.65mL。计算苯甲酸的浓度。
2. 称取纯 Na_2CO_3 粉末 0.8480g，并加入纯固体 NaOH 0.2400g，将其配制成溶液定容至 200mL，从中移取 50.00mL，用 0.1000mol/L HCl 标准溶液滴定至酚酞变色，需要 HCl 多少体积？若再加入甲基橙指示剂，继续滴定至溶液变色，还需要加入多少 HCl 标准溶液？（已知 $M_{Na_2CO_3}$ = 105.99g/mol，M_{NaOH} = 40.00g/mol）

（张慧莉　丁秋玲）

第13章 沉淀溶解平衡与沉淀滴定法

学习目标

1. 理解难溶电解质溶度积常数的概念和溶度积规则
2. 掌握沉淀生成、溶解和转化的条件
3. 理解莫尔法和法扬斯法原理与应用条件
4. 掌握硝酸银标准溶液的配制与标定方法

沉淀溶解平衡是一种重要的化学平衡,遵循化学平衡原理。本章通过学习难溶电解质溶度积常数的概念和溶度积规则等原理,进一步学习沉淀生成、溶解和转化,学习沉淀溶解平衡原理在沉淀滴定中的实际应用。

第1节 难溶电解质的沉淀溶解平衡

一、沉淀溶解平衡和溶度积

在一定温度下,难溶电解质 AgCl 的水溶液中,少量 AgCl 电离成 Ag^+、Cl^- 形成溶液的过程,为沉淀溶解过程;另一方面,溶液中的部分 Ag^+、Cl^- 结合成 AgCl 而析出的过程,为沉淀生成过程。当沉淀溶解的速率和沉淀生成的速率相等时,达到动态平衡,形成 AgCl 饱和溶液,这种平衡就称为沉淀溶解平衡。表示为:

$$AgCl\,(固) \rightleftharpoons Ag^+ + Cl^-$$

沉淀溶解平衡遵循化学平衡原理,故有:

$$K_i = \frac{[Ag^+][Cl^-]}{[AgCl](固)} \text{ 或 } K_i[AgCl](固) = [Ag^+][Cl^-]$$

一定温度下,K_i 是常数,AgCl 是固体,[AgCl](固)也可看作常数。所以,K_i[AgCl](固)的积也为常数,用 K_{sp} 表示。

$$K_{sp} = [Ag^+][Cl^-]$$

在难溶电解质的饱和溶液中,当温度一定时,相关离子浓度的乘积是一个常数,称为溶度积常数,用 K_{sp} 表示,简称溶度积。它的大小与物质的溶解度有关。

对于电离出两个或两个以上相同离子的难溶电解质,其 K_{sp} 的公式中各离子浓度项,应取其电离方程式中该离子的系数为指数,例如:

$$Fe(OH)_3(固) \rightleftharpoons Fe^{3+} + 3OH^- \qquad K_{sp} = [Fe^{3+}][OH^-]^3$$

几种难溶电解质的溶度积常数见表13-1。

表13-1 难溶电解质的溶度积常数(25℃)

名　称	化学式	溶度积 K_{sp}
氯化银	AgCl	1.8×10^{-10}
溴化银	AgBr	5.0×10^{-13}
碘化银	AgI	8.3×10^{-17}

续表

名　称	化学式	溶度积 K_{sp}
铬酸银	Ag_2CrO_4	1.12×10^{-12}
碳酸钡	$BaCO_3$	5.1×10^{-9}
硫酸钡	$BaSO_4$	1.1×10^{-10}
铬酸钡	$BaCrO_4$	1.2×10^{-10}
碳酸钙	$CaCO_3$	3.36×10^{-9}
草酸钙	CaC_2O_4	1.46×10^{-10}
硫化铜	CuS	6.3×10^{-36}
氢氧化亚铁	$Fe(OH)_2$	8.0×10^{-16}
氢氧化铁	$Fe(OH)_3$	4.0×10^{-38}
氢氧化镁	$Mg(OH)_2$	5.61×10^{-12}
碘化铅	PbI_2	7.1×10^{-9}
硫化铅	PbS	8.0×10^{-28}

例 13-1　难溶电解 AgCl 在 25℃时的溶解度为 1.34×10^{-5}mol/L，计算 AgCl 的溶度积。

解：已知 AgCl 的溶解度为 1.34×10^{-5}mol/L

根据　$AgCl\,(固) \rightleftharpoons Ag^+ + Cl^-$

平衡时

$$[Ag^+] = [Cl^-] = 1.34\times10^{-5}(mol/L)$$

$$K_{sp} = [Ag^+][Cl^-] = 1.34\times10^{-5}\times1.34\times10^{-5} = 1.8\times10^{-10}$$

所以，AgCl 的溶度积为 1.8×10^{-10}。

例 13-2　计算 25℃时的 AgI 的溶解度。

解：设 AgI 的溶解度为 x，查表得 AgI 的 $K_{sp} = 8.3\times10^{-17}$

根据　$AgI_{(固)} \rightleftharpoons Ag^+ + I^-$

平衡时各离子浓度(mol/L)：　x　x

即平衡时　$[Ag^+] = [I^-] = x$mol/L

$$K_{sp} = [Ag^+]\cdot[I^-] = 8.3\times10^{-17}$$

$$x^2 = 8.3\times10^{-17}$$

$$x = 9.11\times10^{-9}(mol/L)$$

故 AgI 的溶解度为 9.11×10^{-9} mol/L。

二、溶度积规则

根据难溶电解质的溶度积，可以判断难溶电解质溶液在一定的条件下沉淀能否生成或溶解。

在难溶电解质溶液中，离子浓度的乘积称为离子积，用 Q 表示。Q 的表达式和 K_{sp} 表达式相同，但两者的含义有区别。

例如：Ag_2CrO_4 溶液中，离子积 $Q = [Ag^+]^2\cdot[CrO_4^{2-}]$，是表示任何情况下的离子浓度的乘

积。溶度积 $K_{sp}=[Ag^+]^2\cdot[CrO_4^{2-}]$是表示饱和溶液中离子浓度的乘积。只有溶液处于饱和状态时，才有 Q 和 K_{sp}数值相等。

在同一难溶电解质溶液中，Q 和 K_{sp}有如下规则：

（1）$Q<K_{sp}$是不饱和溶液，无沉淀析出，仍可溶解固体，直至饱和（平衡）。

（2）$Q=K_{sp}$是饱和溶液，无沉淀析出，沉淀与溶解达到动态平衡。

（3）$Q>K_{sp}$是过饱和溶液，有沉淀析出，直至饱和（平衡）。

以上规则称为溶度积规则，也叫溶度积原理。需要说明的是，有时根据计算结果，$Q>K_{sp}$应有沉淀析出，肉眼却观察不到沉淀，是因为有过饱和现象或沉淀极少的缘故。另外，有时加入过量沉淀剂时，由于生成配合物而不能生成沉淀。

例 13-3 实验测得某水样中 Mg^{2+}离子浓度为 1×10^{-3} mol/L，调节该水样的 pH = 9 时，是否产生沉淀？若调节 pH = 11 呢？若要 Mg^{2+}完全沉淀（Mg^{2+}浓度≤10^{-6} mol/L 可视为沉淀完全），则需把水样的 pH 调节到什么程度？

解：当调节溶液的 pH = 9 时，溶液的$[H^+]=10^{-9}$ mol/L，则有

$$[OH^-][H^+]=10^{-14}$$

$$[OH^-]=\frac{10^{-14}}{10^{-9}}=10^{-5}(\text{mol/L})$$

$$Mg(OH)_2 \rightleftharpoons Mg^{2+}+2OH^-$$

调节溶液的 pH = 9 时的离子积为

$$Q=[Mg^{2+}][OH^-]^2=1\times10^{-3}\times(10^{-5})^2=1\times10^{-13}(\text{mol/L})$$

已知氢氧化镁的溶度积 $K_{sp}=5.61\times10^{-12}$，因 $Q<K_{sp}$，所以溶液中没有沉淀产生。

当调节溶液的 pH = 11 时，则溶液$[OH^-]=1\times10^{-3}$ mol/L

$$Q=[Mg^{2+}][OH^-]^2=1\times10^{-3}\times(10^{-3})^2=1\times10^{-9}(\text{mol/L})$$

因 $Q>K_{sp}$，所以溶液中有沉淀产生。

若使水样中 Mg^{2+}完全沉淀时，$[Mg^{2+}]=10^{-6}$ mol/L

$$K_{sp}=[Mg^{2+}][OH^-]^2=5.61\times10^{-12}$$

$$[OH^-]^2=\frac{5.61\times10^{-12}}{1\times10^{-6}}=5.61\times10^{-6}(\text{mol/L})$$

$$[OH^-]=2.37\times10^{-3}\ \text{mol/L},\qquad 则\ pOH=2.63$$

$$pH=14-pOH=14-2.63=11.37$$

要使 Mg^{2+}完全沉淀，需将该水样的 pH 调节到 11.37 以上。

由上例可知，通过增大 OH^-浓度，可使 Mg^{2+}沉淀完全。其实是同离子效应的作用所致。在难溶电解质饱和溶液中，加入与难溶液电解质具有相同离子的易溶强电解质，可使难溶电解质的溶解度减小的效应称为沉淀-溶解平衡中的同离子效应。例如，在 AgCl 饱和溶液中加入 NaCl，存在着 AgCl 的沉淀-溶解平衡，NaCl 在溶液中完全电离为 Na^+和 Cl^-。电离式表示如下：

$$AgCl\ (固) \rightleftharpoons Ag^+ + Cl^-$$

$$NaCl = Na^+ + Cl^-$$

可见，由于加入 NaCl 电解质，溶液中 Cl^-浓度增大，$Q>K_{sp}$，AgCl 的原有沉淀-溶解平衡受到破坏，向左移动，生成了更多的 AgCl 沉淀，直至 $Q=K_{sp}$，建立起新的平衡，结果导致 AgCl 的溶解度减小。

三、沉淀的生成、溶解和转化

（一）沉淀的生成

根据溶度积规则，在难溶电解质溶液中，当 $Q > K_{sp}$ 时，沉淀与溶解平衡就向生成沉淀方向移动。因此，要生成沉淀就要增加难溶电解质离子的浓度，使离子积大于溶度积。

案例 13-1

蒸馏水中检查氯化物的允许限量时，取水样 50mL，加稀硝酸 5 滴和 0.1mol/L $AgNO_3$ 试液 1mL，静置半分钟，以溶液不发生浑浊为限。

问题：

1. 加入硝酸的作用是什么？
2. 蒸馏水中$[Cl^-]$大于什么值时，检查时会浑浊？
3. 蒸馏水中$[Cl^-]$小于什么值时，检查时不会浑浊？

例 13-4 将 0.001mol/L NaCl 和 0.001mol/L $AgNO_3$ 溶液等体积混合，是否有 AgCl 沉淀生成？（AgCl 的 $K_{sp} = 1.8 \times 10^{-10}$）

解：两溶液等体积混合，体积增大一倍，浓度减小一半

$$[Ag^+] = [Cl^-] = 1/2 \times 0.001 = 0.0005(\text{mol/L})$$

在混合溶液中，有

$$Q = [Ag^+][Cl^-] = 0.0005 \times 0.0005 = 2.5 \times 10^{-7}$$

因为 $Q > K_{sp}$，所以有 AgCl 沉淀生成。

如果溶液中含有两种或两种以上离子均能跟同一种沉淀剂生成沉淀，当加入这种沉淀剂时，沉淀是同时生成还是按先后顺序生成？

【演示实验 13-1】 取 0.02mol/L 氯化钠溶液 20mL，0.02mol/L 碘化钠溶液 20mL 混合后，逐滴加入 1mol/L $AgNO_3$ 的溶液。观察现象。

结果先生成黄色沉淀 AgI，而后才生成白色沉淀 AgCl。

对于同一类型的难溶电解质 AgCl、AgI 沉淀析出的顺序是溶度积小的 AgI 先沉淀，溶度积大的 AgCl 后沉淀，这种按先后顺序分别沉淀的现象叫做分步沉淀。

（二）沉淀的溶解

根据溶度积规则，在难溶电解质溶液中，当 $Q < K_{sp}$ 时，沉淀与溶解平衡就向沉淀溶解方向移动。因此，要使沉淀溶解就必须降低该难溶电解质饱和溶液中某一离子的浓度，使离子积小于溶度积。

使难溶电解质饱和溶液中某一离子浓度降低的主要办法有三种：

1. 生成弱电解质使沉淀溶解 大多数难溶于水的氢氧化物、碳酸盐等都能溶于强酸。例如 $Mg(OH)_2$ 可溶于盐酸

$$\begin{array}{rcl} Mg(OH)_2 \rightleftharpoons Mg^{2+} & + & 2OH^- \\ & & + \\ 2HCl = 2Cl^- + & & 2H^+ \\ & & \Downarrow \\ & & 2H_2O \end{array}$$

盐酸电离产生的 H^+ 与难溶电解质 $Mg(OH)_2$ 电离产生的 OH^- 结合生成弱电解质水，降低了溶液中 OH^- 浓度，使 $Mg(OH)_2$ 溶液中的 $Q<K_{sp}$，破坏了 $Mg(OH)_2$ 原有的沉淀溶解平衡，促使平衡向沉淀溶解的方向移动。如果加入的盐酸足够多，就可使用 $Mg(OH)_2$ 沉淀不断溶解，直至全部溶解。

2. 通过氧化还原反应使沉淀溶解　硫化铜（CuS）沉淀难溶于盐酸和稀硫酸，可以通过加入稀硝酸，利用氧化还原反应促使沉淀溶解。反应式如下：

$$3CuS + 8HNO_3 \xlongequal{} 3Cu(NO_3)_2 + 3S\downarrow + 2NO\uparrow + 4H_2O$$

这是因为 S^{2-} 被硝酸氧化成 S 沉淀出来，导致溶液中 S^{2-} 浓度降低，使 $Q<K_{sp}$，沉淀溶解。

3. 生成配合物使沉淀溶解　向 AgCl 沉淀中加入氨水，沉淀溶解。反应式为：

$$AgCl + 2NH_3 \cdot H_2O \xlongequal{} [Ag(NH_3)_2]Cl + 2H_2O$$

由于生成了更难离解的配离子 $[Ag(NH_3)_2]^+$，Ag^+ 浓度降低，离子积小于溶度积常数，沉淀逐步溶解。

（三）沉淀的转化

向含有 AgCl 沉淀的溶液中逐滴加入 KI 溶液，可以观察到白色的 AgCl 沉淀逐渐转化成黄色的 AgI 沉淀。转化方程式为：

$$\begin{array}{c} AgCl(s) \rightleftharpoons Ag^+ + Cl^- \\ + \\ KI \xlongequal{} I^+ + K^+ \\ \Updownarrow \\ AgI\downarrow \end{array}$$

这种在有沉淀的溶液中，加入适当试剂，可以使原沉淀溶解的同时生成另一种更难溶的沉淀的过程，叫做沉淀的转化。

沉淀转化是有条件的，一般来说，溶度积大的沉淀可以转化为溶度积小的沉淀。

沉淀转化在实际生产中有着重要的意义，例如，在烧水锅炉中常易产生以 $CaSO_4$ 为主要成分的水垢，必须及时清除，否则会给生产带来危害。但是 $CaSO_4$ 不溶于酸，不易除去。实际工作中先用 Na_2CO_3 溶液处理，将 $CaSO_4$ 沉淀转化为可溶于酸的 $CaCO_3$ 沉淀，再用盐酸就可以除去 $CaCO_3$。

牙齿的保护

人体牙齿主要的无机成分是羟基磷灰石 $[Ca_5(PO_4)_3(OH)]$，是一种难溶的磷酸钙类沉积物。在口腔中，牙齿表面的羟基磷灰石存在着沉淀溶解平衡。若口腔中残留有食物，如糖在酶的作用下，会分解产生有机酸——乳酸。乳酸是酸性物质，能与 OH^- 反应，使牙齿表面的羟基磷灰石的沉淀溶解平衡向溶解的方向移动，从而导致龋齿的发生（图 13-1）。但如果饮用水或者牙膏中含有氟离子，氟离子能与牙齿表面 Ca^{2+} 和 PO_4^{3-} 反应生成更难溶的氟磷灰石 $[Ca_5(PO_4)_3F]$，沉积在牙齿表面。氟磷灰石比羟基磷灰石更能抵抗酸的侵蚀，并能抑制口腔细菌产生酸。因而能有效保护我们的牙齿，降低龋齿的发生率。这种通过添加 F^- 使难溶的羟基磷灰石转化为更难溶的氟磷灰石，实质就是发生了沉淀的转化。

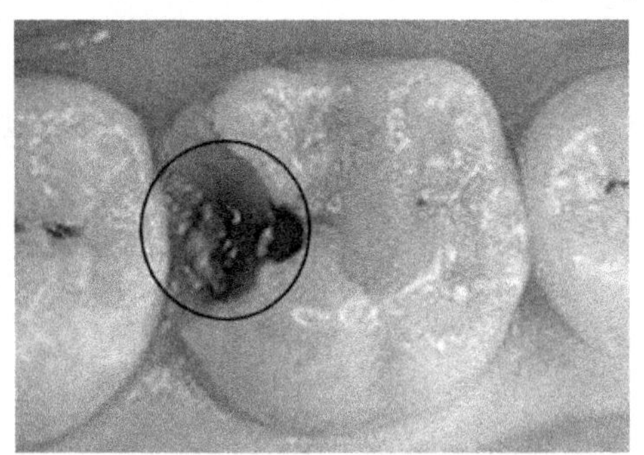

图 13-1　龋齿

链接

溶度积原理在物质分离、药物生产和含量分析中都有重要的应用。例如分析药物含量时，常把要测定的药物配制成溶液，再加入适当试剂，与被测药物中的某种离子生成沉淀。然后再根据所消耗试剂的体积和浓度，计算被测药物的含量。其操作原理和注意事项都与溶度积有关。

第2节 沉淀滴定法

一、概述

沉淀滴定法是一种基于沉淀反应的滴定分析方法。能用于沉淀滴定法的沉淀反应必须符合以下条件：①沉淀的溶解度要很小。②反应迅速，定量完成。③有合适的方法确定终点。④沉淀的吸附现象不明显。

由于条件的制约，目前，沉淀滴定法主要是利用生成难溶性银盐的沉淀反应。如：

$$Ag^+ + Cl^- \rightleftharpoons AgCl\downarrow(白色)$$

$$Ag^+ + SCN^- \rightleftharpoons AgSCN\downarrow(白色)$$

这种以生成难溶性银盐的沉淀反应为基础的滴定分析方法，称为银量法。主要用于测定包含 Cl^-、Br^-、I^-、SCN^-、Ag^+等离子的化合物。

根据确定滴定终点的方法不同，银量法分为莫尔法（铬酸钾指示剂法）、法扬斯法（吸附指示剂法）和佛尔哈德法（铁铵矾法），这里只讨论莫尔法和法扬斯法。

二、莫尔法

在中性或弱碱性溶液中，用铬酸钾为指示剂，以硝酸银标准溶液直接测定氯化物或溴化物含量的银量法称为莫尔法，也叫铬酸钾指示剂法。

（一）基本原理

本滴定法是根据分步沉淀原理进行的。把硝酸银标准溶液滴入含有 Cl^- 和 CrO_4^{2-} 的溶液中，因 AgCl 的溶解度（1.8×10^{-3}g/L）小于 Ag_2CrO_4的溶解度（2.3×10^{-2} g/L），AgCl 首先沉淀出来。随着 AgCl 不断沉淀析出，溶液中 Cl^-浓度不断降低，当 Ag^+与 Cl^-反应到达计量点时（即 Cl^-沉淀完全时），过量一滴（或半滴）的 $AgNO_3$溶液与指示剂 K_2CrO_4反应，因为这时溶液中$[Ag^+]^2[CrO_4^{2-}] > K_{sp}(Ag_2CrO_4)$，生成砖红色的 Ag_2CrO_4沉淀，指示滴定终点到达。反应式如下：

终点前滴定反应： $Ag^+ + Cl^- \rightleftharpoons AgCl\downarrow$（白色）

终点时指示反应： $2Ag^+ + CrO_4^{2-} \rightleftharpoons Ag_2CrO_4\downarrow$（砖红色）

（二）滴定条件

1. 指示剂用量　指示剂用量过多，溶液中 Cl^-尚未沉淀完全，即有 Ag^+与 CrO_4^{2-}发生反应，生成砖红色的 Ag_2CrO_4沉淀，终点提早，测定结果偏低；指示剂用量过少，滴定至化学计量点时，滴入稍过量的 $AgNO_3$仍未能形成 Ag_2CrO_4沉淀，终点滞后，测定结果偏高。另外，CrO_4^{2-}在溶液中显黄色，如果浓度过高时，干扰终点的观察，故指示剂用量要恰当。经验表明，在 50～100mL 的总反应液中，加入 5%（g/mL）铬酸钾指示剂 1mL 为宜。此时 CrO_4^{2-} 的浓度为 0.002～0.005mol/L。

2. 溶液的酸度　若在酸性溶液中，指示剂离子 CrO_4^{2-} 与 H^+ 结合，使 CrO_4^{2-} 浓度降低，因而在化学计算点附近不能生成砖红色 Ag_2CrO_4 沉淀，导致终点延迟。反应式如下：

$$2CrO_4^{2-} + 2H^+ \rightleftharpoons 2HCrO_4^- \rightleftharpoons Cr_2O_7^{2-} + H_2O$$

若溶液的碱性太强，则有 Ag_2O 沉淀析出：

$$Ag^+ + 2OH^- \rightleftharpoons 2AgOH\downarrow$$

$$2AgOH = Ag_2O\downarrow + H_2O$$

所以，滴定应在中性或弱碱性（pH 6.5 ~ 10.5）溶液中进行。

如果溶液酸性太强，则用 $NaHCO_3$、$CaCO_3$ 或硼砂中和；若溶液碱性太强或含有氨，可先用稀 HNO_3 中和，然后用 $AgNO_3$ 标准溶液进行滴定。如果溶液中含有铵盐时，pH 宜控制在 6.5 ~ 7.5。

3. 除去干扰离子　溶液中不能含有能与 Ag^+ 生成沉淀的阴离子（如 AsO_4^{2-}、CO_3^{2-}、PO_4^{3-}、SO_3^{2-}、S^{2-} 等）或与 CrO_4^{2-} 生成沉淀的阳离子（如 Ba^{2+}、Bi^{3+}、Pb^{2+} 等），也不能含有大量的有色离子（如 Co^{2+}、Cu^{2+}、Ni^{2+} 等）以及在中性或微碱性溶液中易发生水解的离子（如 Fe^{3+}、Al^{3+} 等）。如含有上述离子，应预先排除。

4. 充分振摇　AgCl 或 AgBr 沉淀对 Cl^- 或 Br^- 离子产生吸附作用，滴定时通过充分振摇溶液，可阻止吸附作用发生。

AgI 和 AgSCN 沉淀 对 I^- 和 SCN^- 有较强的吸附作用，使终点提前，误差太大，影响分析结果。

（三）硝酸银标准溶液的配制和标定

1. 0.1mol/L 硝酸银溶液的配制

（1）直接配制法：精密称取经 110℃ 干燥过的基准物 $AgNO_3$ 固体 8.5g（称量精确至 0.0001g），置于烧杯中，用蒸馏水溶解，定量转入 500mL 的棕色容量瓶中，加水至刻度线，摇匀。该硝酸银溶液浓度计算公式如下：

$$c_{AgNO_3} = \frac{m_{AgNO_3}}{V_{AgNO_3}M_{AgNO_3}} \times 10^3$$

（2）间接配制法：称取 8.5g 硝酸银，溶于 500mL 无 Cl^- 蒸馏水中，储存于棕色试剂瓶中，摇匀，置于暗处，待标定。

2. 0.1mol/L 硝酸银溶液的标定　精密称取经 110℃ 干燥至恒重的基准物 NaCl 0.12 ~ 0.159g（称量精确至 0.0001g），置于锥形瓶中，加 50mL 蒸馏水溶解，再加入 5%（g/mL）K_2CrO_4 指示剂 1mL，在不断振摇下，用间接法配制好的硝酸银溶液滴定至溶液出现砖红色沉淀即为滴定终点。必须做空白试验。按下式计算 $AgNO_3$ 浓度：

$$c_{AgNO_3} = \frac{m_{NaCl}}{(V - V_{空})_{AgNO_3}M_{NaCl}}$$

（四）莫尔法的应用

莫尔法可测定 Cl^-、Br^-，不能测定 I^-、SCN^-。

例如，生理盐水中氯化钠的含量测定：准确量取生理盐水 10.00mL，置于锥形瓶中，加入 5%（g/mL）K_2CrO_4 指示剂 1mL，在不断用力振摇下，用 0.1mol/L $AgNO_3$ 标准溶液滴至溶液出现砖红色沉淀，即为终点。按下式计算生理盐水中氯化钠含量：

$$\rho_{NaCl} = \frac{c_{AgNO_3}V_{AgNO_3}M_{NaCl}}{V_s}$$

式中，c_{AgNO_3} 为硝酸银标准溶液的物质的量浓度（mol/L）；V_{AgNO_3} 为消耗硝酸银标准溶液的体积

(mL)；M_{NaCl} 为氯化钠的摩尔质量(g/moL)；V_S 为氯化钠溶液的体积(mL)；ρ_{NaCl} 为氯化钠溶液质量浓度(g/L)。

三、法扬斯法

以 $AgNO_3$ 为滴定液,用吸附指示剂指示终点的银量法称为法扬斯法,又叫吸附指示剂法。

(一) 基本原理

吸附指示剂是一种有机染料,在溶液中电离出一种有色离子,易被胶状沉淀上的相反电荷所吸附,导致其结构发生变化而引起颜色的明显变化,可指示滴定终点。例如,以 $AgNO_3$ 标准溶液滴定 Cl^- 时,用荧光黄吸附指示剂指示滴定终点。

荧光黄是有机弱酸,用 HFIn 表示,电离式如下:

$$HFIn \rightleftharpoons H^+ + FIn^-(\text{黄绿色})$$

滴定前待测溶液因添加了指示剂 HFIn 而呈黄绿色(FIn^-)。化学计量点前,溶液中含有大量的 Cl^-。随着 $AgNO_3$ 标准溶液的滴入,不断生成的 AgCl 沉淀优先吸附 Cl^- 形成带负电荷的胶粒($AgCl \cdot Cl^-$),荧光黄阴离子 FIn^- 不被吸附,溶液仍呈黄绿色;计量点时,溶液中 Cl^- 沉淀完全;计量点后,稍过量的 $AgNO_3$ 标准溶液使溶液中出现过量的 Ag^+,此时 AgCl 沉淀吸附 Ag^+ 而形成带正电荷的胶粒($AgCl \cdot Ag^+$),该胶粒立即吸附荧光黄指示剂的阴离子 FIn^-,引起指示剂离子结构发生改变而出现颜色变化,即由黄绿色转变为粉红色,指示滴定终点。变化过程可用下式表示:

计量点前：　$Ag^+ + Cl^- \rightleftharpoons AgCl\downarrow$

　　　　　　$AgCl + Cl^- + FIn^- \rightleftharpoons$(黄绿色)$(AgCl)\cdot Cl^- \cdot FIn^-$(黄绿色)

计量点：　　$Ag^+ + Cl^- \rightleftharpoons AgCl\downarrow$

滴定终点：　$(AgCl) + Ag^+ + FIn^-$(黄绿色)$\rightleftharpoons (AgCl)\cdot Ag^+ \cdot FIn^-$(粉红色)

(二) 滴定条件

应用该滴定法时,为使终点时指示剂前后颜色改变明显,需注意以下几点:

1. 保护胶体　吸附指示剂不是使溶液颜色发生变化,而是使沉淀表面颜色发生变化。因此,滴定前常常加入糊精或淀粉溶液,让沉淀保持溶胶状态,增大沉淀表面积,使终点颜色变化明显。同时要避免溶液中存在大量的电解质,以防止胶体凝聚。

2. 控制酸度　滴定必须在中性、弱碱性或弱酸性溶液中进行。一般吸附指示剂大多是有机弱酸,而起指示作用的主要是它的阴离子。若溶液酸度过大,不利于吸附指示剂阴离子的解离。为了使指示剂主要以阴离子形式存在,必须控制溶液的 pH。使用 K_a 较小(酸度较弱)的吸附指示剂时,溶液的 pH 可调高些,而使用 K_a 较大的吸附指示剂时,则可将溶液的 pH 值调低些。比如荧光黄指示剂(K_a 为 10^{-8})只能在中性或弱碱性(pH7～10)的溶液中使用;二氯荧光黄(K_a 为 10^{-4})就可以在 pH 4～10 范围使用。曙红的酸性强(K_a 为 10^{-2}),可在 pH2～10 的溶液中使用。若溶液是强碱性,虽有利于指示剂的电离,但会生成 Ag_2O 沉淀,故本法不能在强碱性溶液中进行。

3. 滴定中应避免强光照射　卤化银易感光分解析出金属银,致使沉淀变灰或变黑,影响终点观察。

4. 选用吸附性适当的指示剂　按胶体微粒对指示剂离子的吸附能力应略小于其对待测离

子的吸附能力来选择指示剂，这样在滴至化学计量点稍后时，指示剂阴离子能迅速被胶体微粒所吸附而变色。如果胶粒对指示剂阴离子吸附力太强，指示剂就会在化学计量点前被提早吸附，将使终点提前；反之，对指示剂离子吸附力太弱，滴至化学计量点后指示剂不能立即变色，会导致终点推迟。卤化银溶胶对卤素离子和几种吸附指示剂的吸附能力的大小次序如下：

I^- > 二甲基二碘荧光黄 > Br^- > 曙红 > Cl^- > 荧光黄

因此，在测定 Cl^- 时，不能选曙红，只能用荧光黄；而在测定 Br^- 时，则选用曙红为宜。

吸附指示剂的种类很多，现将常用的几种列于表 13-2 中。

表 13-2 常用的吸附指示剂

指示剂名称	待测离子	颜色变化	pH 范围
荧光黄	Cl^-	黄绿→粉红	7～10
曙红	Br^-、I^-、SCN^-	橙黄→红紫	2～10
二甲基二碘荧光黄	I^-	橙红→深红	中性溶液
二氯荧光黄	Cl^-、Br^-	绿→红	4～10

（三）法扬斯法的应用

法扬斯法可用于 Cl^-、Br^-、I^-、SCN^-、Ag^+ 等离子的测定。

用吸附指示剂法测矿盐中氯化物的含量：准确称取矿盐试样 1.3g（称至 0.0001g），置于小烧杯中，加少量蒸馏水溶解，转入 250mL 溶量瓶中，加蒸馏水稀释至刻度线，摇匀，静置澄清。用移液管准确移取 25.00mL 澄清液至锥形瓶中，加蒸馏水至 50.00mL，加 0.1g 糊精和二氯荧光黄 10 滴，用 0.1mol/L $AgNO_3$ 标准溶液滴至溶液由黄色刚变为桃红色，即为终点。氯化物含量按下式计算：

$$\omega_{NaCl} = \frac{c_{AgNO_3}V_{AgNO_3}M_{NaCl}}{m_s \times \dfrac{25.00}{250.00}}$$

式中，c_{AgNO_3} 为硝酸银标准溶液的物质的量浓度（mol/L）；V_{AgNO_3} 为消耗硝酸银标准溶液的体积（mL）；M_{NaCl} 为氯化钠的摩尔质量（g/mol）；m_s 为试样矿盐的总质量（g）。

吸附指示剂法和铬酸钾指示剂法可直接测定可溶性无机卤素化合物。对于有机卤素化合物的含量测定，则需经过适当处理，使有机卤素转变为无机卤素离子后，再用银量法测定。常用处理方法有氢氧化钠水解法、碳酸钠熔融法及氧瓶燃烧法等。

小结

难溶电解质在溶液中的沉淀与溶解过程是可逆的。溶解电离产生的离子的浓度的乘积，称离子积。当沉淀与溶解达到动态平衡时，难溶电解质的离子浓度乘积，是一个常数，称为溶度积常数。

溶度积规则就是根据离子积与溶度积常数比较的三种关系（大于、小于或等于），判断难溶电解质在溶液中的状态（过饱和、不饱和或饱和）。利用溶度积规则可进行沉淀的生成、溶解或转化的判断。溶液中有两种或两种以上离子，可利用沉淀剂进行分步沉淀。

利用生成难溶性银盐的沉淀滴定法称为银量法。按指示滴定终点的方法不同，银量法可分为莫尔法（铬酸钾指示剂法）、法扬斯法（吸附指示剂法）和佛尔哈德法（铁铵矾法）。

莫尔法的原理就是利用分步沉淀原理，被测离子优先沉淀，于化学计量点稍后，指示剂离子方生成砖红色的 Ag_2CrO_4 沉淀指示滴定终点。应用该法时要注意控制指示剂用量、溶液的酸度和排除干扰离子。

法扬斯法的原理是化学计量点时生成的胶状沉淀，稍过化学计量点即吸附微过量的 Ag^+ 形成带正电荷的胶粒，立即吸附指示剂的阴离子，并使其结构改变而发生颜色变化，以此指示滴定终点。应用该法时，注意对溶胶的保护、沉淀对吸附指示剂的吸附能力、控制酸度和避免强光照射等方面，确保滴定终点的准确到达和颜色的明显变化。莫尔法和法扬斯法都是以 $AgNO_3$ 为标准溶液，直接滴定可溶性无机卤素离子。有机卤素化合物需经处理使卤素原子转为可溶性无机卤素离子后，才可用银量法测定。

目标检测

一、名词解释

1. 溶度积常数 2. 分步沉淀 3. 莫尔法
4. 吸附指示剂法

二、填空题

1. 在难溶电解质的饱和溶液中，有关离子浓度的乘积在一定温度下是一个常数，称为______________，简称______。
2. 在某难溶电解溶液中，离子浓度的乘积称为__________。
3. 根据溶度积规则，欲使某物质析出沉淀，必须使溶液中所含组成沉淀的各离子的离子积______溶度积，使沉淀向生成沉淀的方向转化。
4. 使沉淀溶解主要方法有__________、__________和__________。
5. 莫尔法使用的指示剂是__________，法扬斯法使用的指示剂是__________。

三、选择题

1. 当某难溶电解溶液中的离子积等于溶度积时，该溶液(　　)
   A. 为不饱和溶液　　B. 为饱和溶液
   C. 为不饱和溶液　　D. 有沉淀析出
2. 在含有 0.1mol/L Cl^-、Br^- 和 I^- 的混合溶液中，逐滴加入 $AgNO_3$溶液，分步沉淀的顺序正确的是(　　)
   A. AgCl、AgBr、AgI　　B. AgCl、AgI、AgBr
   C. AgI、AgBr、AgCl　　D. AgBr、AgI、AgCl
3. 莫尔法不能用于碘化物中碘的测定，主要因为(　　)
   A. AgI 的溶解度太小　　B. AgI 的吸附能力太强
   C. AgI 的沉淀速度太慢　　D. 没有合适的指示剂
4. 用莫尔法测定 Cl^-，控制 pH = 4.0，其滴定终点将(　　)
   A. 不受影响　　B. 提前到达
   C. 推迟到达　　D. 刚好等于化学计量点
5. 在 pH = 5.0 时用莫尔法滴定 Cl^- 的含量，分析结果(　　)
   A. 正常　　B. 偏低
   C. 偏高　　D. 难以判断
6. 某吸附指示剂 $K_a = 10^{-4}$，以银量法测定卤素离子时，适宜的 pH 为(　　)
   A. pH < 4　　B. 4 < pH < 10
   C. pH > 4　　D. pH < 10
7. 用法扬斯法沉淀滴定海水中卤素的总量时，加入糊精是为了(　　)
   A. 保护 AgCl 沉淀，防止其溶解
   B. 作掩蔽剂使用，消除共存离子的干扰
   C. 作指示剂用
   D. 防止沉淀凝聚，增加沉淀表面积
8. 若用莫尔法测定 NH_4Cl 的含量，适宜的 pH 为(　　)
   A. 6.5 < pH < 10.5　　B. pH > 6.5
   C. pH < 6.5　　D. 6.5 < pH < 7.2
9. 用吸附指示法测定可溶性氯化物含量时，应选用的指示剂是(　　)
   A. 二甲基二碘荧光黄　　B. 曙红
   C. 荧光黄　　D. 铬酸钾

四、计算题

1. 25℃时，腈纶纤维生产的某种溶液中，实验测得 SO_4^{2-} 的浓度为 6.0×10^{-4}mol/L。若在 40.0L 该溶液中，加入 0.010mol/L $BaCl_2$溶液 10.0L，问是否能生成 $BaSO_4$沉淀？
2. 取含 NaCl 的溶液 20.00mL 加入 K_2CrO_4指示剂，用 0.1023mol/L $AgNO_3$ 标准溶液滴定用去 27.00mL，求每升溶液中含有 NaCl 多少克？

（郭海立　周纯宏）

第14章 氧化还原滴定法

学习目标

1. 了解氧化还原滴定法的特点、条件、分类
2. 理解高锰酸钾法和碘量法的基本原理和滴定条件
3. 掌握标准溶液的配制与标定
4. 掌握高锰酸钾法和碘量法的应用

第1节 氧化还原滴定法概述

一、氧化还原滴定法的特点、条件和分类

氧化还原滴定法是以氧化还原反应为基础的滴定分析方法。氧化还原滴定法在药物分析中应用广泛,用于测定具有氧化性和还原性的物质,对不具有氧化性或还原性的物质,可进行间接测定。之前学习的酸碱滴定法、沉淀滴定法等是离子互换反应,反应历程简单、快速;而氧化还原滴定法是电子转移反应,反应复杂、反应速度快慢不一、受外界条件影响较大。氧化还原反应较复杂,常伴有各种副反应,反应速度较慢,因此,氧化还原滴定法要注意选择合适条件使反应能定量、迅速、完全进行。能用于滴定分析的氧化还原反应必须满足下列要求:①滴定反应必须按一定的化学反应式定量反应,且反应完全,无副反应。②反应速度必须足够快。③必须有适当的方法确定化学计量点。④氧化还原滴定法根据使用的标准溶液不同可分为高锰酸钾法、重铬酸钾法、碘量法、溴酸钾法等。本章只介绍高锰酸钾法和碘量法。

二、提高氧化还原反应速度的方法

若氧化还原反应的速度极慢,该反应就不能直接用于滴定。通常采用提高氧化还原反应速度的方法主要有以下几点。

(一) 增大反应物的浓度

根据质量作用定律,反应速度与反应物浓度的乘积成正比。多数情况下,增加反应物浓度可以提高反应速度。

(二) 升高温度

对于大多数反应来说,温度升高可加快反应速率。实验证明,一般温度每升高 10℃,反应速度可增加 2~4 倍。例如:$KMnO_4$滴定 $H_2C_2O_4$,需加热至 75~85℃。

$$2MnO_4^- + 5C_2O_4^{2-} + 16H^+ \xlongequal{} 2Mn^{2+} + 10CO_2\uparrow + 8H_2O$$

但不是所有氧化还原反应都允许用升温加快反应速度。如含有 I_2的反应,因其具有较大挥发性,不能采用升高温度的方法来提高反应速率。

(三) 通过催化作用

催化剂的使用是提高反应速度的有效方法。例如在酸性条件下,以 $KMnO_4$滴定 $H_2C_2O_4$,即使加热,反应速率仍较慢,若加入 Mn^{2+},则反应速率大为提高。这里 Mn^{2+}就是催化剂。

三、氧化还原滴定法终点的判断

(一) 自身指示剂

在氧化还原滴定中,利用标准溶液本身颜色变化以指示终点叫自身指示剂。如 $KMnO_4$滴定 $H_2C_2O_4$:

$$2MnO_4^- + 5C_2O_4^{2-} + 16H^+ \longrightarrow 2Mn^{2+} + 10CO_2\uparrow + 8H_2O$$

高锰酸钾为紫色,极稀溶液中呈无色。当达到化学计量点后,过量的半滴 $KMnO_4$,溶液变微红色可指示终点。

(二) 特殊指示剂

有的物质本身不参与氧化还原反应,但它能与氧化剂作用产生特殊的颜色,因而可指示终点。这种物质称为特殊指示剂。如用于碘量法中的淀粉溶液。

$$I_2 + 2Na_2S_2O_3 \longrightarrow 2NaI + Na_2S_4O_6$$

稍过量的碘标准溶液与溶液中的淀粉指示剂形成浅蓝色。

(三) 氧化还原指示剂

氧化还原指示剂是一类可以参与氧化还原反应,本身具有氧化还原性质的物质,其氧化态和还原态具有不同的颜色。在氧化性溶液中,氧化还原指示剂显示其氧化态的颜色,在还原性溶液中,显示其还原态的颜色。

$$\underset{\substack{\text{氧化型}\\(\text{颜色 I})}}{In(OX)} + ne \rightleftharpoons \underset{\substack{\text{还原型}\\(\text{颜色 II})}}{In(Red)}$$

(该反应为可逆反应)

标准溶液是氧化剂时,指示剂本身为还原型,被测定的物质为还原性物质。如:

$$\underset{(\text{橙红色})}{Cr_2O_7^{2-}} + 6Fe^{2+} + 14H^+ \longrightarrow \underset{(\text{绿色})}{2Cr^{3+}} + 6Fe^{3+} + 7H_2O$$

第2节 高锰酸钾法

一、基本原理、条件和测定方法

(一) 基本原理和条件

高锰酸钾法是以具有强氧化能力的高锰酸钾做标准溶液,利用其氧化还原滴定原理来测定其他物质的滴定分析方法。高锰酸钾是一种强氧化剂,在不同条件下氧化能力不同,可以得到不同的结果。通常我们选择在强酸性环境下进行滴定。强酸性溶液中

$$MnO_4^- + 8H^+ + 5e = Mn^{2+} + 4H_2O$$

在弱酸性或弱碱性溶液中,会产生 MnO_2沉淀,影响滴定结果的观察。

$$MnO_4^- + 2H_2O + 3e = MnO_2\downarrow + 4OH^-$$

但酸度太高时,会导致高锰酸钾分解,因此酸度控制常用 3mol/L 的 H_2SO_4来调节,而不用 HNO_3或 HCl 来控制酸度。因为硝酸具有氧化性会与被测物反应;而盐酸具有还原性能与$KMnO_4$反应。

滴定开始时反应速度较慢,可适当加热以加快氧化还原反应速度,随着滴定过程中产生 Mn^{2+}的自动催化作用而加快滴定速度;计量点前 Mn^{2+}的颜色很浅,溶液近乎无色,所以计量点后稍过量的 MnO_4^-可使溶液变为微红色。像这种利用标准溶液或样品溶液本身颜色变化来指示终点的方法称为自身指示剂法。

(二) 测定方法

1. 直接滴定法　由于高锰酸钾氧化能力强,滴定时无需另加指示剂,可直接滴定 Fe^{2+}、As^{3+}、Sb^{3+}、H_2O_2、$C_2O_4^{2-}$、NO_2^-以及其他具有还原性的物质(包括许多有机化合物)。

2. 返滴定法　可测定一些不能直接滴定的氧化性和还原性物质(如 MnO_2、PbO_2、SO_3^{2-}和 HCHO 等)。

3. 间接滴定法　有些非氧化性或还原性物质不能用直接滴定法或返滴定法测定时,可采用此法。如可测定能与 $C_2O_4^{2-}$定量沉淀为草酸盐的金属离子(如 Ca^{2+}、Ba^{2+}、Pb^{2+}以及稀土离子等)。

二、标准溶液的配制与标定

(一) 高锰酸钾溶液的配制

市售 $KMnO_4$试剂常含有杂质,而且在光、热等条件下不稳定,会分解变质。因此高锰酸钾标准溶液不能直接配制使用,通常先配成浓溶液放置储存,需要时再取适量稀释成近似浓度的溶液,然后标定使用。

粗称一定量 $KMnO_4$溶于水,微沸约 1h,充分氧化各种还原性杂质,用玻璃漏斗滤去生成的沉淀(MnO_2等),棕色瓶暗处静置保存,用前稀释标定。

(二) $KMnO_4$标准溶液的标定

可用于标定 $KMnO_4$的基准物很多,有 $Na_2C_2O_4$、$(NH_4)_2Fe(SO_4)_2\cdot 6H_2O$、纯铁丝和 $H_2C_2O_4\cdot 2H_2O$ 等。常用的是 $Na_2C_2O_4$,因它易提纯、稳定且不含结晶水,在 105~110℃烘干 2h,放入干燥器中冷却后,即可使用。已标定过的 $KMnO_4$溶液在使用一段时间后必须重新标定。标定反应为:

$$2MnO_4^- + 5C_2O_4^{2-} + 16H^+ = 2Mn^{2+} + 10CO_2\uparrow + 8H_2O$$

标定时注意事项是:

1. 滴定速度　开始时因反应速度慢,滴定速度要慢;开始后反应本身所产生的 Mn^{2+}起催化作用,加快反应进行,滴定速度可加快。

2. 温度　近终点时加热至 65℃,促使反应完全(温度过高会使 $C_2O_4^{2-}$分解,低于 60℃反应速度太慢)。

3. 酸度　保持一定的酸度(3mol/L H_2SO_4)。

4. 滴定终点　滴入微过量高锰酸钾,利用自身的粉红色指示终点(30s 不褪色)。

三、高锰酸钾法应用示例

(一) 双氧水含量测定

可用直接滴定法测定 H_2O_2 的含量，$KMnO_4$ 作标准溶液，在酸性溶液中的反应方程式为：

$$5H_2O_2 + 2MnO_4^- + 6H^+ = 5O_2\uparrow + 2Mn^{2+} + 8H_2O$$

操作步骤：用吸量管吸取 1.00mL H_2O_2 样品，置于 200mL 容量瓶中，加水稀释至刻度，摇匀。吸取 20.00mL 的 H_2O_2 稀释液三份，分别置于三个 250mL 锥形瓶中，各加 3mol/L H_2SO_4 溶液 5mL，用 0.02mol/L $KMnO_4$ 标准溶液滴定至终点。计算未经稀释样品中 H_2O_2 的含量及相对平均偏差。

$$\rho_{H_2O_2} = \frac{\frac{5}{2}c_{KMnO_4}V_{KMnO_4}M_{H_2O_2}}{V_{H_2O_2}} \times 100\%$$

(二) 补钙制剂中 Ca^{2+} 含量

样品中加入一定体积过量的 $Na_2C_2O_4$ 溶液，将 Ca^{2+} 沉淀为 CaC_2O_4，过滤洗涤后，加稀 H_2SO_4 溶解 CaC_2O_4 沉淀，然后用 $KMnO_4$ 标准溶液滴定溶解后的 $C_2O_4^{2-}$，根据 $KMnO_4$ 标准溶液用去的体积可求出补钙制剂中 Ca^{2+} 的含量。

(三) 化学耗氧量(COD)的测定

高锰酸钾法常用于水污染或卫生检验中化学耗氧量(COD)等物质的测定。化学耗氧量(COD)：在一定条件下，用化学氧化剂处理水样时所消耗的氧化剂的量，是水质污染程度的一个重要指标。

待测物是水样中还原性物质(主要是有机物)，用 $KMnO_4$ 作标准溶液，用 H_2SO_4 调节酸性环境，主要滴定反应如下：

$$5C + 4MnO_4^- + 12H^+ = 5CO_2 + 4Mn^{2+} + 6H_2O$$

$$5C_2O_4^{2-} + 2MnO_4^- + 16H^+ = 10CO_2 + 2Mn^{2+} + 8H_2O$$

第 3 节　碘　量　法

一、基本原理和滴定条件

碘量法是利用碘的氧化性、碘离子的还原性进行物质含量测定的方法。I_2 是较弱的氧化剂，I^- 是中等强度的还原剂。碘量法可用直接测定和间接测定两种方式进行。

(一) 直接碘量法(或碘滴定法)

直接碘量法是直接用 I_2 标准溶液滴定还原性物质，又叫做碘滴定法。直接碘量法还可测定 As_2O_3、Sb^{3+}、Sn^{2+} 等还原性物质。

直接碘量法只能在酸性、中性或弱碱性溶液中进行，如果溶液 $pH > 9$，可发生副反应使测定结果不准确。若在强酸性溶液中：

$$4I^- + O_2(空气中) + 4H^+ = 2I_2 + 2H_2O$$

若在强碱性溶液中：

$$3I_2 + 6OH^- = IO_3^- + 5I^- + 3H_2O$$

直接碘量法可用淀粉指示剂指示终点。淀粉遇碘显蓝色，反应极为灵敏。化学计量点稍后，溶液中有过量的碘，碘与淀粉结合显蓝色而指示终点到达。直接碘量法还可利用碘自身的颜色指示终点，化学计量点后，溶液中稍过量的碘显黄色而指示终点。

(二) 间接碘量法(或滴定碘法)

对氧化性物质，可在一定条件下，用 I^- 还原，产生 I_2，然后用 $Na_2S_2O_3$ 标准溶液滴定释放出的 I_2。这种方法就叫做间接碘量法或滴定碘法。间接碘量法可测定 CrO_4^{2-}、$Cr_2O_7^{2-}$、H_2O_2、$KMnO_4$、IO_3^-、Cu^{2+}、NO_3^-、NO_2^- 等。间接碘量法也是使用淀粉溶液作指示剂，溶液由蓝色变无色为终点。

间接碘量法的反应条件和滴定条件：

1. 酸度的影响　I_2 与 $Na_2S_2O_3$ 应在中性、弱酸性溶液中进行反应：

$$I_2 + 2S_2O_3^{2-} = 2I^- + S_4O_6^{2-}$$

I_2 与 $S_2O_3^{2-}$ 的物质的量之比为 1:2。

若在碱性溶液中：

$$S_2O_3^{2-} + 4I_2 + 10OH^- = 2SO_4^{2-} + 8I^- + 5H_2O$$

$$3I_2 + 6OH^- = IO_3^- + 5I^- + 3H_2O$$

若在强酸性溶液中：

$$S_2O_3^{2-} + 2H^+ = 2SO_2\uparrow + S^- + H_2O$$

$$4I^- + O_2(\text{空气中}) + 4H^+ = 2I_2 + H_2O$$

2. 防止 I_2 挥发的方法　在滴定前，加入过量 KI(比理论值大 2 ~3 倍)与 I_2 生成 I_3^-，减少 I_2 挥发，析出碘的反应最好在碘量瓶中进行。析 I_2 反应完全后立即滴定，滴定过程中溶液的温度不能过高，一般在室温下进行，并在滴定时不要剧烈摇动。

3. 防止 I^- 被氧化　因日光有催化作用，所以应避免光照；待析出 I_2 后(一般析出 I_2 的反应应放在暗处 5 ~10min)，应立即用 $Na_2S_2O_3$ 溶液滴定，此时滴定速度也应适当加快，待近终点时加入指示剂后可适当放慢滴定速度。

碘量法测定对象广泛，既可测定氧化剂，又可测定还原剂；并且副反应少；与很多氧化还原法不同，碘量法不仅在酸性溶液中，而且可在中性或弱碱性介质中滴定。因此，碘量法是一个应用十分广泛的滴定法。

二、标准溶液的配制与标定

碘量法常用的标准溶液有碘标准溶液和硫代硫酸钠标准溶液。

(一) 碘标准溶液(0.05mol/L)的配制和标定

1. 配制　由于碘具有挥发性和腐蚀性，通常情况下，碘标准溶液是采用间接法配制。配制 0.05mol/L 时，可取碘 13g，加碘化钾 36g 与水 50mL 溶解后，加稀盐酸 3 滴与水适量稀释至 1000mL，摇匀，储存于棕色试剂瓶中备用。

配制时加入大量碘化钾是为了增加碘在水中溶解度，还可降低碘的挥发性。加入盐酸的作用是去除碘中微量碘酸盐杂质，防止碘在碱性溶液中发生自身氧化还原反应。

2. 标定　精密称取经 105℃ 干燥至恒重的三氧化二砷(As_2O_3)(剧毒)0.15g，加 1mol/L 氢氧化钠溶液 10mL，稍微加热使溶解，加水 20mL 与甲基橙指示剂 1 滴，加 0.5mol/L 硫酸溶液适量至溶液由黄色转变为粉红色，再加碳酸氢钠 2g，水 50mL，淀粉指示液 2mL，用待标定的碘标准溶液滴定至溶液显浅蓝色为终点。

滴定反应为：

$$As_2O_3 + 6NaOH = 2Na_3AsO_3 + 3H_2O$$

$$Na_3AsO_3 + I_2 + 2NaHCO_3 = Na_3AsO_4 + 2CO_2\uparrow + 2NaI + H_2O$$

（二）硫代硫酸钠标准溶液（0.1mol/L）的配制和标定

1. 配制　因为 $Na_2S_2O_3 \cdot 5H_2O$ 容易风化，常含一些杂质如 S、Na_2SO_4、NaCl，会与溶解在水中的 CO_2、微生物和空气中的 O_2 反应，并且溶液不稳定，易分解。所以，$Na_2S_2O_3$ 溶液采取间接法配制。在 $Na_2S_2O_3$ 溶液的配制过程中应采取下列措施：①为了除去水中的微生物，用新煮沸冷却后的蒸馏水配制。②配制时加入少量的 Na_2CO_3，使溶液呈弱碱性，可减少溶解在水中的 CO_2、O_2 和杀死微生物。③将配制溶液置于棕色瓶中，放置 8～10d，待其浓度稳定后再标定，但若发现溶液浑浊，需重新配制。

操作步骤：称取硫代硫酸钠 26g 与无水碳酸钠 0.2g，加新煮沸过的冷水适量稀释至 1000mL，摇匀，放置 8～10d，滤过，备用。

2. 标定　标定 $Na_2S_2O_3$ 溶液基准物有 KIO_3、$K_2Cr_2O_7$ 等。《中国药典》（2005 年版）采用置换碘量法标定硫代硫酸钠。以 $K_2Cr_2O_7$ 为基准物，加入碘化钾置换出定量的碘，再用硫代硫酸钠标准溶液滴定碘。

标定方法为：精密称取在 120℃ 干燥至恒重的基准物质重铬酸钾 0.15g，置碘量瓶中，加水 50mL 溶解，加碘化钾 2.0g，轻轻振摇，加稀硫酸 40mL，摇匀，密塞，水封后在暗处放置 10min，取出加水 50mL 稀释，用待标定 $Na_2S_2O_3$ 溶液滴定至近终点时，加淀粉指示剂 3mL，继续滴定至溶液由蓝色变亮绿色为终点。

滴定反应为：

$$K_2Cr_2O_7 + 6KI + 14HCl = 2CrCl_3 + 8KCl + 3I_2 + 7H_2O$$

$$I_2 + 2Na_2S_2O_3 = 2NaI + Na_2S_4O_6$$

三、碘量法应用示例

（一）硫的测定（直接碘量法）

直接碘量法可测量物质中的 S^{2-} 或 H_2S。在酸性溶液中，I_2 能氧化 S^{2-}：

$$S^{2-} + I_2 = S + 2I^-$$

所以可以用 I_2 标准溶液直接滴定，用淀粉为指示剂。滴定不能在碱性溶液中进行，否则部分 S^{2-} 将被氧化为 SO_4^{2-}。

（二）漂白粉中有效氯的测定（间接碘量法）

用碘量法测定有效氯，是在样品的酸性溶液中加入过量 KI，析出与有效氯化学计量关系相当的 I_2，然后用标准 $Na_2S_2O_3$ 溶液滴定。

$$Cl_2 + 2KI = I_2 + 2KCl$$

$$I_2 + 2S_2O_3^{2-} = 2I^- + S_4O_6^{2-}$$

（三）葡萄糖含量的测定（返滴定法）

葡萄糖分子中所含醛基，能在碱性条件下用过量 I_2 氧化成羧基，其反应过程如下：

$$I_2 + 2OH^- \xlongequal{} IO^- + I^- + H_2O$$

$$CH_2OH(CHOH)_4CHO + IO^- + OH^- \longrightarrow CH_2OH(CHOH)_4COO^- + I^- + H_2O$$

剩余的 IO^- 在碱性溶液中歧化成 IO_3^- 和 I^-，

$$3IO^- \xlongequal{} IO_3^- + 2I^-$$

溶液经酸化后又析出 I_2：

$$IO_3^- + 5I^- + 6H^+ \xlongequal{} 3I_2 + 3H_2O$$

最后用 $Na_2S_2O_3$ 标准溶液滴定析出的 I_2。

小结

氧化还原滴定法是以氧化还原反应为基础的滴定分析法。

氧化还原滴定法根据使用的标准溶液不同可分为高锰酸钾法、重铬酸钾法、碘量法、溴酸钾法等。本章主要介绍了高锰酸钾法和碘量法。

高锰酸钾法：是以 $KMnO_4$ 为标准液，自身为指示剂，在强酸性环境下进行滴定，可测定氧化能力比高锰酸钾弱的各种物质，该法应用广泛。

碘量法：是以碘作氧化剂或以碘离子作还原剂进行氧化还原滴定的方法。分为直接碘法和间接碘法，可分别测定还原性物质和氧化性物质。

目标检测

一、填空题

1. 高锰酸钾法的测定方法有________、________和________三种。
2. 碘量法分为________和________两种方法。

二、选择题

1. 高锰酸钾法确定滴定终点时依靠（　　）
   A. 酸碱指示剂　B. 吸附指示剂
   C. 金属指示剂　D. 自身指示剂
2. 高锰酸钾法在下列哪一种介质中进行滴定分析（　　）
   A. 盐酸　B. 硫酸　C. 硝酸　D. 醋酸
3. 高锰酸钾法测定 $FeSO_4$ 含量时，下列说法错误的是（　　）
   A. Fe^{2+} 为氧化剂　B. Mn^{2+} 为催化剂
   C. 用稀 H_2SO_4 调节酸度　D. 终点为淡红色
4. 标定硫代硫酸钠标准溶液时，下列说法错误的是（　　）
   A. 应在室温下进行
   B. 加入过量的 KI 固体
   C. 终点颜色是蓝色
   D. 在中性或弱酸性条件下进行滴定
5. 间接碘量法中加入淀粉指示剂的适宜时间是（　　）
   A. 滴定开始前　B. 滴定开始后
   C. 滴定至近终点时　D. 滴定至过终点后
6. 间接碘量法中加入 5 倍的 KI 其作用是（　　）
   A. 作为保护剂　B. 作为氧化剂
   C. 作为还原剂　D. 作为沉淀剂
7. 有关碘量法的叙述下列错误的是（　　）
   A. 直接碘量法是利用碘的氧化作用
   B. 间接碘量法是利用 I^- 的还原作用
   C. 间接碘量法溶液的酸度要低一些
   D. 间接碘量法终点为溶液蓝色消失

三、简答题

1. 为了使反应符合滴定的要求，可通过哪些方法来加快氧化还原反应的速度？
2. 高锰酸钾法要求在强酸性溶液中进行，实验中一般用什么酸调节酸度，用硝酸，盐酸适合吗？
3. 配制碘标准溶液时，为什么要加入适量 KI？
4. 配制 $Na_2S_2O_3$ 溶液时，为什么需要使用新煮沸冷却后的蒸馏水？

（黄俊娴　丁秋玲）

第15章 配合物与配位滴定法

学习目标

1. 了解配合物的概念、配位滴定反应必须具备的条件
2. 理解配合物的组成、结构与命名
3. 理解螯合物的概念,知道螯合物形成的条件
4. 理解EDTA的结构、性质、配位特点及酸度对配位滴定的影响。理解金属指示剂的作用原理
5. 掌握EDTA滴定液的配制和标定方法;掌握配位滴定法的应用

第1节 配位化合物

一、配合物的定义

案例 15-1

取两支试管分别编号,各加入1mL 0.1mol/L $CuSO_4$溶液,然后在1号试管中加入5滴0.1mol/L NaOH溶液,2号试管加入5滴0.1mol/L $BaCl_2$溶液。

另取一支试管,加入1mL 0.1mol/L $CuSO_4$溶液,然后逐滴加入6mol/L氨水,边加边振荡,至沉淀溶解,生成深蓝色溶液后,再多加2滴氨水。将所得溶液分盛于3号和4号试管中,分别加入5滴0.1mol/L NaOH溶液和0.1mol/L $BaCl_2$溶液。观察实验现象并记录在表15-1上。

表 15-1 配合物的生成实验

试管编号	1	2	3	4
试剂1	$CuSO_4$溶液	$CuSO_4$溶液	深蓝色溶液	深蓝色溶液
试剂2	NaOH溶液	$BaCl_2$溶液	NaOH溶液	$BaCl_2$溶液
实验现象				
溶液中存在的离子				

问题:

1. 你观察到的现象是什么?
2. 以上实验说明溶液中存在哪些离子?
3. 深蓝色溶液中的Cu^{2+}以什么形式存在呢?

实验证实,$CuSO_4$溶液中的Cu^{2+}和NH_3分子结合,形成了一种稳定、复杂的离子——铜氨配离子$[Cu(NH_3)_4]^{2+}$,它在水中就像弱电解质一样,只有极少量电离出Cu^{2+}和NH_3,绝大多数以$[Cu(NH_3)_4]^{2+}$的形式存在。所以,3号试管中加入NaOH溶液就不会再有$Cu(OH)_2$沉淀生成了。

像$[Cu(NH_3)_4]^{2+}$这类由一个金属阳离子(或原子)与一定数目的中性分子或阴离子以配位键结合而成的复杂离子(或分子)称为配离子(或配位分子)。含有配离子的化合物和配位分子统称为配合物。深蓝色溶液中$[Cu(NH_3)_4]^{2+}$与SO_4^{2-}结合形成配合物$[Cu(NH_3)_4]SO_4$。

配合物在医药上的意义

配合物是一类复杂而又普遍存在的化合物，在医药上有着重要的意义。许多药物就是配合物，如常用的抗肿瘤药物顺铂（顺-[Pt$(NH_3)_2Cl_2$]）、卡铂[顺式-1，1-环丁烷二羧酸二氨合铂(Ⅱ)]、治疗血吸虫的酒石酸锑钾、治疗糖尿病的胰岛素（锌的配合物）、抗恶性贫血的维生素 B_{12}（钴的配合物）等。在对药品进行质量检查时，许多物质的鉴别试剂都与配合物有关，例如，铵盐鉴别使用的碘化汞钾（$K_2[HgI_4]$）、鉴别单糖的斐林试剂（碱性酒石酸铜）均为配合物；Fe^{3+} 最常用的鉴别方法就是利用它与硫氰化钾反应生成血红色的配合物（$K_3[Fe(SCN)_6]$）。

链接

二、配合物的结构与组成

配合物一般是由配离子与带相反电荷的其他离子所组成，如$[Cu(NH_3)_4]SO_4$就是由带正电荷的$[Cu(NH_3)_4]^{2+}$和带负电荷的 SO_4^{2-} 组成的。配离子是配合物的特征部分，称为配合物的内界。配合物中，除配离子以外的其他离子称为配合物的外界。配合物的内界和外界之间以离子键结合，在水中易离解出配离子和外界离子；中心离子与配位体间通常以配位键相结合，在水中很难离解出中心离子和配位体。以$[Cu(NH_3)_4]SO_4$为例，各有关组成部分和概念如图 15-1 所示。

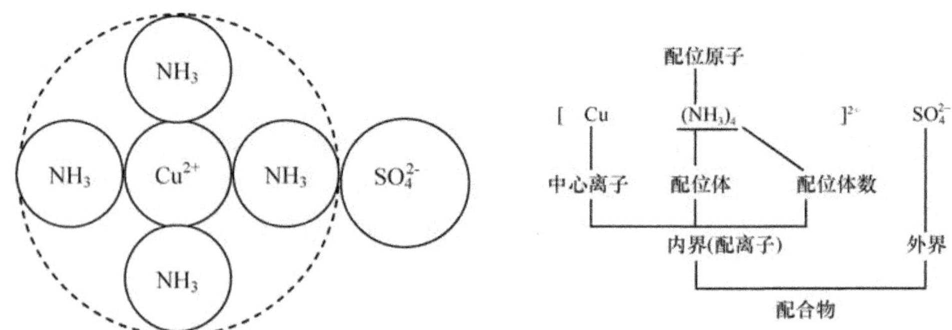

图 15-1　配合物的结构与组成

内界即配离子，书写化学式时常用“[　]”括起来。

1. 中心离子　位于配合物中心位置的金属离子，是配合物的形成体，多数是过渡金属离子。如 Ag^+、Cu^{2+}、Fe^{3+}、Hg^{2+}等。但也有电中性的原子，如 Fe、Co 等。

2. 配位体和配位原子　与中心离子以配位键相结合的中性分子或阴离子叫配位体（简称配体）。常见的配位体有 NH_3、H_2O、CN^-、SCN^-等。配位体中直接与中心离子以配位键相结合的原子叫配位原子。如 NH_3 中的 N，H_2O 中的 O，CN^- 中的 C 和 SCN^- 中的 S 等。

3. 配位数　与中心离子以配位键结合的配位原子的数目称为该中心离子的配位数，配位数常常是中心离子化合价数的 2～3 倍。常见中心离子的配位数见表 15-2。

表 15-2　常见中心离子的配位数

中心离子	化合价	配位数
Ag^+、Cu^+	+1	2
Cu^{2+}、Zn^{2+}、Hg^{2+}	+2	4
Fe^{2+}、Fe^{3+}	+2、+3	6

常见配合物的分子组成见表 15-3。

表 15-3　常见配合物的分子组成

配合物	配离子			外界离子
	中心离子	配位体	配位数	
$[Cu(NH_3)_4]SO_4$	Cu^{2+}	NH_3	4	SO_4^{2-}
$[Ag(NH_3)_2]Cl$	Ag^+	NH_3	2	Cl^-
$K_3[Fe(SCN)_6]$	Fe^{3+}	SCN^-	6	K^+

三、配离子及配合物的命名

下面以简单的配合物为例，介绍配合物命名的主要原则。

(一) 配位体的名称

大部分配位体的名称与其原来的名称相同，但某些例外(表 15-4)。

表 15-4　常见配位体的化学式及名称

化学式	原来名称	配位体名称	化学式	原来名称	配位体名称
NH_3	氨	氨	F^-	氟离子	氟
H_2O	水	水	Cl^-	氯离子	氯
$—NH_2$	氨基	氨基	Br^-	溴离子	溴
SCN^-	硫氰酸根	硫氰	I^-	碘离子	碘
CN^-	氰根	氰	OH^-	氢氧根	羟

(二) 配离子的命名

配离子的命名按如下顺序进行：配位体数目(中文数字表示)—配位体名称—合—中心离子名称—中心离子化合价数(罗马数字加括号)—离子。若有多种配位体时，一般先无机配位体后有机配位体，先阴离子配位体后中性分子配位体。不同配位体名称之间用“·”分开。

例如：

$[Ag(NH_3)_2]^+$　　二氨合银(Ⅰ)离子(又称银氨配离子)

$[Cu(NH_3)_4]^{2+}$　　四氨合铜(Ⅱ)离子(又称铜氨配离子)

$[Fe(CN)_6]^{4-}$　　六氰合铁(Ⅱ)离子

$[Fe(SCN)_6]^{3-}$　　六硫氰合铁(Ⅲ)离子

$[Pt(NH_3)_2Cl_2]$　　二氯·二氨合铂(Ⅱ)

(三) 配合物的命名

配合物的命名服从一般无机化合物命名原则。即阴离子名称在前，阳离子名称在后。若配合物的内界为阴离子时，作为酸根称“某酸某”；是阳离子时，相当于盐中的金属阳离子，称“某化某”或“氢氧化某”。

$(NH_4)_2SO_4$	硫酸铵	$[Cu(NH_3)_4]SO_4$	硫酸四氨合铜(Ⅱ)
		$K_4[Fe(CN)_6]$	六氰合铁(Ⅱ)酸钾
$CaCl_2$	氯化钙	$[Cu(NH_3)_4]Cl_2$	氯化四氨合铜(Ⅱ)

NaOH　　氢氧化钠　　$[Ag(NH_3)_2]OH$　　氢氧化二氨合银(Ⅰ)

对于一些常见的配离子和配合物,通常还用习惯名称。如$[Ag(NH_3)_2]^+$称银氨配离子,$K_3[Fe(CN)_6]$称铁氰化钾(赤血盐),$K_4[Fe(CN)_6]$称亚铁氰化钾(黄血盐)等。

四、配合物的稳定性及其应用

案例 15-2

取试管两支,分别加入$[Cu(NH_3)_4]SO_4$溶液各2mL。在一支试管中滴入0.1mol/L NaOH溶液5滴,另一支加入0.1moL/L Na_2S溶液5滴。观察两试管中出现的现象。

问题:

1. 在上面的实验中你看到了什么?
2. 分析产生上述实验的现象。

讨论:在$[Cu(NH_3)_4]SO_4$溶液中加入NaOH溶液,没有$Cu(OH)_2$沉淀生成,说明溶液中可能没有或只含有极少量的铜离子。在另一支试管中加入Na_2S溶液即有黑色的CuS沉淀生成,说明溶液中有少量的铜离子存在。

实验说明,铜氨配离子在溶液中可以微弱地离解出中心离子和配位体。即配离子的形成与离解是一个可逆的过程,最后会达到平衡状态。如$[Cu(NH_3)_4]^{2+}$的配合平衡:

$$Cu^{2+} + 4NH_3 \rightleftharpoons [Cu(NH_3)_4]^{2+}$$

配离子的总生成反应的平衡常数称为稳定常数,用$K_稳$表示。如上述$[Cu(NH_3)_4]^{2+}$的稳定常数表达式为:

$$K_稳 = \frac{c_{[Cu(NH_3)_4]^{2+}}}{c_{Cu^{2+}} \cdot c^4_{NH_3}}$$

式中,$c_{Cu^{2+}}$、c_{NH_3}和$c_{[Cu(NH_3)_4]^{2+}}$分别为Cu^{2+}、NH_3和$[Cu(NH_3)_4]^{2+}$的平衡浓度。稳定常数越大,说明生成配离子的倾向越大,配离子离解的越少,配离子的稳定性也越大,配合物愈稳定。一般配合物的$K_稳$数值均很大,为方便起见,常用$\lg K_稳$表示。常见配离子的稳定常数$K_稳$和$\lg K_稳$值见表15-5。

表 15-5　一些配离子的$K_稳$和$\lg K_稳$值

配离子	$[Ag(NH_3)_2]^+$	$[Zn(NH_3)_4]^{2+}$	$[Cu(NH_3)_4]^{2+}$	$[Fe(CN)_6]^{3-}$
$K_稳$	1.10×10^7	2.87×10^9	2.09×10^{13}	1.00×10^{42}
$\lg K_稳$	7.05	9.46	13.32	42.00

配位体可与金属离子配合形成稳定的配合物,因此,在分析化学上,常利用配位剂进行配位滴定来测定样品中金属离子的含量。在药物的制剂工作中,常利用配位体能和药物中某些微量金属离子杂质如Fe^{3+}、Cu^{2+}生成稳定的配合物,从而消除这些金属离子催化药物氧化的破坏作用。

第2节　螯　合　物

一、螯合物的定义

不仅无机物可以作为配位体,而且有机化合物也可以作为配位体。有机配位体通常含有

2 个或 2 个以上的配位原子，从而形成更复杂的配合物。例如，乙二胺（$H_2N—CH_2—CH_2—NH_2$）就是一种有机配位体，当它与铜离子配合时，每分子乙二胺两个—NH_2（氨基）上的氮原子可以与铜离子形成两个配位键，从而形成具有两个五元环的配合物，就像螃蟹的两个螯钳，从两边紧紧地把金属离子钳在中间。

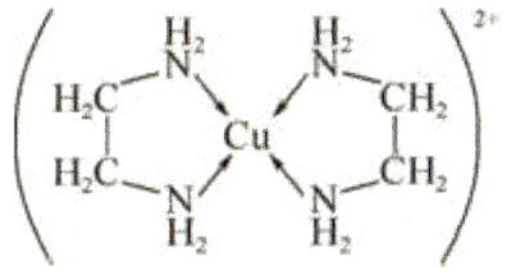

二（乙二胺）合铜（Ⅱ）离子

这种具有环状结构的配合物称为螯合物（或内配合物）。形成螯合物的配位体称为螯合剂。中心原子和配体的数目之比称为配合比。如二（乙二胺）合铜（Ⅱ）离子的配合比为 1∶2。应注意，二（乙二胺）合铜（Ⅱ）离子的配位数为 4，配位体数目为 2。

二、螯合物的形成条件

事实证明，大多数稳定的螯合物含有 5 个或 6 个原子组成的环。因此，作为螯合剂一般应具备下列条件：①每个分子或离子中含有 2 个或 2 个以上的配位原子，通常是 O、N、S 等。②两个配位原子间应间隔 2 个或 3 个其他原子，以便形成稳定的五元环或六元环。

例如，$NH_2—NH_2$（联氨）分子虽有两个配位原子 N，但彼此没有间隔其他原子，若与金属结合只能形成三元环，这种环张力大，不稳定，故不能形成稳定的螯合物。

第 3 节　配位滴定法概述

一、配位滴定反应必须具备的条件

配位滴定法是以配位反应为基础的滴定分析法。能用于配位滴定的配位反应必须具备下列条件：①配位反应必须完全，即生成的配合物足够稳定（$K_{稳} \geq 10^8$）。②反应必须按一定的反应式定量地进行，即金属离子与配位剂的配位比要恒定。③反应必须迅速，并且生成可溶性的配合物。④有适当的方法指示滴定终点。

大多数无机配位剂，不符合配位滴定的要求。因此，大多数无机配位剂不能用于滴定，而应用较多的是有机配位剂。

二、EDTA 的结构和性质

在有机配位剂中，使用最广泛的是氨羧配位剂。氨羧配位剂是以氨基二乙酸基团为主体的一类有机配位剂的总称，其配位能力强，能与大多数的金属离子形成稳定的螯合物。目前，这类配位剂中应用最广泛的是乙二胺四乙酸，简称 EDTA。通常所说的配位滴定法，主要是指以 EDTA 为滴定液的滴定分析法。

（一）EDTA 的结构

EDTA 通常用简式 H_4Y 表示。其结构式如下：

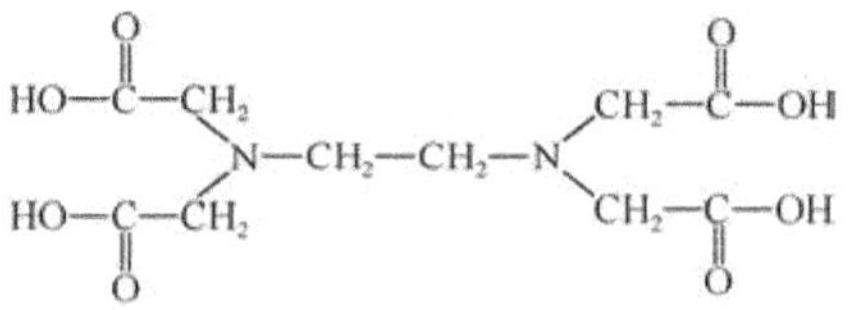

乙二胺四乙酸

EDTA 与金属离子形成配合物时,一分子 EDTA 可提供六个配位原子(2 个 N,4 个 O),中心离子的配位数一般为 6,螯合物含有 5 个五元环。

(二) EDTA 的性质

乙二胺四乙酸为白色粉末状结晶,无臭、无毒,微溶于水,难溶于酸及一般有机溶剂,易溶于苛性碱溶液和氨性溶液中,生成相应的盐。在室温时,每 100mL 水中只能溶解 0.02g,其水溶液显酸性,pH 约为 2.3。乙二胺四乙酸的二钠盐($Na_2H_2Y \cdot 2H_2O$)也简称为 EDTA,相对分子质量为 372.26。室温下可吸附水分 0.3%,80℃时可烘干除去。在 100~140℃时将失去结晶水而成为无水的 EDTA 二钠盐(相对分子质量为 336.24)。$Na_2H_2Y \cdot 2H_2O$ 为白色结晶粉末,在水中有较大的溶解度,室温时每 100mL 水中能溶解 11.1g,水溶液呈弱酸性,pH 约为 4.7。

由于 H_4Y 在水中的溶解度较小,不宜作配位滴定的滴定液。其二钠盐的溶解度较大,且易于精制,因此 EDTA 滴定液常用 $Na_2H_2Y \cdot 2H_2O$ 配制。

三、EDTA 与金属离子配位特点

大多数的金属离子的配位数为 4~6,EDTA 分子中有六个配位原子,这六个配位原子恰能满足金属离子的配位数,因此 EDTA 可与大多数金属离子形成具有环状结构的螯合物。图 15-2 所示的是 EDTA 与 Ca^{2+} 形成的螯合物。

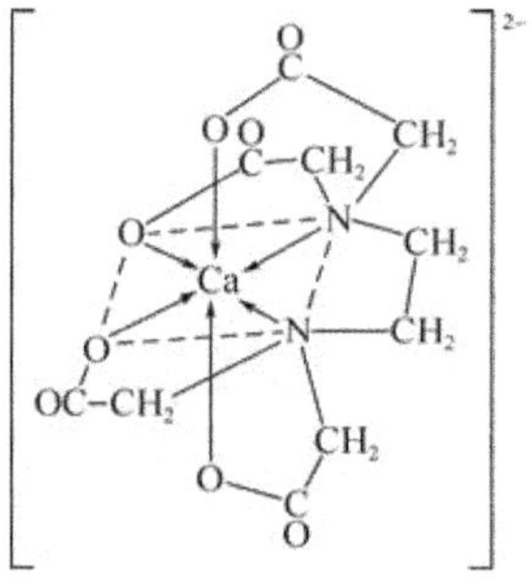

图 15-2　乙二胺四乙酸根合钙(Ⅱ)离子

EDTA 与金属离子形成的配合物具有以下特点:

1. EDTA 与金属离子形成 1∶1 型配合物　在一般情况下无论金属离子是几价的,都是等物质的量的 EDTA 与金属离子配位,形成配位比为 1∶1 的螯合物。略去各种离子的电荷,可写成通式

$$M + Y \rightleftharpoons MY$$

2. EDTA 与金属离子形成的配合物稳定性高　EDTA 与大多数金属离子配合时,能形成具有多个五元环结构的配合物,故金属 EDTA 配合物稳定性高。

表 15-6 列出了常见的金属离子与 EDTA 所形成配合物的 $\lg K_{稳}$ 值。

表 15-6　常见金属离子与 EDTA 所形成配合物的 $\lg K_{稳}$

金属离子	配合物	$\lg K_{稳}$	金属离子	配合物	$\lg K_{稳}$
Na^+	NaY^{3-}	1.66	Co^{2+}	CoY^{2-}	16.31
Ag^+	AgY^{3-}	7.32	Zn^{2+}	ZnY^{2-}	16.50
Ba^{2+}	BaY^{2-}	7.86	Mn^{2+}	MnY^{2-}	13.87
Mg^{2+}	MgY^{2-}	8.64	Fe^{2+}	FeY^{2-}	14.33
Ca^{2+}	CaY^{2-}	10.69	Al^{3+}	AlY^-	16.11

续表

金属离子	配合物	$\lg K_{稳}$	金属离子	配合物	$\lg K_{稳}$
Pb^{2+}	PbY^{2-}	18.30	Cr^{3+}	CrY^{-}	23.00
Cu^{2+}	CuY^{2-}	18.70	Fe^{3+}	FeY^{-}	25.10
Hg^{2+}	HgY^{2-}	21.80	Co^{3+}	CoY^{-}	36.00

3. 形成的配合物多数可溶于水。

4. 配合物的颜色　EDTA 与无色的金属离子形成的配合物无色，与有色的金属离子形成的配合物颜色加深。例如：

Mg^{2+}	MgY^{2-}	Mn^{2+}	MnY^{2-}	Cu^{2+}	CuY^{2-}
无色	无色	肉红色	紫红色	淡蓝色	深蓝色

配合物的解毒作用

环境的污染使得某些有害的重金属离子，如 Pb、Hg、Cd 等进入人体内，对人体健康带来严重的危害。临床上利用一些配位能力较强的配位体与有毒重金属离子形成无毒、易溶于水的配合物解毒而排出体外。如用乙二胺四乙酸钙钠治疗铅中毒，使铅转变为稳定、无毒的可溶性配离子经肾脏排出体外。必须注意的是，在采用螯合剂排除体内的有害金属离子时，由于任何螯合剂都只有相对选择性，在排除有害金属离子的同时，也会螯合一部分其他生命必需金属而一并排出体外，干扰人体正常的生理平衡。例如，当用乙二胺四乙酸二钠排除体内铅时，常会导致血钙水平的降低而引起痉挛，如改用乙二胺四乙酸钙钠，则可顺利排铅而保持血钙基本不受影响。

链接

四、酸度对配位滴定的影响

（一）EDTA 的电离

EDTA 在水溶液中，具有双偶极离子结构：

$$\begin{matrix} HOOCH_2C \\ {}^{-}OOCH_2C \end{matrix} \overset{H}{\underset{+}{N}}-CH_2-CH_2-\overset{H}{\underset{+}{N}} \begin{matrix} CH_2COO^{-} \\ CH_2COOH \end{matrix}$$

在酸性较高的溶液中，一个 H_4Y 可接受两个 H^+，形成 H_6Y^{2+}，这样 EDTA 就相当于一个六元酸，有六级电离平衡。

$$H_6Y^{2+} \rightleftharpoons H^+ + H_5Y^+$$
$$H_5Y^+ \rightleftharpoons H^+ + H_4Y$$
$$H_4Y \rightleftharpoons H^+ + H_3Y^-$$
$$H_3Y^- \rightleftharpoons H^+ + H_2Y^{2-}$$
$$H_2Y^{2-} \rightleftharpoons H^+ + HY^{3-}$$
$$HY^{3-} \rightleftharpoons H^+ + Y^{4-}$$

在水溶液中，EDTA 总是以 H_6Y^{2+}、H_5Y^+、H_4Y、H_3Y^-、H_2Y^{2-}、HY^{3-}、Y^{4-} 七种形式存在。只是在不同的 pH 时，EDTA 的主要存在形式不同（表 15-7）。

表 15-7　不同 pH 时 EDTA 的主要存在形式

pH 范围	<1	1~1.6	1.6~2.0	2.0~2.67	2.67~6.16	6.16~10.26	>10.26
主要存在形式	H_6Y^{2+}	H_5Y^+	H_4Y	H_3Y^-	H_2Y^{2-}	HY^{3-}	Y^{4-}

当溶液 pH > 10.26 时，EDTA 主要以 Y^{4-} 的形式存在。在进行配位反应时，只有 Y^{4-} 才能与金属离子直接配合。溶液的 pH 越大，Y^{4-} 的浓度越大。因此，在碱性溶液中，EDTA 的配位能力最强。Y^{4-} 一般可简写成 Y。

（二）酸度对 EDTA 配合物稳定性的影响

在配位滴定中，所涉及的平衡关系较为复杂，除了用于滴定分析的配位反应外，溶液中还常伴随发生其他的化学反应，即：

$$
\begin{array}{ccccccc}
M & + & Y & \rightleftharpoons & MY & & \\
+ & & + & & & & \\
nOH^- & & H^+ & & & & \\
\Downarrow\Uparrow & & \Downarrow\Uparrow & & & & \\
M(OH)_n & & HY & \xrightleftharpoons{+H^+} & H_2Y & \xrightleftharpoons{+H^+} & H_3Y \cdots\cdots H_6Y
\end{array}
$$

在上述平衡体系中，M 与 Y 发生的配位反应是主反应，M 离子水解以及 Y 与 H^+ 发生的反应是副反应。当溶液的酸度发生改变时，会影响 MY 的稳定性。溶液的 pH 越大，$[H^+]$ 越小，[Y] 越大，MY 越稳定；但是，如果溶液的酸度过低，许多金属离子将水解生成氢氧化物沉淀，使 [M] 降低，将使配位平衡向左移，会导致配位反应不完全。由此可见，EDTA 与金属离子的配位反应完成程度与溶液的酸碱度有着密切的关系。所以，选择适当的酸度是进行 EDTA 配位滴定的重要条件。

各种金属离子与 EDTA 生成的配合物稳定性不同，溶液的酸度对它们的影响也不同。稳定性较低的配合物，在酸性较弱的条件下即可离解；稳定性较高的配合物，只有在酸性较强时才会离解。

例如：

MgY^{2-}：　$\lg K_{稳} = 8.7$，pH = 5 ~ 6 时，MgY^{2-} 几乎全部离解。

ZnY^{2-}：　$\lg K_{稳} = 16.5$，pH = 5 ~ 6 时，ZnY^{2-} 稳定存在。

FeY^-：　$\lg K_{稳} = 25.1$，pH = 1 ~ 2 时，FeY^- 稳定存在。

所以，用 EDTA 滴定每一种金属离子时都必须控制一定的 pH 进行。我们将金属离子与 EDTA 生成的配合物刚好能稳定存在时溶液的 pH 称最低 pH（也称最高酸度）。如果溶液的 pH 低于该种金属离子的最低 pH，就不能进行滴定。

表 15-8　EDTA 滴定金属离子的最低 pH

金属离子	$\lg K_{稳}$	pH	金属离子	$\lg K_{稳}$	pH
Mg^{2+}	8.64	9.7	Zn^{2+}	16.50	3.9
Ca^{2+}	10.96	7.5	Pb^{2+}	18.04	3.2
Mn^{2+}	13.87	5.2	Cu^{2+}	18.70	2.9
Fe^{2+}	14.33	5.0	Hg^{2+}	21.80	1.9
Al^{3+}	16.11	4.2	Sn^{2+}	22.10	1.7
Co^{2+}	16.31	4.0	Fe^{3+}	25.10	1.0

从表 15-8 中可以看出，酸度对不同稳定性的配合物的影响不同，配合物的 $\lg K_{稳}$ 越大，则滴定时的最低 pH 越小。因此，可利用调节溶液 pH 的方法，在几种离子同时存在时，滴定某种离子或进行混合物的连续滴定。如 Fe^{3+} 和 Ca^{2+} 共存时，可先调节溶液呈酸性，用 EDTA 滴定 Fe^{3+}，此时 Ca^{2+} 不干扰，因为在酸性溶液中，Ca^{2+} 不能与 EDTA 反应，而 Fe^{3+} 能形成相当稳定的配合

物。当 Fe^{3+} 被滴定完后,再调节溶液呈碱性,继续用 EDTA 滴定 Ca^{2+}。

溶液的 pH 升高,[Y] 增大,配合物 MY 能稳定存在。但金属离子在 pH 较高的溶液中会发生水解生成氢氧化物沉淀,使[M]降低,同样使配合反应不完全。我们将被滴定的金属离子刚开始发生水解时溶液的 pH 称为滴定允许的最低酸度(也称最高 pH)。

综上所述,滴定某一金属离子的允许最高酸度与最低酸度之间的 pH 范围就是滴定该金属离子的适宜酸度范围。

(三) 酸度的控制

应当注意的是,不仅要在滴定前调节好溶液的酸度,而且整个滴定过程都必须控制在一定的酸度范围内进行。因为,在 EDTA 滴定过程中不断有 H^+ 释放出来,使溶液的酸度升高。

例如,用 EDTA 滴定 Mg^{2+} 时,会发生如下反应:

$$Mg^{2+} + H_2Y^{2-} \rightleftharpoons MgY^{2-} + 2H^+$$

在反应过程中不断产生 H^+,而使溶液的 pH 降低。为了消除反应中产生的 H^+ 的影响,在配位滴定中常需加入一定量的缓冲溶液以维持溶液的 pH 始终在允许的范围内。

五、金属指示剂

在配位滴定中,常用一种能随金属离子浓度变化而发生颜色改变的指示剂来确定滴定终点,这种指示剂称为金属指示剂。

(一) 金属指示剂的作用原理

金属指示剂多为有机染料,同时也是配位剂,它能与被滴定的金属离子反应,生成一种与本身颜色有显著差别的配合物。

现以铬黑 T(EBT)为指示剂,用 EDTA 滴定 Mg^{2+} 为例,说明金属指示剂的变色原理。铬黑 T 在 pH 7 ~ 10 时呈蓝色,与金属离子如 Mg^{2+} 配位后生成酒红色的配合物。

滴定前,溶液中有大量的 Mg^{2+},加入少量的铬黑 T,部分 Mg^{2+} 与铬黑 T 配位,溶液呈现 Mg-EBT 的酒红色。

滴定前:

$$Mg^{2+} + \underset{\text{蓝色}}{EBT} \rightleftharpoons \underset{\text{酒红色}}{Mg\text{-}EBT}$$

滴定开始,随着 EDTA 的加入,溶液中游离的 Mg^{2+} 不断与 EDTA 配合,生成无色的 Mg-EDTA,溶液仍呈现红色。

滴定开始至化学计量点前:

$$Mg^{2+} + EDTA \rightleftharpoons \underset{\text{无色}}{Mg\text{-}EDTA}$$

在化学计量点附近,剩余的 Mg^{2+} 几乎完全以 Mg-EBT 形式存在,Mg^{2+} 浓度很低,且 Mg-EBT 的稳定性小于 Mg-EDTA 的稳定性,加入的 EDTA 进而夺取 Mg-EBT 中的 Mg^{2+},使铬黑 T 游离出来,溶液由酒红色变为蓝色,指示滴定终点到达。

终点时:

$$\underset{\text{酒红色}}{Mg\text{-}EBT} + EDTA \rightleftharpoons Mg\text{-}EDTA + \underset{\text{蓝色}}{EBT}$$

(二) 金属指示剂应具备的条件

1. 配合物 MIn 与指示剂 In 的颜色应有明显的差别。

2. 配合物 MIn 要有足够的稳定性($\lg K_{稳\,MIn} > 4$)。只有这样,在接近化学计量点时,溶液中 M 的浓度很小时,MIn 仍能稳定存在。如果 MIn 的稳定性太低,临近终点时,MIn 会发生离解,过早将金属离子释放,游离出 In,而使终点提前。

3. MIn 的稳定性应小于 MY 的稳定性。一般要求 $\lg K_{稳\,M-EDTA}/\lg K_{稳\,MIn} \geq 2$。这样,终点时 EDTA 才能夺取 MIn 中的 M 使 In 游离出来而变色。如果 MIn 的稳定性大于 M-EDTA 的稳定性,即使在计量点附近滴入过量较多的 EDTA 也不能把 In 从 MIn 中置换出来。这种现象称为指示剂的封闭现象。如果封闭现象是由干扰离子所引起的,可采用加入掩蔽剂掩蔽干扰离子,排除封闭现象的影响。

4. 指示剂与金属离子配位反应灵敏、快速并且有良好的变色可逆性。

(三) 常用的金属指示剂及其配制方法

配位滴定中常用金属指示剂的应用范围、封闭离子和掩蔽剂选择情况见表 15-9。

表 15-9 常用金属指示剂

指示剂	pH 使用范围	颜色变化		直接滴定离子	封闭离子	掩蔽剂
		In	MIn			
铬黑 T	7~10	蓝	酒红	Mg^{2+}、Zn^{2+}、Cd^{2+} Pb^{2+}、Mn^{2+}、Hg^{2+}	Al^{3+}、Fe^{3+} Cu^{2+}、Co^{2+}、Ni^{2+}	三乙醇胺 氰化钾
钙紫红素	12~13	蓝	紫	Ca^{2+}	与铬黑 T 相似	

常用金属指示剂及其配制方法:

1. 铬黑 T 简称 EBT,又名埃罗黑 T。黑褐色粉末,带有金属光泽。在水溶液中,随着 pH 不同而呈现出三种不同的颜色:当 pH<6 时,显红色;当 7<pH<11 时,显蓝色;当 pH>12 时,显橙色。铬黑 T 与许多金属离子如 Ca^{2+}、Mg^{2+}、Mn^{2+}、Zn^{2+}、Cd^{2+}、Pb^{2+} 等形成红色的配合物,因此,铬黑 T 只能在 pH = 7~10 的条件下使用,指示剂才有明显的颜色变化(酒红色→蓝色)。由此可见,配位滴定中的指示剂也要求在一定的 pH 范围内使用。固体的铬黑 T 相当稳定,而其水溶液易发生分子聚合而变质,聚合后不能与金属离子显色。

常用配制方法:

(1) 铬黑 T 与干燥 NaCl 按 1:100 的比例混合研细后存于干燥器内,用时取少许即可。

(2) 称取铬黑 T 0.1g,溶于 15mL 三乙醇胺中,待完全溶解后,加入 5mL 无水乙醇即得。此溶液可保存数月不变质。

2. 钙紫红素 简称 NN,又称钙指示剂。钙紫红素指示剂的水溶液也随溶液 pH 不同而呈现不同的颜色:pH<7 时显红色,pH=8~13.5 时显蓝色,pH>13.5 时显橙色。由于在 pH=12~13 时,它与 Ca^{2+} 形成紫色配合物,所以,常用作在 pH=12~13 的酸度下测定钙含量时的指示剂,终点溶液由紫色变成纯蓝色,颜色变化很明显。纯的钙紫红素指示剂为紫黑色粉末,水溶液或乙醇溶液均不稳定,一般与铬黑 T 一样,与干燥的 NaCl 固体研匀配成 1:100 固体混合物使用。

第 4 节 EDTA 标准溶液的配制与标定

一、0.05mol/L EDTA 标准溶液的配制

EDTA 标准溶液常用 EDTA 二钠盐配制。纯度高的 EDTA 二钠盐可用直接法配制。配制前

将EDTA干燥至恒重以除去吸湿水。如果纯度不高，可用间接法配制，先配成近似浓度的溶液后，再用基准物质标定。

1. 直接配制法　用分析天平精密称取干燥后的分析纯 $Na_2H_2Y \cdot 2H_2O$ 约19g（称量至0.0001g）置于烧杯中，加入适量的温水使其溶解，冷却后定量转移至1000mL容量瓶中，稀释至标线，摇匀。按下式计算浓度：

$$c_{EDTA} = \frac{m_{EDTA}}{V_{EDTA}M_{EDTA}} \times 1000$$

2. 间接配制法　用台秤称取19g $Na_2H_2Y \cdot 2H_2O$，溶于300mL温热的水中，冷却后稀释至1000mL，混匀并储存于硬质玻璃瓶或聚乙烯塑料瓶中。

二、0.05mol/L EDTA标准溶液的标定

标定EDTA溶液的基准物质有金属、金属氧化物及其盐，如Zn、Cu、ZnO、$CaCO_3$、$ZnSO_4$等。一般多采用金属Zn或ZnO为基准物质，现以氧化锌为例说明标定方法。

精密称取在800℃灼烧至恒重的基准级氧化锌约0.12g，加稀盐酸3mL使其溶解，加蒸馏水25mL，甲基红指示剂1滴，滴加氨试液至溶液呈微黄色，再加蒸馏水25mL和氨-氯化铵缓冲溶液10mL，铬黑T指示剂少许，用待标定的EDTA滴定至溶液由酒红色变为蓝色即为终点。按下式计算EDTA的浓度：

$$c_{EDTA} = \frac{m_{ZnO}}{V_{EDTA}M_{ZnO}} \times 1000$$

第5节　EDTA滴定法的应用与示例

配位滴定法有多种滴定方式，如直接滴定法、剩余滴定法、置换滴定法、间接滴定法等，因此应用非常广泛。

一、水的总硬度测定

硬水是指含钙镁盐较多的水，硬度是水质的重要指标。测定水的硬度，实际上就是测定水中 Ca^{2+}、Mg^{2+} 含量。Ca^{2+}、Mg^{2+} 含量越高，表示水的硬度越大。硬度常用以下方法表示：

将测得的水中 Ca^{2+}、Mg^{2+} 的量折算成 $CaCO_3$ 的质量，以每升水中所含 $CaCO_3$ 的毫克数表示，即 $CaCO_3$ mg/L 。

计算公式：

$$水的总硬度(CaCO_3\ mg/L) = \frac{c_{EDTA}V_{EDTA}M_{CaCO_3}}{V_{水样}} \times 1000$$

测定时，精密量取一定量的水样，加氨-氯化铵缓冲溶液调节 $pH=10$，以铬黑T作指示剂，用EDTA滴定液滴定至溶液由酒红色变为蓝色时为终点。

二、葡萄糖酸钙的含量测定

在药物分析中，可用EDTA滴定液直接滴定符合滴定分析要求的金属盐类药物，如钙盐、镁盐、锌盐含量。现以葡萄糖酸钙的含量测定为例说明。

取葡萄糖酸钙药品0.5g，精密称定，加水100mL，微热溶解后，加NaOH溶液15mL与钙紫红素指示剂0.1g，用EDTA滴定液(0.05mol/L)滴定至溶液由酒红色变为蓝色时为终点。每1mL EDTA滴定液(0.05mol/L)相当于22.42mg的$C_{12}H_{22}CaO_{14} \cdot H_2O$。按下式计算葡萄糖酸钙的含量。

$$\omega_{C_{12}H_{22}CaO_{14} \cdot H_2O} = \frac{F_{EDTA}V_{EDTA} \times 22.42 \times 10^{-3}}{m_s}$$

$$F = \frac{\text{实际浓度}}{\text{规定浓度}}$$

小结

一、配合物

1. 概念　配离子：由金属阳离子(或原子)与一定数目的中性分子或阴离子以配位键结合而成的复杂离子(或分子)称为配离子(或配位分子)。

配合物：含有配离子的化合物和配位分子统称为配合物。

螯合物：具有环状结构的配合物。

2. 组成　配合物由配离子和外界离子组成，配离子由中心离子和配位体组成。

3. 命名　配离子：配位体数目及名称-合-中心离子名称及价数(罗马数字)。

配合物："某化某"、"某酸某"、"氢氧化某"

4. 稳定性　配合物的稳定性用其稳定常数$K_{稳}$或$\lg K_{稳}$表示，对同类型的配合物，$K_{稳}$或$igK_{稳}$越大，配合物越稳定。配合物的稳定性与中心原子、配位体的性质有关。

二、配位滴定法

1. 配位滴定条件　生成的配合物足够稳定($K_{稳} \geqslant 10^8$)。

2. EDTA滴定液　在水中有六级电离，七种存在形式，与金属离子配位的形式是Y^{4-}，$[Y^{4-}]$随pH升高而增大。

3. EDTA配合物特点　与金属离子形成配位比为1:1的螯合物，稳定性大，易溶于水。

4. 最佳酸度范围　$pH_{低} < pH_{佳} < pH_{高}$。

5. 金属指示剂　铬黑T(适用pH条件：7～10；终点颜色变化：酒红色→蓝色；直接测定离子：Ca^{2+}、Mg^{2+}、Pb^{2+})、钙紫红素指示剂(适用pH条件：12～13；终点颜色变化：紫色→纯蓝色；直接测定离子：Ca^{2+})。

目标检测

一、名词解释

1. 配合物　2. 配位体　3. 螯合物　4. 金属指示剂　5. 最高pH

二、填空题

1. 配合物一般是由________和________组成。
2. 一个螯合剂分子必须含有________个以上配位原子，两个配位原子之间必须相隔________个其他原子。
3. 由一个________和一定数目的________以________键结合而成的复杂离子称为________；配离子以________键和________所组成的化合物称为配合物。
4. NH_3分子中的配位原子是________。
5. 在$[Cu(NH_3)_4]SO_4$溶液中含量较多的离子是________和________离子。
6. EDTA与钙离子形成的配合物的颜色是________。
7. EDTA在水溶液中一般以____种形式存在，其中只有________形式才能与金属直接配位。

8. 配合物的稳定程度通常用________表示。
9. 溶液的________越低,________越高,对 EDTA 电离越有利。
10. 水的硬度是指水中________的总量。
11. 配位滴定中,如果共存的干扰离子对指示剂产生封闭,常采用____法消除。
12. Zn^{2+} 的最低 pH = 3.9,Mg^{2+} 的最低 pH = 9.7,可通过________来进行分别滴定。
13. 用 EDTA 测定钙离子含量时,采用的指示剂是________。
14. 铬黑 T 简称________,适用的 pH 条件是________,滴定终点时颜色的变化是________。
15. 被滴定的金属离子刚开始发生水解时溶液的 pH 称为________。

三、单项选择题

1. 下列物质中不属于配合物的是( )
   A. $[Ag(NH_3)_2]OH$ B. $[Cu(NH_3)_4]SO_4$
   C. $NH_4Fe(SO_4)_2 \cdot 12H_2O$ D. $[Pt(NH_3)_2Cl_2]$
   E. $K_2[HgI_4]$
2. 配合物 $K_3[Fe(CN)_6]$ 的中心离子是( )
   A. K^+ B. Fe^{2+}
   C. Fe^{3+} D. CN^-
   E. $[Fe(CN)_6]^4$
3. 配离子与外界离子间的化学键是( )
   A. 离子键 B. 极性共价键
   C. 非极性共价键 D. 配位键
   E. 氢键
4. 在配合物中,中心离子和配位体间的化学键是( )
   A. 离子键 B. 极性共价键
   C. 非极性共价键 D. 配位键
   E. 氢键
5. 作为螯合剂必须具备的条件是( )
   A. 含有两个或两个以上配位原子,这两个配位原子之间相隔任意多个其他原子
   B. 含有两个或两个以上的配位原子,这两个配位原子之间相隔一个其他原子
   C. 含有两个或两个以上的配位原子,这两个配位原子之间相隔两个或三个其他原子
   D. 含有两个或两个以上的配位原子,这两个配位原子之间没有相隔其他原子
   E. 必须是中性分子
6. 有关 EDTA 的叙述正确的是( )
   A. EDTA 是一个四元有机弱酸
   B. EDTA 难溶于碱性溶液中
   C. EDTA 在水溶液中有七种形式存在
   D. EDTA 易溶于酸性溶液中
   E. EDTA 在水中一共有四级电离
7. 下列关于配合物的叙述正确的是( )
   A. 配合物在水中能完全电离成简单离子
   B. 配离子很稳定,在水中不能离解
   C. 在配合物中,配离子与外界离子之间以配位键相结合
   D. 配位体必须是中性分子
   E. 配离子比较稳定,不能完全电离
8. 在 pH = 12 的溶液中,EDTA 的主要存在形式是( )
   A. H_6Y^{2+} B. H_4Y
   C. H_2Y^{2-} D. HY^{3+}
   E. Y^{4-}
9. 用 EDTA 配位滴定法测定 Mg^{2+} 含量,以 EBT 为指示剂,指示终点的物质是( )
   A. Mg-EDTA B. EBT
   C. Mg-EBT D. Mg^{2+}
   E. H^+
10. 对金属指示剂的叙述错误的是( )
    A. 配合物 MIn 的稳定性要大于 MY 的稳定性
    B. 指示剂应在某一适宜的 pH 范围内使用
    C. 指示剂与金属离子配位反应要灵敏、快速
    D. 配合物 MIn 应足够稳定
    E. 指示剂与被测离子形成的配合物颜色与指示剂本身颜色应有明显差别
11. 配位滴定中溶液酸度将影响( )
    A. EDTA 的离解 B. 金属指示剂的电离
    C. 金属离子的水解 D. A + B
    E. A + B + C
12. EDTA 与金属离子生成的配合物刚好能稳定存在时溶液的酸度称为( )
    A. 最佳酸度 B. 最低酸度
    C. 最高酸度 D. 最适宜酸度
    E. 稳定酸度
13. EDTA 与无色金属离子生成的配合物的颜色是( )
    A. 红色 B. 蓝色
    C. 酒红色 D. 橙色
    E. 无色
14. 钙指示剂在水中的颜色是( )
    A. 红色 B. 蓝色
    C. 黄色 D. 紫色

E. 酒红色

15. EDTA 与大多数金属离子配位时的配位比是(　　)

A. 1:1　　B. 1:2

C. 2:3　　D. 1:6

E. 6:1

16. 下列关于水的硬度的叙述错误的是(　　)

A. 水的硬度是水质的重要指标之一

B. 水的硬度是指水中 Ca^{2+}、Mg^{2+} 总量

C. 测定水的总硬度时,使用钙指示剂指示滴定终点

D. 水的总硬度常用的测定方法是 EDTA 配位滴定法

E. 水的硬度可用每升水中所含 $CaCO_3$ 毫克数来表示

17. 标定 EDTA 标准溶液的浓度应选择的基准物质是(　　)

A. 硼砂　　B. 锌

C. 氢氧化钠　　D. 邻苯二甲酸氢钾

E. 无水碳酸钠

18. 以铬黑 T 为指示剂,EDTA 直接测定金属离子含量时,终点颜色变化为(　　)

A. 由无色变为红色　　B. 由无色变为蓝色

C. 由酒红色变为橙色　　D. 由酒红色变为蓝色

E. 由蓝色变为酒红色

19. 在一定条件下,只有当金属离子与配位剂生成的配合物的 $\lg K_{稳}$ 满足以下条件时才能用于配位滴定(　　)

A. $\lg K_{稳} \geqslant 6$　　B. $\lg K_{稳} \geqslant 10^{-6}$

C. $\lg K_{稳} \leqslant 8$　　D. $\lg K_{稳} \geqslant 8$

E. $\lg K_{稳} \geqslant 10^{8}$

20. EDTA 不能直接滴定的离子是(　　)

A. Fe^{3+}　　B. Mg^{2+}　　C. Ca^{2+}

D. Zn^{2+}　　E. K^{+}

四、简答题

1. 以$[Ag(NH_3)_2]OH$为例说明配合物的组成。

2. 命名下列配合物,并指出其中的中心离子、配位体、配位原子和配位数。

(1) $[Ag(NH_3)_2]Cl$

(2) $K_4[Fe(CN)_6]$

(3) $[Pt(NH_3)_2Cl_2]$

(4) $[Zn(NH_3)_4]SO_4$

(5) $(NH_4)_3[Fe(SCN)_6]$

(6) $K_2[HgI_4]$

3. 用 EDTA 滴定液测定 Ca^{2+}、Mg^{2+} 等金属离子含量时,在滴定前加入缓冲溶液的原因是什么?

五、计算题

1. 精密称取干燥恒重的分析纯 $Na_2H_2Y \cdot 2H_2O$ 9.5200g 置烧杯中,温热溶解,冷却后定量转移至 500mL 容量瓶中,稀释至标线。计算该滴定液的浓度。

2. 精密称取葡萄糖酸钙试样 0.5012g 置锥形瓶中,加水微热溶解后,用 NaOH 调节溶液 pH = 12 ~ 13,加钙紫红素指示剂 0.1g,用 EDTA 滴定液(0.05030mol/L)滴定,用去 19.96mL。计算试样中葡萄糖酸钙的含量(葡萄糖酸钙 $C_{12}H_{22}O_{14}Ca \cdot H_2O = 448.4$)。

3. 精密量取水样 100.0mL,用氨性缓冲溶液调节 pH = 10,以铬黑 T 为指示剂,用浓度为 0.01036 mol/L 的 EDTA 滴定液滴定至终点,消耗 9.80mL,计算水的总硬度。

(蒋　江　丁秋玲)

第16章 仪器分析法概论

学习目标

1. 了解色谱分析法的分类、基本概念、色谱分析的基本原理
2. 理解气相色谱法、薄层色谱法和高效液相色谱法及其应用
3. 掌握紫外及可见分光光度法的原理，朗伯-比尔定律
4. 掌握常用分析仪器的基本操作

第1节 仪器分析法概述

一、仪器分析的定义和任务

仪器分析是随着分析化学的发展而产生和发展起来的，仪器分析法是通过测定物质的光、电、热、磁等物理化学性质来确定其化学组成、含量和化学结构的分析方法，需要采用比较复杂或特殊的仪器设备，故被称为仪器分析。

由于分析的试样状态、分析目的和要求的不同，所用分析方法和仪器也就不同，仪器分析方法多种多样。若按分析任务可分为四大类：分离分析、成分分析、结构分析和表面分析。分离分析法主要是色谱法，包括纸色谱、柱色谱、气相色谱、液相色谱、电色谱等。成分分析法有原子发射光谱、原子吸收光谱、荧光光谱、磷光光谱以及各种电化学分析法（包括电位、电导、电量、电泳、伏安法等）。这些方法偏重于无机物分析。结构分析法有X射线衍射法，各种分光光度法（紫外线、可见光、红外线、拉曼光谱等）、穆斯堡尔谱、核磁共振谱、顺磁共振谱、质谱等。这些方法大多偏重于有机物分析。表面分析有扫描和透射显微镜分析法、电子及离子探针法、扫描隧道显微镜、原子力显微镜及各种能谱仪（光电子、俄歇电子能谱仪）分析法等。

按分析原理可分为电化学分析法、光学分析法、色谱分析法和其他分析法。表16-1列出了按分析原理而分类的仪器分析方法。

仪器分析法具有以下特点：

1. 灵敏度高　大多数仪器分析法适用于微量、痕量分析，相对灵敏度可在μg/g、ng/g，乃至更小。

2. 取样量少，仪器分析试样常在$10^{-8}\sim10^{-2}$g。

表16-1　仪器分析法分类

方法分类	分析原理	分析方法	所用仪器
电化学分析法	根据物质在溶液中的电化学性质及其变化与物质浓度之间的定量关系进行分析的方法	电位分析法、电解分析法、伏安法、极谱法、电导分析法、库仑法等	极谱仪、电位分析仪、库仑分析仪、电导仪、电泳仪、电泳槽、酸度计

续表

方法分类	分析原理	分析方法	所用仪器
光学分析法（光谱法和非光谱法）	非光谱法是指基于物质与辐射相互作用时仅通过测量电磁辐射的某些基本性质进行分析的方法 光谱法基于物质与辐射能作用时，测量由物质内部发生量子化的能级之间的跃迁而产生的发射、吸收或散射辐射的波长和强度进行分析的方法	反射、折射法、干涉法，浊度法、拉曼光谱法、X射线衍射法、电子衍射法、旋光色散法、圆二色散法 原子发射光谱法、原子吸收光谱法、吸收光谱法、红外光谱法、荧光光谱法	拉曼光谱仪、阿贝折射仪、旋光仪、干涉光谱仪、X射线荧光光谱仪 原子发射光谱仪、原子吸收光谱仪、原子荧光光谱仪、分子荧光分光光度计、紫外-可见分光光度计、红外光谱仪、傅里叶变换红外光谱仪
色谱分析法	利用混合物各组分在互不相溶的两相间的相互作用而实现分离	气相色谱法、液相色谱法、离子交换色谱法、分子排阻色谱法	气相色谱仪、高效液相色谱仪
其他分析法		质谱法、电子及离子探针法、扫描隧道显微镜法、核磁共振波谱法	核磁共振波谱仪、气相色谱质谱联用仪、高效液相色谱质谱联用仪、色谱-质谱联用仪、扫描隧道显微镜

3. 在低浓度下的分析准确度较高，含量在 $10^{-9}\%$ ～ $10^{-3}\%$ 范围内的杂质测定，相对误差低达1%～10%。

4. 快速，某些仪器进行的项目检验在1min内可出结果。

5. 可进行无损分析，有时可在不破坏试样的情况下进行测定。

6. 能进行多信息或特殊功能的分析，有时可同时做定性、定量分析，有时可同时测定材料的组分比和原子的价态。放射性分析法还可做痕量杂质分析。

7. 专一性强，如：用单晶X射线衍射仪可专测晶体结构；用离子选择性电极可测指定离子的浓度等。

8. 便于遥测，可做即时、在线分析控制生产过程、环境自动监测与控制。遥测技术应用较多的是激光雷达、激光散射和共振荧光、傅里叶变换红外光谱等，已成功地用于测定几十千米距离内的气体、某些金属的原子和分子、飞机尾气组成、炼油厂周围大气组成等。

9. 操作较简便，有些仪器操作较简便，省去了繁多化学操作过程。随着微电子工业、大规模集成电路、微处理器和微型计算机的发展，仪器分析自动化、程序化程度的提高，将使操作更趋于简化。

10. 仪器设备较复杂，价格较昂贵。

二、仪器分析的产生和发展

仪器分析的产生是科学技术发展的需要、必然，也是科学技术发展的结晶。一般的化学分析法是以物质的特性及其化学反应为基础的分析法。它要把分析试样进行化学处理，转化成原子、离子或其他化合物等状态来加以检测。这种分析法所用试样量较多，处理比较繁杂，分析时间较长。因此，对于试样量极少、需要进行快速分析、动态分析、非破坏性分析、化合物结构分析等已显得无能为力了。例如：对农药残留量、维生素、激素、糖类、脂类、核酸的测定，蛋白质分子中氨基酸残基的数目及其排列顺序、空间结构及其活性中心的位置的推断，土壤、动植物体、水、饲料、食品等样品中的钙、镁、铁等金属元素含量测定，大气污染的监控等。为此20世纪40年代仪器分析法逐渐发展起来了。随着社会的飞速发展,分析测试任务越来越重,分析化学将面临更深刻、更广泛和更激烈的变革。人们将会设计和创造出多种新仪器以更有效圆满地完成各项任务。

仪器分析学科的发展经历了三次巨大变革:20 世纪初,由于物理化学的发展,为分析技术提供了理论基础,建立了溶液四大平衡理论,使分析化学从一门技术发展为一门科学。第二次变革发生在第二次世界大战前后直到 20 世纪 60 年代物理学、电子学、半导体及原子能工业的发展导致了仪器方法的大发展,可以说 60 年代是分析化学与物理学、电子学结合的时代。从 70 年代末到现在,以计算机应用为主要标志的信息时代的来临,使分析化学正处在第三次变革时期,生命科学、环境科学、新材料科学发展的要求,生物学、信息科学,计算机技术的引入,使分析化学进入了一个崭新的境界。

现代分析化学的任务已不仅限于测定物质的组成及含量,而是要对物质的形态(氧化-还原态、络合态、结晶态)、结构(空间分布)、微区、薄层及化学和生物活性等做出瞬时追踪、无损和在线监测等分析及过程控制。

预计 21 世纪学科发展的特点是各学科纵横交叉解决实际问题。21 世纪电子信息技术将向更快、更小、功能更强的方向发展,分析仪器正向微型化(如生物芯片技术)和智能化方向发展,发展趋势主要表现在基于微电子技术和计算机技术的应用实现分析仪器的自动化,提高分析仪器数据处理能力;分析仪器的联用技术向测试速度超高速化、分析试样超微量化、分析仪器超小型化的方向发展。

仪器分析是生产和科研的眼睛,是高科技发展的基础和伴侣,它是基于多学科的高技术产物,离开现代仪器分析,高新技术研究与进步寸步难行。

第 2 节　分光光度法

分光光度法是通过测定被测物质在特定波长处或一定波长范围内光的吸收度,对该物质进行定性和定量分析的方法。它必须运用棱镜或光栅做分光器,用光电管和检流计测量溶液透射光的强度。用紫外光源测定无色物质的方法,称为紫外分光光度法;用可见光光源测定有色物质的方法,称为可见分光光度法。它们与比色法一样,都以朗伯-比尔(Lambert-Beer)定律为基础。

一、基本原理

(一) 光的本质

光是一种电磁波(电磁辐射),它不需要任何物质作为传播介质,并具有波粒二象性即波动性和粒子性。波动性是指光按波动形式传播,粒子性是把光作为具有一定能量的光子,体现在光具有折射、衍射、偏振、干涉、速度及光电效应等性质,其中波长、频率和速度称为光的三要素,三者之间的关系可用下式体现:

$$c = \lambda v = v/\sigma \times 10^{-7}$$

$$E = hv = hc/\lambda$$

式中, c 为光速(3×10^{8} m/s);λ 为波长(nm);v 为频率(Hz);σ 为波数(cm^{-1});E 为能量(J); h 为普朗克常量(6.626×10^{-34} J·s)。

所有的电磁辐射在本质上是完全相同的,它们之间的区别仅在于波长或频率不同。按波长长短顺序排列起来的电磁辐射称为电磁波谱。人们眼睛所看到的日光、雨后彩虹只是电磁波中的一个很小的波段称为可见光，波长范围在400～760nm，人的眼睛觉察不到的还有红外线（波长＞760nm）、紫外线（波长＜400nm）、X射线等。

单一波长的光称为单色光，由不同波长的光混合而成的光称为复合光。日光、白炽灯光就是复合光，若让一束白光通过棱镜，便可分解为红、橙、黄、绿、青、蓝、紫七种颜色的光，这种现象称为光的色散。可见光区各种色光的近似波长如表16-2所示。

表16-2　可见光区各种色光的波长范围

光的颜色	波长范围/nm	光的颜色	波长范围/nm
红色	610～760	青色	480～500
橙色	595～610	蓝色	435～480
黄色	560～595	紫色	400～435
绿色	500～560		

（二）吸收光谱

图16-1　光的互补色示意图

1. 物质对光的的选择性吸收　将两种适当颜色的单色光按一定强度比例混合则成为白光。这两种单色光称为互补色光。如图16-1所示，处于直线相连的两种色光都为互补色光，如蓝色光和黄色光为互补色光。

物质呈现不同的颜色是由于物质能选择性地吸收不同波长的可见光。对于固态物质来说，如果物质对不同波长的光完全吸收，则呈现黑色；如果完全反射，则呈现白色；如果物质对于各种波长的光吸收程度差不多，则呈现灰色；如果选择性地吸收某些波长的光，则物质呈现吸收光颜色的互补色。对于溶液来说，如果各种颜色的光透过程度相同，这种溶液就呈无色透明；若它选择性地吸收某种波长的光，那么溶液就呈现其互补色光的颜色。如：$KMnO_4$吸收绿色光，因此$KMnO_4$溶液呈现紫色。

2. 吸收光谱曲线　将不同波长（λ）的光依次透过某浓度一定的溶液，测量不同波长下溶液对光的吸收程度（吸光度A），以波长为横坐标，以吸光度为纵坐标，即用A-λ作图所得为一吸收光谱曲线（图16-2），四条曲线是四种不同浓度的$KMnO_4$溶液的吸收光谱曲线，吸光度最大处所对应的波长称为最大吸收波长，用λ_{max}表示，$KMnO_4$溶液的λ_{max}为525nm。不同浓度的同一物质，吸收曲线的形状相似，λ_{max}相同但吸光度A不同，在任一λ处，溶液的吸光度A随溶液浓度的增加而增大。不同物质吸收曲线的形状和最大吸收波长不同，说明光的吸收与溶液中物质的结构有关，而与浓度无关。

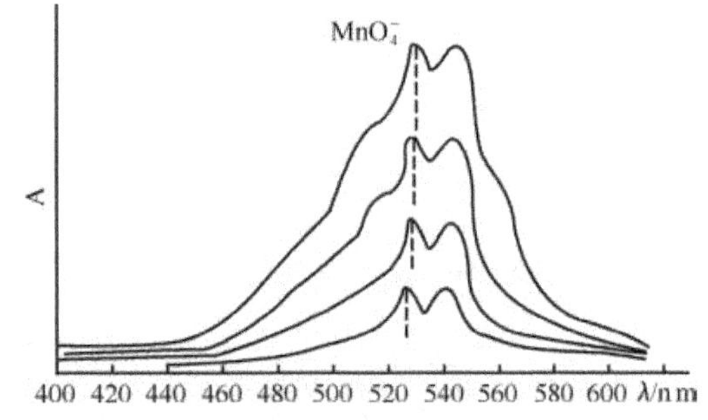

图16-2　$KMnO_4$溶液的吸收曲线

在分光光度法中，可以将吸收光谱曲线作为定性、定量的依据，一般以灵敏度大的λ_{max}作为测定波长。分光光度法的应用光区包括紫外线区、可见光区、红外线区。

3. 光的吸收定律

（1）透光率与吸光度：一束平行单色光照射溶液时，光的一部分被吸收，一部分透过溶液，一部分被器皿的表面反射(图 16-3)。

若入射光强度为 I_o,吸收光的强度为 I_a,透过光强度为 I_t,反射光的强度为 I_r,它们的关系是:

$$I_o = I_t + I_a + I_r$$

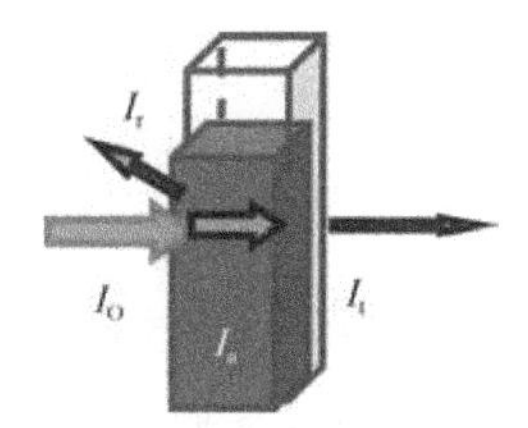

图 16-3　光通过吸光物质示意图

在分光光度法测定中,待测溶液和参比溶液均盛放在相同材质和厚度的比色皿中,两比色皿的反射光强度基本相同且很小,其影响可以相互抵消,故上式可简化为:

$$I_o = I_t + I_a$$

从上式可以看出:溶液的透光度越大,说明对光的吸收越小,浓度低;相反,透光度越小,溶液对光的吸收越大,浓度高。因此,用透过光强度 I_t 与入射光强度 I_o 的比值表示光线透过溶液的强度,称为透光率(或透光度),用符号 T 表示,即

$$T = \frac{I_t}{I_o} \times 100\% \tag{16.1}$$

透光率的倒数反映了溶液对光的吸收程度,即吸光度 A ,实际应用时,常用吸光度表示。

$$A = \lg \frac{1}{T} = \lg \frac{I_o}{I_t} \tag{16.2}$$

若光全部透过溶液,$I_o = I_t$,$A = 0$。

若光被溶液全部吸收,$I_t = 0$,$A = \infty$。

吸光度 A 是用来衡量溶液中吸光物质对单色光 λ 的吸收程度,A 值越大,其吸收程度越大;反之亦然。

(2) 朗伯-比尔定律:实践证明,当入射光波长一定时,溶液对光的吸收程度与溶液液层的厚度及溶液的浓度有关,其定量关系为朗伯-比尔定律。即当一束平行单色光通过溶液时,溶液的吸光度 A 与溶液的浓度 c 和液层厚度 L 成正比。数学表达式:

$$A = KLc \tag{16.3}$$

式中,K 为吸光常数,表示物质对光的吸收能力,它与吸光物质的本性、入射光的波长及温度等因素有关,与浓度 c 无关,数值随 c 选择的单位变化。常用摩尔吸光系数和比吸光系数表示。

1) 摩尔吸光系数:指在一定波长时,溶液浓度为 1mol/L,液层厚度为 1cm 时的吸光度,用 ε 表示,单位为 L/(mol · cm)。

2) 比吸光系数:指在一定波长时,100mL 溶液中含被测物质 1g,液层厚度为 1cm 时的吸光度,用 $E_{1cm}^{1\%}$ 表示,单位为:mL/(g · cm)。通常在化合物组成不明,物质的相对分子质量无从知道,物质的量浓度无法确定的情况下使用。

ε 和 $E_{1cm}^{1\%}$ 两者之间的关系是:

$$\varepsilon = E_{1cm}^{1\%} \times \frac{M}{10} \tag{16.4}$$

例 16-1　已知某化合物的相对分子质量为 251,将此化合物用乙醇作溶剂配成浓度为 0.150mmol/L 的溶液,在 480nm 波长处用 2.00cm 吸收池测得透光率为 39.8%,求该化合物在上述条件下的摩尔吸光系数 ε 及质量吸光系数 $E_{1cm}^{1\%}$。

解:已知 $c = 0.150 \times 10^{-3}$mol/L,$L = 2.00$cm,$T = 0.398$

由朗伯-比尔定律可得:$A = -\lg T = -\lg 0.398 = 0.400$

$$= \varepsilon Lc = \varepsilon \times 2.00 \times 0.150 \times 10^{-3}$$

$$\varepsilon = 1.33 \times 10^{-3} [\text{L/(mol} \cdot \text{cm)}]$$

$$E_{1cm}^{1\%} = \varepsilon \times \frac{10}{M} = 1.33 \times 10^{-3} \times \frac{10}{251} = 5.30 \times 10^{-5} [\text{mL/(g} \cdot \text{cm)}]$$

二、可见分光光度法

(一) 分光光度计构造

无论是哪种类型的分光光度计,其基本原理相似,一般都由光源、单色器、吸收池、检测器和信号处理及显示器所组成(图 16-4)。

图 16-4 分光光度计结构示意图

1. 光源(light source) 可见分光光度法是以钨灯作光源。钨灯可发出 320 ~ 3200nm 的连续光谱,最适宜的波长范围为 360 ~ 1000nm。

2. 单色光器(monochromatro) 单色光器由棱镜或光栅、狭缝和准直镜等部分组成。光源发出的光,经入光狭缝由凹面准直镜成平行光线反射后进入棱镜色散,色散后的光回到准直镜,经准直镜聚焦在出光狭缝。转动棱镜便可在出光狭缝得到所需波长的单色光。狭缝宽度应适中,狭缝太宽,单色光纯度差;太窄,则光通量过小,影响测定灵敏度。

3. 吸收池(absorption cell) 分光光度计中用来盛放溶液的容器称为吸收池。在测定中同时配套使用的吸收池应相互匹配,即有相同的厚度和相同的透光性。

4. 检测器(detector) 可见分光光度计中的检测器一般用光电管,它是用一个阳极和一个对光敏感材料制成的阴极所组成的真空二极管,当光照射到阴极时,表面金属发射电子,流向电势较高的阳极而产生电流。

5. 信号处理及显示器 它的作用是放大信号并以适当的方式指示或记录。常用的信号指示装置有直流检流计、电位调零装置、数字显示及自动记录装置等。现在许多分光光度计配有微处理机,一方面可以对仪器进行控制,另一方面可以进行数据的采集和处理。

(二) 721 型分光光度计

1. 构造 721 型分光光度计允许的测定波长范围在 360 ~ 800nm,其构造比较简单,测定的灵敏度和精密度较高。因此,应用比较广泛。

721 型分光光度计的仪器基本结构见图 16-5。从光源灯发出的连续辐射光线,射到聚光透镜上,会聚后,再经过平面镜转角 90°,反射至入射狭缝。由此入射到单色器内,狭缝正好位于球面准直物镜的焦面上,当入射光线经过准直物镜反射后,就以一束平行光射向棱镜。光线进入

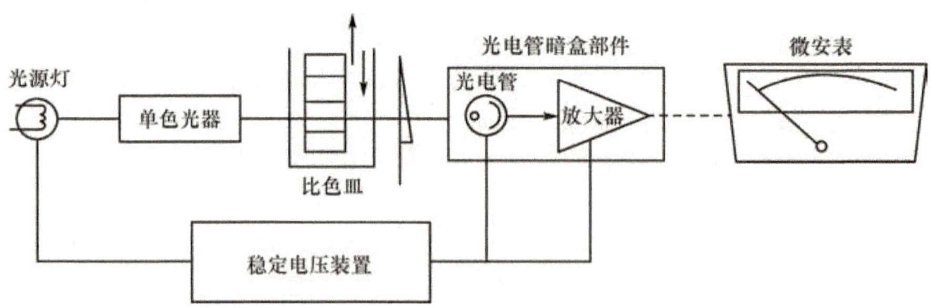

图 16-5 721 型分光光度计基本结构示意图

棱镜后,进行色散。色散后回来的光线,再经过准直镜反射,就会聚在出光狭缝上,再通过聚光镜后进入比色皿,光线一部分被吸收,透过的光进入光电管,产生相应的光电流,经放大后在微安表上读出。

仪器的外形如图 16-6 所示。

2. 使用方法(图 16-6)

(1) 首先接通电源,打开电源开关 6,指示灯亮,打开比色皿暗箱盖 7,预热 20min。

(2) 波长选择旋钮 2,选择所需的单色光波长,用灵敏度旋钮 1 选择所需的灵敏档,用调“0”电位器 3 调整电表为 $T=0\%$ 。

(3) 放入比色皿(溶液装入 4/5 高度,置第一格)置于光路上,将比色皿暗箱盖合上,推进比色皿拉杆 5,使参比比色皿处于空白校正位置,使光电管见光,旋转透光率调节旋钮 4,使微安表 8 指针准确处于 100% 。按上述方法连续几次调整零位和 100% 位至仪器稳定,即可进行测定工作。

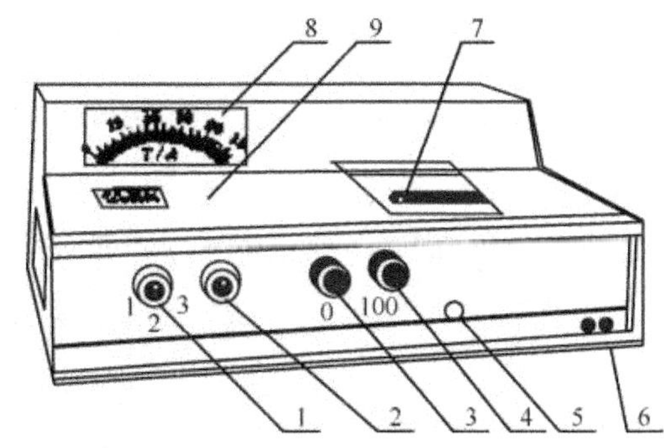

图 16-6　721 型分光光度计的外形

1. 灵敏度档;2. 波长调节旋钮;3. 调“0”电位器旋钮;4. 光量调节器旋钮;5. 比色皿座架拉杆;6. 电源开关;7. 比色皿暗箱盖;8. *T/A* 指示电表;9. 波长刻度盘

(4) 盖上样品室盖,推动试样架拉手,使样品溶液池置于光路上,读出吸光度值。读数后应立即打开样品室盖。

(5) 测量完毕,取出比色皿,洗净后倒置于滤纸上晾干。各旋钮置于原来位置,电源开关置于“关”,拔下电源插头。

(6) 放大器各档的灵敏度为:“1” ×1 倍;“2” ×10 倍;“3” ×20 倍,灵敏度依次增大。由于单色光波长不同时,光能量不同,需选不同的灵敏度档。选择原则是在能使参比溶液调到 $T=100\%$ 处时,尽量使用灵敏度较低的档,以提高仪器的稳定性。改变灵敏度档后,应重新调“0”和“100”。

3. 721 型分光光度计使用注意事项

(1) 连续使用仪器的时间不应超过 2h,最好是间歇 0. 5h 后,再继续使用。

(2) 比色皿每次使用完毕后,要用去离子水洗净并倒置晾干后,存放在比色皿盒内。在日常使用中应注意保护比色皿的透光面,使其不受损坏或产生划痕,以免影响透光率。

(3) 仪器不能受潮。在日常使用中,应经常注意单色器上的防潮硅胶(在仪器的底部)是否变色,如硅胶的颜色已变红,应立即取出烘干或更换。

(4) 在托运或移动仪器时,应注意小心轻放。

(三) 显色反应的条件及影响因素

可见分光光度法只能测定有色溶液,如试样溶液无色,必须加入显色剂。

1. 显色剂必须具备下列条件　①灵敏度高:当 e 值大于 104 时,可认为测定的灵敏度较高。②选择性好:应尽可能选择只与被测物显色而与溶液中共存物质不显色,或者与被测物所显颜色和与共存物所显颜色有明显不同的显色剂。③生成的有色物质应有确定的组成,性质稳定。④显色剂与有色物颜色反差大:两者最大吸收波长之差应大于 60nm。⑤显色剂在测定波长处无明显吸收。⑥显色反应要易于控制:确保实验有较好的再现性。

2. 影响显色反应的主要因素　①显色剂用量:通过实验来确定最适用量。②反应液的酸碱度(pH):溶液酸碱度直接影响金属离子与显色剂存在形式以及有色化合物组成的稳定性。③反应温度:不同的显色反应需要不同的反应温度,一般显色反应可在室温下完成。④显色反应时间:显色反应的速度有快有慢。⑤干扰离子的影响:应采用适当方法消除其影响。

三、紫外-可见分光光度法

紫外-可见分光光度法测定的波长范围为200~1000nm,即从紫外线区到可见光区再到近红外线区。

(一)紫外-可见分光光度法的特点

1. 应用广泛　由于各种各样的无机物和有机物在紫外-可见区都有吸收,均可借此法加以测定。

2. 灵敏度高　适用于痕量组分分析,其摩尔吸光系数达到10^4~10^5数量级。

3. 准确度高　其浓度测量的相对误差在1%~3%范围。

4. 应用范围广　其浓度测量可从常量(1%~50%)到痕量(10^{-8}%~10^{-6}%),不仅可以进行定量分析,还可用于定性分析和结构分析;可以测定有色溶液,也可测定无色溶液。

5. 操作简便、快速　广泛应用于化工、冶金、地质、医学、食品、制药及环境监测等方面。

(二)紫外-可见分光光度计的组成

1. 辐射源　必须具有稳定的、有足够输出功率的、能提供仪器使用波段的连续光谱,如钨灯、卤钨灯(波长范围350~2500nm)、氘灯或氢灯(180~460nm),或可调谐染料激光光源等。可见光区(460~760nm)使用钨灯,紫外线区(200~400nm)则使用氘灯。

2. 单色器　它由入射、出射狭缝、透镜系统和色散元件(棱镜或光栅)组成,是用以产生高纯度单色光束的装置,其功能包括将光源产生的复合光分解为单色光和分出所需的单色光束。紫外-可见分光光度计的单色器有棱镜和光栅两种。棱镜由玻璃或石英制成。玻璃棱镜只适用于可见光区,而石英棱镜可用于紫外-可见的整个光谱区。由于光栅单色器的分辨率比棱镜单色器分辨率高(可达±0.2nm),而且它可用的波长范围也比棱镜单色器宽。因此,目前生产的紫外-可见分光光度计大多采用光栅作为色散元件。

3. 吸收池　又叫比色皿。供盛放试液进行吸光度测量用,分为石英池和玻璃池两种,前者适用于紫外到可见区,后者只适用于可见区。容器的光程一般为0.5~10cm,吸收池一般为长方体(也有圆鼓形或其他形状,但长方体最普遍),其底及两侧为毛玻璃,另两面为光学透光面。由于一般商品吸收池的光程精度往往不是很高,与其标示值有微小误差,即使是同一个厂出品的同规格的吸收池也不一定完全能够互换使用。所以,仪器出厂前吸收池都经过检验配套,在使用时不应混淆其配套关系。实际工作中,为了消除误差,在测量前还必须对吸收池进行配套性检验。

4. 检测器　又称光电转换器。常用的有光电管或光电倍增管,后者较前者更灵敏,特别适用于检测较弱的辐射。近年来还使用光导摄像管或光电二极管矩阵作检测器,具有快速扫描的特点。

5. 显示装置　有检流计与数字显示和打印绘图装置两种,随着电子技术的发展,检流计已不再使用,现在已实现了分析的自动化。较高级的光度计,常备有微处理机、荧光屏显示和记录仪等,可将图谱、数据和操作条件都显示出来。

(三) 紫外-可见分光光度计的类型

紫外-可见分光光度计仪器类型有：单波长单光束直读式分光光度计、单波长双光束自动记录式分光光度计和双波长双光束分光光度计。

1. 单波长单光束分光光度计　经单色器分光后的一束平行光，轮流通过参比溶液和样品溶液，以进行吸光度的测定。这种简易型分光光度计结构简单，操作方便，维修容易，适用于常规分析。国产 721 型、722 型、751 型、724 型、英国 SP500 型以及 Backman DU-8 型等均属于此类光度计。

2. 单波长双光束分光光度计　其光路示意于图 16-7，光源发出光经单色器分光后，经反射镜(M_1)分解为强度相等的两束光，一束通过参比池，另一束通过样品池，光度计能自动比较两束光的强度，此比值即为试样的透射比，经对数变换将它转换成吸光度并作为波长的函数记录下来。双光束分光光度计一般都能自动记录吸收光谱曲线。由于两束光同时分别通过参比池和样品池，因而能自动消除光源强度变化所引起的误差。这类仪器有国产 710 型、730 型、740 型等。

3. 双波长双光束分光光度计　其基本光路如图 16-8 所示。由同一光源发出的光被分成两束，分别经过两个单色器，得到两束不同波长(λ_1 和 λ_2)的单色光；利用切光器使两束光以一定的频率交替照射同一吸收池，然后经过光电倍增管和电子控制系统，最后由显示器显示出两个波长处的吸光度差值($\Delta A = A_{\lambda_1} - A_{\lambda_2}$)。

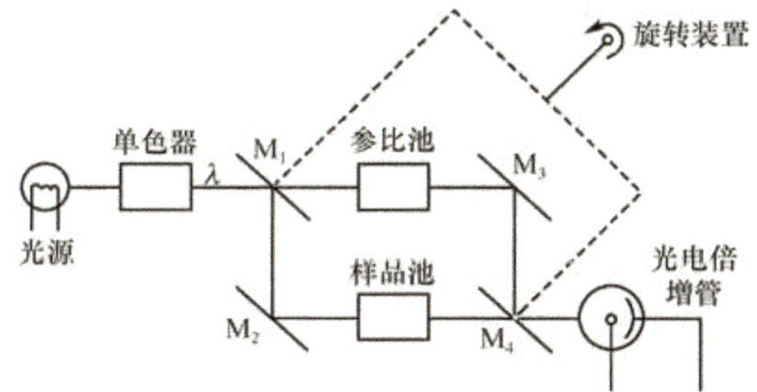

图 16-7　单波长双光束分光光度计原理图
M_1、M_2、M_3、M_4 为反射境

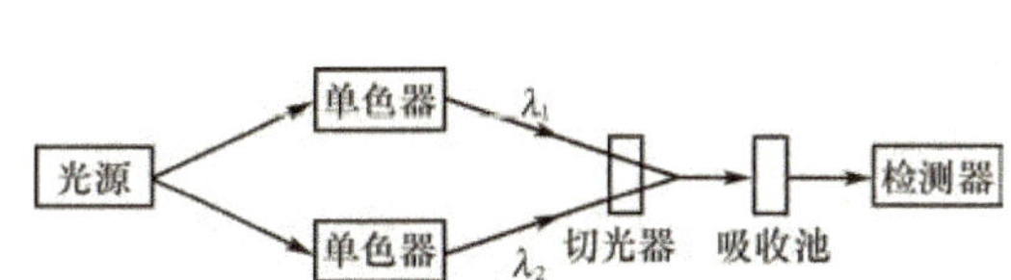

图 16-8　双波长分光光度计光路示意图

对于多组分混合物、混浊试样(如生物组织液)分析，以及存在背景干扰或共存组分吸收干扰的情况下，利用双波长分光光度法，往往能提高方法的灵敏度和选择性。

四、定量的方法

紫外-可见分光光度法常用于定量测定，根据朗伯-比尔定律，在一定波长条件下，吸光度与浓度成正比，因此在分光光度计上测出吸光度，进而求出被测物质含量。如果在一个试样中只要测定一种组分，且在选定的测量波长下，试样中其他组分对该组分不干扰，这种单组分的定量分析较简单。一般有标准曲线法和标准对照法两种。

(一) 标准曲线法

取标准品配成一系列已知浓度的标准溶液，在选定波长处(通常为 λ_{max})，用同样厚度的吸收池分别测定其吸光度，以吸光度为纵坐标，标准溶液浓度为横坐标作图，得一通过坐标原点的直线即标准曲线(图 16-9)。

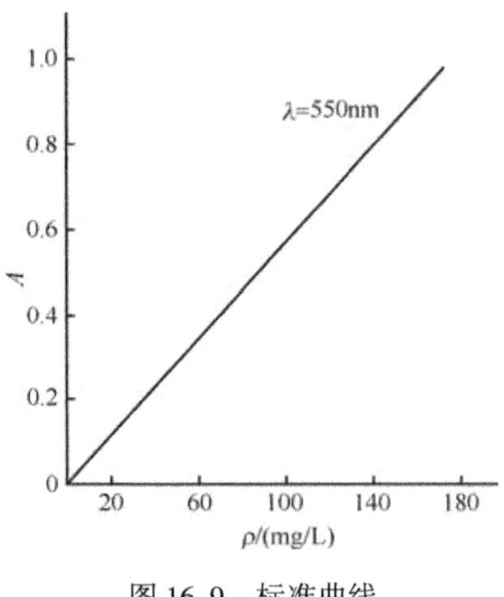

图 16-9 标准曲线

然后将被测溶液置于吸收池中，在相同条件下，测量其吸光度，根据吸光度即可在标准曲线上查得其对应的含量。

在测定溶液吸光度时采用空白溶液（又称参比溶液）作对照。

1. 溶剂空白 当显色剂及制备试液的其他试剂均无色，且溶液中除被测物外无其他有色物质干扰时，可用溶剂作空白溶液，这种空白溶液称为溶剂空白。

2. 试剂空白 若显色剂有色，试样溶液在测定条件下无吸收或吸收很小时，可用试剂空白进行校正。所谓试剂空白，系按显色反应相同的条件加入各种试剂和溶剂（不加试样溶液）后所得溶液，相当于标准曲线法中浓度为“0”的标准溶液。

3. 试样空白 当试样基体有色（如试样溶液中混有其他有色离子），但显色剂无色，且不与试样中被测成分以外的其他成分显色时，可用试样空白校正。所谓试样空白，系不加显色剂但按显色反应相同条件进行操作的试样溶液。

（二）标准对照法

先配制一个与被测溶液浓度相近的标准溶液（其浓度用 c_s 表示），在 λ_{max} 处测出吸光度 A_s，在相同条件下测出试样溶液的吸光度 A_x，则试样溶液浓度 c_x 可按下式求得：

$$A_s = Kc_sL, A_x = Kc_xL$$

则

$$c_x = \frac{c_s A_x}{A_s} \tag{16.5}$$

当测定不纯样品中某组分的含量时，常采用配制相同浓度的样品溶液与标准品溶液，即 $c_{原样} = c_{标}$，在 λ_{max} 处分别测出吸光度 A，便可求出样品中某组分的含量。

$$被测组分\% = \frac{c_{样}}{c_{原样}} \times 100\% = \frac{c_{标} \times \frac{A_{样}}{A_{标}}}{c_{原样}} \times 100\% = \frac{A_{样}}{A_{标}} \times 100\% \tag{16.6}$$

例 16-2 称取某 $KMnO_4$ 样品与标准品各 0.1465g，分别溶于蒸馏水中并稀释至 1000mL，分别再取 10mL 稀释至 50mL，在 λ_{max} = 525nm 处分别测得 A 为 0.245 和 0.250，求样品中 $KMnO_4$ 的含量。

解：根据公式（16.6）得

$$\omega_{KMnO_4} = \frac{A_{样}}{A_{标}} \times 100\% = \frac{0.245}{0.250} \times 100\% = 98\%$$

（三）比吸光系数法

比吸光系数是物质的特性常数，只要测定条件（溶液浓度、单色光纯度等）不致引起对朗伯-比尔定律的偏离，即可根据测得的吸光度 A 求出样品的浓度或含量。在实际工作中常利用样品的比吸光系数和标准吸光系数之比计算被测组分的含量。

$$被测组分\% = \frac{(E_{1cm}^{1\%})_{样}}{(E_{1cm}^{1\%})_{标}} \times 100\% \tag{16.7}$$

ND-2000C 微量紫外分光光度计

当代生物化学和分子生物学工作者常常会遇到这样的情况：你经过很大努力拿到了某一样品，可惜仅有几十微升。如何测定它的浓度？或者你为了作些探索研究希望少损耗一些宝贵样品，但样品少测定浓度就困难……现在，你可以不必为这类事烦恼了，微量紫外分光光度计就可以解决这些问题（图16-10）。它的特点：①检测只需1μL的样本，适用于极微量样本的检测。②直接使用加样器将待检测样本加在检测的表面上，无需使用比色皿和毛细管。③不浪费样本，节省消耗品费用。④样本无需进行稀释，即可进行快速、简便的检测，检测范围宽。技术参数：波长范围：220～750nm；波长精度：1nm；分辨率：3nm（FWHM at Hg 546nm）；其他：1mm光程长度（可自动调整到0.2mm）；可检测低至2ng/μL的核酸；可检测高至3700ng/μL的核酸；吸光率精确度：0.003 absorbance（1mm光程）；吸光率准确性：1%（at 0.76 absorbance）；吸光率范围：0.02～75（相当于10mm光程）；核酸检测周期：10s；体积：20cm×5cm×2cm。

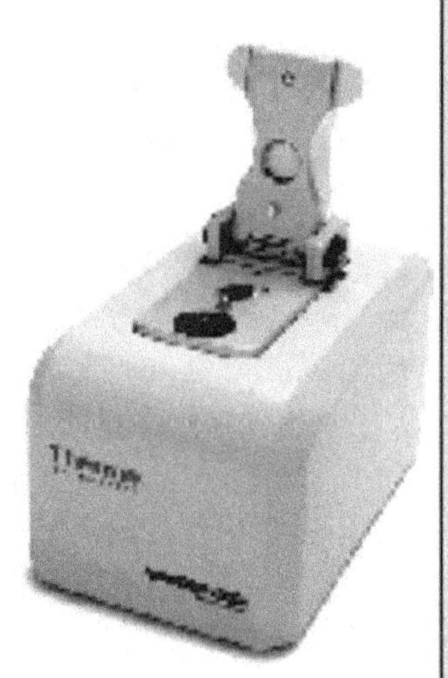

图16-10 ND-2000C微量紫外分光光度计

链接

第3节 色谱法

一、色谱法的原理和分类

（一）色谱法的分离原理

色谱法也叫层析法，它是一种高效能的物理分离技术，基于混合物中各组分在两相间溶解（或吸附）等能力不同，经过反复多次的分配（或吸附）平衡，使性质有微小差别的组分分离方法。色谱法的最早应用是俄国植物学家茨维特于1906年分离植物色素，其方法是在一玻璃管中放入碳酸钙，将含有植物色素（植物叶的提取液）的石油醚倒入管中，此时，玻璃管的上端立即出现几种颜色的混合谱带。然后用纯石油醚冲洗，随着石油醚的加入，谱带不断地向下移动，并逐渐分开成几个不同颜色的谱带，继续冲洗就可分别得到各种颜色的色素，并可分别进行鉴定（图16-11）。色谱法也由此而得名。其中固定不动的一相，叫做固定相；另一相是携带样品不断流过固定相的流动体，称为流动相。

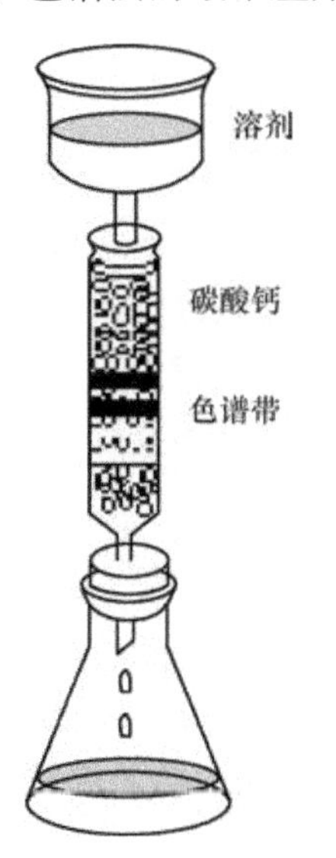

图16-11 色谱装置图

色谱法的分离原理就是利用待分离的各种物质在两相中的分配系数、吸附能力等亲和能力的不同来进行分离的。使用外力使含有样品的流动相（气体、液体）通过一固定于柱中或平板上、与流动相互不相溶的固定相表面，当流动相中携带的混合物流经固定相时，混合物中的各组分与固定相发生相互作用。由于混合物中各组分在性质和结构上的差异，与固定相之间产生的作用力的大小、强弱不同，随着流动相的移动，混合物在两相间经过反复多次的分配平衡，使得各组分被固定相保留的时间不同，从而按一定次序由固定相中先后流出，与适当的柱后检测方法结合，实现混合物中各组分的分离与检测。

现在的色谱法早已不局限于色素的分离，其方法也早已得到了极大的发展，但其分离的原理仍然是一样的，所以仍然称为色谱法。

（二）色谱法的分类

1. 按两相所处的状态分类　色谱法中，流动相可以是气体，也可以是液体，由此可分为气相色谱法（GC）和液相色谱法（LC）。固定相既可以是固体，也可以是涂在固体上的液体，因此将气相色谱法分为气-液色谱法和气-固色谱法，液相色谱法分为液-固色谱法和液-液色谱法。

2. 按固定相的几何形式分类

（1）柱色谱法：是将固定相装在一金属或玻璃柱中或是将固定相附着在毛细管内壁上做成色谱柱，试样从柱头到柱尾沿一个方向移动而进行分离的色谱法。

（2）纸色谱法：利用滤纸作固定液的载体，把试样点在滤纸上，然后用溶剂展开，各组分在滤纸的不同位置以斑点形式显现，根据滤纸上斑点位置及大小进行定性和定量分析。

（3）薄层色谱法：将适当粒度的吸附剂作为固定相涂布在平板上形成薄层，然后用与纸色谱法类似的方法操作以达到分离目的。

3. 按分离原理分类　按色谱法分离所依据的物理或物理化学性质的不同，又可将其分为：

（1）吸附色谱法：利用吸附剂表面对不同组分物理吸附性能的差别而使之分离的色谱法。

（2）分配色谱法：利用固定液对不同组分分配性能的差别而使之分离的色谱法。

（3）离子交换色谱法：利用溶液中不同离子与离子交换剂间的交换能力的不同而进行分离的方法。

（4）尺寸排阻色谱法（凝胶色谱法）：利用多孔性物质对不同大小的分子的排阻作用进行分离的方法。

（5）亲和色谱法：利用不同组分与固定相（固定化分子）的高专属性亲和力进行分离的技术。

（三）色谱法的特点

1. 高选择性　指色谱法能分开性质很相近的组分，如同位素、同分异构体等，选择性取决于选择合适的固定相。

2. 高效能　指色谱法能分开沸点接近的、含多种组分的复杂混合物。

3. 高灵敏度　指色谱法可以检测出 $10^{-12} \sim 10^{-11}$ g 的物质，可以用于分析超纯气体、高纯试剂级杂质。该项由检测器的灵敏度决定。

4. 分析速度快　一般样品几分钟到几十分钟完成分析，有的甚至于不到一分钟。

5. 应用范围广　GC 法可用于分析气体、可挥发液体；而 LC 法可用于分析高沸点、不易挥发、热稳定性差、相对分子质量大的液体。

二、柱色谱法

柱色谱法是最原始的色谱方法，它是将固定相注入下端塞有棉花或滤纸的玻璃管中，将被样品饱和的固定相粉末摊铺在玻璃管顶端，以流动相洗脱。柱色谱法被广泛应用于混合物的分离，包括对有机合成产物、天然提取物以及生物大分子的分离。按作用原理，可分为吸附柱色谱法、分配柱色谱法、离子交换柱色谱法和凝胶柱色谱法。

（一）液-固吸附柱色谱法

1. 原理　液-固吸附柱色谱法是以固体吸附剂为固定相，以液体为流动相，利用吸附剂对不同组分的吸附能力的差异而实行分离。

当混合物溶液加在固定相上，由于吸附剂对各组分的吸附能力不同，当流动相流过固体表面时，吸附牢固的组分在流动相分配少，吸附弱的组分在流动相分配多。流动相流过时各组分会以不同的速率向下移动，吸附弱的组分以较快的速率向下移动。随着流动相的移动，在新接触的固定相表面上又依这种吸附-溶解过程进行新的分配，新鲜流动相流过已趋平衡的固定相表面时也重复这一过程，结果是吸附弱的组分随着流动相移动在前面，吸附强的组分移动在后面，吸附特别强的组分甚至会不随流动相移动，各种化合物在色谱柱中形成带状分布，实现混合物的分离。

2. 柱色谱分离条件

（1）固定相选择：柱色谱使用的固定相材料又称吸附剂。常用吸附剂有氧化铝、硅胶、活性炭等。

1）氧化铝：色谱用的氧化铝可分酸性、中性和碱性三种。酸性氧化铝 pH 为 4～4.5，用于分离羧酸、氨基酸、某些酯类、酸性色素等酸性物质；中性氧化铝 pH 为 7.5，用于分离生物碱类、挥发油、萜类、油脂、树脂、皂苷类以及酸性、碱性氧化铝可分离的化合物，应用最广；碱性氧化铝 pH 为 9～10，用于分离生物碱、胺和其他碱性化合物等。

2）硅胶：色谱硅胶是由弹性多聚硅酸脱水制成，其吸附中心是硅醇基。硅酸性能稳定，是带有微弱酸性的极性吸附剂，它的吸附能力比氧化铝稍弱，它具有很好的惰性、吸附容量大、容易制成各种不同尺寸的颗粒。硅胶可用于分离酸性和中性物质，如有机酸、氨基酸、萜类和甾体等。

3）活性炭：活性炭常用于分离极性较弱或非极性有机物。

吸附剂的活性与其含水量有关。通过加热方式除去吸附水，可提高吸附剂的吸附活性。一般通过实验测定，将硅胶和氧化铝的活性分为五级（Ⅰ～Ⅴ）。含水量越低，活性越高，活性级别越小，吸附性越强。脱水的中性氧化铝称为活性氧化铝。吸附剂活性级别与含水量的关系见表16-3。

表 16-3　附剂活性级别与含水量的关系

活性级别	氧化铝含水量	硅胶含水量
Ⅰ	0	0
Ⅱ	3	5
Ⅲ	6	15
Ⅳ	10	25
Ⅴ	15	38

在分离极性较强的化合物时，一般选用活性较小的吸附剂。而分离极性较弱的化合物时，就选用活性较大的吸附剂。极性吸附剂选择性地吸附不饱和的、芳香族的和极性分子。非极性吸附剂如活性炭、硅藻土对极性分子无吸附能力。

（2）流动相选择：色谱分离使用的流动相又称展开剂。展开剂对于选定了固定相的色谱分离有重要的影响。

为了要使试样中吸附能力稍有差异的各种组分分离，应根据试样的性质、吸附剂的活性，选择适当极性的洗脱剂。

化合物极性与其结构有关。按结构的特征，各种有机物的极性大小顺序为：

烷烃 < 烯烃 < 醚类 < 硝基化合物 < 酯类 < 酮类 < 醛类 < 胺类 < 醇类 < 酚类 < 酸类

常用溶剂的极性大小顺序为：

石油醚 < 环己烷 < 四氯化碳 < 苯 < 乙醚 < 乙酸乙酯 < 丙酮 < 乙醇 < 水

在进行吸附柱色谱分离时，应根据样品的性质、吸附剂的性能、流动相的极性三方面的影响因素加以选择。一般的选择规律是：样品极性较大，在极性吸附剂柱上进行分离，则应选用吸附性较弱（即活性较低）的吸附剂，用极性较大的溶剂进行洗脱；组分的极性较弱，就应选用吸附性较强（即活性较高）的吸附剂，用极性较小的溶剂进行洗脱。在色谱分离过程中混合物中各组分在吸附剂和展开剂之间发生吸附-溶解分配，强极性展开剂对极性大的有机物溶解得多，弱极性或非极性展开剂对极性小的有机物溶解得多，随展开剂的流过不同极性的有机物以不同的次序形成分离带。

当一种溶剂不能实现很好地分离时，选择使用不同极性的溶剂分级洗脱。如一种溶剂作为展开剂只洗脱了混合物中一种化合物，对其他组分不能展开洗脱，需换一种极性更大的溶剂进行第二次洗脱。这样分次用不同的展开剂可以将各组分分离。

3. 柱色谱分离操作

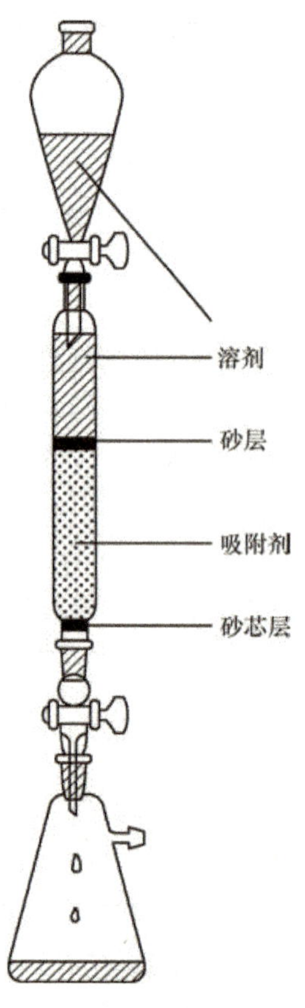

图 16-12　柱色谱装置图

(1) 柱色谱装置：柱色谱装置包括色谱柱、滴液漏斗、接受瓶（图 16-12）。

色谱柱有玻璃制的和有机玻璃制的，后者只用于水做展开剂的场合。色谱柱下端配有旋塞，色谱柱的长径比应不小于 8∶1。

(2) 分离操作

1) 装柱：色谱柱的装填有干装和湿装两种方法。

干装时，先在柱底塞上少许玻璃纤维，然后将准备好的吸附剂用漏斗慢慢加入干燥的色谱柱中，边加入边敲击柱身，务必使吸附剂装填均匀，不能有空隙。吸附剂用量应是被分离混合物量的30～40 倍，必要时可多达 100 倍。加够以后，在柱顶上加少许脱脂棉。

湿装时，将准备好的吸附剂用适量展开剂调成可流动的糊，如干装时一样准备好色谱柱，将吸附剂糊小心地慢慢加入柱中，加入时不停敲击柱身，务必使吸附剂装填均匀，不能有气泡和裂隙，还必须使吸附剂始终被展开剂覆盖，在柱顶上加少许脱脂棉。

2) 洗柱：干柱在使用前要洗柱，目的是排除吸附剂间隙中的空气，使吸附剂填充密实。

洗柱时从柱顶由滴液漏斗加入所选的展开剂，适当放开柱下端的旋塞。加入时先快加，再放慢滴加速度，使吸附剂始终被展开剂覆盖。洗柱时也要轻敲柱身，排出气泡。

3) 装样和洗脱：将待分离的混合物用最小量展开剂溶解，小心加入柱中。待混合物溶液液面接近吸附剂上的脱脂棉时，旋开滴液漏斗旋塞，滴加展开剂。滴加速度以 1～2 滴/秒为适度。整个过程中，应使展开剂始终覆盖吸附剂。

(二) 分配柱色谱

1. 分离原理　分配色谱是利用各组分在两种互不混溶溶剂间的溶解度差异来达到分离的。在分配柱色谱分离时，这两种互不混溶的溶剂之一是流动相，另一种是吸收在载体或担体中的溶剂。例如,含有一定量水分的硅胶,其所含的水分可作为固定相,硅胶就作为载体。当流动相带着试样中的各种组分通过色谱柱时,样品组分就在流动相和固定相之间进行多次反复分配,当不同的组分分配系数有差异时,它们以不同的迁移速度通过色谱柱得以分离。

2. 载体、固定相　常用的载体有硅藻土型、硅胶型、纤维素和高分子聚合物型等;使用的固定相多是一些极性较强的溶剂,如水及各种水溶液、甲醇、甲酰胺等。

3. 流动相　常用的流动相溶剂有石油醚、醇类、酮类、酯类、卤代烷烃和苯等以及它们的混合物。在实际工作中,为了防止色谱过程中流动相把吸附于载体上的少量水分带走,流动相应预先以水饱和,并应加入醋酸、氨水等弱酸、弱碱,以防止某些被分离组分离解。

分配柱色谱法分离速度较慢,处理量小,温度的影响较大,因此能用吸附柱色谱分离的试样总是尽量采用吸附柱色谱法来解决。

4. 操作方法

(1) 装柱:根据样品量和分析要求选择分离柱。常用直径和长度比为1∶10~1∶50玻璃管,下端用玻璃丝塞住或固定一砂芯板。样品量和载体之比,通常为1∶50~1∶30。载体的颗粒应尽可能保持大小均匀,除另有规定外通常多采用直径为0.07~0.15mm的颗粒,使用前应根据需要进行活化处理。

(2) 加样:将试样溶于层析时使用的流动相中,再沿色谱管壁缓缓加入;或将试样溶于适当的溶剂中,与少量载体混匀,再使溶剂挥发后加到色谱柱上端;如试样在常用溶剂中不溶解,可将试样与适量的载体在乳钵中研磨混匀后加入。溶解样品的溶剂极性要小,样品浓度要适当,但加样体积要尽量小,使样品带尽可能窄。

(3) 洗脱:选择合适的洗脱剂进行洗脱。在洗脱时要控制流速,对于1cm直径的玻璃柱,通常是0.5~2.0mL/min。流速太快,分离不好;流速太慢,分离时间太长。洗脱时应注意不让洗脱剂流干,以免影响分离效果。

分离后的各个组分,可分段洗脱,分别测定;也可以将整条吸附剂从柱中取出,分段切开,分别洗脱后测定。

三、纸色谱法

纸色谱法属于液-液分配色谱,是一类以滤纸为载体的色谱法。它具有简单、分离效能较高、所需仪器设备价廉、应用范围广泛等特点,因而在有机化学、分析化学、生物化学等方面得到应用。

(一) 纸色谱法原理

滤纸由纤维素组成,通常它可以吸附20%的水,其中约6%的水是与纤维素结合成复合物,构成纸色谱的固定相,滤纸也可吸附其他极性物质如甲酰胺、缓冲液等作固定相。流动相为不与水相溶的有机溶剂。在纸色谱分离过程中,样品溶液点在纸上,由于滤纸纤维素的毛细管现象,作为展开剂的有机溶剂自下而上移动,样品各组分在水-有机溶剂两相发生溶解分配,并随有机溶剂的移动而展开,达到分离的目的(图16-13)。

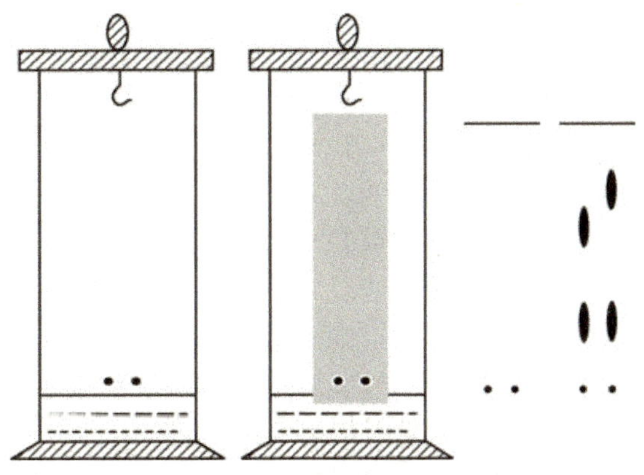

图16-13　纸色谱实验方法

合适的展开剂一般有一定的极性,但难溶于水。在有机溶剂和水两相间,不同的有机物会有不同的分配性质。水溶性大或能形成氢键的化合物,在水相中分配多,在有机相中分配少;极性弱的化合物在有机相中分配多。展开剂借毛细管作用沿滤纸上行时,带着样品中的各组分以不同的速度向上移动。水溶性大或能形成氢键的化合物移动得较慢,极性弱的化合物移动得较快。随展开剂不断上移,混合物中各组分在两相之间反复进行分配,从而把各组分分开。

纸色谱在糖类化合物、氨基酸和蛋白质、天然色素等有一定亲水性的化合物的分离中有广泛的应用。

(二) 比移值与相对比移值

在纸色谱中,样品组分在滤纸上的位置(图 16-14),可用比移值 R_f 表示:

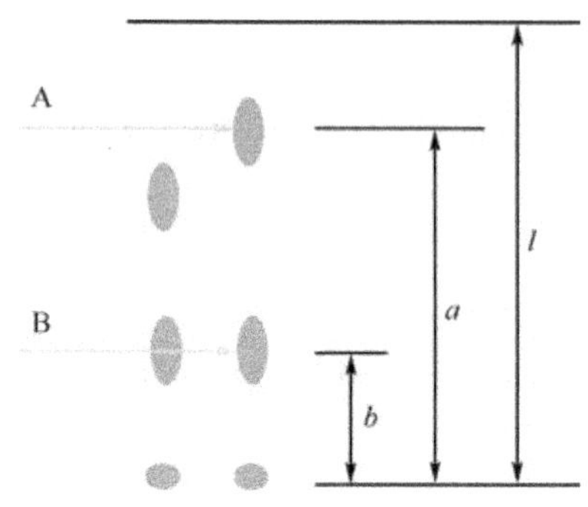

图 16-14 比移值 R_f 测量

$$R_f = \frac{\text{样品原点中心到斑点中心的距离}}{\text{样品原点中心到溶剂前沿的距离}}$$

如图 16-14 所示, l 为点样点到溶剂前沿的距离, a 为点样点到斑点 A 的距离, b 为点样点到斑点 B 的距离。则,样品 A 的 $R_f = \frac{a}{l}$,样品 B 的 $R_f = \frac{b}{l}$。

比移值的大小与该组分的分配系数大小有关,是平面色谱实验中唯一可用数值表示的参数,是物质的特征值。

在确定的色谱条件下, R_f 值应为一常数,其值在0 ~ 1之间。若 $R_f = 0$,表示组分没有随展开剂展开,仍停留在原点上。利用 R_f 值的特征性可对各组分进行定性鉴定。实际分离中,各种物质的 R_f 值应控制在0.2 ~ 0.8,两物质的 R_f 值差值应大于0.05 才能分离。

影响 R_f 值的主要因素很多,如展开剂的 pH、展开时的温度、滤纸的性质、展开距离、层析缸中蒸气的饱和程度等。因此,要得到重现性好的 R_f 值,需要严格控制实验条件。为了消除系统误差,有时在实际工作中,人们采用相对比移值 R_{st} 进行定性:

$$R_{st} = \frac{\text{样品的 } R_f \text{ 值}}{\text{对照物的 } R_f \text{ 值}}$$

$$R_{st} = \frac{\text{原点至组分斑点中心的距离}}{\text{原点至对照物斑点中心的距离}}$$

所采用的对照物可以是样品的一个组分,也可以是加入的标准品, R_{st} 值可大于 1。

(三) 纸色谱的操作方法

1. 色谱滤纸的选择　色谱滤纸由高纯度的棉花制成,它与普通滤纸的差别在于滤纸的质量,包括杂质的含量。对滤纸总的要求是“均匀、紧密、纯净、一定机械强度”。

商品层析滤纸分为快速、中速、慢速以及厚薄型等规格。中速薄型层析滤纸,如新华2#层析滤纸适合一般用途分离。

滤纸的形状可以是长条、方形和圆形等。

2. 点样　液体样品可直接点样。固体可溶解在适当的溶剂中,一般采用与展开剂极性相似的溶剂,大约配成1% 的浓度。

点样量与层析纸的性能、厚薄、显色剂的灵敏度以及展开方式有关,一般点样体积在0.002 ~0.2mL 或几到几十微克之间。

点样点中心距滤纸一端为2 ~4cm 处用铅笔轻画一直线,可采用玻璃毛细管或微量注射器进行点样,两点之间的距离为1 ~2cm。点样时斑点一般不应大于3mm。对于稀溶液,可以在溶剂挥发后再次点样。

3. 展开 展开剂的选择，对纸色谱分离来说是起决定作用的。应根据分离对象、溶剂的性质选择展开剂。通常采用二元或三元溶剂系统，以保证样品在展开剂中有一定的溶解度和足够的分离度。如分离氨基酸可采用正丁醇-醋酸-水（12∶3∶5）三元展开剂系统。

4. 展开方式 纸色谱法展开必须在一密闭容器中进行。展开前，应先将溶剂置于容器内，使其为溶剂蒸气充分饱和。必要时，容器内壁应衬滤纸，以保持层析室的溶剂蒸气饱和。其展开方式有上行法、下行法、辐射法和双向展开法（即先向一个方向展开，取出，等到展开剂完全挥发后，将滤纸转动90°，再用原展开剂或另一种展开剂进行展开）（图16-15）。

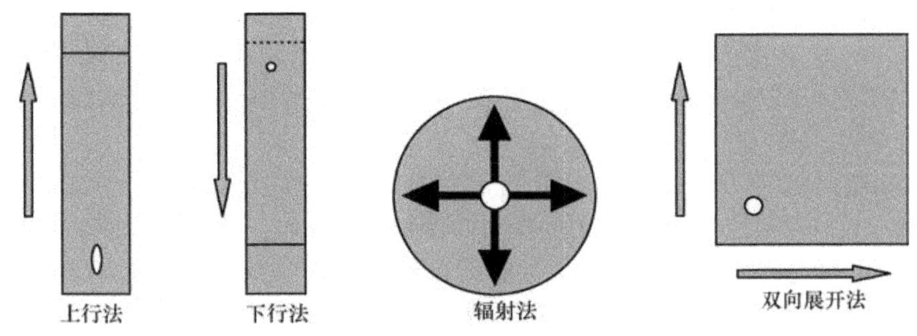

图16-15 纸色谱展开方式

纸色谱展开完毕后，应用笔画下展开剂前沿，并将滤纸风干。对无色物质需要显色确定组分斑点的位置。通常采用特定的显色剂喷湿滤纸显色。如茚三酮显色剂鉴别氨基酸、硝酸氨银显色剂鉴别糖类物质、亚铁氰化钾溶液鉴别某些金属离子等。

5. 定性定量分析 定性分析时，一般采用标准物质同时展开，对照比移值。定性时要严格控制实验条件，选用不同的展开剂和展开方法，重复测定比移值。为了消除各种因素的影响，在实际工作中可采用相对比移值（R_{st}）定性。定量分析：纸色谱法一般只能达到半定量分析。可采用斑点目视法（比较样品斑点和参考物斑点的面积大小和颜色深浅，估计其含量大小）或斑点洗脱测量法。

纸色谱法不仅适用于水溶性或极性较大的有机化合物的分离和检出，也可以用于分离和检出无机化合物。

四、薄层色谱法

薄层色谱法（TLC）是在纸色谱和柱色谱基础上发展起来的一种微量分离技术。它属于固-液吸附色谱，具有设备简单、速度快、分离效果好、灵敏度高以及能使用腐蚀性显色剂等优点。适用于小量样品（几到几十微克，甚至0.01μg）的分离。它的操作方式类似于纸色谱，其应用远比纸色谱广泛，如对反应终点控制、工艺条件选择、产品质量检验和未知试样剖析等，它也成为一些国家药典上的标准方法。

（一）薄层色谱原理

除了固定相的形状和展开剂的移动方向不同以外，薄层色谱和柱色谱在分离原理上基本相同。它是把吸附剂（如氧化铝、硅胶）和黏合剂（如煅石膏 $CaSO_4 \cdot H_2O$、羧甲基纤维素钠等）均匀地涂布于玻璃板或塑料板上使之形成薄层（固定相），试液滴于薄层板的起始线上，待溶剂挥发后，放入盛有一定展开剂的展开室。由于薄层的毛细管作用，展开剂沿着薄层板不断展开，样品中的各个组分就沿着薄层在固定相和流动相之间不断地发生溶解、吸附、再溶解、再吸附的色谱分配过程。经过一段时间的展开，极性强的化合物会吸附在极性的吸附剂上，在薄板上移动的距离比较短；而非极性的物质在薄层板上移动较大的距离，这样不同组分的极性化合物就在薄层上分开。如果试样组分有颜色，就可以看到各个色斑。否则，应进一步显色，确定各个组分在薄层中的位置。

与纸色谱法一样，薄层色谱的 R_f 值也是组分的特征值，同样受到许多实验因素的影响。在用薄层色谱进行分离鉴定时，应尽量保持操作条件一致。

（二）固定相

薄层色谱固定相大致与柱色谱固定相相同，但薄层色谱固定相颗粒更细，分离效能更高。与柱色谱不同的是，薄层色谱固定相是通过加入一定量的黏合剂或烧结方式使吸附剂牢固地吸在薄层板上而不脱落。普通薄层板可以在实验室涂布，但目前市场上提供各种规格的高效薄层色谱板商品。

薄层色谱法中常用硅胶、氧化铝、硅藻土、纤维素和聚酰胺等吸附剂等作为固定相。

1. 硅胶　一种微酸性物质，适合于酸性和中性物质的分离。常见的薄层硅胶商品有：硅胶G：加有黏合剂石膏的硅胶。硅胶H：不含黏合剂石膏的硅胶。硅胶HF-254：不含黏合剂而加荧光指示剂的硅胶，可在波长254nm紫外线下观察荧光。硅胶GF-254：加有黏合剂石膏和荧光指示剂的硅胶。硅胶CMC：加有黏合剂羰甲基纤维素的硅胶。

2. 氧化铝　一种吸附能力强的吸附剂，也分为氧化铝G、氧化铝GF254及氧化铝HF254。适合于分离碱性、中性和极性弱的物质。

（三）展开剂

薄层色谱所用的展开剂主要是低沸点的有机溶剂。采用吸附色谱，对极性较大的化合物进行分离应选用极性较大的展开剂，对极性较小的化合物应选用极性较小的展开剂。

当单一溶剂作展开剂不能很好分离时，可考虑改变展开剂的极性或选用混合溶剂展开。如果 R_f 值较小，靠近原点时，可增大展开剂极性或加入适量的极性较大的溶剂。如果 R_f 值较大，靠近溶剂前沿时，可减少展开剂极性或加入适量的极性较小的溶剂。有时二元展开剂亦不能获得满意的分离，就需要加入第三 、第四种溶剂。其目的是改变展开剂的极性、调整展开剂的酸碱性和增加溶质的溶解度。

（四）操作方法

1. 薄层板实验室制备

（1）分类：根据薄层板的不同制法，薄层板分类如下：

- 薄层板
  - 普通薄层板
    - 干法制薄层板（软板）
    - 湿法制薄层板（硬板）
  - 特殊薄层板
    - 烧结薄层板（永久薄层板）
    - 金属薄层板
    - 聚酯膜薄层板
    - 其他薄层板

（2）普通薄层板的实验室制备：薄层载板一般为18cm×6cm、20cm×20cm等规格的玻璃板。玻璃表面应光洁平整，涂布前应洗净烘干。

湿法涂布：称取一定量的含有黏合剂的薄层色谱吸附剂（250～300mg），加入到适量的水（或其他溶液、溶剂）中，调成糊状，然后涂布在洁净玻璃板上，涂层厚度通常为0.25～1mm。

然后采用简单的平铺法和倾斜法将糊状物涂布在干净的载玻片上，制成薄层板。

1）平铺法：可将自制涂布器（图 16-16）洗净，把干净的载玻片在涂布器中摆好，上下两边各夹一块比载玻片厚 0.25mm 的玻璃板，在涂布器槽中倒入糊状物，将涂布器自左向右推，即可将糊状物均匀地涂在玻璃板上。

2）倾斜法：如没有涂布器，则可将调好的糊状物倒在载玻片上，用药匙摊开后，用手摇晃并轻轻敲击玻板背面，使其糊状物均匀铺开且表面均匀光滑。

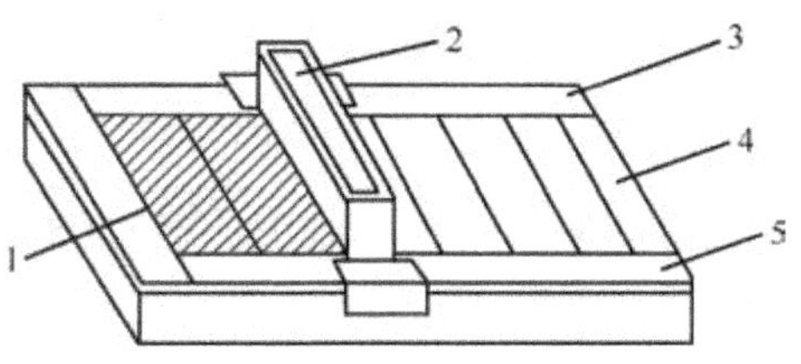

图 16-16　薄层板涂布器
1. 吸附剂薄层；2. 涂布器；3. 玻璃夹板；4. 玻璃板；5. 玻璃夹板

涂布好的薄层板应晾干，硅胶板一般在烘箱中渐渐升温，维持 105 ~ 110℃ 活化 30min。氧化铝板在 200 ~ 220℃ 烘 4h 可得活性Ⅱ级的薄板。150 ~ 160℃烘 4h 可得活性Ⅲ ~ Ⅳ级的薄板。薄层板的活性与含水量有关，其活性随含水量的增加而下降。注意：硅胶板活化时温度不能过高，否则硅醇基会相互脱水而失活。活化后的薄层应放在干燥器内备用。

2. 点样　用玻璃毛细管或微量注射器吸入试液，在薄层板一端约 1.0cm 处，垂直地轻轻地接触到薄层上的吸附剂，样品溶液就可靠到薄层上。晾干后，可以重复点样。一般样品浓度为 0.1% ~1% 。样点直径一般以 2 ~ 3mm 为宜。同一薄层上的样点直径应一致。另外点样要轻，不可刺破薄层。

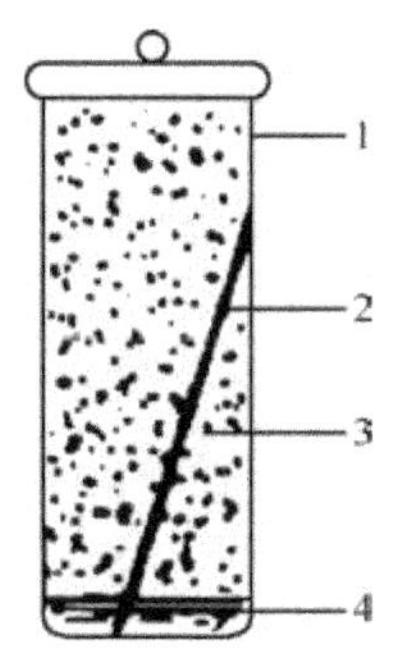

图 16-17　直立式层析缸示意图
1. 层析缸；2. 薄层板；3. 展开剂蒸气；4. 展开剂

3. 展开　薄层色谱应在密闭的容器中展开（图16-17）。先将一定量展开剂放在色谱缸中，盖上缸盖，让缸内溶剂蒸气饱和 5 ~ 10min。再将点好试样的薄层板样点一端朝下放入缸内（注意控制器皿中展开剂的量，切勿使样点浸入展开剂中），盖好缸盖，展开剂因毛细管效应而沿薄层上升，样品中组分随展开剂在薄层中以不同的速度自下而上移动而导致分离。当展开剂前沿上升到样点上方 10 ~ 15cm，取出薄层板，放平，铅笔标明溶剂前沿位置（展开时间较短，一般为 30min），冷风吹干溶剂。

4. 检出（显色）　薄层色谱常用的显色方法：①紫外线照射：把展开后的薄层板放在紫外灯下（常用 254nm 或 365nm 光线）观察样品斑点。含有共轭双键的有机物能吸收紫外线，呈现暗色斑；硅胶 GF 薄层板在紫外线照射下呈黄绿色荧光，斑点部分呈现暗色。荧光物质吸收紫外线呈现荧光斑点。②碘蒸气熏色：多数有机化合物遇碘蒸气会显出黄到黄棕色斑点。可将薄层板置于放有固体碘的容器内显色。但有机物和碘反应的斑点是可逆的，取出薄层板后，应立即作好斑点记号。③喷射显色剂：如同纸色谱。④浓硫酸显色：有机物炭化呈现黑色斑点。⑤高温炭化显色。

（五）定性和定量分析

1. 定性方法　与纸色谱法一样，采用 R_f 值进行定性分析。但由于薄层色谱所得到的 R_f 值受到更多实验因素的影响，重现性较差。利用文献上的 R_f 值定性，应严格控制实验条件一致。实际工作中通常采用参考物质对照定性，或将斑点洗脱后用其他方法定性。

2. 定量方法

（1）直接法：在相同的实验条件下，或在同一块板上，测量斑点面积的大小或颜色深浅进行定量。它又分为目视比较法、斑点面积测量法(点击)和薄层色谱扫描法。

(2) 间接法:是将斑点从硅胶上洗脱下来,再用其他方法定量。

薄层色谱法的应用

薄层色谱法广泛应用于各种有机物和无机物的分离鉴定,如用于研究反应历程,也可以在实验室制取少量纯品。

(1) 产品质量控制及杂质检验:过去,有机产品的质量一般常以熔点等物理常数作为鉴定的指标来进行控制。用薄层色谱法来控制杂质限量,则灵敏度更高,结果更可靠,在一些国家的药典中已有使用。为此,取一定量的试样,点样展开后显色,除了主斑点外,不出现其他杂质斑点,或杂质斑点的大小及颜色深度不超过对照用的标准斑为产品合格。

(2) 反应终点的控制及产物的分离控制:在化学反应进行到一定时间后,取少量反应液点样分析,了解还剩下多少原料未起作用,从而判断和控制反应终点。对难分离的反应产物可采用柱色谱纯化,这时可采用点板分析确定分离程度。

(3) 农药残留量分析:如乐果,用硅胶 G 薄板,苯-丙酮(7:3)展开,氯化钯溶液显色,比移值为 0.4 ~ 0.5。

(4) 烯烃混合物的分离:在天然有机物中常含有倍半萜烯烃和双萜烃化合物,可使用硝酸银或高氯酸银浸渍过的硅胶薄层板,苯-乙酸乙酯(85:15)展开剂分离。

(5) 无机离子的分离:Co(Ⅱ)、Zn(Ⅱ)、Pb(Ⅱ)、Cd(Ⅱ)混合液,先与 3-甲基-1-苯基-4-硫代苯甲酰吡唑啉-5-酮(SBMPP)形成螯合物,然后用硅胶板,二氯甲烷-苯(1:1)展开。上行展开 15cm,各螯合物斑点呈深色。

链接

第 4 节 红外吸收外光谱法

一、概　述

红外光谱法又称红外分光光度分析法,简称 IR,是分子吸收光谱的一种。利用物质对红外线区的电磁辐射的选择性吸收来进行结构分析及对各种吸收红外线的化合物的定性和定量分析的方法。被测物质的分子在红外线照射下,只吸收与其分子振动、转动频率相一致的红外光谱。对红外光谱进行剖析,可对物质进行定性和定量分析。

(一) 红外光谱区划分

通常把波长大于 0.76μm,小于 1000μm 的电磁波称为红外线。按波长不同分为三个区,即近红外区、中红外区和远红外区。红外光谱区分类见表 16-4。

表 16-4 红外光谱区分类

区 域	波长 λ/μm	波数 σ/cm^{-1}	能级跃迁类型
近红外区	0.76 ~ 2.5	13 158 ~ 4000	O—H、C—H、N—H 键的倍频吸收区
中红外区	2.5 ~ 50	4000 ~ 200	分子中基团振动伴随着转动
远红外区	50 ~ 1000	200 ~ 10	分子转动

绝大多数有机化合物和无机离子的基频吸收带出现在中红外线区。由于基频振动是红外光谱中吸收最强的振动，所以该区最适于进行红外光谱的定性和定量分析。同时，由于中红外光谱仪最为成熟、简单，而且目前已积累了该区大量的数据资料，因此它是应用极为广泛的光谱区。通常，中红外光谱法又简称为红外光谱法。常用区域为 2.5 ~ 25μm。

（二）红外光谱的表示方法

红外区的光谱除了用波长λ表征外，更常用波数 σ表征。波数是波长的倒数，表示每厘米长光波的总波数目。若波长以μm 为单位，波数的单位为 cm^{-1}，则波长与波数的关系为：

$$\sigma(cm^{-1}) = \frac{1}{\lambda(cm)} = \frac{10^4}{\lambda(\mu m)}$$

红外吸收光谱一般用 $T \sim \lambda$ 曲线或 $T \sim \sigma$ 曲线表示（图 16-18）。纵坐标为百分透射比 $T\%$，因而吸收峰向下，向上则为谷；横坐标是波长 λ（单位为 μm），或波数 σ（单位为 cm^{-1}）。在红外光谱中"谷"越深（$T\%$ 小），吸光度越大，吸收强度越强。

所有的标准红外线光谱图中都标有波数和波长两种刻度。

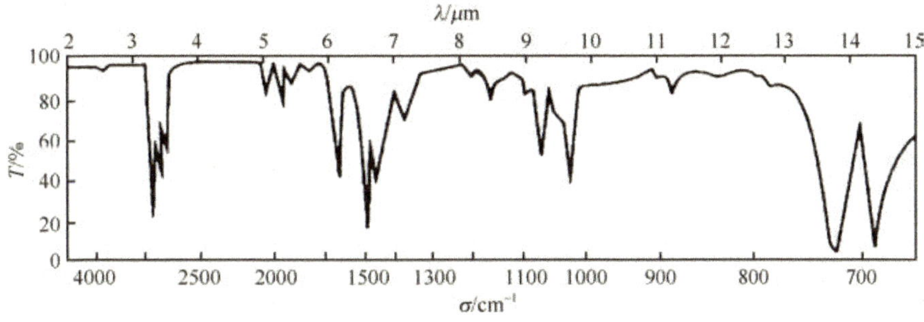

图 16-18　甲苯的红外吸收光谱

（三）红外吸收光谱与紫外吸收光谱的区别

1. 产生原因不同　紫外吸收光谱与红外吸收光谱同属分子吸收光谱，但紫外光谱波长短、能量高，可引起分子外层价电子的能级跃迁（伴随振动及转动能级的跃迁），属于电子光谱。而红外光谱的中红外线光子能量小，只能引起分子的振动及转动能级的跃迁，因此红外光谱为分子振动-转动光谱。

2. 特征性不同　红外光谱具有鲜明的特征性，其谱带的数目、位置、形状和强度都随化合物不同而各不相同。因此，红外光谱法是定性鉴定和结构分析的有力工具。而紫外光谱主要是由分子中的 π 电子或 n 电子跃迁所产生的吸收光谱，吸收峰较少且简单，仅反映少数官能团的特性。

3. 应用范围不同　紫外吸收光谱常用于研究不饱和有机物，特别是具有共轭体系的有机化合物，而红外光谱法主要研究在振动中伴随有偶极矩变化的化合物（没有偶极矩变化的振动在拉曼光谱中出现）。因此，除了单原子和同核分子如 Ne、He、O_2、H_2等之外，几乎所有的有机化合物在红外光谱区均有吸收，其应用非常广泛。

（四）红外光谱的主要用途

当代红外光谱技术的发展已使红外光谱仪与其他多种测试手段联用衍生出许多新的分子光谱领域，例如，色谱技术与红外光谱仪联合为深化认识复杂的混合物体系中各种组分的化学结构创造了机会；把红外光谱仪与显微镜方法结合起来，形成红外成像技术，用于研究非均相体系的形态结构；由于红外光谱能利用其特征谱带有效地区分不同化合物，可以用来鉴定未知物的结构组成或确定其化学基团；而吸收谱带的吸收强度与分子组成或化学基团的含量有关，可用以进行定量分析和纯度鉴定。

二、基本原理

当红外线照射到物质上时，并不是所有的分子都能产生红外吸收光谱，这是因为红外吸收光谱的产生需要满足两个条件。

（一）红外吸收光谱产生条件

1. 分子振动时，必须伴随有瞬时偶极矩的变化，即偶极矩的变化 $\Delta\mu \neq 0$。并非所有的振动都会产生红外吸收，只有使分子偶极矩发生变化的振动才能引起可观测的红外吸收光谱，该分子称之为红外活性分子，其振动称为红外活性振动。如 H_2O、HCl、CO 为红外活性分子。若 $\Delta\mu = 0$，分子振动和转动时，不引起偶极矩变化，不能吸收红外辐射，即为非红外活性。其分子称为红外非活性分子。如 H_2、O_2、N_2、Cl_2……相应的振动称为红外非活性振动。

2. 红外线的能量应恰好能满足振动能级跃迁所需要的能量，即只有当红外线的频率与分子某种振动方式的频率相同时，红外线的能量才能被吸收。

红外吸收光谱是分子振动能级跃迁产生的。在室温时，分子处于基态，此时，伸缩振动的频率很小。当有红外辐射照射到分子时，若红外辐射的光子所具有的能量恰好等于分子振动能级的能量差时，则分子将吸收红外辐射而跃迁至激发态，产生红外吸收光谱。

（二）分子振动形式

双原子分子振动形式只有一种，即沿键轴方向作相对的伸缩振动。但多原子分子的振动形式复杂得多，其振动的基本类型有伸缩振动（ν）和弯曲振动（δ）两大类。

1. 伸缩振动　用 ν 表示，指原子沿键轴方向伸缩，使键长发生周期性变化的振动，一般出现在高波数区。由于振动耦合作用，3 个原子以上的基团还可分为对称伸缩振动 νs 和不对称伸缩振动 νas，一般 νas 比 νs 的频率高 。

2. 弯曲振动　用 δ 表示，弯曲振动又叫变形或变角振动。一般是指基团键角发生周期性变化的振动或分子中原子团对其余部分作相对运动。同一基团的弯曲振动常出现在低频区。

分子振动方式如图 16-19 所示。

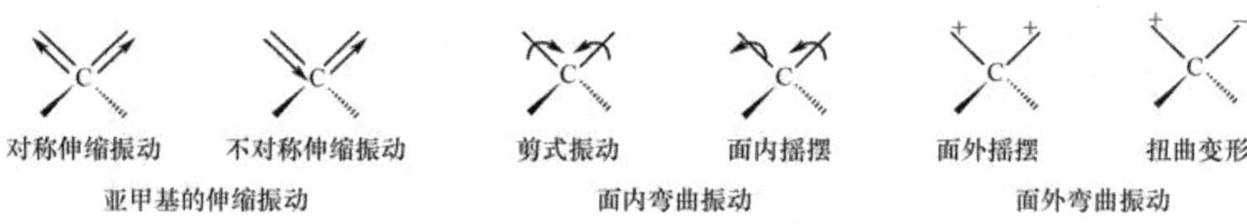

图 16-19　亚甲基的基本振动形式及红外吸收

（三）吸收峰的类型

1. 基频峰与泛频峰　当分子吸收一定频率的红外线后，振动能级从基态（V_0）跃迁到第一激发态（V_1）时所产生的吸收峰，称为基频峰。

如果振动能级从基态（V_0）跃迁到第二激发态（V_2）、第三激发态（V_3）……所产生的吸收峰称为倍频峰。通常基频峰强度比倍频峰强，由于分子的非谐振性质，倍频峰并非是基频峰的两倍，而是略小一些（HCl 分子基频峰是 2885.9cm^{-1}，强度很大，其二倍频峰是 5668cm^{-1}，是一个很弱的峰）。还有组频峰，它包括合频峰及差频峰，它们的强度更弱，一般不易辨认。倍频峰、差频峰及合频峰总称为泛频峰。

2. 特征峰与相关峰　组成分子的各个基团均有其特定的红外吸收区域。分子的振动实质上是化学键的振动。根据化学键的性质，可将其分为四个区：4000 ~ 2500cm^{-1}氢键区；2500 ~ 2000cm^{-1}三键区；2000 ~ 1500cm^{-1}双键区；1500 ~ 1000cm^{-1}单键区。按吸收的特征，又可分为官能团区（4000 ~ 1300cm^{-1}）和指纹区（1300 ~ 600cm^{-1}）。基团的特征吸收峰一般出现在官能团区，且吸收峰较稀疏，利于分析，是基团鉴定最有用的区域。而指纹区主要包含因变形振动产生的光谱。当分子结构稍有不同时，其吸收峰在本区域即可表现出细微的差异，因而像人的指纹一样专一。这个区域对于区别结构类似的化合物很重要。

通过研究发现，同一类型的化学键的振动频率非常接近，总是在某个范围内。例如，CH_3—NH_2—中—NH_2基具有一定的吸收频率，而很多含有—NH_2基的化合物，在这个频率附近（3500 ~ 3100cm^{-1}）也出现吸收峰。因此，凡是能用于鉴定原子团存在的并有较高强度的吸收峰，称为特征峰，对应的频率称为特征频率，一个基团除有特征峰外，还有很多其他振动形式的吸收峰，习惯上称为相关峰。

三、红外吸收光谱的实验技术

（一）仪器的基本结构

红外光谱仪与紫外可见分光光度计结构相似，也是由光源、单色器、吸收池、检测器和记录系统五部分组成，色散型红外光谱仪的单色器一般在样品池之后。

1. 光源　要求能发射高强度连续红外辐射，常用的有能斯特灯和硅碳棒。

2. 吸收池　由于中红外光不能透过玻璃和石英，因此红外吸收池是一些无机盐晶体材料，常用 KBr 晶体（易吸潮，应保持干燥）。

3. 单色器　以光栅作为分光元件。

4. 检测器　常用红外检测器有高真空热电偶、热释电检测器和光电导检测器三种。前两种用于色散型仪器中，后两种在傅里叶变换红外光谱仪中多见。

（二）仪器的常见类型

目前生产和使用的主要是色散型红外光谱仪和干涉型红外光谱仪。

1. 色散型红外光谱仪　为双光束仪器（图 16-20）。从光源发出的红外辐射分成两束：一束通过试样池作测量光束；另一束再过参比池，经扇面切光器将测量光束和参比光束交替地投射到色散元件上。

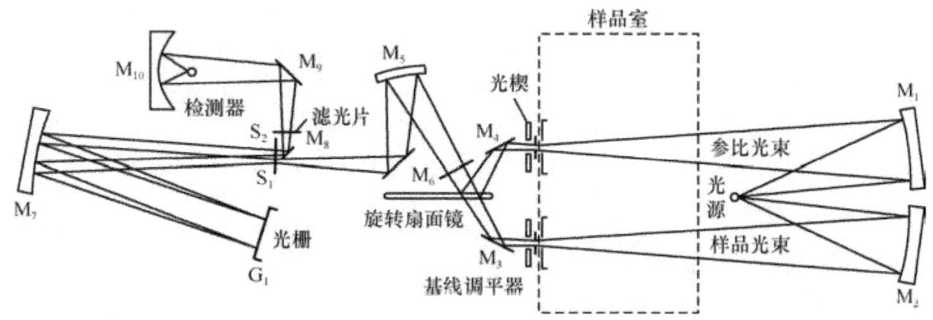

图 16-20　双光束红外光谱仪

M_1、M_2为凹面反射镜；M_3、M_4为平面反射镜；M_5为曲面镜；M_6为平面反射镜；M_7为抛物面镜；M_8、M_9、M_{10}为椭面镜

2. 傅里叶变换红外光谱仪　是20世纪70年代出现的新一代红外光谱仪，它根据光的相干性原理设计，没有色散元件。主要由光源、干涉仪、样品池、检测器、计算机和记录系统组成（图16-21）。采用热释电（TGS）和碲镉汞（MCT）检测器；与其他红外光谱仪的区别在于用迈克逊干涉仪代替光栅单色器，光源发出的辐射经干涉仪转变为干涉光，通过试样后，用计算机对干涉图进行傅里叶变换处理，可得到红外吸收光谱图。

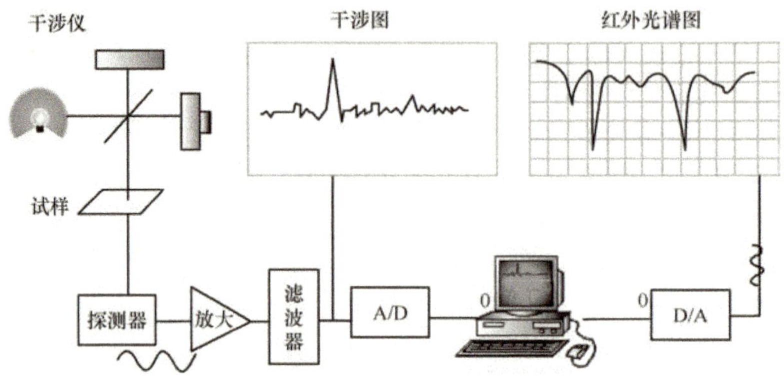

图16-21　傅里叶变换红外光谱仪构成示意图

（三）样品制备

1. 气体样品　是在气体池中进行测定的，先把气体池中的空气抽掉，然后注入被测气体进行测谱。

2. 液体样品　测定液体样品时，使用液体池，常用的为可拆卸池，即将样品直接滴于两块盐片之间，形成液体毛细薄膜（液膜法）进行测定，对于某些吸收很强的液体试样，需用溶剂配成浓度较低的溶液再滴入液体池中测定。选择溶剂时要注意溶剂对溶质有较大的溶解度，溶剂在较大波长范围内无吸收，不腐蚀液体池的盐片，对溶质不发生反应等，常用的溶剂为二硫化碳、四氯化碳、三氯甲烷、环己烷等。

3. 固体样品

（1）压片法：把1～2mg固体样品放在玛瑙研体中研细，加入100～200mg磨细干燥的碱金属卤化物（多用KBr）粉末，混合均匀后，加入压模内，在压片机上边抽真空边加压，制成厚约1mm，直径约为10mm的透明片子，然后进行测定。

（2）糊状法：将固体样品研成细末，与糊剂（液状石蜡）混合成糊状，然后夹在两窗片之间进行测定，用石蜡做糊剂不能用来测定饱和碳氢键的吸收情况，可以采用六氯丁二烯代替液状石蜡做糊剂。

（3）薄膜法：把固体样品制成薄膜来测定。薄膜的制备有两种：一种是直接将样品放在盐窗上加热，熔融样品涂成薄膜；另一种是先把样品溶于挥发性溶剂中制成溶液，然后滴在盐片上，待溶剂挥发后，样品遗留在盐片上而形成薄膜。

（4）对样品的要求

1）试样纯度应大于98%：这样才便于与纯化合物的标准光谱或商业光谱进行对照；多组分试样应预先用分馏、萃取、重结晶或色谱法进行分离提纯，否则各组分光谱互相重叠，难于解析。

2）试样不应含水（结晶水或游离水）：水有红外吸收，与羟基峰干扰，而且会侵蚀吸收池的盐窗。所用试样应当经过干燥处理。

3）试样浓度和厚度要适当：使最强吸收透光度在5%～20%。

第 5 节　气相色谱法

一、概　　述

气相色谱法是以气体为流动相的柱色谱法,能同时对各组分进行定性、定量分析,始于 1952 年,它具有分离效率高、灵敏度高、分析速度快、应用范围广等优点。它可使性质极为相似、沸点十分接近的复杂混合物得到分离。例如,用毛细管柱可分析汽油中 50 ~ 100 多个组分;可检测出 10^{-13} ~ 10^{-11}g 的痕量物质;完成一个样品的分析,仅需几分钟或几十分钟。目前,气相色谱仪普遍配有色谱数据处理机(或色谱工作站),能自动画出色谱峰,打印出保留时间和分析结果,分析速度更快,更方便。另外,进行气相色谱分析所用样品量很少,通常气体样品仅需要 1mL,液体样品仅需 1μL。随着气相色谱与质谱(GC-MS)联用、气相色谱与傅里叶红外光谱(GC-FTIR)联用、气相色谱与原子发射光谱(GC-AES)的联用,广泛应用于食品、化工、医药卫生、环境、生化等领域。气相色谱法对气体试样和受热易挥发的有机物可直接分析,不适用于难挥发和热稳定性差的物质。另外,它也不能用来直接分析未知物,必须用已知纯物质的色谱图和它对照。

气相色谱法分为气-固色谱(GSC)和气-液色谱(GLC):前者是用多孔性固体为固定相,分离的对象主要是一些永久性的气体和低沸点的化合物;而后者的固定相是用高沸点的有机物涂渍在惰性载体上,由于可供选择的固定液种类多,故选择性较好,应用亦广泛。

二、气相色谱仪

(一)气相色谱仪基本组成

气相色谱仪的型号种类繁多,但基本结构一致,都有六大系统组成(图 16-22)。

1. 气路系统　气相色谱仪中的气路是一个载气连续运行的密闭管路系统。整个气路系统要求载气纯净、密闭性好、流速稳定及流速测量准确。

2. 进样系统　进样就是把气体或液体样品快速而定量地加到色谱柱上端。进样系统包括进样器和气化室两部分。

3. 分离系统　分离系统的核心是色谱柱,它的作用是将多组分样品分离为单个组分。色谱柱分为填充柱和毛细管柱两类。

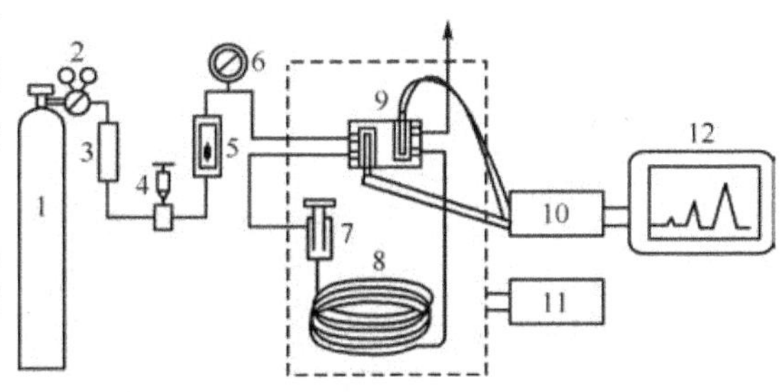

图 16-22　气相色谱仪示意图

1. 载气钢瓶;2. 减压阀;3. 净化干燥管;4. 针形阀;5. 流量计;6. 压力表;7. 气化室;8. 色谱柱;9. 热导检测器;10. 放大器;11. 温度控制器;12. 记录仪

4. 检测系统　检测器的作用是把被测色谱柱分离的样品组分根据其特性和含量转换成电信号,经放大后,由记录仪记录成色谱图。

5. 信号记录或微机数据处理系统　近年来气相色谱仪主要采用色谱数据处理机。色谱数据处理机可打印记录色谱图,并能在同一张记录纸上打印出处理后的结果,如保留时间、被测组分质量分数等。

6. 温度控制系统　用于控制和测量色谱柱、检测器、气化室温度,是气相色谱仪的重要组成部分。

（二）气相色谱仪主要部件

1. 气路系统　包括气源、净化干燥管和载气流速控制。

（1）载气：气相色谱的载气是载送样品进行分离的惰性气体，是气相色谱的流动相。常用的载气为氮气、氢气（在使用氢火焰离子化检测器时作燃气，在使用热导检测器时常作为载气）、氦气、氩气（氦、氩由于价格高，应用较少）。

（2）净化干燥管：气体钢瓶供给的气体经减压阀后，必须经净化管净化处理，以除去载气中的水、有机物等杂质（依次通过分子筛、活性炭等）。净化管通常为内径50mm，长200～250mm的金属管。

（3）载气流速控制：包括压力表、流量计、针形稳压阀，用以控制载气流速恒定。

气相色谱仪的管路连接必须保证有良好的气密性。因此气路的连接和检漏方法是一个重要的基本操作技能。气相色谱仪的载气流速一般用转子流量计和皂膜流量计指示。

2. 进样系统　气体进样器为六通阀，有平面六通阀（又称旋转六通阀）和拉杆六通阀两种（图16-23）。试样首先如图16-23(a)充满定量管，切入后如图16-23(b)，载气携带定量管中的试样气体进入分离柱。

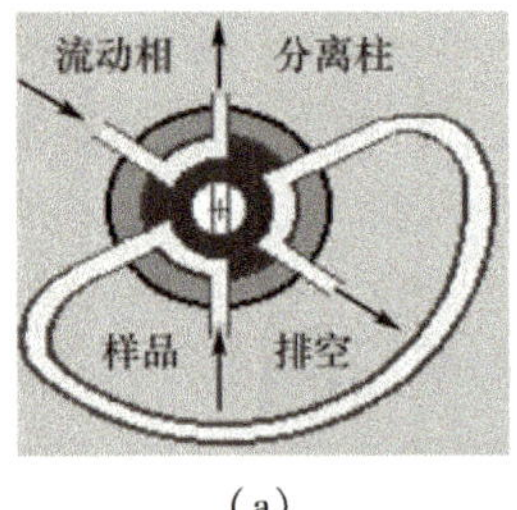

(a)

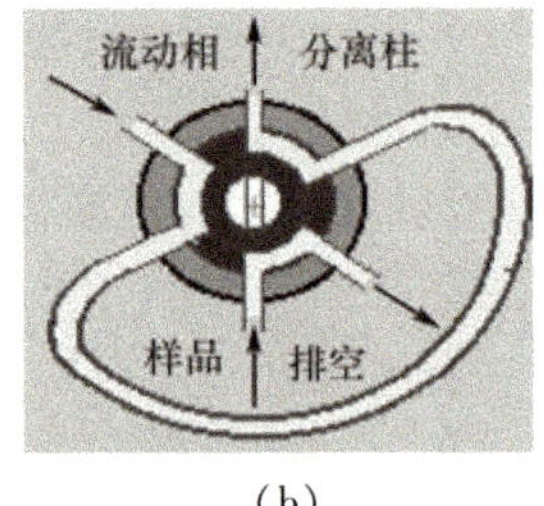

(b)

图16-23　六通进样阀

液体样品可以采用微量注射器直接进样，常用的微量注射器有1μL、5μL、10μL、50μL、100μL等规格（图16-24）。实际工作中可根据需要选择合适规格的微量注射器。

图16-24　微量注射器

为保证好的分离结果，使分析结果有较好的重现性，在直接进样时要注意以下几点：

（1）用注射器取样时，应先用丙酮或乙醚抽洗5、6次后，再用被测试液抽洗5、6次，然后缓缓抽取一定量试液（稍多于需要量），此时若有空气带入注射器内，应先排除气泡后，再排去过量的试液，并用滤纸或擦镜纸吸去针杆处所沾的试液（千万勿吸去针头内的试液）。

（2）取样后就立即进样，进样时要求注射器垂直于进样口，左手扶着针头防弯曲，右手拿注射器，迅速刺穿硅橡胶垫，平稳、敏捷地推进针筒（针头尖尽可能刺深一些，且深度一定，针头不能碰着气化室内壁），用右手食指平稳、轻巧、迅速地将样品注入，完成后立即拔出。

（3）进样时要求操作稳当、连贯、迅速。进针位置及速度、针尖停留和拔出速度都会影响进样的重现性。一般进样相对误差为2%～5%。

（4）微量注射器使用后立即清洗处理（一般常用下述溶液依次清洗：5% NaOH水溶液、蒸馏水、丙酮、氯仿，最后用真空泵抽干），以免芯子被样品中高沸点物质玷污而阻塞；切忌用重碱性溶液洗涤，以免玻璃受腐蚀失重和不锈钢零件受腐蚀而漏水漏气；对于注射器针尖为固定式者，不宜吸取有较粗悬浮物质的溶液；一旦针尖堵塞，可用直径0.1mm不锈钢丝串通；高沸点样品在注射器内部分冷凝时，不得强行多次来回抽动拉杆,以免发生卡住或磨损而造成损坏;如发现注射器内有不锈钢氧化物(发黑现象)影响正常使用时,可在不锈钢芯子上蘸少量肥皂水塞入注射器内,来回抽拉几次就可去掉,然后洗清即可;注射器的针尖不宜在高温下工作,更不能用火直接烧,以免针尖退火而失去穿戳能力。

3. 分离系统　气相色谱仪的分离系统是由柱箱和色谱柱组成。色谱柱是分离系统的核心,作用是将多组分样品分离为单一组分样品,色谱柱有两种。

(1) 填充柱:由不锈钢或玻璃材料制成,内装固定相,一般内径为 2 ~ 4mm,长 1 ~ 3m。填充柱的形状有 U 形和螺旋形两种。

(2) 毛细管柱:又叫空心柱,分为涂壁、多孔层和涂载体空心柱。涂壁空心柱是将固定液均匀地涂在内径 0.1 ~ 0.5mm 的毛细管内壁而成,毛细管材料可以是不锈钢、玻璃或石英。毛细管色谱柱渗透性好,传质阻力小,而柱子可以做到长几十米。与填充柱相比,其分离效率高(理论塔板数可达 10^6)、分析速度快、样品用量小,但柱容量低、要求检测器的灵敏度高,并且制备较难。

4. 检测器　是色谱仪的眼睛,通常由检测元件、放大器、显示记录三部分组成;被色谱柱分离后的组分依次进入检测器,按其浓度或质量随时间的变化,转化成相应电信号,经放大后记录和显示,给出色谱图;常用的检测器为热导检测器、氢焰检测器和电子捕获检测器。

三、气相色谱法基本原理

(一) 气相色谱法的分离原理

1. 气-固色谱分离原理　气-固色谱的固定相是固体吸附剂,试样气体由载气携带进入色谱柱,与吸附剂接触时,很快被吸附剂吸附。随着载气的不断通入,被吸附的组分又从固定相中洗脱下来(这种现象称为脱附),脱附下来的组分随着载气向前移动时又再次被固定相吸附。这样,随着载气的流动,组分在固定相上吸附-脱附的过程反复进行。显然,由于组分性质的差异,固定相对它们的吸附能力有所不同。易被吸附的组分,脱附较难,在柱内移动的速度慢,停留的时间长;反之,不易被吸附的组分在柱内移动速度快,停留时间短。所以,经过一定的时间间隔(一定柱长)后,性质不同的组分便彼此分离。

2. 气-液色谱分离原理　气-液色谱的固定相是涂在载体表面的固定液,试样气体由载气携带进入色谱柱,与固定液接触时,气相中各组分就溶解到固定液中。随着载气的不断通入,被溶解的组分又从固定液中挥发出来,挥发出的组分随着载气向前移动时又再次被固定液溶解。随着载气的流动,溶解-挥发的过程反复进行。显然,由于组分性质差异,固定液对它们的溶解能力将有所不同,易被溶解的组分,挥发较难,在柱内移动的速度慢,停留时间长;反之,不易被溶解的组分,挥发快,随载气移动的速度快,因而在柱内停留时间短。经一定的时间间隔(一定柱长)后,性质不同的组分便彼此分离。

(二) 气相色谱术语

1. 色谱图　是指色谱柱流出物通过检测器系统时所产生的响应信号对时间或流动相流出体积的曲线图。

2. 色谱流出曲线(图 16-25)　是指色谱图中随时间或载气流出体积变化的响应信号曲线,也就是以组分流出色谱柱的时间(t)或载气流出体积(V)为横坐标,以检测器对各组分的电信号响应值(mV)为纵坐标的一条曲线。

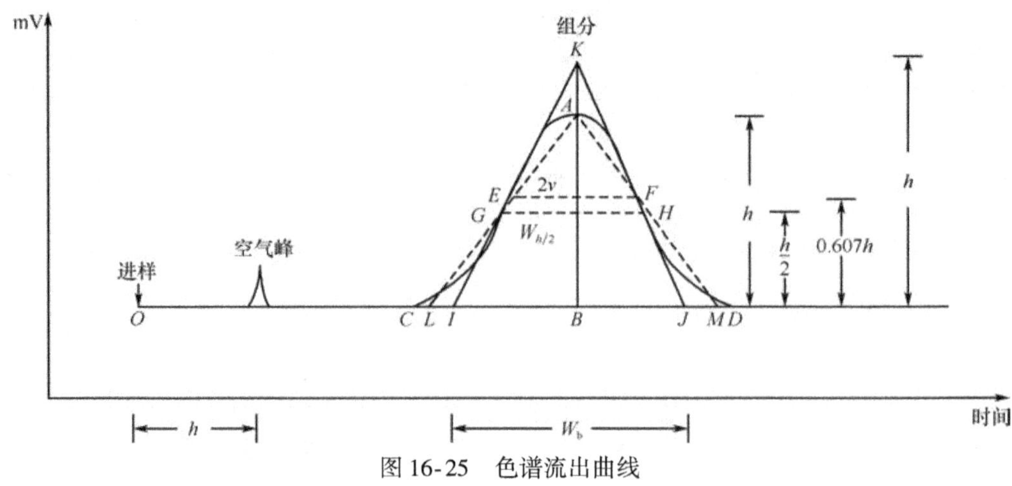

图 16-25　色谱流出曲线

3. 保留值　是用来描述各组分色谱峰在色谱图中的位置，在一定实验条件下，组分的保留值具有特征性，是气相色谱定性的参数。保留值通常用时间或用将组分带出色谱柱所需载气的体积来表示。

(1) 死时间(t_M)：指从进样开始到惰性组分(指不被固定相吸附或溶解的空气或甲烷)从柱中流出，呈现浓度极大值时所需要的时间。t_M 反映了色谱柱中未被固定相填充的柱内死体积和检测器死体积的大小，与被测组分的性质无关。

(2) 保留时间(t_R)：从进样到色谱柱后出现待测组分信号极大值所需要的时间。可作为色谱峰位置的标志。

(3) 调整保留时间(t'_R)：扣除死时间后的保留时间(如图16-25 中所示的距离)，$t_R = t_R - t_M$，反映了被分析的组分与色谱柱中固定相发生相互作用，而在色谱柱中滞留的时间。它更确切地表达了被分析组分的保留特性，是气相色谱定性分析的基本参数。

(4) 死体积(V_M)、保留体积(V_R)和调整保留体积(V'_R)：保留时间受载气流速的影响，为了消除这一影响，保留值也可以用从进样开始到出现峰(空气或甲烷峰，组分峰)极大值所流过的载气体积来表示，即用保留时间乘以载气平均流速。

死体积　$$V_M = t_M \cdot F_0 \tag{16.8}$$

保留体积　$$V_R = t_R \cdot F_0 \tag{16.9}$$

调整保留体积　$$V'_R = V_R - V_M \tag{16.10}$$

式中，F_0是用皂膜流量计测得的柱后流速。

(5) 相对保留值：一定的实验条件下组分 2 与另一组分 1 的调整保留值之比：

$$\gamma_{2.1} = \frac{t'_{R_2}}{t'_{R_1}} = \frac{V'_{R_2}}{V'_{R_1}} \tag{16.11}$$

相对保留值仅与柱温及固定相性质有关，而与其他操作条件如柱长、柱内填充情况及载气的流速等无关。因此，它在气相色谱法中，广泛用作定性的依据。

(6) 选择性因子：指相邻两组分调整保留值之比，以 α 表示。相对保留值又称为选择性因子(用 α 表示)。数值的大小反映了色谱柱对难分离物质对的分离选择性，α 值越大，相邻两组分色谱峰相距越远，色谱柱的分离选择性愈高。当接近于 1 或等于 1 时，说明相邻两组分色谱峰重叠，未能分开。

4. 峰高和峰面积　峰高(h)是指峰顶到基线的距离。峰面积(A)是指每个组分的流出曲线与基线间所包围的面积。峰高或峰面积的大小和每个组分在样品中的含量相关，因此色谱峰的峰高或峰面积是气相色谱进行定量分析的主要依据。

5. 峰宽与半峰宽　色谱峰两侧拐点(即组分流出曲线上二阶导数等于零的点)处所作的切线与峰底相交两点之间的距离,称为峰宽,常用符号 W 表示。在峰高为 $h/2$ 处的峰宽,称为半峰宽,常用符号 $W_{1/2}$ 表示。

6. 分配系数(K)　平衡状态时,组分在固定相与流动相中的浓度比。

四、气相色谱固定相及其选择

(一) 气-固色谱固定相

气-固色谱固定相一般采用固体吸附剂,主要有强极性硅胶、中等极性氧化铝、非极性活性炭、特殊作用的分子筛及高分子多孔微球(GDX 系列)。使用时,可根据它们对各种气体的吸附能力不同,选择最合适的吸附剂 。

特点是:①性能与制备和活化条件有很大关系。②同一种固定相,不同厂家或不同活化条件,分离效果差异较大。③种类有限,能分离的对象不多。④使用方便。

(二) 气-液色谱固定相

液体固定相是由惰性的固体支持物(载体)和其表面上涂渍的高沸点有机物液膜所构成的。通常将这种高沸点有机物称为"固定液"。理想的固定液需要满足以下要求:

1. 载体(担体)　它是一种化学惰性、多孔性的固体微粒。其作用是提供一个大的惰性表面,用以承担固定液,使固定液以薄膜状态分布在其表面上。

(1) 对载体的要求:具有足够大的表面积和良好的孔穴结构,使固定液与试样的接触面较大,能均匀地分布成一薄膜,但载体表面积不宜太大,否则犹如吸附剂,易造成峰拖尾;表面呈化学惰性,没有吸附性或吸附性很弱,更不能与被测物起反应;热稳定性好;形状规则,粒度均匀,具有一定机械强度。

(2) 载体类型:大致可分为硅藻土和非硅藻土两类。硅藻土载体是目前气相色谱中常用的一种载体,它是由称为硅藻的单细胞海藻骨架组成,主要成分是二氧化硅和少量无机盐,根据制造方法不同,又分为红色载体和白色载体。

红色载体是将硅藻土与黏合剂在 900℃煅烧后,破碎过筛而得,因铁生成氧化铁呈红色,故称红色载体,其特点是表面孔穴密集、孔径较小、比表面积较大。对强极性化合物吸附性和催化性较强,如烃类、醇、胺、酸等极性化合物会因吸附而产生严重拖尾。因此,它适宜于分析非极性或弱极性物质。

白色载体是将硅藻土与20% 的碳酸钠(助熔剂)混合煅烧而成,它呈白色、比表面积较小、吸附性和催化性弱,适宜于分析各种极性化合物。101、102 系列,英国的 Celite 系列,英国和美国的 Chromosorb 系列,美国的 Gas-Chrom A、CL、P、Q、S、Z 系列等,都属这一类。

非硅藻土载体有有机玻璃微球载体、氟载体、高分子多孔微球等。这类载体常用于特殊分析,如氟载体用于极性样品和强腐蚀性物质 HF、Cl_2等分析。但由于表面非浸润性,其柱效低。

2. 固定液

(1) 对固定液要求:①固定液应是一种高沸点有机化合物,其蒸气压要低,挥发性要小,以免在操作柱温下发生流失而影响柱寿命(一般根据固定液沸点确定其最高使用温度)。②稳定性好,在操作柱温下不分解,并呈液态(一般根据固定液的凝固点决定其最低使用温度),其黏度较低,以保证固定液能均匀地分布在载体上,并减小液相传质阻力。③溶解度大并且具有良好的选择性,这样才能根据各组分溶解度的差异,达到相互分离。④化学稳定性好,在操作柱温下,不与载体以及待测组分发生不可逆的化学反应。

(2) 固定液种类:固定液的品种繁多,在气液色谱中所使用的固定液已达 1000 多种,为了便于选择和使用,一般按固定液的"极性"大小进行分类。固定液极性是表示含有不同官能团的固定液,与分析组分中官能团及亚甲基间相互作用的能力。通常用相对极性(P)的大小来表示。这种表示方法规定:β,β-氧二丙腈的相对极性 $P=100$,角鲨烷的相对极性 $P=0$,其他固定液以此为标准通过实验测出它们的相对极性均在 0～100。通常将相对极性值分为五级,每 20 个相对单位为一级,相对级性在 0～+1 间的为非极性固定液(亦可用"-1"表示非极性);+2、+3 为中等极性固定液;+4、+5 为强极性固定液。

(3) 固定液的选择和涂渍:选择固定液应根据不同的分析对象和分析要求进行。一般可以按照"相似相溶"原理进行选择,即按待分离组分的极性或化学结构与固定液相似的原则来选择,其一般规律如下:①分离非极性物质,一般选用非极性固定液。试样中各组分按沸点从低到高的顺序流出色谱柱。②分离极性物质,一般按极性强弱来选择相应极性的固定液。试样中各组分一般按极性从小到大的顺序流出色谱柱。③分离非极性和极性混合物时,一般选用极性固定液。这时非极性组分先出峰,极性组分后出峰。④能形成氢键的试样,如醇、酚、胺和水的分离,一般选用氢键型固定液。此时试样中各组分按与固定液分子间形成氢键能力大小的顺序流出色谱柱。⑤对于复杂组分,一般可选用两种或两种以上的固定液配合使用,以增加分离效果。⑥对于含有异构体的试样(主要是含有芳香型异构部分),一般应选用特殊保留作用的有机皂土或液晶做固定液。

上面几点是选择固定液的大致原则。由于色谱柱中的作用比较复杂,因此合适的固定液还必须通过实验进行选择。

第 6 节　高效液相色谱法

一、概　　述

高效液相色谱法是在20 世纪60 年代中后期,在经典色谱法的基础上,引用了气相色谱的理论,把高压泵和化学键合固定相用于液相色谱而产生的。70 年代中期以后,微处理机技术用于液相色谱,进一步提高了仪器的自动化水平和分析精度。90 年代以后,生物工程和生命科学在国际和国内的迅速发展,为高效液相色谱技术提出了更多、更新的分离、纯化、制备的课题,如人类基因组计划等。在技术上,流动相改为高压输送(最高输送压力可达 35×10^3MPa 以上);色谱柱是以特殊的方法用小粒径的填料填充而成,从而使柱效大大高于经典液相色谱(每米塔板数可达几万或几十万);同时柱后连有高灵敏度的检测器,可对流出物进行连续检测。

高效液相色谱法有如下特点:

1. 高压　液相色谱法以液体为流动相(称为载液),液体流经色谱柱,受到阻力较大,为了迅速地通过色谱柱,必须对载液施加高压,一般可达 $0.15\times10^3\sim35\times10^3$MPa。

2. 高速　流动相在柱内的流速较经典色谱快得多,一般可达 1～10mL/min。高效液相色谱法所需的分析时间较之经典液相色谱法少得多,一般少于 1h。

3. 高效　近来研究出许多新型固定相,使分离效率大大提高。

4. 高灵敏度　高效液相色谱已广泛采用高灵敏度的检测器,进一步提高了分析的灵敏度。如荧光检测器灵敏度可达 10^{-11}g。另外,用样量小,一般进样量在微升(μL)数量级。

5. 适应范围宽　气相色谱法与高效液相色谱法的比较：气相色谱法受技术条件的限制，沸点太高的物质或热稳定性差的物质都难于应用气相色谱法进行分析。而高效液相色谱法只要求试样能制成溶液，而不需要气化，因此不受试样挥发性的限制。对于高沸点、热稳定性差、相对分子质量大（大于400）、强极性的有机物（这些物质几乎占有机物总数的75% ～80%），原则上都可应用高效液相色谱法来进行分离、分析。据统计，在已知化合物中，能用气相色谱分析的占20%，而能用液相色谱分析的占70% ～80%。因而广泛应用于核酸、肽类、内酯、稠环芳烃、高聚物、药物、人体代谢产物、表面活性剂、抗氧化剂、杀虫剂、除莠剂等物质的分析。

此外高效液相色谱还有色谱柱可反复使用、样品不被破坏、易回收等优点，但也有缺点，与气相色谱相比各有所长，相互补充。高效液相色谱的缺点是有“柱外效应”。在从进样到检测器之间，除了柱子以外的任何死空间（进样器、柱接头、连接管和检测池等）中，如果流动相的流型有变化，被分离物质的任何扩散和滞留都会显著地导致色谱峰的加宽，柱效率降低。高效液相色谱检测器的灵敏度不及气相色谱。

二、高效液相色谱法的主要类型及其分离原理

根据分离机制的不同，高效液相色谱法可分为下述几种主要类型：

（一）液-液分配色谱法及化学键合相色谱法

流动相和固定相都是液体。流动相与固定相之间应互不相溶（极性不同，避免固定液流失），有一个明显的分界面。当试样进入色谱柱，溶质在两相间进行分配达到平衡。

1. 正相液-液分配色谱法　流动相的极性小于固定液的极性。

2. 反相液-液分配色谱法　流动相的极性大于固定液的极性。

3. 液-液分配色谱法的缺点　尽管流动相与固定相的极性要求完全不同，但固定液在流动相中仍有微量溶解；流动相通过色谱柱时的机械冲击力，会造成固定液流失。20 世纪 70 年代末发展的化学键合固定相（见后），可克服上述缺点，现在应用很广泛（70% ～80%）。

（二）液-固色谱法

流动相为液体，固定相为吸附剂（如硅胶、氧化铝等）。这是根据物质吸附作用的不同来进行分离的。其作用机制是：当试样进入色谱柱时，溶质分子（X）和溶剂分子（S）对吸附剂表面活性中心发生竞争吸附（未进样时，所有的吸附剂活性中心吸附的是S），可表示如下：

$$\mathrm{Xm} + n\mathrm{Sa} \rightleftharpoons \mathrm{Xa} + n\mathrm{Sm}$$

式中，Xm 为流动相中的溶质分子；Sa 为固定相中的溶剂分子；Xa 为固定相中的溶质分子；Sm 为流动相中的溶剂分子。

当吸附竞争反应达平衡时：

$$K = \frac{[\mathrm{Xa}][\mathrm{Sm}]}{[\mathrm{Xm}][\mathrm{Sa}]}$$

式中，K 为吸附平衡常数。

（三）离子交换色谱法（IEC）

离子交换色谱法（IEC）是以离子交换剂作为固定相。IEC 是基于离子交换树脂上可电离的离子与流动相中具有相同电荷的溶质离子进行可逆交换，依据这些离子以交换剂具有不同的亲和力而将它们分离。

凡是在溶剂中能够电离的物质通常都可以用离子交换色谱法来进行分离。

(四) 离子对色谱法

离子对色谱法是将一种(或多种)与溶质分子电荷相反的离子(称为对离子或反离子)加到流动相或固定相中,使其与溶质离子结合形成疏水型离子对化合物,从而控制溶质离子的保留行为。

离子对色谱法(特别是反相)解决了以往难以分离的混合物的分离问题,诸如酸、碱和离子、非离子混合物,特别是一些生化试样如核酸、核苷、生物碱以及药物等分离。

(五) 离子色谱法

用离子交换树脂为固定相,电解质溶液为流动相。以电导检测器为通用检测器,为消除流动相中强电解质背景离子对电导检测器的干扰,设置了抑制柱。试样组分在分离柱和抑制柱上的反应原理与离子交换色谱法相同。

以阴离子交换树脂(R-OH)作固定相,分离阴离子(如 Br^-)为例。当待测阴离子 Br^- 随流动相(NaOH)进入色谱柱时,发生如下交换反应(洗脱反应为交换反应的逆过程)。

抑制柱上发生的反应:

$$R\text{-}H^+ + Na^+OH^- \xlongequal{} R\text{-}Na^+ + H_2O$$

$$R\text{-}H^+ + Na^+Br^- \xlongequal{} R^-Na^+ + H^+Br^-$$

可见,通过抑制柱将洗脱液转变成了电导值很小的水,消除了本底电导的影响;试样阴离子 Br^- 则被转化成了相应的酸(H^+Br^-),可用电导法灵敏地检测。

离子色谱法是溶液中阴离子分析的最佳方法,也可用于阳离子分析。

(六) 空间排阻色谱法

空间排阻色谱法以凝胶(gel)为固定相。它类似于分子筛的作用,但凝胶的孔径比分子筛要大得多,一般为数纳米到数百纳米。溶质在两相之间不是靠其相互作用力的不同来进行分离,而是按分子大小进行分离。分离只与凝胶的孔径分布和溶质的流动力学体积或分子大小有关。试样进入色谱柱后,随流动相在凝胶外部间隙以及孔穴旁流过。在试样中一些太大的分子不能进入胶孔而受到排阻,因此就直接通过柱子,首先在色谱图上出现,一些很小的分子可以进入所有胶孔并渗透到颗粒中,这些组分在柱上的保留值最大,在色谱图上最后出现。

三、高效液相色谱仪

(一) 组成

高效液相色谱仪由高压输液系统、进样系统、分离系统、检测系统、记录系统等五大部分组成(图 16-26)。

分析前,选择适当的色谱柱和流动相,开泵,冲洗柱子,待柱子达到平衡而且基线平直后,用微量注射器把样品注入进样口,流动相把试样带入色谱柱进行分离,分离后的组分依次流入检测器的流通池,最后和洗脱液一起排入流出物收集器。当有样品组分流过流通池时,检测器把组分浓度转变成电信号,经过放大,用记录器记录下来就得到色谱图。色谱图是定性、定量和评价柱效高低的依据。

1. 高压输液系统　由溶剂储存器、高压泵、梯度洗脱装置和压力表等组成。

(1) 溶剂储存器：一般由玻璃、不锈钢或氟塑料制成，容量为 1 ~ 2L，用来储存足够数量、符合要求的流动相。

(2) 高压输液泵：是高效液相色谱仪中关键部件之一，其功能是将溶剂储存器中的流动相以高压形式连续不断地送入液路系统，使样品在色谱柱中完成分离过程。由于液相色谱仪所用色谱柱径较细，所填固定相粒度很小，因此，对流动相的阻力较大，为了使流动相能较快地流过色谱柱，就需要高压泵注入流动相。

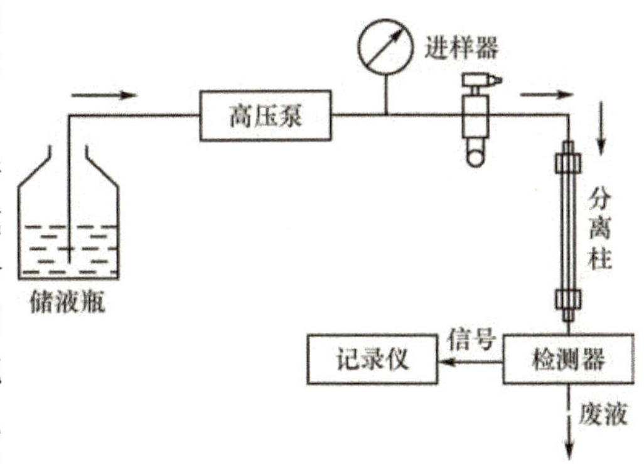

图 16-26　高效液相色谱法结构示意图

对泵的要求：输出压力高、流量范围大、流量恒定、无脉动，流量精度和重复性为 0.5% 左右。此外，还应耐腐蚀，密封性好。

高压输液泵，按其性质可分为恒压泵和恒流泵两大类。

恒流泵是能给出恒定流量的泵，其流量与流动相黏度和柱渗透无关。

恒压泵是保持输出压力恒定，而流量随外界阻力变化而变化，如果系统阻力不发生变化，恒压泵就能提供恒定的流量。

(3) 梯度洗脱装置：梯度洗脱就是在分离过程中使两种或两种以上不同极性的溶剂按一定程序连续改变它们之间的比例，从而使流动相的强度、极性、pH 或离子强度相应地变化，达到提高分离效果，缩短分析时间的目的。

梯度洗脱装置分为两类：一类是外梯度装置（又称低压梯度），流动相在常温常压下混合，用高压泵压至柱系统，仅需一台泵即可。另一类是内梯度装置（又称高压梯度），将两种溶剂分别用泵增压后，按电器部件设置的程序，注入梯度混合室混合，再输至柱系统。

梯度洗脱的实质是通过不断地变化流动相的强度，来调整混合样品中各组分的 K 值，使所有谱带都以最佳平均 K 值通过色谱柱。它在液相色谱中所起的作用相当于气相色谱中的程序升温，所不同的是，在梯度洗脱中溶质 K 值的变化是通过溶质的极性、pH 和离子强度来实现的，而不是借改变温度（温度程序）来达到。

2. 进样系统　包括进样口、注射器和进样阀等，它的作用是把分析试样有效地送入色谱柱上进行分离。

进样器的种类有注射器（10MPa 以下，1 ~ 10μL 微量注射器）进样、停流进样、阀进样（常用，较理想，体积可变，可固定）、自动进样器（有利于重复操作，实现自动化）。

3. 分离系统　包括色谱柱、恒温器和连接管等部件。色谱柱一般用内部抛光的不锈钢制成。其内径为 2 ~ 6mm，柱长为 10 ~ 50cm，柱形多为直形，内部充满 5 ~ 10μm 高效微粒固定相。柱温一般为室温或接近室温。

4. 检测器　是液相色谱仪的关键部件之一。对检测器的要求是：灵敏度高，重复性好，线性范围宽，死体积小以及对温度和流量的变化不敏感等。

在液相色谱中，有两种类型的检测器：一类是溶质性检测器，它仅对被分离组分的物理或物理化学特性有响应，属于此类检测器的有紫外、荧光、电化学检测器、二极管阵列紫外检测器等；另一类是总体检测器，它对试样和洗脱液总的物理和化学性质响应，属于此类检测器有示差折光检测器等。

(1) 紫外检测器：该检测器适用于对紫外线（或可见光）有吸收性能样品的检测。其特点：使用面广（如蛋白质、核酸、氨基酸、核苷酸、多肽、激素等均可使用）；灵敏度高（检测下限为 10^{-10}g/mL）；线性范围宽；对温度和流速变化不敏感；可检测梯度溶液洗脱的样品。

（2）示差折光检测器：凡具有与流动相折光率不同的样品组分，均可使用示差折光检测器检测。目前，糖类化合物的检测大多使用此检测系统。这一系统通用性强、操作简单，但灵敏度低（检测下限为 10^{-7}g/mL），流动相的变化会引起折光率的变化，因此，它既不适用于痕量分析，也不适用于梯度洗脱样品的检测。

（3）荧光检测器：具有荧光的物质，在一定条件下，其发射光的荧光强度与物质的浓度成正比。因此，这一检测器只适用于具有荧光的有机化合物（如多环芳烃、氨基酸、胺类、维生素和某些蛋白质等）的测定，其灵敏度很高（检测下限为 10^{-14} ~ 10^{-12}g/mL），痕量分析和梯度洗脱作品的检测均可采用。

5. 数据处理系统　该系统可对测试数据进行采集、储存、显示、打印和处理等操作，使样品的分离、制备或鉴定工作能正确开展。

（二）操作注意要点

1. 首先对流动相进行过滤，流动相均需色谱纯度。根据需要选择不同的滤膜，一般为有机系和水系，常用的孔径为 0.20μm 和 0.45μm。

2. 对抽滤后的流动相进行超声脱气 10 ~ 20min，脱气后的流动相要小心振动，尽量不引起气泡。

3. 正常情况下，仪器首先用甲醇冲洗 10 ~ 20min，然后再进入测试用流动相（如流动相为缓冲试剂，则要二次重蒸水冲洗 10 ~ 20min，直至色谱柱中有机相冲净为止）。

4. 一般情况下，流动相冲洗 20 ~ 30min 后，仪器方可稳定，最重要的是仪器基线走直后，方可进样测试。

5. 同时进两针标样，将其结果相比较，其结果的比值在 0.98 ~ 1.02 后，就可以正式进行样品的测试了。

6. 样品测试结束后，就要进行色谱仪及色谱柱的清洗和维护。如流动相为缓冲试剂，同样也要用重蒸水清洗 10 ~ 20min，方可用有机相进行保护，否则，有损色谱柱。

7. 压力不能太大，最好不要超过 15MPa。

8. 关机时，先关计算机，再关液相色谱。

小结

一、分光光度法

1. 吸收光谱曲线　将不同波长（λ）的光依次透过某浓度一定的溶液，测量不同波长下溶液对光的吸收程度（吸光度 A），以波长为横坐标，以吸光度为纵坐标，即用 A-λ 作图即得吸收光谱曲线。一般以灵敏度大的 λ_{max} 作为测定波长。

2. 朗伯-比尔（Lambert-Beer）定律　当一束平行单色光通过溶液时，溶液的吸光度 A 与溶液的浓度 c 和液层厚度 L 成正比。

数学表达式：　$A = KLc$

式中，K 为吸光常数，常用摩尔吸光系数 ε 和比吸光系数 $E_{1cm}^{1\%}$ 表示。

两者之间关系为：

$$\varepsilon = E_{1cm}^{1\%} \times \frac{M}{10}$$

3. 分光光度计由光源、单色器、吸收池、检测器和信号处理及显示器所组成。

4. 紫外-可见分光光度计仪器类型　单波长单光束直读式分光光度计、单波长双光束自动记录式分光光度计和双波长双光束分光光度计。

小结

5. 定量测定方法一般有标准曲线法和标准对照法两种。

二、色谱法(层析法)

1. 原理　基于混合物中各组分在两相间溶解(或吸附)等能力不同,经过反复多次的分配(或吸附)平衡,使性质有微小差别的组分分离的方法。

2. 按几何形式分为柱色谱法、纸色谱法和薄层色谱法

(1)柱色谱法是将固定相装在一金属或玻璃柱中或是将固定相附着在毛细管内壁上做成色谱柱,试样从柱头到柱尾沿一个方向移动而进行分离的色谱法。

(2) 纸色谱法:样品溶液点在滤纸上,由于滤纸纤维素的毛细管现象,作为展开剂的有机溶剂自下而上移动,样品各组分在水-有机溶剂两相发生溶解分配,并随有机溶剂的移动而展开,达到分离的目的。

样品组分在滤纸上的位置,可用比移值 R_f 表示:

$$R_f = \frac{\text{样品原点中心到斑点中心的距离}}{\text{样品原点中心到溶剂前沿的距离}}$$

(3) 薄层色谱法:和柱色谱在分离原理上基本相同。与纸色谱法一样,薄层色谱也用 R_f 值表示组分的展开情况。薄层色谱的操作方法包括制板、点样、展开、斑点的检出与显色。

三、红外吸收光谱法

1. 利用物质对红外线区电磁辐射的选择性吸收来进行结构分析及对各种吸收红外线的化合物的定性和定量分析的方法。一般用 T-λ 曲线或 T-σ 曲线表示。纵坐标为百分透射比 $T\%$,横坐标是波长 λ(单位为μm),或波数 σ(单位为 cm^{-1})。

2. 红外吸收光谱产生条件　①分子振动时,必须伴随有瞬时偶极矩的变化。②红外线的能量应恰好能满足振动能级跃迁所需要的能量。

3. 多原子分子的振动类型有伸缩振动(ν)和弯曲振动(δ)两大类。

4. 吸收峰的类型有基频峰与泛频峰、特征峰与相关峰。

5. 仪器的基本结构　红外光谱仪与紫外可见分光光度计结构相似,也是由光源、单色器、吸收地、检测器和记录系统五部分组成。

6. 仪器的常见类型　色散型红外光谱仪和干涉型红外光谱仪。

四、气相色谱法

1. 气相色谱法是以气体为流动相的柱色谱法,它能同时对各组分进行定性定量的一种分离分析方法。分为气-固色谱(GSC)和气-液色谱(GLC)。

2. 气相色谱仪有气路系统、进样系统、分离系统、检测系统、信号记录或微机数据处理系统、温度控制系统六大系统组成。

3. 常用的载气为氮气、氢气、氦气、氩气。气-固色谱固定相一般采用固体吸附剂,主要有强极性硅胶、中等极性氧化铝、非极性活性炭、特殊作用的分子筛及高分子多孔微球(GDX 系列)。气-液色谱固定相中液体固定相是由惰性的固体支持物(载体)和其表面上涂渍的高沸点有机物液膜所构成的。

五、高效液相色谱法

1. 是在经典液相色谱和气相色谱的理论与实验技术的基础上发展起来的一种现代色谱分析方法,采用高效固定相、高压输液泵、高灵敏度检测器等新技术,是色谱法中应用最为广泛的一种分析方法。

2. 高效液相色谱法可分为液-液分配色谱法、液-固分配色谱法、离子交换色谱法、离子对色谱法、离子色谱法、空间排阻色谱法等。

3. 高效液相色谱仪由高压输液系统、进样系统、分离系统、检测系统、记录系统等五大部分组成。

目标检测

一、名词解释

1. 单色光 2. 复合光 3. 朗伯-比尔定律
4. 载气 5. 比移值 6. 活性振动

二、填空题

1. 在以波长为横坐标，吸光度为纵坐标，浓度不同的 $KMnO_4$ 溶液吸收曲线上可以看出________未变，只是________改变了。
2. 符合光吸收定律的有色溶液，当溶液浓度增大时，它的最大吸收峰位置________，摩尔吸光系数________。
3. 一有色溶液，在比色皿厚度为 2cm 时，测得吸光度为 0.340。如果浓度增大 1 倍时，其吸光度 A = ________，T = ________。
4. 在光度分析中，常因波长范围不同而选用不同材料制作的吸收池。可见分光光度法中选用________吸收池；紫外分光光度法中选用________吸收池；红外分光光度法中选用________吸收池。
5. 中红外区是指波长为________μm，波数为________cm^{-1}。
6. 分子吸收红外线发生能级跃迁，必须满足的条件是________和________。
7. 紫外光谱可以引起分子中________的能级跃迁，故属________光谱，红外光谱只能引起________跃迁，是________光谱。
8. 分配系数 K 值越大，表示该组分的保留时间越________，将________流出色谱柱。
9. 紫外-可见分光光度计主要由________、________、________、________和________组成。

三、是非题

1. 某物质的摩尔吸光系数越大，则表明该物质的浓度越大。
2. 在紫外光谱中，同一物质，浓度不同，入射光波长相同，则摩尔吸光系数相同；同一浓度，不同物质，入射光波长相同，则摩尔吸光系数一般不同。
3. 有色溶液的透光率随着溶液浓度的增大而减小，所以透光率与溶液的浓度成反比关系；有色溶液的吸光度随着溶液浓度的增大而增大，所以吸光度与溶液的浓度成正比关系。
4. 朗伯-比尔定律中，浓度 c 与吸光度 A 之间的关系是通过原点的一条直线。
5. 朗伯-比尔定律适用于所有均匀非散射的有色溶液。
6. 有色溶液的最大吸收波长随溶液浓度的增大而增大。
7. 在进行紫外分光光度测定时，可以用手捏吸收池的任何面。
8. 吸附剂的活性级别越高，吸附剂的吸附活性越大。
9. 在一定条件下，吸光系数反映物质对光的吸收本领。
10. 分离极性小的组分，一般选择活性大的吸附剂为固定相，极性小的溶剂为流动相。
11. 某组分的 $R_f=0$，说明它没有随展开剂展开。
12. 分光光度法中，测量绘制吸收曲线常选择 λ_{max} 的光作为入射光。
13. 色谱中点样操作时，点样量越多越好。

四、选择题

1. 在液相色谱中，常用作固定相，又可用作键合相基体的物质是（　　）
   A. 分子筛　B. 硅胶
   C. 氧化铝　D. 活性炭
2. 双波长分光光度计与单波长分光光度计的主要区别在于（　　）
   A. 光源的种类及个数　B. 单色器的个数
   C. 吸收池的个数　D. 检测器的个数
3. 在符合朗伯-比尔定律的范围内，溶液的浓度、最大吸收波长、吸光度三者的关系是（　　）
   A. 增加、增加、增加　B. 减小、不变、减小
   C. 减小、增加、减小　D. 增加、不变、减小
4. 常用作光度计中获得单色光的组件是（　　）
   A. 光栅（或棱镜）+反射镜
   B. 光栅（或棱镜）+狭缝
   C. 光栅（或棱镜）+稳压器
   D. 光栅（或棱镜）+准直镜
5. 紫外-可见分光光度法使用的波长范围为（　　）
   A. 200～1000nm　B. 200～400nm
   C. 400～760nm　D. 100～200nm
6. 纸色谱是（　　）
   A. 吸附色谱　B. 分配色谱
   C. 离子交换色谱　D. 薄层色谱

7. 下列不是吸附剂的是(　　)
A. 硅胶　　B. 氧化铝
C. 羧甲基纤维素钠　　D. 聚酰胺

8. A-λ 作图是(　　)
A. 色谱流出曲线　　B. 吸收光谱曲线
C. 标准曲线　　D. 工作曲线

9. 气相色谱法不适用(　　)
A. 气体试样
B. 受热易挥发的有机物
C. 受热易分解的物质
D. 有一定蒸气压且热稳定性好的样

10. 在下列气体中不能用作气相色谱载气的是(　　)
A. 氢气　　B. 氮气
C. 氧气　　D. 氩气

11. 色谱法按固定相的几何形式不同可分为(　　)
A. 液-固色谱　液-液色谱　气-液色谱
B. 柱色谱　纸色谱　薄层色谱
C. 吸附色谱　分配色谱　离子交换色谱
D. 都不是

12. 在 TLC 中,若 R_f 值太小,则可用下列哪种方法调整(　　)
A. 加入适量极性小的溶剂
B. 加入适量极性大的溶剂
C. 改用吸附性能大的吸附剂
D. 增加点样量

五、计算题

1. A 样品斑点在薄层板上距原点 7.9cm 处,溶剂前沿离原点 16.2cm。
(1) 求 A 样品的 R_f 值为多少?
(2) 若溶剂前沿离原点 14.8cm 处,A 样品斑点应在何处?

2. 以邻二氮菲光度法测定 Fe(Ⅱ),称取试样 0.500g,经处理后,加入显色剂,最后定容为 $50.0cm^3$。用 1.0cm 吸收池,在 510nm 波长下测得吸光度 $A = 0.430$。计算试样中铁的质量分数。

(丁秋玲　周线宏)

实　　验

实验 1　化学实验的基本操作

一、实验目的

1. 了解常用化学仪器的名称、用途和使用方法。
2. 练习玻璃仪器的洗涤。
3. 练习药品的取用、称量、加热、溶解、过滤、蒸发等基本操作。
4. 培养严肃认真的实验态度和规范的实验操作习惯。

二、实验仪器和药品

[实验仪器]　试管、试管夹、烧杯、玻璃棒、胶头滴管、量筒、毛刷、漏斗、铁架台、铁圈、石棉网、蒸发皿、酒精灯、镊子、药匙、滤纸、火柴、托盘天平和砝码

[实验药品]　粗盐、去污粉

三、实验步骤

(一) 玻璃仪器的洗涤

为了保证实验结果的可靠性，实验所用器皿（试管、烧杯等）必须是清洁的。洗干净的玻璃仪器壁上会附着一层均匀的水膜，而不会挂着水珠。

对于一般性污垢，可先用自来水冲洗，再用毛刷刷洗，然后用自来水冲洗干净即可。使用毛刷时不能用秃顶的刷子，也不要用力过猛，以免戳破玻璃器皿。

污垢较重时，可用毛刷蘸少量洗涤剂刷洗，然后用自来水冲洗干净。常用洗涤剂有洗衣粉、去污粉、洗洁精等。

若污垢很重，用上述方法不能清洗干净时，可用铬酸洗液浸泡（有强腐蚀性，尽量不用），或使用超声波法洗涤。也可根据污物的化学性质采用针对性方法洗涤。

对精度要求高的实验，所用玻璃仪器最后需用蒸馏水（或去离子水）冲洗。

洗干净的玻璃仪器应该口朝下晾干或烘干，以方便下次实验使用。

(二) 试剂的取用

化学试剂常常是有毒或有腐蚀性的，因此不能用手直接拿药品。为避免污染，瓶塞打开后应反放在实验台上；取完试剂，立即盖严瓶塞，并将试剂瓶放回原处。

1. 固体试剂的取用　块状试剂可用镊子夹取。向试管中加入粉末状或小颗粒试剂时，可将试管倾斜或平放，用药匙或纸条将试剂送入试管底部，然后直立试管（实验图 1-1）。镊子和药匙

用后要及时清洗，以备下次使用。

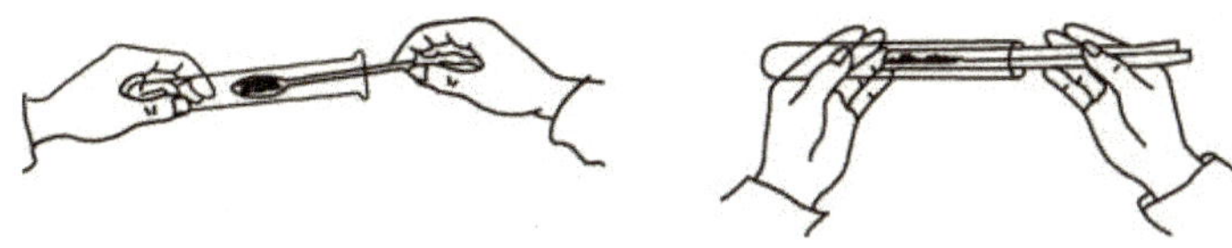

实验图 1-1　固体试剂的取用

2. 液体试剂的取用　向试管中加入液体试剂的操作如实验图 1-2 所示。直接用试剂瓶倾倒液体时，标签要向着手心；使用滴管滴加液体时，滴管要直立，不要将其伸入试管内，以避免污染试剂。取完试剂盖好瓶塞，放回原处。

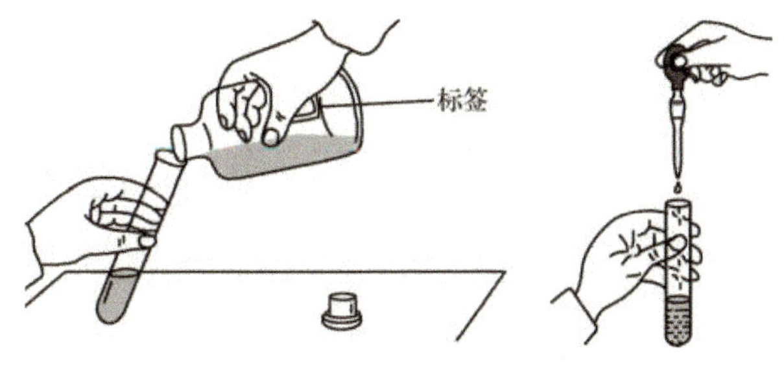

实验图 1-2　液体试剂的取用

（三）量具的使用方法

1. 托盘天平的使用　托盘天平用于精度要求不高的称量，可准确到 0.1g。附有砝码一套，放在砝码盒中，使用砝码时须用镊子夹取。

称量前须先调零点。将天平平放，游码移至标尺零位，通过调节天平盘下的平衡调节螺丝，使指针处于零点或左右摆动格数相等（实验图 1-3）。

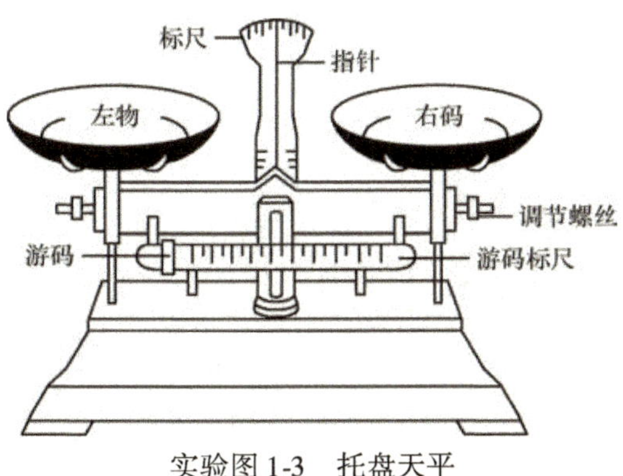

实验图 1-3　托盘天平

称量时，左盘放称量物，右盘放砝码。5g 以下使用游码。药品不得直接放在天平盘上，而应放在称量纸上或表面皿等已称重的容器里。

称量完毕，应将砝码放回砝码盒，游码归于零位，两天平盘叠放于一侧，避免天平摆动而磨损刀口。

2. 量筒的使用　量筒是常用的带刻度的量器，可用于量取一定体积的液体。为减小误差，使用时应根据所取用液体的量，选择合适规格的量筒。读数时应将量筒平放在台面上，使视线与量筒内液体凹液面的最底部处于同一水平，否则会造成误差（实验图 1-4）。量筒不得加热，也不能在量筒里进行化学反应。

(四) 加热的方法

实验室可用于加热的仪器有烧杯、烧瓶、试管、蒸发皿等。加热前应将器皿外面的水擦干，加热后不能立即接触冷的物体，以防炸裂。使用烧杯、烧瓶等做加热器皿时，底部须垫上石棉网。

实验室常用酒精灯加热物体。酒精灯的火焰分三层，外焰的温度最高，加热时应使用外焰。加热试管内的固体时，应使管口向下倾斜，以免试管口处冷凝的水倒流回试管底部而使试管炸裂(实验图 1-5)。加热液体时，液体体积不能超过容器体积的一半。用试管加热液体时，液体量不能超过试管体积的 1/3。加热时，试管与桌面成 45°角，注意管口不能对着人(实验图 1-6)。加热要均匀，不时移动试管，注意防止液体沸腾冲出。

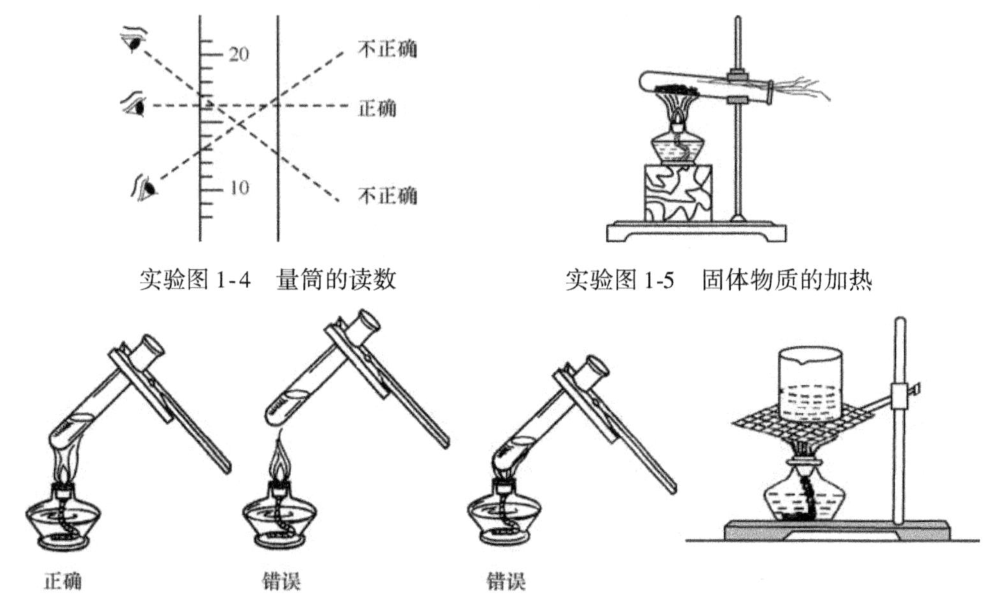

实验图 1-4　量筒的读数　　实验图 1-5　固体物质的加热

实验图 1-6　液体物质的加热

(五) 物质的提纯练习(除去难溶性杂质)

1. 溶解　用托盘天平称取 5g 粗盐(精确到 0.1g)放入烧杯中，用量筒量取 15mL 水倒入烧杯中。用玻棒搅拌，使之溶解。

2. 过滤　按实验图 1-7 所示折好滤纸，放入漏斗中，滤纸边缘应低于漏斗口的边缘。用手指压住滤纸并用蒸馏水润湿滤纸，使之紧贴漏斗壁，中间不留气泡。

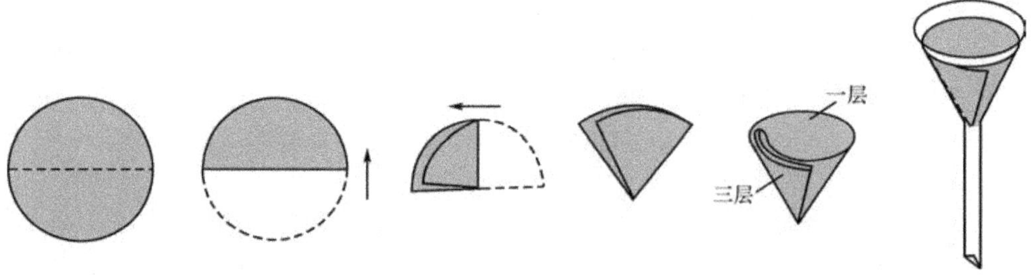

实验图 1-7　过滤器的准备

按实验图1-8组装好仪器，调好高度，使漏斗的尖嘴紧靠烧杯内壁。玻棒抵在滤纸三层处，让粗盐水沿玻棒慢慢流入漏斗中，液面要低于滤纸边缘。若滤液浑浊，可更换滤纸，重复过滤一次。

3. 蒸发　将透明的滤液倒入干净的蒸发皿中，按实验图1-9组装好蒸发装置。加热过程中要不断用玻棒搅拌液体。当蒸发皿中出现很多固体、滤液近干时停止加热，用余热将水分蒸干，即可获得干净的食盐晶体。

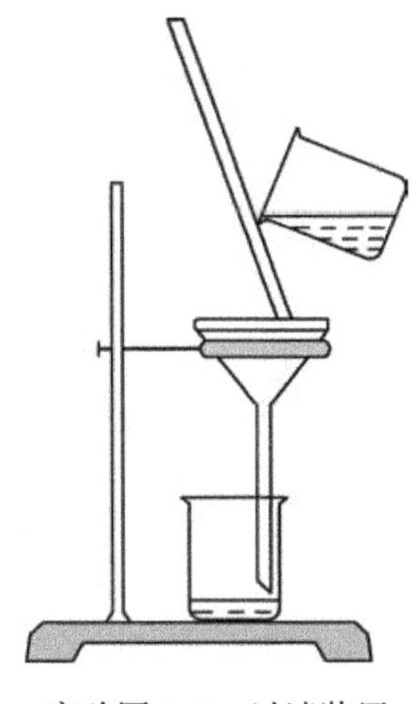
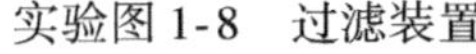

实验图1-8　过滤装置

实验图1-9　蒸发装置

4. 整理　回收精制的食盐晶体，清洗仪器，整理好实验室卫生。

四、实验思考

1. 玻璃仪器是否清洗干净的标准是什么？
2. 使用托盘天平称量时为什么需要使用称量纸？是否只需在左盘使用称量纸？为什么？
3. 加热试管中的液体时，怎样防止爆沸？管口为什么不能对着人？
4. 什么是过滤操作中的“一贴、二低、三靠”？

实验2　溶液的配制和稀释

一、实验目的

1. 掌握各种浓度溶液的配制方法和实验操作。
2. 练习并巩固托盘天平、量筒（或量杯）等仪器的使用。
3. 培养在实验中一丝不苟的工作态度和严谨的实验操作。

二、实验仪器和药品

［实验仪器］　托盘天平、50mL烧杯、100mL烧杯、玻璃棒、10mL量筒、50mL量筒、胶头滴管、角匙、称量纸

［实验药品］　氯化钠（固体）、结晶硫酸铜（固体）、氢氧化钠（固体）、市售浓H_2SO_4、市售药用酒精

三、实验步骤

（一）物质的量浓度溶液的配制

配制0.5mol/L硫酸铜溶液50mL。

1. 计算　算出配制50mL 0.5mol/L硫酸铜溶液所需$CuSO_4 \cdot 5H_2O$的质量。

2. 称量　用托盘天平称出所需$CuSO_4 \cdot 5H_2O$的质量。

3. 溶解　将称得的$CuSO_4 \cdot 5H_2O$倒入50mL小烧杯中，加蒸馏水适量，用玻璃棒搅拌使$CuSO_4 \cdot 5H_2O$完全溶解。

4. 转移　将烧杯中的$CuSO_4 \cdot 5H_2O$溶液用玻璃棒引流转移到50mL量筒中，再用少量蒸馏水洗涤小烧杯2~3次，洗涤液均要转移入量筒中。

5. 定容　继续往50mL量筒中加入蒸馏水，当加到液面接近50mL刻度线时，改用胶头滴管慢慢滴加蒸馏水，至溶液凹液面底部与50mL刻度线相切。

6. 混匀　用玻璃棒搅匀，即得所需浓度的溶液。将配制好的溶液倒入指定的容器中。

（二）质量浓度溶液的配制

配制生理盐水(9g/L)50mL。

1. 计算　算出配制50mL 9g/L的氯化钠溶液所需要的氯化钠的质量。

2. 称量　用托盘天平称出所需NaCl的质量。

3. 溶解　将称得的NaCl倒入50mL小烧杯中，加蒸馏水适量，用玻璃棒搅拌使NaCl完全溶解。

4. 转移　将烧杯中的NaCl溶液用玻璃棒引流转移到50mL量筒中，再用少量蒸馏水洗涤小烧杯2~3次，洗涤液都转移倒入50mL量筒中。

5. 定容　继续往50mL量筒中加入蒸馏水，当加到液面接近50mL刻度线时，改用胶头滴管滴加蒸馏水，至溶液凹液面底部与50mL刻度线相切。

6. 混匀　用玻璃棒搅匀，即得到生理盐水50mL。将配制好的溶液倒入指定的容器中。

（三）溶液的稀释

1. 体积分数溶液的配制　由市售的药用酒精($\varphi_B=0.95$)配制消毒酒精($\varphi_B=0.75$)50mL。

(1) 计算：算出配制$\varphi_B=0.75$的消毒酒精50mL所需$\varphi_B=0.95$的药用酒精的体积。

(2) 量取：用50mL量筒量取所需$\varphi_B=0.95$药用酒精的体积。

(3) 定容：直接往50mL量筒中加入蒸馏水至接近50mL刻度线时，改用胶头滴管滴加蒸馏水，至溶液凹液面底部与50mL刻度线相切。

(4) 混匀：用玻璃棒搅匀，即得50mL $\varphi_B=0.75$的消毒用酒精溶液。将配制好的溶液倒入指定的容器中。

2. 稀硫酸的配制　由市售浓硫酸($\omega_B=0.98$，$\rho=1.84$kg/L)配制实验室所需的3mol/L的硫酸溶液50mL。

(1) 计算：算出配制3mol/L的硫酸50mL所需浓硫酸的体积。

(2) 量取：用干燥的10mL量筒量取所需浓硫酸的体积。

(3) 转移：取100mL烧杯一只，盛蒸馏水约20mL，将量取的浓硫酸沿烧杯壁缓缓倒入烧杯中，边倒边搅拌，冷却后倒入50mL量筒中，并用少量蒸馏水洗涤小烧杯2~3次，洗液也转移倒入 50mL 量筒中。

（4）定容：往 50mL 量杯中直接加入蒸馏水接近 50mL 刻度线时，改用胶头滴管缓慢滴加蒸馏水，至溶液凹液面底部与 50mL 刻度线相切。

（5）混匀：用玻璃棒搅匀，即得 3mol/L 硫酸溶液，将配制好的硫酸溶液倒入指定的容器中，供以后实验使用。

注意事项：①用浓硫酸配制稀硫酸时，量取浓硫酸的量筒应无水。②由于浓硫酸具有强烈腐蚀性和氧化性，而且浓硫酸的密度较大，为防止喷溅灼伤皮肤，必须把浓硫酸缓慢地倒入加适量水的小烧杯中，绝不能把水倒入浓硫酸中。③硫酸溶解后，需待冷却后，再将硫酸溶液转移到量筒中。

四、实验思考与讨论

1. 本实验中所涉及的溶液配制的方法有哪些？具体操作步骤如何？分别有那些注意事项？
2. 用浓硫酸配制稀硫酸时应注意什么？能否在量筒中直接稀释浓硫酸？为什么？
3. 将烧杯里的溶液倒入量筒（或量杯）后，为什么还要洗涤烧杯 2～3 次，并将洗涤液也倒入量筒（或量杯）中？如果不这样做对结果有什么影响？
4. 配制溶液时，固体溶质为什么应先在烧杯中溶解而不能直接在量筒（或量杯）中溶解？

实验 3　重要的非金属元素的性质

一、实验目的

1. 通过实验掌握氯、溴、碘的性质及其离子鉴别。
2. 掌握过氧化氢的氧化性、还原性，浓硫酸的特性及硫酸根离子的鉴别。
3. 掌握萃取操作以及其他基本的实验操作技能。
4. 培养仔细观察、严肃认真的实验态度。

二、实验仪器和药品

［实验仪器］　试管、胶头滴管、酒精灯、铁架台、烧杯、试管夹、玻棒、量筒、胶塞、烧瓶、石棉网、50mL 分液漏斗

［实验药品］　氯酸钾（固体）、6mol/L HCl、溴水、碘水、碘（晶体）、淀粉溶液、蒸馏水、0.1mol/L NaCl、0.1mol/L NaBr、0.1mol/L KI、0.1mol/L $AgNO_3$、6mol/L HNO_3、CCl_4 液、0.1mol/L Na_2SO_4、0.1mol/L $BaCl_2$、1mol/L H_2SO_4、30g/L H_2O_2、0.02mol/L $KMnO_4$、浓硫酸

三、实验步骤

（一）卤素的性质

1. 氯水的颜色和气味　将 1mL 6mol/L HCl 加入到盛有少量氯酸钾固体的小试管中，振荡反应，观察生成的氯水的颜色，按正确的方法小心闻氯水的气味。用胶塞堵住管口，氯水备用。

2. 氯、溴、碘之间的置换反应

（1）在分别盛有 1mL 0.1mol/L NaBr 溶液和 1mL 0.1mol/L KI 溶液的两支试管中各加入

1mL 新配制的氯水，适当振荡混合，再各加入 0.5mL 四氯化碳，用力振荡，观察溶液及四氯化碳层颜色的变化。

（2）在分别盛有 1mL 0.1mol/L NaCl 溶液和 1mL 0.1mol/L KI 溶液的两支试管中各加入 1mL 新配制的溴水，适当振荡混合，再各加入 0.5mL 四氯化碳，用力振荡，观察溶液及四氯化碳层颜色的变化。

3. 碘的升华把少量的碘晶体放在烧杯里，烧杯上放盛有冷水的烧瓶，稍稍加热，如实验图 3-1可观察到烧杯内有紫色蒸气，烧瓶底部有紫黑色晶体。

4. 卤离子的鉴别　取 3 支试管，分别加入 0.1mol/L NaCl 溶液、0.1mol/L NaBr 溶液、0.1mol/L KI 溶液各 1mL，然后各加入 0.1mol/L $AgNO_3$溶液 2 滴，观察析出沉淀的颜色有何不同。写出相关化学方程式。

向上述 3 支试管继续加入 6mol/L HNO_3溶液 3 滴，观察沉淀是否溶解。

（二）萃取操作

1. 萃取　利用溶质在互不相溶的溶剂中溶解度的不同，用一种溶剂把溶质从它与另一种溶剂组成的溶液里提取出来的方法称作萃取。

利用卤素单质在不同溶剂中的溶解度不同，加入少量有机溶剂可对卤离子加以检验。

2. 操作方法

（1）向有 5mL 0.1mol/L KI 溶液分液漏斗中加入 5mL 溴水，适当振荡混合，再加入 5mL 四氯化碳，用右手压住分液漏斗的玻璃塞，左手握住活塞部分，将分液漏斗翻转用力振荡（实验图 3-2）。

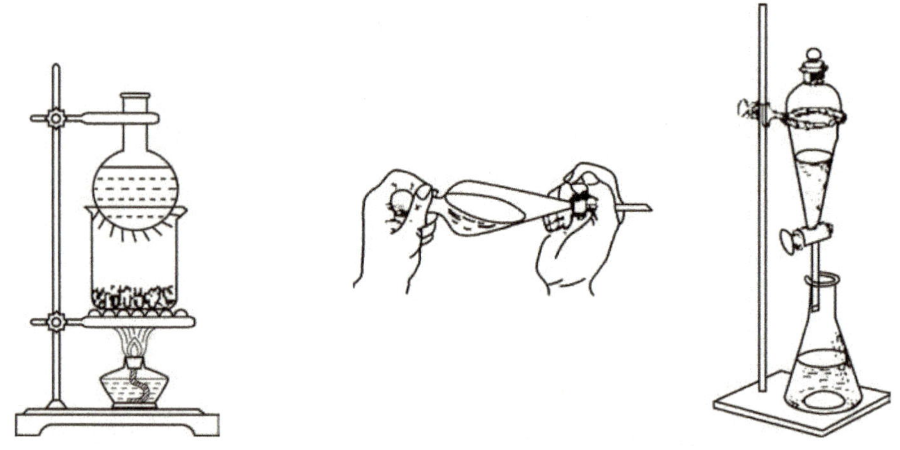

实验图 3-1　碘的升华　　　　实验图 3-2　分液漏斗的使用

（2）把分液漏斗放置在铁架台的铁圈上，静置片刻后观察溶液及四氯化碳层颜色的变化。

（3）打开分液漏斗玻璃塞（即使玻璃塞上的凹槽对准漏斗口上的小孔），使漏斗内外空气相通。旋转活塞使活塞的小孔垂直向下，可放出下层液体液体。

（三）氧族元素的性质

1. 过氧化氢的性质

（1）氧化性：在试管中加入 0.1mol/L KI 溶液 1mL，加 3 滴 1mol/L H_2SO_4酸化，加 3 滴 30g/L H_2O_2溶液，观察发生的现象；再加入 2 滴淀粉溶液，观察现象。写出相关化学方程式。

（2）还原性：在试管中加入 0.02mol/L $KMnO_4$溶液 1mL，加 3 滴 1mol/L H_2SO_4酸化，逐滴加

入 30g/L H_2O_2溶液，边加边振荡，至溶液颜色消失为止。写出相关化学方程式。

2. 浓硫酸的特性

（1）浓硫酸的脱水性：用玻璃棒蘸取浓 H_2SO_4在纸上写字，稍等片刻，观察字迹变化，解释原因。

（2）浓硫酸与金属的反应：在试管加入 1 片铜片，沿着试管内壁缓慢加入约 1mL 浓H_2SO_4，再稍稍加热，观察现象。写出相关化学方程式。

3. 硫酸根的检验　在试管中加入 0.1mol/L Na_2SO_4溶液 10 滴和 0.1mol/L $BaCl_2$溶液2 滴，静置数分钟，倾去上层清液后，再加入 10 滴 6mol/L HCl 并稍稍加热。观察现象，沉淀不溶解则说明原溶液中含有 SO_4^{2-}。写出相关化学方程式。

四、实验思考

1. 怎么正确闻氯气的气味？注意哪些问题？
2. 使用浓硫酸时的注意事项有哪些？
3. SO_4^{2-} 的检验实验中能否用硝酸钡代替氯化钡？

实验 4　重要的金属元素的性质

一、实验目的

1. 通过实验进一步掌握钠、镁、铝和铁以及它们重要化合物的主要性质。
2. 掌握亚铁离子和铁离子的转化和铁离子的鉴别方法。
3. 观察镁、钙、钡等难溶盐的生成。

二、实验仪器和药品

［实验仪器］　试管、胶头滴管、酒精灯、烧杯、试管夹、量筒、玻璃管、点滴板

［实验药品］　金属钠、镁粉、铝片、6mol/L HCl、蒸馏水、酚酞、0.1mol/L $AlCl_3$、0.1mol/L NaOH、0.1mol/L 盐酸、0.1mol/L $MgCl_2$、0.1mol/L $CaCl_2$、0.1mol/L $BaCl_2$、0.1mol/L Na_2CO_3、6mol/L 醋酸、澄清石灰水、0.1mol/L $FeSO_4$、1mol/L NaOH、0.3mol/L $FeCl_3$、1mol/L KSCN

三、实验步骤

（一）钠和水的反应

在小烧杯中加水 20～30mL，用镊子取一小块金属钠，用滤纸轻轻吸干表面的煤油，将钠投入小烧杯中，观察现象。反应完全后，再滴入 1～2 滴酚酞，观察溶液颜色变化。写出相关化学方程式。

（二）金属镁和铝的性质

1. 镁和铝与水的反应　在两支小试管中分别加入少量镁粉和一片铝片，再加水 2mL，振荡，观察后各加热 2～3min，然后加酚酞指示剂 1 滴，观察现象。写出相关化学方程式。

2. 镁和铝与盐酸的反应　在两支小试管中分别加入少量镁粉和一片铝片，再加 0.1mol/L

盐酸 2mL，观察现象。写出相关化学方程式。

（三）氢氧化铝的两性实验

取两支小试管，各加入 2mL 0.1mol/L 氯化铝溶液，再逐滴滴加 0.1mol/L 氢氧化钠溶液至沉淀出现；往其中一支试管中继续滴加 1mol/L NaOH 溶液，边加边振荡，至最初生成的沉淀消失；往另一支产生沉淀的试管逐滴滴加 6mol/L HCl，边加边振荡，至最初生成的沉淀消失。比较两支试管，写出相关化学方程式。

（四）难溶盐的生成和性质

1. 镁、钙、钡的碳酸盐的生成和性质　取 3 支试管，分别加入 0.1mol/L $MgCl_2$、0.1mol/L $CaCl_2$、0.1mol/L $BaCl_2$溶液各 5 滴，再分别加入 5 滴 0.1mol/L Na_2CO_3溶液，观察现象。再向各沉淀中加入 6mol/L 醋酸溶液数滴，观察现象。写出相关化学方程式。

2. 碳酸钙和碳酸氢钙的生成和性质　取试管 1 支，加入澄清石灰水 2mL，通过玻璃管吹入 CO_2气体至出现浑浊；继续吹入 CO_2气体，观察沉淀有没有变化；再把溶液加热煮沸，观察现象。写出相关化学方程式。

（五）铁盐的性质

1. 亚铁盐与碱的反应　在试管中加入新配制的 0.1mol/L $FeSO_4$溶液 0.5mL，滴加 5 滴 1mol/L NaOH 溶液，仔细观察 $Fe(OH)_2$沉淀的生成。写出化学方程式。将这些沉淀放置在空气中，观察沉淀颜色的变化，解释原因。

2. Fe^{3+}的检验　在白色点滴板的凹槽里滴入 2 滴 0.3mol/L $FeCl_3$溶液，再加一滴 1mol/L KSCN 溶液。观察现象。

四、实验思考

1. 金属钠有什么特性？使用和保管的时候要注意什么？
2. 用什么方法可鉴别镁离子、钡离子和钙离子？
3. 如何检验铁离子的存在？

实验 5　化学反应速率和化学平衡

一、实验目的

1. 掌握化学实验的基本操作。
2. 通过本实验进一步理解浓度、温度、催化剂等因素对化学反应速率的影响。
3. 通过本实验进一步理解浓度、温度对化学平衡的影响。
4. 培养学生观察实验现象、分析产生现象的原因、总结规律的能力。

二、实验仪器和药品

［实验仪器］　试管、烧杯、温度计、角匙、量筒、酒精灯、铁架台、玻璃棒、二氧化氮平衡仪、火柴

［实验药品］　0.1mol/L $Na_2S_2O_3$、0.1mol/L H_2SO_4、0.2mol/L $FeCl_3$、0.1mol/L KSCN、质量分数为0.03%的H_2O_2溶液、MnO_2

三、实验步骤

（一）影响化学反应速率的因素

1. 浓度对化学反应速率的影响　取2支试管，编为1、2号，按下表要求加入0.1mol/L NaS_2O_3溶液和蒸馏水并振荡摇匀。再向2支试管同时加入0.1mol/L H_2SO_4溶液2mL，振荡摇匀，观察浑浊出现的时间先后顺序，并填入下表。

试管号	$Na_2S_2O_3$溶液 0.1mol/L	蒸馏水	H_2SO_4溶液 0.1mol/L	出现浑浊的先后顺序
1	2mL	—	2mL	
2	1mL	1mL	2mL	

分析产生现象的原因：________________________________。

2. 温度对化学反应速率的影响　取2支试管，编为1、2号，分别加入0.1mol/L $Na_2S_2O_3$溶液3mL和0.1mol/L H_2SO_4溶液3mL摇匀。1号试管置于室温，按要求加热2号试管，观察浑浊出现的时间先后顺序，并填入下表。

试管号	$Na_2S_2O_3$溶液 0.1mol/L	H_2SO_4溶液 0.1mol/L	温　度	出现浑浊的先后顺序
1	3mL	3mL	室温	
2	3mL	3mL	室温+15℃	

分析产生现象的原因：________________________________。

3. 催化剂对化学反应速率的影响　取2支试管，编为1、2号，分别加入质量分数为0.03的H_2O_2溶液各5mL，向1号试管加入少许MnO_2固体，2号试管留作比较，观察2支试管产生气体的先后顺序，并填入下表。

试管号	H_2O_2溶液 $\omega=0.03$	MnO_2固体	产生气体的先后顺序
1	5mL	少许	
2	5mL	—	

分析产生现象的原因：________________________________。

（二）影响化学平衡的因素

1. 浓度对化学平衡的影响　取一只小烧杯，加入0.2mol/L $FeCl_3$溶液和0.1mol/L KSCN溶液各5滴，再加入10mL蒸馏水稀释并摇匀。将此混合液分成三等份加入3支试管，编为1、2、3号，按照下表要求完成实验。

试管号	加入试剂	现象	化学平衡移动的方向
1	0.2mol/L $FeCl_3$溶液4滴		
2	0.1mol/L KSCN 溶液4滴		
3	—		

分析产生现象的原因：____。

2. 温度对化学平衡的影响　取出平衡仪充入 NO_2、N_2O_4的混合气体，当其达到化学平衡时，将平衡仪的一端放入装有冰水的烧杯中，另一端放入装有热水的烧杯中，观察两端气体的颜色变化，并填入下表。

反应条件	现象	化学平衡移动的方向
冰水中		
热水中		

分析产生现象的原因：____。

实验 6　电解质溶液(一)

一、实验目的

1. 掌握并验证同离子效应对弱电解质电离平衡的影响。
2. 学习缓冲溶液的配制，并验证其缓冲作用。
3. 掌握并验证浓度、温度对盐类水解平衡的影响。

二、实验原理

在弱电解质溶液里，加入和弱电解质具有相同离子的强电解质，使弱电解质的电离度减小的现象称为同离子效应。

能抵抗外来少量酸、碱或稀释而保持溶液的 pH 几乎不变的作用称为缓冲作用，具有缓冲作用的溶液称为缓冲溶液。缓冲溶液的 pH(以 HAc 和 NaAc 为例)可用下式计算：

$$pH = pK_a - \lg\frac{c_{酸}}{c_{盐}} = pK_a - \lg\frac{c_{HAc}}{c_{Ac^-}}$$

三、实验仪器和药品

[实验仪器]　试管、角匙、100mL 小烧杯、量筒、点滴板、酒精灯

[实验药品]　0.1mol/L HAc、0.1mol/L HCl、0.1mol/L HCl、0.1mol/L $NH_3 \cdot H_2O$、0.1mol/L NaAc、0.1mol/L NaOH、0.1mol/L Na_2CO_3、0.1mol/L NaCl、0.1mol/L NH_4Cl、0.1mol/L $BiCl_3$溶液、蒸馏水、$Fe(NO_3)_3 \cdot 9H_2O$ 晶体、NH_4Ac 固体、红色石蕊试纸、蓝色石蕊试纸、酚酞、甲基橙、pH 试纸

四、实验步骤

（一）同离子效应

1. 在试管中加入2mL 0.1mol/L 氨水，再加入一滴酚酞溶液，观察溶液显什么颜色？再加入少量NH_4Ac固体，摇动试管使其溶解，观察溶液颜色有何变化，说明原因。

2. 在试管中加入2mL 0.1mol/L HAc，再加入一滴甲基橙，观察溶液显什么颜色。再加入少量NH_4Ac固体，摇动试管使其溶解，观察溶液颜色有何变化，说明原因。

（二）缓冲溶液

在烧杯中加入15mL 0.1mol/L HAc 和15mL 0.1mol/L NaAc，搅匀，用pH试纸测定其pH。然后将溶液分成三份：①一份加入10滴0.1mol/L HCl，测其pH。②另一份加入10滴0.1mol/L NaOH，测其pH。③一份加入10滴蒸馏水，测其pH。

再取另一烧杯中，加入10mL蒸馏水，用pH试纸测定其pH，然后重复上述实验①、②。

说明缓冲溶液的缓冲原理和作用。

（三）盐类的水解和影响盐类水解的因素

1. 盐类的水解　取红色石蕊试纸、蓝色石蕊试纸及pH试纸各3片，分别放在点滴板上，每孔1片，再分别滴加1滴0.1mol/L 碳酸钠、0.1mol/L 氯化钠和0.1mol/L 氯化铵溶液，观察试纸颜色的变化，把结果填入表内。

溶液	红色石蕊试纸	蓝色石蕊试纸	pH试纸	酸碱性
碳酸钠				
氯化钠				
氯化铵				

写出上述盐的水解方程式：____

____

____。

2. 影响盐类水解的因素

（1）酸度对水解平衡的影响：在试管中加入2滴0.1mol/L $BiCl_3$溶液，加入1mL水，观察沉淀的产生，往沉淀中滴加2mol/L HCl溶液，至沉淀刚好消失。

$$BiCl_3 + H_2O \rightleftharpoons BiOCl\downarrow + 2HCl$$

说明出现上面反应现象的原因。

（2）温度对水解平衡的影响：取绿豆大小的$Fe(NO_3)_3 \cdot 9H_2O$晶体，用少量蒸馏水溶解后，将溶液分成两份，第一份留作比较，第二份用小火加热煮沸。溶液发生什么变化？说明加热对水解的影响。

五、实验思考

1. 同离子效应与缓冲溶液的原理有何异同？
2. 如何抑制或促进水解？举例说明。

实验 7 电解质溶液(二)

一、实验目的

1. 学会区别强电解质和弱电解质。
2. 学会用酸碱指示剂、pH 试纸测定溶液的酸碱性。

二、实验仪器和药品

[实验仪器] 量筒、烧杯、试管、镊子、点滴板

[实验药品] 1mol/L HCl、1mol/L HAc、0.1mol/L HCl、0.1mol/L HAc、0.1mol/L NaOH、0.1mol/L $NH_3 \cdot H_2O$、锌粒、蒸馏水、甲基橙、酚酞、石蕊、pH 试纸

三、实验步骤

(一) 强电解质和弱电解质的区别

取 2 支试管,分别加入 1mol/L HCl 和 1mol/L HAc 各 1mL,再各加入同样大小的锌粒一粒。观察哪支试管反应较剧烈,说明原因。写出化学方程式。

两支试管中的化学反应剧烈程度不同说明了什么?

(二) 溶液的酸碱性及酸碱指示剂

1. 常用指示剂在酸碱溶液中颜色的变化

(1) 取 2 支试管,各加入 1mL 蒸馏水和 1 滴甲基橙试液,观察其颜色。然后在其中一支试管中加入 2 滴 0.1mol/L HCl 溶液;在另一支试管中加入 2 滴 0.1mol/L NaOH 溶液,观察颜色的变化,并记录在下表中。

(2) 取 2 支试管,各加入 1mL 蒸馏水和 1 滴酚酞试液,观察其颜色。然后在其中一支试管中加入 2 滴 0.1mol/L HCl 溶液;在另一支试管中加入 2 滴 0.1mol/L NaOH 溶液,观察颜色的变化,并记录在下表中。

(3) 取 2 支试管,各加入 1mL 蒸馏水和 1 滴石蕊试液,观察其颜色。然后在其中一支试管中加入 2 滴 0.1mol/L HCl 溶液;在另一支试管中加入 2 滴 0.1mol/L NaOH 溶液,观察颜色的变化,并记录在下表中。

溶液	甲基橙	酚酞	石蕊
蒸馏水			
盐酸			
氢氧化钠			

2. 用 pH 试纸测定溶液近似 pH 取 pH 试纸 5 片放入点滴板的小孔内,每孔 1 片。分别滴加 0.1mol/L HCl、HAc、NaOH、$NH_3 \cdot H_2O$ 溶液和 H_2O。将试纸颜色与比色卡对照可得溶液的近似 pH。将实验测得值和计算值填入下表。

pH	醋酸	盐酸	纯水	$NH_3 \cdot H_2O$	NaOH
测得值					
计算值					

四、实验前的预习

1. 什么是强电解质和弱电解质？
2. pH 的计算公式是什么？
3. 常见几种指示剂的变色范围是多少？

实验 8　常见阴离子的分离与鉴定

一、实验目的

1. 了解分离检出 10 种常见阴离子的方法、步骤和条件。
2. 熟悉常见阴离子的有关性质。
3. 巩固试管反应的基本操作与实验技能。
4. 学会控制实验条件、观察实验现象、分析试验结论的方法。

二、实验仪器和药品

[实验仪器]　试管、离心机、离心试管、点滴板、酒精灯等

[实验药品]　HCl(6.0mol/L)、H_2SO_4(2.0mol/L,浓)、HNO_3(2.0mol/L,6.0mol/L,浓)、Na_2SO_4(0.1mol/L)、$BaCl_2$(1.0mol/L)、Na_2S(0.1mol/L)、$Na_2[Fe(CN)_5NO]$(1%)、$ZnSO_4$(饱和)、$K_4[Fe(CN)_6]$(0.1mol/L)、$NH_3 \cdot H_2O$(6.0mol/L)、Na_2SO_3(0.1mol/L)、$Na_2S_2O_3$(0.1mol/L)、$AgNO_3$(0.1mol/L)、Na_3PO_4(0.1mol/L)、$(NH_4)_2MoO_4$试剂、NaCl(0.1mol/L)、氯水(新制)、CCl_4、KBr(0.1mol/L)、KI(0.1mol/L)、KNO_3(0.1mol/L)、$NaNO_2$(0.1mol/L)、HAc(6.0mol/L)、对氨基苯磺酸、α-萘胺、$FeSO_4 \cdot 7H_2O$、醋酸铅试纸、锌粉、$PbCO_3$(固体)

三、实验步骤

(一)阴离子的个别鉴定反应

1. SO_4^{2-} 的鉴定　在离心试管里加入 3～4 滴 Na_2SO_4,加入 1 滴 1.0mol/L $BaCl_2$,离心分离,在沉淀中加入 HCl 数滴,沉淀不溶解则表示有 SO_4^{2-} 存在。

2. S^{2-} 的鉴定　在点滴板上滴入 Na_2S,然后滴入 1% $Na_2[Fe(CN)_5NO]$,如出现紫红色则表示有 S^{2-} 存在。

往试管中加入 0.5mL 0.1mol/L Na_2S 溶液,再加入 0.5mL 6.0mol/L HCl,将湿润的醋酸铅试纸悬于试管口,微热,试纸变黑,表示有 S^{2-} 存在。

3. SO_3^{2-} 的鉴定　在点滴板上滴加 1 滴饱和 $ZnSO_4$,然后加入 1 滴 0.1mol/L $K_4[Fe(CN)_6]$ 和 1 滴 1% $Na_2[Fe(CN)_5NO]$,用 $NH_3 \cdot H_2O$ 调至中性,再滴加 Na_2SO_3 溶液 2 滴,若生成红色沉淀,

表示有 SO_3^{2-} 存在。

4. $S_2O_3^{2-}$ 的鉴定　在离心试管中滴加 2 滴 $Na_2S_2O_3$溶液，然后加入 2 滴 $AgNO_3$，振荡，生成白色沉淀，此沉淀很快水解成为黄色、棕色最后变为黑色，表示有 $S_2O_3^{2-}$ 存在。

5. PO_4^{3-} 的鉴定　取少量 0.1mol/L Na_3PO_4溶液于试管中，加入 10 滴浓硝酸，再加入 20 滴钼酸铵试剂，微热至 40～50℃，观察到有黄色沉淀生成，表示有 PO_4^{3-} 存在。

6. Cl^- 的鉴定　取 2 滴 0.1mol/L NaCl 溶液于离心试管中，加入 1 滴 2.0mol/L HNO_3，再加入 2 滴 0.1mol/L $AgNO_3$，观察沉淀的颜色，离心沉降后，弃去上层清液，向沉淀中加入数滴 6.0mol/L 氨水，沉淀溶解，再加入 6.0mol/L HNO_3酸化，白色沉淀又重新析出，表示有 Cl^- 存在。

7. Br^- 的鉴定　取 2 滴 0.1mol/L KBr 溶液于离心试管中，加入 1 滴 2.0mol/L H_2SO_4 和 5～6 滴 CCl_4，然后逐滴加入新配制的氯水，边加边振荡，若 CCl_4 层出现红棕色或黄色，则表示有 Br^- 存在。

8. I^- 的鉴定　取 2 滴 0.1mol/L KI 溶液于离心试管中，加入 1 滴 2.0mol/L H_2SO_4 和 5～6 滴 CCl_4，然后逐滴加入新配制的氯水，边加边振荡，若 CCl_4 层出现紫色，则表示有 I^- 存在。加入过量氯水后，紫色又褪去，是因为 I_2 被氧化为 IO_3^- 重新返回水层。

9. NO_3^- 的鉴定　取 1.0mL 0.1mol/L KNO_3 于试管中，加入 1～2 小粒 $FeSO_4$ 晶体，再沿试管壁小心滴加 5～10 滴浓 H_2SO_4（切勿扰动），观察浓 H_2SO_4 和溶液的液面交界处有无棕色环出现。

10. NO_2^- 的鉴定　取 2 滴 0.1mol/L $NaNO_2$ 溶液，滴加 6.0mol/L HAc 酸化，再加入对氨基苯磺酸和 α-萘胺各 1 滴，溶液立即显红色，表示有 NO_2^- 存在。

（二）已知混合离子的分离与鉴定

1. 在试管中加入 0.1mol/L NaCl 溶液、0.1mol/L KBr 溶液、0.1mol/L KI 溶液各 5 滴，然后对 Cl^-、Br^-、I^- 进行分离并鉴定。试画出分离鉴定示意图。

2. 在试管中加入 0.1mol/L Na_2S 溶液、Na_2SO_3溶液、$Na_2S_2O_3$溶液各 5 滴，先将 S^{2-} 除去，再对各离子分别进行鉴定。

四、指导与思考

1. 鉴定 SO_3^{2-} 与 $S_2O_3^{2-}$ 时，怎样除去 S^{2-} 的干扰？

2. NO_3^- 与 NO_2^- 共存时，怎样进行其鉴定反应？

3. 为了提高分析结果的准确性，防止离子的“过度检出”或“漏检”，应进行“空白试验”与“对照试验”。为什么？

实验 9　分析天平称量练习

一、实验目的

1. 了解分析天平的结构及主要部件的名称和作用。
2. 掌握直接称量法和减重称量法的操作技术，能正确进行记录。
3. 称量时严格遵守天平的使用规则。

二、实验仪器和药品

［实验仪器］　分析天平、称量瓶、锥形瓶(250mL)、手套
［实验药品］　固体碳酸钠

三、实验步骤

(一) TG-328B 型双盘半机械加码电光天平

1. 观察天平结构　在老师指导下观察,并了解各主要部件的品称和作用。

(1) 天平梁:梁体、刀口、平衡螺丝、重心螺丝、指针、吊耳、空气阻尼器、天平盘。

(2) 天平柱:柱体、翼翅板、升降枢纽、水平仪、刀承、盘托。

(3) 天平箱:玻璃外罩、底板、天平脚、调零杆、机械加码装置。

(4) 砝码。

(5) 光学投影装置。

2. 天平的检查　用小毛刷清扫天平盘和底板,检查梁体、吊耳、环码的位置,检查砝码盒内砝码是否齐全,检查天平是否水平,并做相应处理。

3. 天平零点的调节　天平空载时,轻轻开启天平,待指针稳定后,观察投影屏上的标线与微分标尺上的“0”刻线是否重合。若相差较小,可用底板下的调零杆调节,使之重合;若相差较大,则先用平衡螺丝进行调节(操作方法:开启天平,若微分标尺“0”刻线偏向标线右侧,表明天平右盘重,关闭天平后,将平衡螺丝向左调;若微分标尺“0”刻线偏向标线左侧,关闭天平,将平衡螺丝向右调),再用调零杆调节。

4. 天平灵敏度的检查和调节　天平的灵敏性常用灵敏度表示,灵敏度是指天平的某一盘增加 1mg 质量时,引起光幕的标尺移动的格数,单位是格/毫克。

天平的灵敏性也可用分度值(或感量)表示。分度值是使天平的光幕标尺每移动一格所需的质量,单位是毫克/格。分度值与灵敏度互为倒数。

TG-328B 型双盘半机械加码电光天平分度值为 0.1 毫克/格,灵敏度为 10 格/毫克。

操作方法:调整好天平的零点,转动指数盘至 10mg,开启天平,观察光幕的标线是否与微分标尺 10mg 重合,允许误差为 ±0.1mg。若光幕显示数字大于 10.1mg,表明灵敏度过高,可将重心螺丝下调,若光幕显示数字小于 9.9mg,表明灵敏度过低,可将重点螺丝上调,反复操作,直至符合要求为止。天平一般使用时,不要求调灵敏度。

5. 称量练习

(1) 直接称量法:称取称量瓶的质量。取下天平罩折叠平整,检查各部件位置是否正常,砝码是否齐全,并用小毛刷清扫天平盘和底板,调节水平和零点。将粗称过的称量瓶放在天平左盘中央,在右盘试加砝码和环码,半开升降枢纽,判断砝码的大小(光幕向哪边移动哪边质量大),调整砝码或环码。直到光幕移动缓慢,全开升降枢纽,并将数据停在 0～10mg 时,在天平上读出称量的质量,并将数据记录在记录本上。试加砝码和环码是遵循“从大到小”和“中间截取”的原则。

(2) 减量称量法:称量三份固体碳酸钠,每份为 0.2g。取约 0.6g 碳酸钠样品于干燥、洁净的称量瓶中,按直接称量法(但不需调节零点)准确称量(m_1),记录数据,关闭天平,取出称量瓶,移至锥型瓶的上方,打开称量瓶盖并用瓶盖轻敲瓶口上部内缘,使样品慢慢落入锥型瓶中,

倒入约 1/3 样品后，慢慢将瓶身直立。用瓶盖轻敲瓶口外缘。使沾在称量瓶瓶口上的样品落到锥形瓶或回落到称量瓶底。盖好瓶盖，再准确称量（m_2）。两次称量之差（$m_1 - m_2$）即为倒出的样品的质量，其不得超过规定质量的 ±10%，若少了，可再敲，若多了，则弃去重称。用同样的方法，可称得第二份、第三份样品。

（二）TG-328A 型双盘全机械加码电光天平

TG-328A 型与 TG-328B 型双盘半机械加码电光天平结构基本相似，主要区别有：

1. 增加两套机械加码装置，克以上的砝码全部由机械加码装置加减，无砝码盒。
2. 机械加码装置均在天平箱左侧。
3. 被称物放在天平右盘上。
4. 微分标尺左为正值，右为负值。

四、思 考 题

1. 为什么减重称量法不需调节零点？
2. 在减重称量法倒出药品的过程中，若锥形瓶不干燥，对分析结果有何影响？为什么？

实验 10 滴定分析仪器的洗涤和使用练习

一、实 验 目 的

1. 学会滴定分析仪器的洗涤方法。
2. 掌握滴定分析仪器的正确使用方法。

二、实验仪器和药品

［实验仪器］ 酸式滴定管、碱式滴定管、滴定管架、锥形瓶、烧杯、试剂瓶、容量瓶、移液管、吸量管、量筒、量杯、玻璃棒、毛刷、胶头滴管、洗瓶、洗耳球、皮套

［实验药品］ 铬酸洗液、去污粉、凡士林、HCl 溶液（0.1mol/L）、NaOH 溶液（0.1mol/L）、甲基橙、酚酞

三、实 验 步 骤

1. 滴定分析仪器的洗涤 滴定分析仪器在使用前必须洗干净，器皿洗净的标准是：其内壁应能被水均匀润湿而不挂水珠。洗涤方法：一般的器皿如锥形瓶、烧杯、试剂瓶等可用自来水冲洗或用刷子蘸取肥皂水或洗涤剂刷洗。滴定管、容量瓶、移液管等量器为避免容器内壁磨损而影响量器测量的准确性，一般不用刷子刷洗。可先用自来水冲洗或洗涤剂冲洗。如用上述方法仪器仍不能洗涤干净，可用洗液（一般用铬酸洗液）洗涤，洗涤液对那些不易用刷子刷到的器皿进行洗涤更为方便。用铬酸洗液洗涤仪器的方法如下。

（1）酸碱滴定管的洗涤：向滴定管中倒入铬酸洗液 10mL 左右（碱式滴定管下端的乳胶管可换上旧橡皮乳头再倒入洗液）。然后将滴定管倾斜并慢慢转动滴定管，使其内壁全部被洗液润

湿,再将洗液倒回原洗液瓶;如仪器内部污染严重,可将洗液充满仪器浸泡数分钟或数小时后,将洗液倒回原瓶,用自来水把残留在仪器上的洗液冲洗干净。

(2) 容量瓶的洗涤:容量瓶的洗涤方法与滴定管基本相同,一般是先倒出瓶内的水,再倒入适量洗液(一般250mL 容量瓶倒入 10 ~20mL 洗液即可),倾斜转动容量瓶,使洗液润湿内壁(必要时可用洗液浸泡),然后将洗液倒回原洗液瓶中,再用自来水冲洗容量瓶及瓶塞。

(3) 移液管的洗涤:用自来水冲洗沥干后,再将移液管插入铬酸洗液瓶中,吸取洗液数毫升,倾斜移液管,让洗液布满全管,然后将洗液放回原洗液瓶中。如内壁油污严重,可把移液管放入盛有洗液的量筒或高型玻璃筒中,浸泡,取出,沥尽洗液后用自来水冲洗干净。

要求:将酸、碱滴定管各 1 支,移液管 1 支容量瓶 1 个和锥形瓶 2 个,称量瓶 1 个洗净。

2. 滴定管的基本操作

(1) 练习酸式滴定管活塞涂油操作:将酸式滴定管活塞取下,用滤纸将活塞和活塞套的水吸干,学会涂油;上好活塞并旋转,使涂油均匀分布,用橡皮套固定活塞。

(2) 练习滴定管的试漏方法和赶出气泡的方法。

(3) 滴定管的洗涤:按书中讲述的方法洗净滴定管后,再用量器总量 1/5 的蒸馏水淋洗 2 ~3 次。

(4) 练习向滴定管装溶液的操作:先用水练习装溶液,然后将 HCl 溶液由试剂瓶直接倒入滴定管中(待装液不能用其他容器转移),每次倒入量器总量的 1/10,冲洗 2 ~3 次,让部分溶液从下端尖嘴流出。然后装满溶液。除去管内气泡,在滴定管下端尖嘴放出多余的溶液,使管内滴定液弯月面下缘最低点与“0”刻度相切。用类似的方法,练习向碱式滴定管中装加 NaOH 溶液。

(5) 练习滴定操作:右手摇动锥形瓶,左手控制活塞,练习溶液由酸式滴定管逐滴连续滴加,由滴出一滴及液滴悬而未落即半滴的操作。同样的方法,练习碱式滴定管滴定操作。

(6) 练习滴定管正确读数的方法。

3. 移液管的使用练习

(1) 移液管的洗涤:洗干净的移液管用少量蒸馏水润洗2 ~3 次,再用少量待装液润洗2 ~3 次方可使用。

(2) 练习用移液管移取溶液并注入锥形瓶的操作。

4. 容量瓶的使用练习

(1) 检查容量瓶是否漏水。

(2) 洗涤容量瓶:洗干净的容量瓶,使用前用少量蒸馏水淋洗 2 ~3 次。

(3) 练习向容量瓶中转移溶液的操作,可用水代替溶液作练习。

四、注 意 事 项

1. 向滴定管中转移溶液时,标准溶液要直接从试剂瓶倒入滴定管内,不要经其他容器转移,以免污染标准溶液或影响标准溶液的浓度。

2. 洗液具有很强的腐蚀性,能灼烧皮肤和腐蚀衣物,使用时应特别小心,如不慎把洗液洒在皮肤、衣物和实验台上,应立即用水冲洗。洗液的颜色如已变为绿色,即已失去去污能力,不能继续使用。

3. 滴定管、移液管和容量瓶是带有刻度的精密玻璃量器,不能用直火加热或放入干燥箱中烘干,也不能装热溶液,以免影响测量的准确度。

4. 滴定仪器使用完毕,必须用自来水洗净,并用蒸馏水洗涤后,按要求放在规定的位置。

五、滴定练习内容

将酸、碱滴定管洗净，酸滴定管装0.1mol/L HCl溶液，碱滴定液装0.1mol/L NaOH溶液。排除气泡，调好零点。

（一）0.1mol/L NaOH标准溶液滴定0.1mol/L HCl溶液

1. 用移液管准确量取20.00mL HCl溶液于洁净的250mL锥形瓶中，再加2滴酚酞指示剂。

2. 用0.1mol/L NaOH溶液滴定HCl溶液由无色变浅红色，30s不褪色为终点。记录NaOH溶液的用量。重复以上操作至消耗NaOH溶液体积相差小于0.04mL为止。

（二）0.1mol/L HCl标准溶液滴定0.1mol/L NaOH溶液

1. 用移液管准确量取20.00mL NaOH溶液于洁净的250mL锥形瓶中，再加2滴甲基橙指示剂。

2. 用0.1mol/L HCl溶液滴定NaOH溶液由黄色变橙色，即为终点。记录HCl溶液的用量。重复以上操作至消耗HCl溶液体积相差小于0.04mL为止。

实验 11　酸碱标准溶液的配制和标定

一、实验目的

1. 学会HCl和NaOH标准溶液的配制方法。
2. 学会用基准物质Na_2CO_3标定HCl的浓度；用HCl比较NaOH的浓度。
3. 学会滴定终点的判断。

二、实验仪器和药品

［实验仪器］　酸式滴定管、碱式滴定管、滴定管架、量筒、量杯、移液管、锥形瓶、试剂瓶、分析天平、称量瓶、托盘天平、聚乙烯塑料瓶、标签

［实验药品］　市售浓盐酸、蒸馏水、干燥至恒重的基准物质无水Na_2CO_3、甲基橙、酚酞、NaOH固体

三、实验步骤

1. 0.1mol/L HCl标准溶液的配制和标定

（1）0.1mol/L HCl溶液的配制：用量筒量取市售浓HCl约4.5mL，置于盛有少量蒸馏水的500mL量杯中，加蒸馏水稀释至刻线，倒入试剂瓶中，盖上玻璃塞，摇匀，贴上标签备用。

（2）0.1mol/L HCl溶液的标定：用减重法精密称取三份在270～300℃干燥至恒重的基准物质无水Na_2CO_3 0.11～0.13g（称量至0.0001g），分别置于250mL锥形瓶中，加25mL的蒸馏水溶解后，加甲基橙指示剂1～2滴，用待标定的HCl滴定至溶液由黄色变为橙色，即为终点。记录

消耗 HCl 的体积，按下式计算 HCl 的准确浓度：

$$c_{HCl} = \frac{2m_{Na_2CO_3}}{V_{HCl}M_{Na_2CO_3}}$$

平行测定 2 ~ 3 次，计算相对平均偏差。

2. 0.1mol/L NaOH 标准溶液的配制和标定

(1) 0.1mol/L NaOH 溶液的配制：用托盘天平称取 NaOH 固体 120g，加蒸馏水溶解后稀释至 100mL，制成 NaOH 饱和溶液。待溶液冷却后，倒入聚乙烯塑料瓶中，盖上橡皮塞，贴上标签，静置数日，备用。取上述溶液的上清液 2.8mL，置于 500mL 量杯中，用新煮沸放冷的蒸馏水稀释至刻度线，摇匀，倒入试剂瓶中，用橡皮塞密塞，贴好标签，备用。

(2) 0.1mol/L NaOH 溶液的标定：用移液管移取 HCl 标准溶液 20.00mL 于锥形瓶中，加酚酞指示剂 1 ~ 2 滴，用待标定的 NaOH 溶液滴定至淡红色，且 30s 内不褪色，即为终点。记录消耗 NaOH 的体积，按下式计算 NaOH 的准确浓度：

$$c_{NaOH} = \frac{c_{HCl}V_{HCl}}{V_{NaOH}}$$

平行测定 2 ~ 3 次，计算相对平均偏差。

四、注意事项

1. 无水 Na_2CO_3 经高温烧烤后，极易吸收空气中的水分，故称量时动作要快，称量瓶盖一定要盖严，防止无水 Na_2CO_3 吸湿。

2. NaOH 腐蚀玻璃，所以饱和 NaOH 溶液应存放在塑料瓶中。

实验 12　酸碱标准溶液的标定(基准物法)

一、实验目的

1. 进一步掌握滴定的基本操作。
2. 掌握用基准物质法标定酸碱标准溶液方法及原理。
3. 学会滴定终点的判断。

二、实验原理

在酸碱滴定中，最常用的酸碱标准溶液是 HCl 和 NaOH，标定溶液的方法通常有两种：一种是比较法标定（即用已知准确浓度的 NaOH 或 HCl 标准溶液比较进行标定）；另一种是基准物质标定法。本实验采用基准物质标定法。

1. 常用于标定 NaOH 标准溶液的基准物质有邻苯二甲酸氢钾、草酸等。本次实验选用邻苯二甲酸氢钾作基准物质，其反应式为：

$$C_6H_4(COOH)(COOK) + NaOH = C_6H_4(COONa)(COOK) + H_2O$$

化学计量点时,溶液呈弱碱性(pH=9.20),可选用酚酞作指示剂。

2. 常用于标定HCl标准溶液的基准物质有无水碳酸钠和硼砂。本次实验选用无水碳酸钠作基准物质,其反应式为:

$$Na_2CO_3 + 2HCl \longrightarrow 2NaCl + H_2O + CO_2\uparrow$$

化学计量点时,溶液呈弱酸性(pH=3.9),可选用甲基橙或甲基红-溴甲酚绿作指示剂。

三、实验仪器和药品

[实验仪器] 酸(碱)式滴定管、250mL锥形瓶、量筒、烧杯、玻璃棒、洗瓶

[实验药品] 邻苯二甲酸氢钾(基准物)、无水碳酸钠(基准物)、酚酞指示剂、甲基红-溴甲酚绿混合指示剂(0.2%甲基红乙醇溶液20mL与0.2%溴甲酚绿乙醇溶液30mL混合制成)

四、实验步骤

1. NaOH标准溶液的标定 取0.4~0.5g于105~110℃干燥至恒重的邻苯二甲酸氢钾,精密称定,置250mL锥形瓶中,加20~30mL新煮沸的冷蒸馏水溶解(若不溶可稍加热),加入1~2滴酚酞指示剂,用NaOH标准溶液(0.1mol/L)滴定至呈微红色,30s不褪色,即为终点。记录所消耗NaOH标准溶液的体积,按下式计算NaOH标准溶液的浓度。

$$c_{NaOH} = \frac{m_{KHC_8H_4O_4}}{V_{NaOH}M_{KHC_8H_4O_4}} \qquad M_{KHC_8H_4O_4} = 204.2g/mol$$

2. HCl标准溶液的标定 取270~300℃干燥至恒重的基准无水碳酸钠约0.1g,精密称定,置250mL锥形瓶中,加蒸馏水50mL溶解后,加甲基红-溴甲酚绿混合指示剂10滴,用HCl标准溶液(0.1mol/L)滴定至溶液由绿色转变为紫红色,煮沸2min,冷却至室温,继续滴定至溶液由绿色变为暗紫色,即为终点。记录所消耗HCl标准溶液的体积,按下式计算HCl标准溶液的浓度。

$$c_{HCl} = \frac{m_{Na_2CO_3}}{\frac{1}{2}V_{HCl}M_{Na_2CO_3}} \qquad M_{Na_2CO_3} = 105.99g/mol$$

五、实验数据记录

	Ⅰ	Ⅱ	Ⅲ
瓶+基准物质量/g(第一次)			
瓶+基准物质量/g(第二次)			
倒出基准物质量/g			
滴定管终读数			
滴定管初读数			
消耗标准液体积/mL			

六、思 考 题

1. 读数时,应如何记录滴定管读数？最后计算浓度时,标准溶液的浓度应保留几位有效数字？

2. 用邻苯二甲酸氢钾标定 NaOH 溶液时,为什么用酚酞而不用甲基橙作指示剂？用无水碳酸钠作基准物质标定 HCl 溶液时,为什么不用酚酞作指示剂？

实验 13 混合碱的含量测定(双指示剂法)

一、实 验 目 的

1. 掌握用双指示剂法测定混合碱含量的原理。
2. 熟悉酸碱分步滴定的原理及方法。
3. 进一步巩固滴定操作及终点判定。

二、实 验 原 理

混合碱是指 Na_2CO_3 与 NaOH 或 Na_2CO_3 与 $NaHCO_3$ 等类似的混合物。采用双指示剂法测定混合碱中各组分的含量,是指在测定含量时,可以在同一试液中分别用两种不同的指示剂来指示终点进行测定。以混合碱由 Na_2CO_3 和 NaOH 组成为例,先以酚酞作指示剂,用 HCl 标准溶液滴定至溶液由红色变成无色,这是第一个滴定终点,此时消耗的 HCl 溶液体积记为 V_1 ,溶液中的滴定反应为：

$$Na_2CO_3 + HCl = NaHCO_3 + NaCl$$
$$NaOH + HCl = NaCl + H_2O$$

再加入甲基橙指示剂,滴定至溶液由黄色变成橙色,此时反应为：

$$NaHCO_3 + HCl = NaCl + H_2O + CO_2 \uparrow$$

消耗的 HCl 体积为 V_2。根据 $V_1 - V_2$ 计算 NaOH 的含量,由 $2V_2$ 计算出试样中 Na_2CO_3 的含量。

三、实验仪器和药品

[实验仪器] 酸式滴定管、250mL 锥形瓶、量筒、烧杯、玻璃棒、洗瓶

[实验药品] HCl 标准溶液(0.1mol/L)、酚酞指示剂、甲基橙指示剂、混合碱试样(将 3g Na_2CO_3 和 2g NaOH 用蒸馏水溶解后稀释至 1000mL)

四、实 验 步 骤

准确移取 20.00mL 混合碱液于锥形瓶中,加入 2 滴酚酞指示剂,用 HCl 标准溶液滴定至溶液由红色变为无色,此时即为第一终点,记下所消耗 HCl 体积 V_1。再加入 1 ~2 滴甲基橙指示

剂，继续用HCl滴定使溶液由黄色变为橙色，煮沸2min，冷却至室温，继续滴定至溶液出现橙色，即为第二终点，记下所消耗HCl溶液体积 V_2。按下式计算含量。

$$Na_2CO_3(g/100mL)=\frac{c_{HCl}2V_2M_{Na_2CO_3}}{2\times 20.00\times 1000}\times 100\% \quad M_{Na_2CO_3}=105.99g/mol$$

$$NaOH(g/100mL)=\frac{c_{HCl}(V_1-V_2)M_{NaOH}}{20.00\times 1000}\times 100\% \quad M_{NaOH}=40.00g/mol$$

五、思考题

1. 何谓“双指示剂法”？双指示剂法测定混合碱的原理是什么？
2. 加入甲基橙指示剂，用HCl滴定溶液由黄色变橙色后，为什么要煮沸、冷却后，再继续滴定至溶液显橙色？

实验14 氯化钠含量的测定

一、实验目的

1. 掌握莫尔法测定氯化物中氯含量的方法和原理。
2. 掌握铬酸钾指示剂法的正确操作。

二、实验原理

铬酸钾指示剂法的测定依据是分步沉淀原理。由于AgCl的溶解度比 Ag_2CrO_4 小，根据分步沉淀原理，滴入硝酸银标准溶液，首先生成AgCl白色沉淀。当 Cl^- 被定量沉淀完全后，稍过量的 Ag^+ 便与 K_2CrO_4 生成砖红色的 Ag_2CrO_4 沉淀指示滴定终点的到达。反应式如下：

终点前： $Ag^+ + Cl^- \rightleftharpoons AgCl\downarrow$ （白色）

终点时： $2Ag^+ + CrO_4^{2-} \rightleftharpoons Ag_2CrO_4\downarrow$ （砖红色）

三、实验仪器和药品

［实验仪器］ 分析天平、称量瓶、烧杯、量筒、酸式滴定管、锥形瓶、容量瓶、移液管

［实验药品］ 蒸馏水、NaCl样品、指示剂 K_2CrO_4 溶液（50g/L）、$AgNO_3$（0.1000mol/L）标准溶液

四、实验步骤

1. 精密称取氯化钠样品1.3g（称量到0.0001g）置于烧杯中，加少量蒸馏水溶解后，转入250mL容量瓶中，加蒸馏水至刻度线，摇匀。

2. 用移液管量移取上述氯化钠溶液25.00mL，置于锥形瓶中，加20mL蒸馏水，加1mL铬酸

钾指示剂，不断振摇下，用 $AgNO_3$ 标准溶液（0.1000mol/L）滴至出现砖红色沉淀即为终点。记录消耗的 $AgNO_3$ 标准溶液的体积。

3. 做空白试验，并记录消耗的 $AgNO_3$ 标准溶液的体积。

4. 平行测定三次，计算氯化钠的含量和相对平均偏差。按下式计算氯化钠含量：

$$\omega_{NaCl} = \frac{c_{AgNO_3}(V - V_{空白})_{AgNO_3} M_{NaCl} \times 10^{-3}}{m_s \times \frac{25.00}{250.00}}$$

五、注 意 事 项

1. 滴定时，最适宜的 pH 范围是 6.5～10.5。

2. 要用棕色的酸式滴定管盛装 $AgNO_3$ 溶液对于被测物进行滴定。因为 $AgNO_3$ 具有腐蚀性，不能用碱式滴定管；遇光易分解，因此用棕色滴定管。

3. 不能反向滴定，因为 Ag^+ 与 CrO_4^{2-} 生成铬酸银沉淀很难解离，影响滴定速度。

4. 实验结束后，盛装 $AgNO_3$ 溶液的滴定管应先用蒸馏水冲洗 2～3 次，再用自来水冲洗，以免产生沉淀，难以洗净。

5. 含银废液应予以回收，不能随意倒入水槽。

六、讨　　论

1. 指示剂用量过多，过少时，如何影响滴定终点的到达？

2. 如没有充分振摇，对滴定结果是偏高还偏低？

实验 15　双氧水含量测定

一、实 验 目 的

1. 掌握高锰酸钾法测定双氧水的原理。

2. 会进行高锰酸钾法测定双氧水的实验操作。

二、实验仪器和药品

［实验仪器］　棕色酸式滴定管（50mL）、锥形瓶、刻度吸量管、洗耳球、烧杯、容量瓶、胶头滴管、洗瓶

［实验药品］　H_2SO_4（3mol/L）溶液、$KMnO_4$（0.02mol/L）标准溶液、H_2O_2（30%）溶液

三、实 验 步 骤

可用直接滴定法测定 H_2O_2 的含量，$KMnO_4$ 作标准溶液，在酸性溶液中的反应方程式为：

$$5H_2O_2 + 2MnO_4^- + 6H^+ = 5O_2\uparrow + 2Mn^{2+} + 8H_2O$$

用刻度吸量管吸取1.00mL 30%的H_2O_2样品，置于200mL容量瓶中，加水稀释至刻度，摇匀。吸取20.00mL的H_2O_2稀释液三份，分别置于三个250mL锥形瓶中，各加3mol/L H_2SO_4溶液5mL，用0.02mol/L $KMnO_4$标准溶液滴定至微红色，保持30s内不褪色为终点。按下式计算未经稀释样品中H_2O_2的含量。

$$\rho_{H_2O_2} = \frac{\frac{5}{2}c_{KMnO_4}V_{KMnO_4}M_{H_2O_2}}{V_{H_2O_2}} \times 100\%$$

平行测定3次，计算相对平均偏差。

四、注意事项

1. $KMnO_4$溶液为深色溶液，不易观察凹液面，读数时应读水平面；且见光易分解，尽量使用棕色滴定管进行滴定操作。
2. 终点时注意观察微红色消失的时间在30s之内不褪色。
3. 30% H_2O_2溶液对皮肤有刺激性，使用时要注意安全。

实验16 维生素C样品的含量测定

一、实验目的

1. 掌握用直接碘量法测定维生素C样品含量的方法。
2. 会使用淀粉指示剂进行指示终点的技巧和方法。

二、实验仪器和药品

[实验仪器] 酸式滴定管(50mL)、锥形瓶、刻度吸量管、洗耳球、烧杯、量筒、分析天平、洗瓶

[实验药品] 维生素C样品(建议采用碾碎的维生素C药片)、碘标准溶液(0.05mol/L)、CH_3COOH(2mol/L)溶液、淀粉指示剂

三、实验步骤

精确称取维生素C样品约0.2g于锥形瓶中，加2mol/L CH_3COOH溶液10mL，加新煮沸的冷水50mL溶解样品，加入淀粉指示剂1mL，用0.05mol/L碘标准溶液滴定至溶液由无色变为浅蓝色为终点(30s之内不褪色)。按下式计算维生素C的含量。

$$\omega_{C_6H_8O_6} = \frac{c_{I_2}V_{I_2}M_{C_6H_8O_6} \times 10^{-3}}{m_s}$$

平行测定3次，计算相对平均偏差。

四、注意事项

1. 维生素C在碱性溶液中易被空气氧化，溶解时注意保持溶液的酸性环境。

2. I_2具有挥发性，注意I_2标准溶液的取用方法。
3. 滴定到近终点时要充分振摇，并适当放慢滴定速度。

实验 17　0.01mol/L EDTA 滴定液的配制（直接法）

一、实 验 目 的

1. 学会对基准物质 EDTA 进行处理。
2. 掌握直接配制 EDTA 滴定液的方法。
3. 巩固分析天平和容量瓶的使用。

二、实验仪器和药品

［实验仪器］　分析天平、称量瓶、药匙、烧杯、玻璃棒、250mL 容量瓶
［实验药品］　$Na_2H_2Y \cdot 2H_2O$（A. R.）

三、实 验 步 骤

0.01mol/L 的 EDTA 滴定液的配制：精密称取干燥至恒重的分析纯 $Na_2H_2Y \cdot 2H_2O$ 约 0.95g（称量至 0.0001g），置于烧杯中，加适量蒸馏水，微热溶解，冷却后定量转移至 250mL 容量瓶中。稀释至标线，摇匀，备用。按下式计算 EDTA 滴定液的浓度。

$$c_{EDTA} = \frac{m_{EDTA}}{V_{EDTA}M_{EDTA}} \times 1000$$

实验 18　水的总硬度测定

一、实 验 目 的

1. 熟悉用 EDTA 法测定水的硬度的原理。
2. 掌握使用铬黑 T 指示剂的条件和滴定终点的判断。
3. 掌握水的总硬度测定方法及计算。

二、实验仪器和药品

［实验仪器］　酸式滴定管（50mL）、锥形瓶（250mL）、移液管（50mL）、量筒（10mL）
［实验药品］　EDTA 滴定液（0.01mol/L）、氨-氯化铵缓冲溶液、铬黑 T 指示剂

三、实 验 步 骤

用移液管吸取水样 100.0mL，置于 250mL 锥形瓶中，加入氨-氯化铵缓冲溶液 10mL，铬黑 T 指示剂少许。用 0.01mol/L EDTA 滴定液滴定至溶液由酒红色变为蓝色即为终点。记录消耗

EDTA 滴定液的体积。计算公式如下：

$$水的总硬度(CaCO_3mg/L) = \frac{c_{EDTA}V_{EDTA}M_{CaCO_3}}{V_{水样}} \times 1000$$

平行测定 2～3 次,计算相对平均偏差。

四、实验结果

实验次数	Ⅰ	Ⅱ	Ⅲ
$V_{水样}$/mL			
V_{EDTA}/mL			
硬度			

五、思考讨论

水的总硬度测定时加入氨-氯化铵缓冲溶液的目的是什么?

六、注意事项

本实验在操作中消耗的 EDTA 量较少,一定要注意观察指示剂颜色改变。

实验 19　邻二氮菲比色法测定水样中铁的含量

一、实验目的

1. 巩固 721 型分光光度计的使用方法。
2. 熟悉测绘吸收曲线的一般方法 。
3. 掌握标准曲线法的定量分析原理。

二、实验仪器和药品

[实验仪器]　721 型分光光度计、容量瓶(50mL、100mL)、吸量管(1mL、2mL、5mL)、移液管(10mL、20mL)、量筒(100mL)、洗耳球

[实验药品]　铁标准溶液(100μg/mL)、邻二氮菲(0.15% 水溶液)、盐酸羟胺(10% 水溶液)、NaAc 溶液(1mol/L)、HCl 溶液(6mol/L)

三、实验步骤

1. 吸收曲线的绘制和测量波长选择　用吸量管吸取 0.0mL、1.0mL 铁标准溶液(100μg/mL)分别注入两个 50mL 容量瓶中,各加入 1mL 盐酸羟胺溶液、2mL 邻二氮菲溶液、5mL NaAc 溶液,用水稀释至刻度,摇匀。放置 10min 后,用 1cm 吸收池,以空白溶液(即 0.0mL 铁标准溶液)为参比,在

440～560nm 之间，每隔 5nm 测定一次吸光度。在坐标纸上，以吸光度 A 为纵坐标，以波长 λ 为横坐标，绘制 A-λ 吸收曲线。从吸收曲线上选择最大吸收波长 λ_{max} 作为测定波长。

2. 铁含量的测定

(1) 标准曲线的绘制：用移液管吸取铁标准溶液（100μg/mL）10mL 于 100mL 容量瓶中，加入 2mL HCl，用水稀释至刻度，即为 10μg/mL 的铁标准溶液。

用吸量管吸取 0.0、0.5、1.0、1.5、2.0、2.5mL 铁标准溶液（10μg/mL），分别置于 6 个 50mL 容量瓶中，然后再分别加入 1mL 盐酸羟胺，2mL 邻二氮菲，5mL NaAc 溶液，每加入一种试剂后都要摇匀。最后，用水稀释至刻度，摇匀后放置 10min。用 1cm 吸收池，以 0.0mL 铁标准溶液作空白溶液，在所选择的波长下，测量各溶液的吸光度。以吸光度 A 为纵坐标，以含铁量为横坐标，绘制标准曲线。

(2) 试样中铁含量的测定：准确吸取适量水样 5mL 于 50mL 容量瓶中，按上述标准曲线的制作步骤，加入各种试剂，测量吸光度。从标准曲线上查出或计算出试样中铁的含量（μg/mL）。

四、实验结果

1. 吸收曲线的绘制和 λ_{max} 的选择

λ/nm	490	495	500	505	510	515	520	525	530
T/%									

$$\lambda_{max} = \underline{\qquad\qquad}$$

2. 标准曲线的绘制与未知水样的测定

标准溶液/mL							水样
溶液浓度/(μg/mL)							
T/%							
A							

$$c_{Fe_{水样}} = c_{Fe} \times \frac{50}{V_{水样}} = \underline{\qquad\qquad} \ (\mu g/mL)$$

五、注意事项

1. 盛标准系列溶液及水样的容量瓶应编号，以免混淆。
2. 由浓到稀配制标准溶液，由稀到浓测定实验数据。
3. 读透光率 T 从左到右，逐渐增大；读吸光度 A 从右到左，逐渐增大。
4. 遵守平行原则（加试剂的量、顺序、时间等应一致），一人专门量取一种试剂，避免读数误差。
5. 读数应取三位有效数字。
6. 用待测液洗吸收池 3 次，尽量沥干。擦镜纸擦净外表，试液占池体 4/5。
7. 每更换一次波长，须重新调“0”和“100%”。

8. 不能用手拿吸收池的透光玻璃面。
9. 测量完毕,须及时切断电源,吸收池用蒸馏水洗干净。

实验 20 维生素 B_{12} 注射液的定性鉴别及含量测定

一、实验目的

1. 掌握 UV-9100 型紫外可见分光光度计的操作技术。
2. 了解 UV-9100 型紫外可见分光光度计的基本构造。
3. 熟悉定性鉴别及定量测定方法原理。

二、实验仪器和药品

[实验仪器] UV-9100 型紫外可见分光光度计、石英吸收池、容量瓶(10mL)、吸量管(1mL)

[实验药品] 维生素 B_{12} 注射液(1mL 0.5mg)

三、实验步骤

1. 安装好仪器后,检查样池位置,使其处在光路中,关好样品室门,打开仪器电源开关,方式选择指示灯应在透射比位置,工作曲线选择点应在第一点,显示器显示为 XX. X,预热 10min,则可进行测量。

2. 吸光度测量

(1) 按需要调节波长旋钮,使波长显示窗显示所需波长值。同时,在打开电源后,应根据波长选择所需光源(按换灯手柄,钨灯 6V,适用波长 320 ~ 1000nm,氘灯 < 320nm)。

(2) 按方式选择键使透射比指示灯亮,并使空白溶液处在光路中。

(3) 按 100% T 键调 100%,待显示器显示 100.0 时即表示已调好 100%。

(4) 打开样品室门在样池架中放挡光块,关闭样品室门,显示器应为 0.0,若不为 0.0 则按 0% T 调零。

(5) 取出挡光块,放入空白溶液,关好样品室门,显示器应为 100.0,若不为 100.0,则应重调 100% T 键[重复(3)步骤]。

(6) 按方式选择键使 ABS 键指示灯亮,拉动样品拉手使被测样品依次进入光路,则显示器上依次显示样品的 A 值。

3. 定性鉴别 取维生素 B_{12} 注射液 5 支于 100mL 容量瓶中,稀释至刻度,即为 1mL 含维生素 B_{12} 25μg 的溶液。在(361 ± 1)nm 与(550 ± 1)nm 处测得的吸光度比值应为 3.15 ~ 3.45,即为合格。

4. 定量分析 在(361 ± 1)nm 处测得 A,维生素 B_{12} 的吸光系数($E_{1cm}^{1\%}$)按 207 计算,求样品的含量。

四、实验结果

$$\lambda = 361\text{nm}, A = \underline{\qquad\qquad}, E_{1cm}^{1\%}(361nm) = \frac{A_{样}}{c_{样} \cdot L} = \frac{A_{样}}{0.0025 \times 1} = \underline{\qquad\qquad};$$

$\lambda=550\text{nm}, A=$ ________, $\dfrac{E_{1\text{cm}}^{1\%}(361\text{nm})}{E_{1\text{cm}}^{1\%}(550\text{nm})}=\dfrac{A_{361\text{nm}}}{A_{550\text{nm}}}=$ ________;

$B_{12}\%=\dfrac{E_{1\text{cm}}^{1\%}(361\text{nm})}{207}\times100\%=$ ________。（规定为3.15～3.45）

五、注意事项

1. 每换一次波长，都需对参比溶液调100% T和0% T。
2. 开光门前，先把吸光度A转换为透光率，以保护显示器。

实验21　纸色谱法分离混合氨基酸

一、实验目的

1. 了解纸色谱法分离原理。
2. 熟悉纸色谱法的基本操作。

二、实验仪器和药品

［实验仪器］　层析缸、色谱滤纸（中速）、毛细管或微量注射器、电吹风、显色喷雾器

［实验药品］　0.5mg/mL的精氨酸和甘氨酸的混合液、正丁醇（A.R.）、冰醋酸（A.R.）、茚三酮（A.R.）

三、实验步骤

1. 展开剂的配制　按正丁醇-冰醋酸-水（4∶1∶1）配制溶液约100mL。

2. 点样　取长25cm、宽6cm的中速色谱滤纸，在距底边2cm处用铅笔划一起始线，用毛细管或微量注射器吸取精氨酸和甘氨酸的混合液适量轻轻点于起始线上，干后再点样2～3次，点样后原点直径以不超过2～3mm为宜。

3. 展开　将滤纸条悬挂盛有展开剂的层析缸内饱和约10min，然后将点有样品的滤纸一端浸入展开剂约1cm处（勿使样品原点浸入展开剂中），进行展开。当展开剂展开至距滤纸顶端2～3cm时，取出，立即用铅笔划下展开剂前沿，然后在空气中晾干。

4. 显色　用喷雾器将0.2%茚三酮试液均匀地喷到滤纸上，置于60℃烘箱内显色10min或用电吹风将其吹干，即可见蓝紫色斑点。

5. 计算R_f值　用小尺测量原点到溶剂前沿的距离以及原点到斑点中心的距离，计算R_f值。

$$R_f=\frac{\text{样品原点中心到斑点中心的距离}}{\text{样品原点中心到溶剂前沿的距离}}$$

四、实验结果

分离物质	R_f值
精氨酸	
甘氨酸	

五、注意事项

1. 点样品时,一定要吹干后再点第二次,以防样点直径变大。
2. 茚三酮显色剂应临用前配制,或置冰箱中冷藏备用。
3. 茚三酮显色剂对汗液(含氨基酸)能显色,在拿滤纸时应保持色谱纸清洁。

六、思考题

为什么纸色谱法用的展开剂多数含有水或预先用水饱和?

参 考 文 献

崔建华 . 2006. 基础化学 . 北京:中国医药科技出版社
刁凤兰 . 2002. 无机化学 . 北京:人民卫生出版社
丁明洁 . 2009. 仪器分析 . 北京:化学工业出版社
丁秋玲 . 2008. 无机化学 . 北京:人民卫生出版社
韩立路 . 2007. 分析化学 . 西安:第四军医大学出版社
呼世斌,黄蔷蕾 . 2008. 无机及分析化学 . 第 2 版 . 北京:高等教育出版社
华中师范大学,东北师范大学,陕西师范大学 . 1986. 分析化学 . 北京:高等教育出版社
蒋大惠 . 1999. 化学 . 西安:陕西科学技术出版社
李杜磬 . 1997. 分析化学 . 北京:人民卫生出版社
李培阳 . 2002. 药物分析化学 . 北京:人民卫生出版社
李维斌 . 2005. 分析化学 . 北京:高等教育出版社
李锡霞 . 2002. 分析化学 . 北京:人民卫生出版社
马长华,曾元儿 . 2006. 分析化学 . 北京:科学出版社
石宝珏 . 2008. 无机与分析化学基础 . 北京:人民卫生出版社
铁步荣,杜薇 . 2006. 无机化学 . 北京:中国中医药出版社
王祖浩 . 2009. 化学 1. 第 7 版 . 南京:江苏教育出版社
谢庆娟 . 2006. 分析化学 . 北京:人民卫生出版社
张寒琦 . 2009. 仪器分析 . 北京:高等教育出版社
张其河 . 2001. 分析化学 . 北京:中国医药科技出版社
张祥民 . 2004. 现代色谱分析 . 上海:复旦大学出版社
张银洲 . 1993. 医用化学 . 长春:东北师范大学出版社
朱明华 . 2007. 仪器分析 . 第 3 版 . 北京:高等教育出版社
http://news. tenglong. net/sxzn/zkfx_xkfxlh_view_223. htmL
http://www. xueke. cn/

附　　录

附录 1　化学中常用的量及其法定计量单位

量的名称	量的符号	单位名称	单位符号	与 SI 基本单位的换算关系	常用倍数单位选择
长度	l,L	米	m	SI 基本单位	dm、cm、mm、μm、nm、Å
质量	m	千克	kg	SI 基本单位	g、mg
时间	t	秒	s	SI 基本单位	
		分	min	非 SI 基本单位	
		(小)时	h	非 SI 基本单位	
体积,容积	V	立方米	m^3	SI 导出单位	dm^3、cm^3、mm^3
		升	L	非 SI 基本单位	mL、μL
热力学温度	T	开[尔文]	K	SI 基本单位	
摄氏温度	t	摄氏度	℃	具有专门名称的 SI 导出单位	
物质的量	n	摩[尔]	mol	SI 基本单位	mmol
摩尔质量	M	克每摩[尔]	g/mol	SI 导出单位	
摩尔体积	V_m	升每摩[尔]	L/mol	组合单位	
物质的量浓度	c_B	摩[尔]每升	mol/L	组合单位	mmol/L
质量浓度	ρ_B	克每升	g/L	组合单位	mg/L
		克每立方分米	g/dm^3	SI 导出单位	mg/dm^3
质量分数	ω_B				
体积分数	φ_B				
密度	ρ	克每立方厘米	g/cm^3	SI 导出单位	
压强,压力	p	帕[斯卡]	Pa	具有专门名称的 SI 导出单位	kPa
阿伏伽德罗常数	N_A	每摩[尔]	/mol	SI 导出单位	

附录 2　酸、碱、盐的溶解性表(20℃)

氢离子或金属离子	氢氧根或酸根					
	$\overset{-1}{OH}$	$\overset{-1}{NO_3}$	$\overset{-1}{Cl}$	$\overset{-2}{SO_4}$	$\overset{-2}{CO_3}$	$\overset{-3}{PO_4}$
$\overset{+1}{H}$		溶,挥	溶,挥	溶	溶,挥	溶
$\overset{+1}{K}$	溶	溶	溶	溶	溶	溶
$\overset{+1}{Na}$	溶	溶	溶	溶	溶	溶
$\overset{+1}{NH_4}$	溶,挥	溶	溶	溶	溶	溶

续表

氢离子或金属离子	氢氧根或酸根					
	$\overset{-1}{OH}$	$\overset{-1}{NO_3}$	$\overset{-1}{Cl}$	$\overset{-2}{SO_4}$	$\overset{-2}{CO_3}$	$\overset{-3}{PO_4}$
$\overset{+2}{Ba}$	溶	溶	溶	不	不	不
$\overset{+2}{Ca}$	微	溶	溶	微	不	不
$\overset{+2}{Mg}$	不	溶	溶	溶	不	不
$\overset{+3}{Al}$	不	溶	溶	溶	—	不
$\overset{+2}{Zn}$	不	溶	溶	溶	不	不
$\overset{+2}{Fe}$	不	溶	溶	溶	不	不
$\overset{+3}{Fe}$	不	溶	溶	溶	不	不
$\overset{+2}{Cu}$	不	溶	溶	溶	不	不
$\overset{+1}{Ag}$	—	溶	不	微	不	不

注："溶"表示溶于水，"不"表示不溶于水，"微"表示微溶于水，"—"表示该物质不存在或遇水分解。

附录 3 相对原子质量

(1995 年国际原子量表)

元素	符号	相对原子质量	元素	符号	相对原子质量	元素	符号	相对原子质量
银	Ag	107.87	铪	Hf	178.49	铷	Rb	85.468
铝	Al	26.982	汞	Hg	200.59	铼	Re	186.21
氩	Ar	39.948	钬	Ho	164.93	铑	Rh	102.91
砷	As	74.922	碘	I	126.90	钌	Ru	101.07
金	Au	196.97	铟	In	114.82	硫	S	32.066
硼	B	10.811	铱	Ir	192.22	锑	Sb	121.76
钡	Ba	137.33	钾	K	39.098	钪	Sc	44.956
铍	Be	9.0122	氪	Ke	83.80	硒	Se	78.96
铋	Bi	208.98	镧	La	138.91	硅	Si	28.086
溴	Br	79.904	锂	Li	6.941	钐	Sm	150.36
碳	C	12.011	镥	Lu	174.97	锡	Sn	118.71
钙	Ca	40.078	镁	Mg	24.305	锶	Sr	87.62
镉	Cd	112.41	锰	Mn	54.938	钽	Ta	180.95
铈	Ce	140.12	钼	Mo	95.94	铽	Tb	158.9
氯	Cl	35.453	氮	N	14.007	碲	Te	127.60
钴	Co	58.933	钠	Na	22.990	钍	Th	232.04
铬	Cr	51.996	铌	Nb	92.906	钛	Ti	47.867

续表

元素	符号	相对原子质量	元素	符号	相对原子质量	元素	符号	相对原子质量
铯	Cs	132.91	钕	Nd	144.24	铊	Tl	204.38
铜	Cu	63.546	氖	Ne	20.180	铥	Tm	168.93
镝	Dy	162.50	镍	Ni	58.693	铀	U	238.03
铒	Er	167.26	镎	Np	237.05	钒	V	50.942
铕	Eu	151.96	氧	O	15.999	钨	W	183.84
氟	F	18.998	锇	Os	190.23	氙	Xe	131.29
铁	Fe	55.845	磷	P	30.974	钇	Y	88.906
镓	Ga	69.723	铅	Pb	207.2	镱	Yb	173.04
钆	Gd	157.25	钯	Pd	106.42	锌	Zn	65.39
锗	Ge	72.61	镨	Pr	140.91	锆	Zr	91.224
氢	H	1.0079	铂	Pt	195.08			
氦	He	4.0026	镭	Ra	226.03			

附录 4　弱酸弱碱在水中的解离常数(25℃)

名称	分子式	解离常数 K	pK
醋酸	CH_3COOH	1.76×10^{-5}	4.75
甲酸	HCOOH	1.80×10^{-4}	3.75
碳酸	H_2CO_3	$K_1=4.3\times10^{-7}$	6.37
铬酸	H_2CrO_4	$K_2=5.61\times10^{-11}$ $K_1=1.8\times10^{-1}$ $K_2=3.20\times10^{-7}$	10.25 0.74 6.49
氢氟酸	HF	3.53×10^{-4}	3.45
氢氰酸	HCN	4.93×10^{-10}	9.31
氢硫酸	H_2S	$K_1=9.5\times10^{-8}$ $K_2=1.3\times10^{-14}$	7.02 13.9
次溴酸	HBrO	2.06×10^{-9}	8.69
次氯酸	HClO	3.0×10^{-8}	7.53
次碘酸	HIO	2.3×10^{-11}	10.64
碘酸	HIO_3	1.69×10^{-1}	0.77
高碘酸	HIO_4	2.3×10^{-2}	1.64
亚硝酸	HNO_2	7.1×10^{-4}	3.16
磷酸	H_3PO_4	$K_1=7.52\times10^{-3}$ $K_2=6.23\times10^{-8}$ $K_3=2.2\times10^{-13}$	2.12 7.21 12.66

续表

名称	分子式	解离常数 K	pK
硫酸	H_2SO_4	$K_2 = 1.02 \times 10^{-2}$	1.91
亚硫酸	H_2SO_3	$K_1 = 1.23 \times 10^{-2}$ $K_2 = 6.6 \times 10^{-8}$	1.91 7.18
草酸	$H_2C_2O_4$	$K_1 = 5.9 \times 10^{-2}$ $K_2 = 6.4 \times 10^{-5}$	1.23 4.19
酒石酸	$H_2C_4H_4O_6$	$K_1 = 9.2 \times 10^{-4}$ $K_2 = 4.31 \times 10^{-5}$	3.036 4.366
氨水	$NH_3 \cdot H_2O$	1.76×10^{-5}	4.75
羟胺	NH_2OH	9.1×10^{-9}	8.04
乙二胺	$H_2NCH_2CH_2NH_2$	$K_1 = 8.5 \times 10^{-5}$ $K_2 = 7.1 \times 10^{-8}$	4.07 7.15

附录 5　难溶化合物的溶度积常数 K_{sp}（18 ~ 25℃）

化合物	K_{sp}	化合物	K_{sp}
AgBr	5.0×10^{-13}	$CaC_2O_4 \cdot H_2O$	2.0×10^{-9}
AgCl	1.8×10^{-10}	$CaSO_4$	7.1×10^{-5}
Ag_2CrO_4	2.0×10^{-12}	$Cu(OH)_2$	2.2×10^{-20}
AgCN	1.2×10^{-16}	CuS	6.3×10^{-36}
AgI	8.51×10^{-17}	$Fe(OH)_3$	1.1×10^{-36}
Ag_2S	6.3×10^{-50}	$Fe(OH)_2$	8.0×10^{-16}
Ag_2SO_4	1.4×10^{-5}	FeS	3.7×10^{-19}
Ag_2CO_3	8.1×10^{-12}	$PbSO_4$	1.6×10^{-8}
$Al(OH)_3$	1.3×10^{-33}	PbS	8.0×10^{-22}
$BaCO_3$	8.1×10^{-9}	$MgCO_3$	3.5×10^{-8}
$BaCrO_4$	1.2×10^{-10}	$Mg(OH)_2$	1.8×10^{-11}
BaC_2O_4	1.6×10^{-7}	$Mn(OH)_2$	1.9×10^{-13}
$BaSO_4$	1.1×10^{-10}	HgS	4.0×10^{-53}
$Cr(OH)_3$	6.1×10^{-31}	$Zn(OH)_2$	1.2×10^{-17}
$CaCO_3$	8.7×10^{-9}	ZnS	1.2×10^{-23}
CaF_2	2.7×10^{-11}		

无机与分析化学基础教学大纲

一、课程性质和任务

无机与分析化学基础是中等职业学校药剂专业的重要基础课程,其主要内容包括无机化学和分析化学。其主要任务是使学生在初中化学的基础上,进一步学习无机化学和分析化学的基础知识和基本技能,培养学生严谨求实的科学态度,提高学生分析问题和解决问题的能力,为后续课程的学习、为培养高素质劳动者和技能型药剂专业人才奠定必要的基础。

二、课程教学目标

(一) 知识目标

1. 掌握无机化学与分析化学的基础知识、基本概念。

2. 理解无机化学与分析化学的基本原理、定量分析的分析方法和计算依据。

3. 了解常见的无机化学与分析化学术语、定性分析的方法。

(二) 能力培养目标

1. 具有规范、熟练的无机化学与分析化学基本实验操作技能。

2. 能独立、规范地完成无机化学与分析化学基本的实验,观察、记录实验现象,正确分析实验结果,书写实验报告。

3. 具有运用常用的基本知识分析、解决本专业和生活中相关的基本问题能力。

(三) 思想教育目标

1. 通过基础知识、基本概念的学习,培养学生良好的专业学风。

2. 通过基本原理、基本方法、基本计算的学习,培养学生逻辑思维能力和良好的科学态度。

3. 通过规范的专业实验教学,培养学生解决实际问题的能力和严谨细致、实事求是的工作习惯与作风。

4. 培养学生良好的人际沟通能力和团结协作精神。

三、教学内容和要求

教学内容	教学要求			教学活动参考	教学内容	教学要求			教学活动参考
	了解	理解	掌握			了解	理解	掌握	
一、物质的量				理论讲授	(二) 气体摩尔体积				
(一) 物质的量及其单位				多媒体演示	1. 摩尔体积	√			
1. 物质的量			√	习题	2. 气体摩尔体积		√		
2. 摩尔质量			√		二、溶液				理论讲授
3. 有关物质的量的基本计算			√		(一) 分散系				多媒体演示
					1. 分子或离子分散系	√			演示实验

续表

教学内容	教学要求			教学活动参考
	了解	理解	掌握	
2. 胶体分散系	√			分组实验
3. 粗分散系	√			习题
(二) 胶体溶液				
1. 溶胶的制备	√			
2. 溶胶的性质		√		
3. 溶胶的稳定性与聚沉		√		
4. 高分子溶液	√			
(三) 溶液的浓度				
1. 溶液浓度的表示方法			√	
2. 溶液浓度的换算		√		
3. 溶液的配制和稀释			√	
(四) 溶液的渗透压				
1. 渗透现象和渗透压	√			
2. 渗透压与溶液浓度的关系	√			
3. 渗透压在医学上的意义	√			
三、物质结构和元素周期律				理论讲授
(一) 原子结构				多媒体演示
1. 原子的组成			√	演示实验
2. 同位素		√		分组实验
(二) 原子核外电子的运动状态和电子排布				习题
1. 电子云	√			
2. 原子核外电子的运动状态		√		
3. 原子核外电子的排布			√	
(三) 元素周期律和元素周期表				
1. 元素周期律		√		
2. 元素周期表			√	
3. 元素周期律和元素周期表的意义	√		√	
(四) 化学键				
1. 离子键		√		
2. 共价键		√		
(五) 分子间作用力				
1. 分子的极性	√			
2. 分子间作用力	√			
四、重要元素及其化合物				理论讲授
(一) 卤族元素				多媒体演示
1. 卤素的通性	√			演示实验
2. 卤素单质的性质和制法				分组实验
① 卤素单质的物理性质		√		
② 卤素单质的化学性质			√	
③ 卤素单质的制法			√	
3. 卤化氢和卤化物				
① 卤化氢		√		
② 卤离子的检验			√	
③ 重要的金属卤化物			√	
(二) 氧族元素				
1. 氧族元素的通性	√			
2. 过氧化氢(H_2O_2)		√		
3. 硫和硫的主要化合物			√	
4. 重要的硫酸盐		√		
(三) 氮族元素				
1. 氮族元素的通性	√			
2. 氮及其重要化合物				
① 氮及其氧化物		√		
② 硝酸及硝酸盐			√	
③ 氨和铵盐			√	
3. 磷及其重要化合物		√		
(四) 碳族元素				
1. 碳族元素的通性	√			
2. 碳、碳酸和碳酸盐		√		
3. 硅、硅酸和硅酸盐		√		
(五) 碱金属				
1. 碱金属的通性	√			
2. 钠(Na)和氧化钠(Na_2O)		√		
3. 氢氧化钠和钠盐			√	
(六) 其他重要的金属元素				
1. 镁和铝			√	

续表

教学内容	教学要求			教学活动参考
	了解	理解	掌握	
2. 铁和铁的化合物			√	
五、氧化还原反应				理论讲授
（一）氧化还原反应的基本概念				多媒体演示
1. 氧化还原反应		√		分析讨论
2. 氧化剂与还原剂				
① 氧化剂与还原剂的概念			√	
② 常见的氧化剂与还原剂		√		
（二）氧化还原反应方程式的配平			√	
六、化学反应速率和化学平衡				理论讲授
（一）化学反应速率				多媒体演示
1. 化学反应速率的概念和表示方法	√			演示实验
2. 影响化学反应速率的因素			√	分组实验
（二）化学平衡				习题
1. 可逆反应和化学平衡			√	
2. 化学平衡常数		√		
（三）化学平衡的移动				
1. 浓度对化学平衡的影响			√	
2. 压强对化学平衡的影响			√	
3. 温度对化学平衡的影响			√	
4. 吕·查德里原理			√	
七、电解质溶液				理论讲授
（一）弱电解质的电离平衡				多媒体演示
1. 强、弱电解质的概念			√	演示实验
2. 弱电解质的电离平衡				分组实验
① 电离平衡		√		习题
② 同离子效应			√	
③ 电离度和电离平衡常数		√		
④ 一元弱酸、弱碱电离平衡的计算	√			
（二）离子反应和离子方程式				
1. 离子反应和离子方程式			√	
2. 离子反应发生的条件			√	
（三）水的电离和溶液的pH				
1. 水的离子积		√		
2. 溶液的酸碱性和pH			√	
（四）盐的水解				
1. 盐的水解及其酸碱性			√	
2. 影响盐水解的因素		√		
3. 盐的水解在医药上的应用	√			
（五）缓冲溶液				
1. 缓冲作用和缓冲溶液		√		
2. 缓冲溶液的组成			√	
3. 缓冲溶液pH的计算	√			
4. 缓冲溶液的配制			√	
5. 缓冲溶液的应用			√	
八、分析化学概述				理论讲授
（一）分析化学的任务和作用	√			
（二）分析方法的分类	√			
（三）分析化学的发展与趋势	√			
（四）分析化学的学习方法	√			
九、定性分析概述				理论讲授
（一）概述	√			多媒体演示
（二）反应的灵敏性和选择性				分组实验
1. 反应的灵敏性		√		
2. 反应的选择性		√		
3. 空白试验和对照试验		√		
（三）分别分析和系统分析	√			

续表

教学内容	教学要求			教学活动参考
	了解	理解	掌握	
（四）常见阴离子的检验			√	
（五）常见阳离子的检验			√	
十、定量分析概述				理论讲授
（一）定量分析的任务和方法	√			多媒体演示
（二）误差与分析数据的处理				案例分析讨论
1. 系统误差与偶然误差	√			分析天平的使用
2. 准确度与误差		√		习题
3. 精密度与偏差			√	
4. 提高分析结果准确度的方法			√	
5. 定量分析结果的处理	√			
（三）有效数字及其运算规则		√		
（四）分析天平的使用规则和称量方法			√	
十一、滴定分析法概论				理论讲授
（一）滴定分析法的特点、分类及条件				多媒体演示
1. 滴定分析法的特点	√			演示实验
2. 滴定分析法的分类		√		分组实验
3. 滴定分析法的基本条件		√		习题
（二）标准溶液				
1. 标准溶液浓度的表示方法			√	
2. 标准溶液的配制与标定			√	
（三）滴定分析的计算				
1. 滴定分析计算的依据与基本公式		√		
2. 滴定分析计算的一般步骤			√	
3. 滴定分析计算示例			√	
（四）滴定分析的常用仪器				
1. 滴定管			√	
2. 移液管与吸量管			√	

教学内容	教学要求			教学活动参考
	了解	理解	掌握	
3. 容量瓶			√	
十二、酸碱滴定法				理论讲授
（一）酸碱指示剂				多媒体演示
1. 指示剂的变色原理	√			分组实验
2. 指示剂的变色范围	√			习题
3. 影响指示剂变色范围的因素	√			
4. 混合指示剂	√			
（二）酸碱标准溶液的配制与标定				
1. NaOH 标准溶液（0.1mol/L）的配制与标定			√	
2. HCl 标准溶液（0.1mol/L）的配制与标定			√	
（三）酸碱滴定法的应用				
1. 直接滴定法			√	
2. 间接滴定法			√	
十三、沉淀溶解平衡与沉淀滴定法				理论讲授
（一）难溶电解质的沉淀溶解平衡				多媒体演示
1. 沉淀溶解平衡和溶度积		√		分组实验
2. 溶度积规则		√		习题
3. 沉淀的生成、溶解和转化			√	
（二）沉淀滴定法				
1. 概述	√			
2. 莫尔法				
① 基本原理	√			
② 滴定条件		√		
③ 硝酸银标准溶液的配制与标定			√	
④ 莫尔法的应用			√	
3. 法扬斯法				
①基本原理	√			

续表

教学内容	教学要求			教学活动参考
	了解	理解	掌握	
②滴定条件		√		
③法扬斯法的应用			√	
十四、氧化还原滴定法				理论讲授 多媒体演示 分组实验 习题
(一) 氧化还原滴定法概述	√			
(二) 高锰酸钾法				
1. 基本原理、条件和测定方法		√		
2. 标准溶液的配制和标定			√	
(三) 碘量法				
1. 基本原理和滴定条件		√		
2. 标准溶液的配制与标定			√	
3. 碘量法应用示例			√	
十五、配合物与配位滴定法				理论讲授 多媒体演示 分组实验
(一) 配位化合物				
1. 配合物的定义	√			
2. 配合物的结构与组成		√		
3. 配离子及配合物的命名		√		
4. 配合物的稳定性及其应用	√			
(二) 螯合物				
1. 螯合物的定义	√			
2. 螯合物的形成条件		√		
(三) 配位滴定法概述				
1. 配位滴定反应必须具备的条件	√			
2. EDTA 的结构和性质		√		
3. EDTA 与金属离子配位特点		√		
4. 酸度对配位滴定的影响		√		
5. 金属指示剂		√		
(四) EDTA 标准溶液的配制与标定			√	
(五) EDTA 滴定法的应用与示例			√	
十六、仪器分析法概论				理论讲授 多媒体演示 分组实验
(一) 仪器分析法概述	√			
(二) 分光光度法				
1. 基本原理	√			
2. 可见分光光度法	√			
3. 紫外-可见分光光度法		√		
4. 定量的方法		√		
(三) 色谱法				
1. 色谱法的原理和分类	√			
2. 柱色谱法		√		
3. 纸色谱法		√		
4. 薄层色谱法		√		
(四) 红外吸收外光谱法				
1. 概述	√			
2. 基本原理		√		
3. 红外吸收光谱的实验技术		√		
(五) 气相色谱法				
1. 概述	√			
2. 气相色谱仪	√			
3. 气相色谱法基本原理		√		
4. 气相色谱固定相及其选择		√		
(六) 高效液相色谱法				
1. 概述	√			
2. 高效液相色谱法的主要类型及其分离原理		√		
3. 高效液相色谱仪		√		

四、教学大纲说明

（一）适用对象与参考学时

本教学大纲可供护理、助产、药剂、医学检验、口腔工艺技术、医学影像技术等专业使用，总学时为144个，其中理论教学98学时，实践教学46学时。

（二）教学要求

1. 本课程对理论教学部分要求有掌握、理解、了解三个层次。掌握是指对无机与分析化学基础中所学的基础知识、基本理论具有深刻的认识，并能灵活地应用所学知识分析、解释生活现象和有关专业的基本问题。理解是指能够解释、领会基本概念和基本原理并会应用所学技能。了解是指能够简单理解、记忆所学知识。

2. 本课程突出以培养能力为本位的教学理念，在实践技能方面分为熟练掌握和学会两个层次。熟练掌握是指能够独立娴熟地进行正确的实践技能操作。学会是指能够在教师指导下进行实践技能操作。

（三）教学建议

1. 在教学过程中要积极采用现代化教学手段，加强直观教学，充分发挥学生的主体作用。注重理论联系实际，通过必要分析讨论，以培养学生的分析问题和解决问题的能力，使学生加深对教学内容的理解和掌握。

2. 充分利用教学资源，加强实验教学。通过理论教学、演示实验和分组实验等教学形式，充分调动学生学习的积极性和主动性，强化学生的实践操作技能，培养学生团队协作意识和严谨的科学态度。

3. 教学评价应通过课堂提问、布置作业、单元目标测试、实践考核、期末考试等多种形式，对学生进行学习能力、实践能力和应用新知识能力的综合考核，以期达到教学目标提出的各项任务。

学时分配建议（160学时）

序号	教学内容	学时数			序号	教学内容	学时数		
		理论	实践	合计			理论	实践	合计
1	物质的量	6	2	8	10	定量分析概述	4	2	6
2	溶液	8	4	12	11	滴定分析法概论	8	4	12
3	物质结构与元素周期律	6	0	6	12	酸碱滴定法	4	4	8
4	重要元素及其化合物	8	4	12	13	沉淀溶解平衡与沉淀滴定法	6	2	8
5	氧化还原反应	4	0	4	14	氧化还原滴定法	4	4	8
6	化学反应速率和化学平衡	6	2	8	15	配合物与配位滴定法	6	4	10
7	电解质溶液	12	4	16	16	仪器分析法概论	8	6	14
8	分析化学概述	1	0	1	机动		4	2	6
9	定性分析概述	3	2	5		合计	98	46	144

目标检测选择题参考答案

第 1 章 1. C 2. A 3. A 4. C 5. B 6. C 7. A 8. D 9. B 10. D

第 2 章 1. C 2. A 3. B 4. B 5. D 6. D 7. C 8. C 9. D 10. C

第 3 章 1. A 2. B 3. D 4. B 5. A 6. D 7. C 8. C

第 4 章 1. A 2. C 3. B 4. C 5. C 6. D 7. D 8. B 9. B 10. C 11. D

第 5 章 1. B 2. C 3. D 4. B 5. A

第 6 章 1. C 2. A 3. D 4. B 5. B 6. C 7. B 8. C 9. A 10. A

第 7 章 1. D 2. A 3. A 4. D 5. A 6. A 7. D 8. D 9. B 10. C 11. B 12. BCC 13. BCD 14. ADC 15. ADD 16. ACGH;DIJ;BEF 17. CDE;AGH;BFI

第 10 章 1. D 2. D 3. A 4. B 5. D 6. A 7. D 8. D 9. C 10. D 11. D 12. A 13. (1) D (2) A (3) C (4) E (5) B

第 11 章 1. D 2. B 3. C 4. A 5. D 6. C

第 12 章 1. C 2. B 3. C 4. D 5. D

第 13 章 1. B 2. C 3. B 4. C 5. C 6. B 7. D 8. D 9. C

第 14 章 1. D 2. B 3. A 4. C 5. C 6. A 7. C

第 15 章 1. C 2. C 3. A 4. D 5. C 6. C 7. E 8. E 9. B 10. A 11. E 12. C 13. E 14. A 15. A 16. C 17. B 18. D 19. D 20. E

第 16 章 1. B 2. B 3. B 4. B 5. A 6. B 7. C 8. B 9. C 10. C 11. B 12. B